记忆经典丛书

记忆经典丛书

记忆经典丛书编委会 编著

心灵鸡汤全集

中国青年出版社

01

侵权举报电话

全国"扫黄打非"工作小组办公室　　　　　中国青年出版社

010-65233456　65212870　　　　　　　010-50856057

http://www.shdf.gov.cn　　　　　　　　E-mail: bianwu@cypmedia.com

图书在版编目（CIP）数据

心灵鸡汤全集/记忆经典丛书编委会编著.--北京：中国青年出版社，2018.7

ISBN 978-7-5153-5183-4

Ⅰ.①心...Ⅱ.①记...Ⅲ.①人生哲学-通俗读物Ⅳ.①B821-49

中国版本图书馆CIP数据核字（2018）第123531号

心灵鸡汤全集

记忆经典丛书编委会 / 编著

出版发行：中国青年出版社

地　　址：北京市东四十二条21号

邮政编码：100708

责任编辑：刘稚清

封面制作：映象视觉

印　　刷：永清县晔盛亚胶印有限公司

开　　本：787×1092　　1/16

印　　张：45

版　　次：2018年10月北京第1版

印　　次：2018年10月第1次印刷

书　　号：ISBN 978-7-5153-5183-4

定　　价：288.00元（全六册）

人生好像一条河，有时像是清浅的小溪，有时如同奔腾的大江，有时透明般的清澈，有时又被污浊侵染，但只要灵魂的源头还在，就永远不会断流。

◆遗憾

多久了，美丽的花朵不能让你停住匆匆的脚步，温柔的春风无法抚动你渴求的灵魂，沁人心脾的青草香也不能感染你的心灵。钢筋水泥铸就的冰冷城市，人与人之间的冷漠和不信任，生活无法安定，理想难以企及……这些渐渐风化了我们柔软的心。人生的旅途中，最可怕的不是贫穷和厄运，而是心灵的疲惫和麻木。然而，当曾经感动过你的不能再感动你，曾经吸引过你的不能再吸引你，甚至曾经激怒过你的不能再激怒你，生活失去了原有的色彩，变得黯淡无光。若人生就这样过去了，岂不是一大遗憾？

◆坚信

有人说过："人生犹如一本书。愚蠢的人将它草草翻过，聪明的人却会将它细细阅读。为什么呢？因为聪明人知道，只能读一次。"面对这睿智之语，请让我们选择做一个不随波逐流的聪明人，要坚信即使我们的"身"不自由，但我们的"心"可以敏感；即使我们的"生活"不安稳，但我们的"精神"可以很淡定；即使我们的"今天"有点阴云，但我们的"未来"却阳光明媚！

◆故事

"上帝造人，因为他喜爱听故事"。世上有亿万的人，每个人的人生又是由无数的故事所组成，他人生命中的悲欢离合、喜怒哀乐汇成一个又一个的故事。这一个又一个的故事，像是暗夜大海上的灯塔，指引方向；像是人生苦旅中的一碗鸡汤，滋养心灵；像是浓黑暗夜的一道闪电，划破魔障。若人生是一本只能读一次的书，为了不留下缺憾，不如多读读别人的故事。这样，我们的人生即便只有一次，也会更加丰富。我们还能从别人的经历中吸取教训，受到启发，从而少犯错误，少走弯路，多有收获。

"一花一世界，一木一浮生。"短小的故事中也蕴含着人生的智慧。《心灵鸡汤全集》收录了600余篇小故事，内容涉及到人生的各个方面，有的温暖感人，沉淀心情；有的轻灵婉约，滋润心田；有的深沉凝练，震撼心灵。故事，可以让你坚信自己，坚信人生绝不会只留下遗憾，坚信风雨过后一定会有绚丽的彩虹！

坐下来，静静地阅读这些故事，如同啜饮一碗心灵的鸡汤，滋养你干涸的灵魂之泉，帮助你剥去柔软心脏外包裹的重重心茧，找回失去的勇气、爱和力量，重新找到自己的梦想之路。

开始你的"阅读之旅"吧！我们相信，在你身处逆境之时，这本书一定会带给你感动和力量的！

总目录

上 篇

最感人的真情故事

第一辑 甩掉灵魂的包袱 / 3

第二辑 通向幸福的路 / 55

第三辑 灿若夏花的生活 / 95

第四辑 爱是一条芳香的河 / 163

第五辑 放飞心灵 / 237

下 篇

最鼓舞人的励志故事

第六辑 读懂人情做对事 / 293

第七辑 抓住每一个机会 / 319

第八辑 思路决定出路 / 347

第九辑 抱怨不如行动 / 381

第十辑 突破心中的障碍 / 439

第十一辑 好命不如好心态 / 483

第十二辑 逆境欢歌 / 585

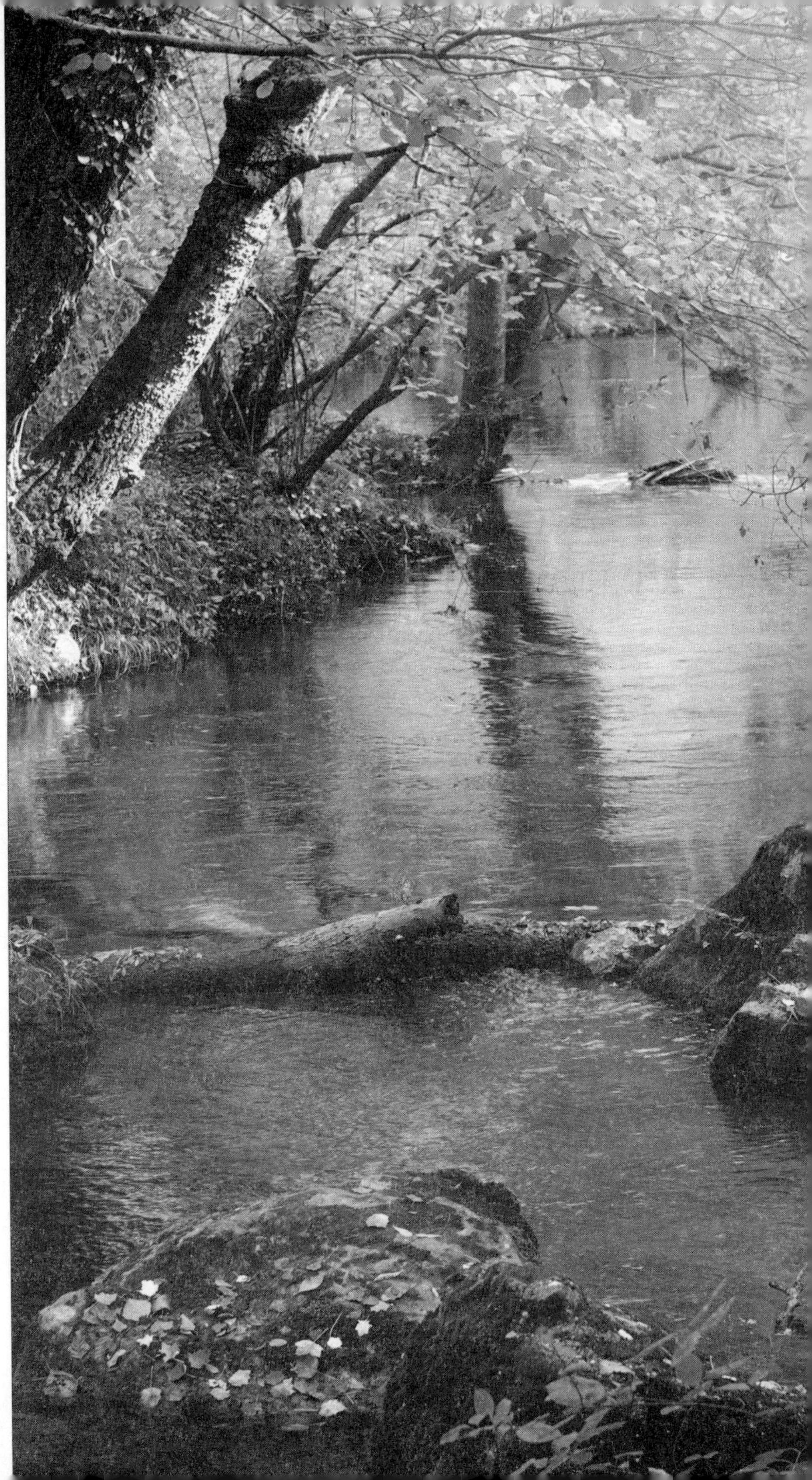

上篇 最感人的真情故事

第一辑 甩掉灵魂的包袱 / 3

抛开烦恼 / 4

赞美有毒 / 4

不空所以不灵 / 6

病由心生 / 7

"意外"损失 / 8

悲喜两重天 / 9

往好处想 / 10

当个吃鲜草的羊 / 11

能舍才能得 / 11

只求曾经拥有的美丽 / 14

都是百万富翁 / 16

赶走苦闷 / 17

一生最重要的时光 / 18

时刻保持好心情 / 20

永远乐观 / 21

传递爱的力量 / 22

放下你自己 / 24

免费提供的生命 / 26

把爱说出口 / 27

把自己当别人 / 29

珍惜所有 / 30

接受自己 / 31

只想你能做的事情 / 32

不因得失而喜悲 / 34

治疗头痛的饮料 / 35

属于自己的芳香 / 36

对上帝的请求 / 37

超越痛苦 / 38

勇敢开创新生活 / 39

不要同自己过不去 / 40

找到位置 / 41

别忙得忘记了最重要的事 / 42

不要放弃犯错的权利 / 44

和死亡赛跑 / 46

第一册目录

必须放弃一些"机会" / 47

说出自己的窘况 / 48

油漆未干 / 49

满足渴望 / 50

美在心中 / 51

有话不妨直说 / 52

有谁看到"盒子枪" / 53

第二辑 **通向幸福的路** / 55

幸福 / 56

神话 / 56

友谊的底线 / 58

心灵有耳 / 59

朋友 / 60

棉袄与玫瑰 / 61

别人的心肝宝贝 / 62

最后1美元 / 63

惭愧 / 64

爱之链 / 65

勇气 / 66

我们来交换 / 68

医生为什么迟到 / 69

仇人 / 70

为什么哭 / 71

如果感到幸福你就跺跺脚 / 72

幸福考验 / 73

算你狠 / 74

毒杀 / 75

6瓶美酒 / 76

梦想城堡 / 77

永不言弃 / 78

天职 / 80

唤醒沉睡的爱心 / 80

上帝会抽身帮助你 / 82

你在哪儿拉琴 / 83

最大的麦穗 / 84

坚守农场 / 85

大鱼来了 / 86

改变命运的两小时 / 87

第5声枪响 / 87

一连串梦魇 / 88

谁糊涂 / 89

马蹄人生 / 90

源于一束玫瑰花 / 91

坚持自己是对的 / 92

为什么走得慢 / 92

并非到处都是坏人 / 93

贫穷 / 101

我没有打中 / 101

美好时光 / 102

风雨伦敦塔 / 103

废墟之花 / 104

可怜的老头 / 104

您为什么不害怕 / 105

第三辑 灿若夏花的生活 / 95

致命的诱惑 / 96

比金子还贵重 / 96

公平 / 98

生命需要什么 / 98

量鱼 / 99

长寿奥秘 / 100

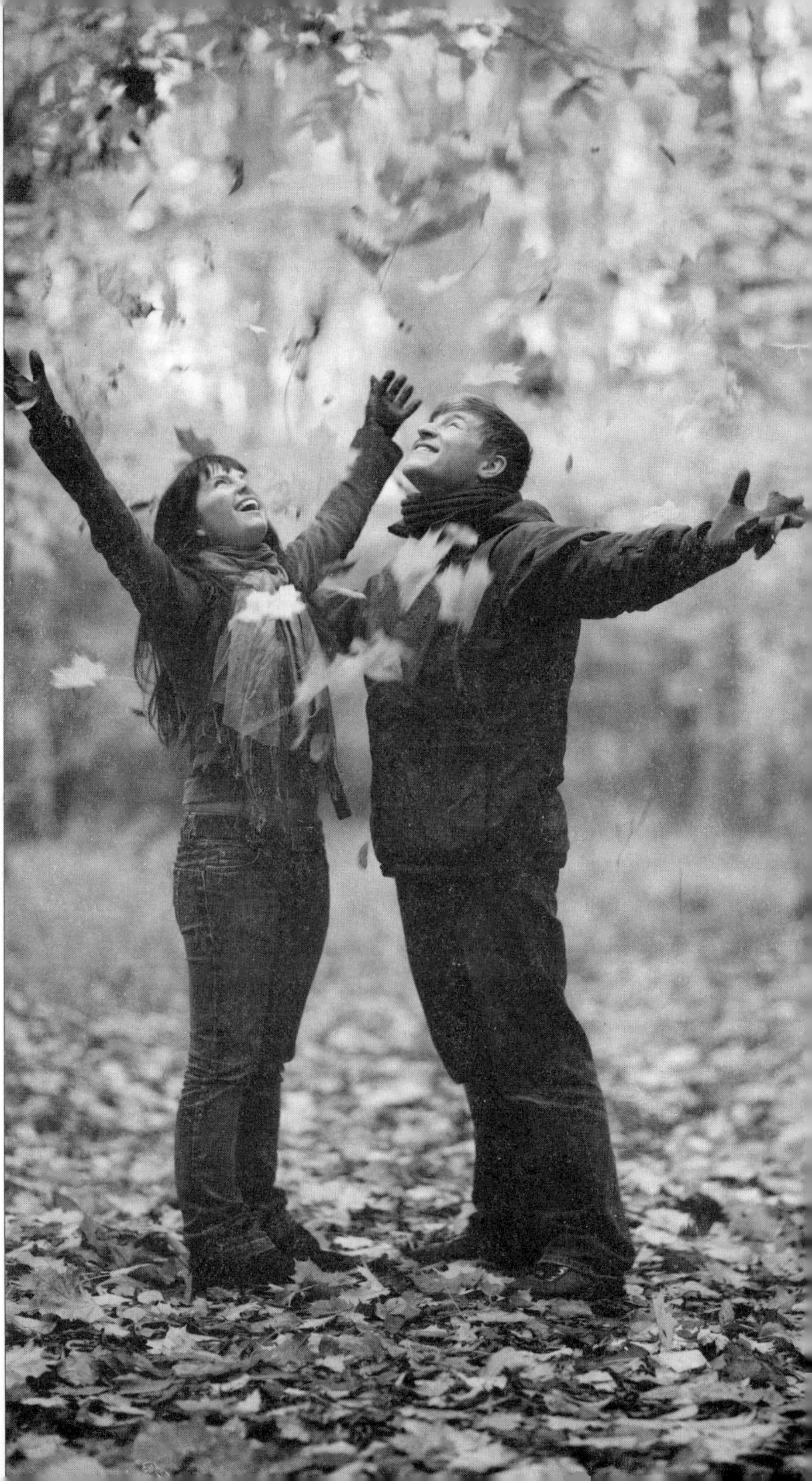

上篇 最感人的真情故事

Volume 1

爱在左，同情在右，走在生命路的两旁，随时播种，随时开花，将这一径长途点缀得香花弥漫，使穿枝拂叶的人，踏着荆棘，不觉得痛苦，有泪可落也不是悲哀。

——冰心

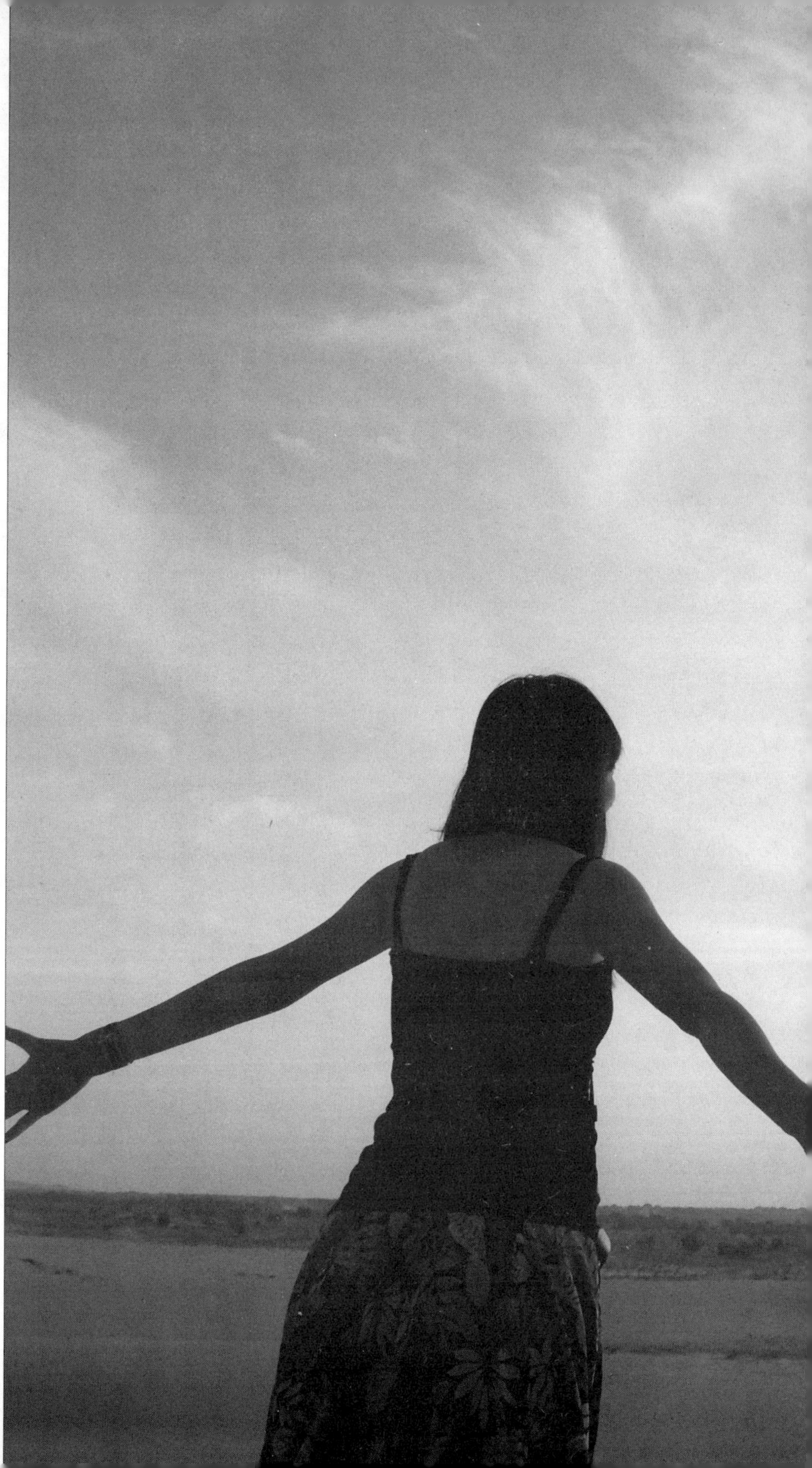

甩掉灵魂的包袱

灵魂不止在一条道路上行走，也不是野草般地生长，而是像一朵千瓣的莲花，灿然开放。

——纪伯伦

抛开烦恼 ♥♥

去朋友家做客，走到门口，看到门上写着两行字："进门前，请脱去烦恼；回家时，带快乐回来。"这短短两句话体现着深奥的哲理。我凝视良久，细细品味，不禁对这家主人萌生无限敬佩。

进屋后，温馨、和谐满满地充盈着整个房间，看不见却感觉得到。

询问那蕴含深奥哲理的两行字，女主人甜蜜地笑着说："这是我们共同的创造。"

她慢慢地解释说："有一次我在电梯镜子里看到自己愁容满面、眉头紧锁。我开始想，当孩子、丈夫面对我这张愁苦消沉的面孔时，会有什么感觉？假如我面对的也是这样的面孔，又会有什么反应？于是，我提醒自己，身为女主人，有责任把这个家经营得更好。当晚我便和丈夫长谈。第二天就在门上写了那两行字来提醒自己和家人。"

多么聪慧、可爱的女人。

◆ 心灵感悟

家是心灵的港湾，它的温馨与和谐要靠我们自己来创造。下次回家时，不妨先对自己说：脱去烦恼，将快乐带回家。

赞美有毒 ♥♥

在古希腊神话中，赫尔墨斯是天神宙斯的儿子，主管商业。有一段时间，他很想知道自己在人间百姓心中的地位。

于是他化装成顾客来到雕塑店，指着宙斯的头像问雕像者说："这值多少钱？"别人告诉他："七赫拉"。然后他来到自己的雕像前。他自以为作为商业的庇护神，地位一定高过宙斯，于是问道："这个值多少钱？"雕像者仍然指着宙斯的像说："假如你买了那个，那么这个白送。"赫尔墨斯本意是想听听夸奖，自抬身价，哪知大失所望，于是垂头丧气地走了。

人自呱呱坠地到呼完最后一口气，往往在得到别人的认同时，就快乐和幸福，认为活得有意义。但如果把全部的悲欢都建立在别人是否认同之上，那就又产生了一定偏差。不过还是得承认，别人的评价的确对自己有很大的影响。在得到别人赞扬时，我们都会感到快乐和有价值。

因此，差不多每个人都喜欢听到掌声、赞扬和鼓励。顺应这种人性，的确可以开发潜能，提高素质，建立正常的价值观，增强信心。但是别人的赞许与掌声只可遇而不可求，不必因为得不到就沮丧万分。否则就会像赫尔墨斯去追寻自己虚拟的"光环"那样，结果必然是产生自恋心理而不自知。

一旦产生自恋心理，那么想做到实事求是就很难。因为一旦只能接受别人的夸奖，并暗示别人投合这种需要，那么保证你会遇到一群吹牛拍马的高手。甚至你自己都难以准确描述生活、为迎合他人的喜好而放弃自我价值。完全按别人的偏见和歪曲的价值观来塑造自己的形象，这如同把沙塔建立在流沙上，哪能靠得住呢？如果依赖于别人的价值观来看待自己的价值，归根结底，那只是他人的价值，算不上你的价值。由此可见，一个人的价值并不能靠别人来确认。

◆ 心灵感悟

孟子曾告诉别人这样的话："子好游乎？吾语子游。人知之，亦嚣嚣；人不知，亦嚣嚣。"意思是，游说别人时，如果别人能理解，那当然高兴；如果别人不能理解，那也自得其乐。由此可见，古圣贤是不同意把自身的价值建立在别人的认同之上的。孟子甚至还说过，假如自己的亲信赞同把某个人处以死刑，甚至文武百官一致这样认为，甚至整个国家也一致这样认为。那么遇到这种情况，要仔细分辨，不能盲从，要服从仁义之道，要有正确的价值观，绝不能盲目服从别人的意志。

不空所以不灵 ❤❤

有一位小和尚，每次坐禅都可以看见一只大蜘蛛在眼前织网，怎么也赶不走。在请示师父后，师父交给他一支笔，让他在坐禅时用笔在蜘蛛身上画个记号，看它来自何方。小和尚照办，坐禅时蜘蛛一来就在蜘蛛身上画了一个圆圈，蜘蛛一走，他就安然入定了。

小和尚做完功课后发现，那个圆圈就画在自己的肚皮上。

其实这位小和尚坐禅时之所以认为有一只蜘蛛在捣蛋，只是因为他的心没静下来。佛家说心地不同，不空所以不灵；也有哲人说，困扰和烦躁根源在自己；物理学可以这么表述，两物不能并存同一空间。这在心灵方面同样适用。

下面的故事，同样证明了心静的重要。

一个富农在检查谷仓时，不小心把一支贵重的手表丢失在里面，他找遍整个谷仓也没找到。于是他悬赏农场的小孩帮忙找，找到就给50美元。

重赏之下必有勇夫。很多小孩子纷纷加入寻找的行列，四处翻找，但是谷仓内谷粒成山，稻草遍地，要发现一支小手表，犹如大海捞针。

结果那么多小孩忙到天黑也没找到，一个个宣告放弃，回家吃晚饭去了。

唯有一个穷小孩，在众人离去后，仍毫不死心地继续努力，盼望在天完全变黑前能找到它，以得到那笔巨额赏金。

谷仓渐渐一片漆黑，小孩有些害怕，但仍不想放弃，手仍然不停地在地上摸索。有那么一瞬间，万籁俱静，一种滴答滴答的响声变得十分清晰。小孩顺着声音找过去，终于从稻草堆下面找到了那只名贵的手表。

当你的内心摒弃了外界一切干扰，一旦平静下来，就可以得到所要的一切。

◆ 心灵感悟

当一个人能做到清心寡欲时，心地就会慢慢变得明净，那时人生将会有质的提升。

病由心生 💕

老专家专治各种怪病，这天在小城义诊。

女人听说了，赶去看病。老专家先问她的病情表现，女人滔滔不绝：最近一直无心茶饭、失眠、全身无力、体重严重下降……

听完她的诉说，老专家又给她做了一番检查，然后说："你只是烦恼太多，虚火上升，没什么大病。"女人听了，极为赞同，说起自己的烦恼来：做了一个小投资，赔个精光；家里的小饭店，赚钱不多；老人身体不好，要费心照顾；最近又跟最好的朋友闹了别扭……

认真听完这些，老专家开始询问："你和丈夫感情可好？"女人开心地笑了："他对我非常好，很爱我。""孩子可听话？"女人眼睛放光，骄傲地说："我女儿可是她们学校第一名。她很懂事，什么都不用我们操心，自己就能把功课处理好。""那你呢？可有别的事业或爱好？""我喜欢摄影，上个月参加一个比赛，还获得了二等奖……"

老专家看着女人笑了，说："我给你一个口述的药方，很简单。苦恼事看淡些，开心事多回味，你的身体很快就能好了。"

◆ 心灵感悟

痛苦和快乐许多时候是双胞胎，在我们叹息或者流泪时，快乐就在身旁冲我们点头微笑。

"意外"损失

在学校里教书的小李，工作一般、薪水一般、生活质量一般，但是他却怡然自得，觉得平淡的日子反而更踏实。

有一天，他接到一个陌生的电话，对方在电话里告诉他，他在上大学的时候，救过的一个险些被车撞倒的老人已经死了。那老人一生无儿无女，感念他当年的救命之情，在弥留之际将所有的财产都留给了他。这真是一份意外的财产，更是想象不到的天降祥瑞。于是，他欣喜若狂地开始准备去异地接受馈赠。同事、邻居不无嫉妒地向他贺喜，他更加飘飘然，并开始幻想得到财产后要如何花销。

然而，更大的意外发生了：在他订好机票的时候，又接到通知，那老人把钱埋在房间的地下，结果钱被腐蚀掉了。眼看到手的财富飞掉了，小李悻悻地回到学校，重新回到原来的生活。但是，他却像变了一个人似的，每天怨天尤人，逢人便说自己如何不幸，到处诉说自己的遭遇。大家开始还劝他看开些，毕竟是人家的东西，毕竟是意外，不是自己的又何必强求。但他听不进去，慢慢的，大家都疏远他。他的妻子也接受不了他每天长吁短叹的样子，回娘家去了。

若干年过去了，他的工作荒废了，妻子也改嫁了，而他却始终垂头丧气，念念不忘当年的那场意外。

◆ 心灵感悟

生活恢复到老样子，可损失的是心情。命运已然给你下了定论：它以前不属于你，以后也不属于你，又何必固执地放不下呢？

悲喜两重天 🖤

一对孪生兄弟，他们的性格却截然相反：一个过分乐观，一个过分悲观。

父亲对他们这种性格很是头疼，想给他们改造一番。

这天早晨，悲观的孩子从父亲那里得到很多漂亮可口的水果，乐观的孩子却只有两颗炒熟的栗子。

中午了，父亲发现悲观的孩子正在哭泣，就问："这么多漂亮可口的水果，你怎么不吃呢？"

孩子哽咽着说："吃光了，这个世界上就再也没有这么漂亮可口的水果了。"

父亲无可奈何，却看到乐观的孩子正拿着小桶在给什么浇水。

看到爸爸朝自己走来，乐观的孩子欣喜地报告："爸爸，你看，我在种栗子，估计明天它就能长出枝芽了。"

◆ 心灵感悟

乐观者看到的是希望，悲观者看到的是绝望——这种差别决定人生的优劣。

往好处想 ♥♥

儿科病房躺着两位小女孩，由于患有先天性心脏病，都做了手术治疗。手术使得她们幼嫩的胸脯上多了一道伤痕，而且不能消除。

一个小女孩很伤心，常含着泪水说："我讨厌这伤痕，它使我的皮肤有了缺陷。"但另一个小女孩的态度却截然不同。她笑着说："我感激它！因为它使我得以重新拥有美好的生命。"

心态不同，那么对于同一事物便有不同的评价，当然也必定会影响处事的方向，甚至是生命的质量。

还有一个这样的例子很值得深思：

两个工程师共同负责一个研究项目。项目接近尾声时，做了一个小测验，意外地发现和预期的结果不符。这里面出现了未曾发现过的问题。

面临这一事故，一位工程师责备自己太大意，进而开始怀疑自己的能力；另一位却感到很高兴：幸好现在就发现了这个问题，可以避免实际运作时产生大的损失。

显而易见，积极的心态，才是我们应该拥有的，因为它可以使你从容应对突发的事件，转不利因素为有利因素，甚至可以从不利情况中得益。

◆ 心灵感悟

对待挫折，什么是正当的态度？让我们来看看古圣人是怎样做的：子路闻过则喜，所以子路的仁德在孔子的众多杰出弟子中显得格外突出；孔子则说："丘也何幸，过必有人知！"意思是，我孔丘多么幸运啊，有过错别人一定知道。他们共同的态度是，有过错不害怕改正，所以他们是圣贤。

心灵鸡汤全集

最感人的真情故事

第一辑 甩掉灵魂的包袱

当个吃鲜草的羊 ♥♥

有一只羊，散步的时候，发现一个很大的庄园，里边有肥嫩的鲜草，郁郁葱葱，非常诱人，让它垂涎欲滴。

可是，庄园四周围着铁丝网，只有墙角处有个小洞，可是以羊目前的身材是不可能进去的。于是，它决定减肥，为了庄园里美味的鲜草。

饿了三天三夜，终于，它能够钻进小洞了。在无人看管的情况下，它无忧无虑地度过了三天的美好时光，吃了睡，睡了吃。它终于心满意足，准备离开了，却发现自己再次变胖，无法钻出小洞。没有办法，只好和原来一样，又饿了三天三夜之后才顺利地钻出了庄园。

回到外面的世界，羊开始感慨，原来自己白忙乎了一场。但转念一想，虽然空着肚子进去，空着肚子出来，但自己还是在庄园里度过了三天的美好生活，那样肥嫩的鲜草恐怕以后再也找不到了。想到这里，它又心理平衡了。

人也如此吧，空无一物来到人世，再空无一物离开，走一遭人世，尝尝人间的酸甜苦辣，也就值了。

◆ 心灵感悟

即使生命是一场空，也要"空"得很充实；纵然人生是一场白忙，也要忙得很快乐。

能舍才能得 ♥♥

当我们真正想得到一些美好的东西时，就必须暂时乃至永远放弃另外的追求和目标，以便让精力更集中。

当我们还是一个小孩子时，快乐原则是我们生活的唯一准则。我们哭泣是表示饿了，父母马上喂食给我们；我们害怕时，父母会给予安慰和保护；我们生病时，父母会尽心照料和治疗。我们一个又一个的愿望，父母总是会尽量满足。他们关心我们是否舒适，一旦我们大哭，他们就会马上过来安慰。那时，我们还不懂得自我克制，只想让需求马上得到满足。慢慢长大了，欲望越来越多，也越来越大，才明白必须对自己的欲望作出判断，并进行取舍。

对于人们来说，善恶之间的选择是比较容易的，但在一种善和另一种善、或者是多种善之间进行选择反而显得十分艰难。例如，一个人既渴望发挥创造性的组织才能，又想去做莎翁戏剧的演员，还想成为一个有影响力的牧师。很明显，他没有时间和精力同时做到这些，甚至同时做好两种也不太可能，所以只能选择一种。

古时候有一个国王，他年纪不大，但是头发已经全白了。他的面孔苍老，甚至连背也驼了。他走路的时候感觉两条腿直打哆嗦，精神也不好，每天都无精打采的。国王不知道自己得了什么病，看遍了所有的大夫，还是没有任何起色。

国王的病一天天恶化，大夫们却拿不出一个有效的方子来。国王非常生气，于是下令王宫里所有的人都到市集里去张贴告示，许诺谁要是能治好国王的病，就赏黄金千两、良田百顷，还封官晋爵……

告示贴出去好几天了，却一直没有消息。国王在王宫里很是着急，终于，有一名老者带着告示来到了国王面前。

国王见他两手空空，心里十分疑惑，问："你不对我用药吗？"

老者一笑，说："国王的病能否治愈不在别人，正在于国王自己。"

国王更加疑惑了。

老者接着说道："国王，您是一国之君。您拥有望不到边际的辽阔土地，但是您却没有同样宽广的心胸；您拥有千千万万的臣民，但是您却视而不见，命令军队到邻国去掠夺百姓；您拥有用之不竭的财富，却没有满足之心，还要在民间搜刮；您的后宫有端庄、贤淑的皇后和嫔妃，但您还命令内侍去强抢民女；您拥有忠心耿直的大臣，但您却一直怀疑他们会有二心……"

话还没有说完，国王就大发雷霆："你好大的胆子！"

老人并未害怕，接着说道："这些都是您病因的根源。还有，你动不动就大发脾气，就像现在这样！"

国王气得说不出话来，可是他不得不承认老者的话是正确的。过了一会，国王的面部表情慢慢地柔和下来，他换了一种口气，说："请问，老人家可否有医治我这种疾病的良方？"

"有！打破您心灵的枷锁，您的心就会得到自由，就会轻松，心一轻松，人就精神……"

"您的良方是要我放弃征战，放弃大量财富，放弃后宫三千美女……"国王不满地问。

"是的。一个心胸狭窄、物欲太盛、又不肯与人分享的人，到头来只会使自己的精神枷锁越来越重。精神颓废了，身体又怎能健康呢？"

国王听后，慢慢地心平气和下来。

在接下来的几年里，国王不再发动对邻国的战争，不再沉溺于酒池肉林之中，不再算计着金银财宝的多少。渐渐地国王的身体也越来越健朗了，他的头发变黑了，腰也直了，腿也有力气了。

适时的舍弃让国王重新找回了健康。一个人的心灵负荷太重，会让人不堪重负。只有聪明地放弃，才能幸福地得到。在人生的早期，很多人都不明白这个道理。在他们看来，所有的职业，将来都可以试一试。因而如果让他们选择，他们就会犹豫不决。一个人真要成就某一个伟大的目标，那么其他大部分的目标都得暂时放弃，以便专心致志去实现一个目标。

在《星云禅话》中曾有这样一则富有启发性的故事：一位守路人，在走到一个悬崖小路时，不小心滑入山谷中，情急之中他抓住了长在崖壁上的一棵小树。既不能上，又不能下的时候，他祈祷佛陀救他脱险。这时佛陀出现了，伸出手来对他说："好吧，请你把手交给我。"但是过路人却不松手，他说："我把手一放，那肯定掉到万丈深渊里，粉身碎骨。"

过路人把树枝攥得更紧，不肯放下。这种执迷不悟的人，佛陀也难救他。

◆ 心灵感悟

舍得舍得，不能舍，何以得。

只求曾经拥有的美丽

很多事，在亲身经历后才明白。比如感情，在心痛过后，才学会如何保护自己；有过无怨无悔的痴心经历，才学会如何去放弃，在得与失中才更加了解自己。许多无谓的执著，其实生活中并不需要，哪里真有不能舍弃的东西？懂得舍弃，生活也许变得更轻松。

每一段情感开始之初都是美妙的，有人相伴的旅程也让人迷醉。但不能彼此拥有，眷恋才会更浓；在无眠的午夜，思念更让人留恋。没有一份感情能交出完美的答卷，别以为有了苦苦的追寻生活就更圆满了。遗憾和伤感，只会让原来的美好更久远而已。

清理乱糟糟的情绪，继续走你的路。错过太阳，你还可以看到星星；错过原来的女友，是因为上天要让你碰到我。走自己的路，人生会变得美丽。

爱情不会变成永久的诺言。曾有这样一个故事：一位男士以及所有和他沾边的人都遭到前女友的骚扰。后来男士亲自前去恳谈和解，发现前女友已另有新欢，但就是仍不放过他。所谓新爱已来，旧爱仍不断……

还有一个让人感慨的例子：丈夫在婚姻中不断有外遇，以致妻子不得不与他离婚。但几年过去了，他又找到前妻泼了她一身硫酸，致使前妻一眼失明，全身烧伤40%。她没了工作，又破了相，还必须抚养两个小孩，而且还担心前夫假释出狱后仍不放过她。因为前夫入狱后，仍然自得地让人传话给她："现在没人敢娶你了吧？我还是可以要你，你乖一点，把孩子带好……"

其实，有时就是因为这种糊涂的占有欲，他们才会做出各种"损人不利己"的事来。

一个人如果有"曾经拥有就想天长地久"的偏执，在渴求爱的永久保证的情况下，就会渐渐偏离良心的轨道。

有时，强迫地追求一种东西会让身心憔悴不堪，这种行为太不划算了。而且，属于那种"可远观而不可近玩"的状况，就算得到它，日子一久，就会发现和期待相去甚远。有一句让人发笑的话：失去的和不得不放弃的东西，永远是最美的。其实这句话有部分道理，所以下次你喜欢一种东西时，不要再以为得到它是最明智的选择。

◆ 心灵感悟

世界上有没有为爱下一个定义的？有，孔子下过，他说，仁者，爱人。爱就是仁，仁就是爱。但要做到孔子所说的仁颇不容易，他的全部著述都在讲述着这个道理，不过有心人能够深深领会到其中的意思。你何不去试试？

都是百万富翁 ♥♥

一位青年老埋怨时运不济，难以发财，所以终日愁眉苦脸、唉声叹气。一天，一位鹤发童颜的老人路过这里，问他："孩子，你为何如此郁郁寡欢呢？"

青年瞧了一眼老人，叹气说："我是个穷光蛋，没房、没工作也没收入。一天到晚饥一餐饱一餐的，哪能快活得起来啊？"

老人笑着说："傻孩子，你应该大笑才对！"

青年人没弄懂："为什么？我应该开怀大笑？"

老人故意说："是啊，难道你不知道自己是个百万富翁吗？"

青年人更加不高兴了："我是个百万富翁？你可别拿我这个穷光蛋寻开心。"

老人说："我何必拿你寻开心呢？孩子，你现在能回答我几个问题吗？"

青年人又有点好奇："有问题只管问。"

老人问："假如现在我用20万金币来换取你的健康，你同意吗？"

青年人毫不犹豫地摇摇头："不同意。"

老人又问："假如现在我用20万金币换取你的青春，你同意吗？"

青年人毫不犹豫地摇头说："不同意。"

老人又问："假如我现在出20万金币，换取你的英俊，让你从此成为丑八怪，你同意吗？"

青年人干脆地说："当然不同意。"

老人又问："假如让我出20万金币，换取你的智慧，从此你将变得像个白痴，你同意吗？"

青年拨浪鼓似的摇头，又想转身离去。

老人急了说："还有最后一个问题：假如我出20万金币，让你去烧杀抢劫从此没了良心，你可愿意？"

青年人愤愤不平地说："这种缺德事，是撒旦干的事啊！"

老人微笑着说："很好，我问完了。我一共开价100万金币，但没买走你身上任何东西，你说自己不是百万富翁，那怎么说得过去呢？"

青年哑口无言，他一下子明白了很多。

◆ 心灵感悟

佛门大德云门禅师说："乾坤之内，宇宙之间，中有一宝，秘在形山。"其实人人都有一颗可以随时作种种功德的摩尼宝珠，可惜因为蒙了尘就都不认得它了，大家都用它来搭弓弹鸟，或者换糖吃，实在是太可惜了。可见每个人都要开阔眼界，不然有宝都不识得。

赶走苦闷

马利安·道格拉斯在一年内连遭两个女儿去世的致命打击。当时他的生活糟透了，茶不思，饭不想，夜不能寐，悲伤忧虑，信心全无。医生建议他吃安眠药或去旅行，但都没有什么收效。他感到自己像被大钳子夹着一样，而且夹得越来越紧。然而，使他悟出解决问题方法的却是他4岁的儿子。

那是一个下午，他还在为女儿的事伤心难过，他儿子走过来问："爸爸，您能不能为我造一条玩具船？"虽然他在儿子的纠缠下答应了，可实际上，他当时没有任何心情来造这条船。就在他把儿子的玩具船弄好的那一刹那，他仿佛从昏睡中惊醒，感觉用来造船的3个小时，自己的心情有了放松。他发现，如果一个人忙碌起来，去做一些需要计划和思考的事情，伤痛就很难再占据你的心灵了。

第二天晚上，他察看所有的房间，发现书架、楼梯、窗帘、门钮、门锁、水龙头……都等着他去修理。他便把该做的事列出一张清单，竟一下子列出了242件需要做的事。两年之后，这些事情大部分都已完成。同时，他参加了成人教育班，担任校董事会的主席并参加很多会议，还协助红十字会和其他机构募捐。他用这些启发性的活动使自己变得充实起来。忙碌的他已经没有时间再伤心了。

苦闷损害人们的心灵和健康，可以说是好情绪的杀手，慢慢地置人于死地。用忙碌排遣苦闷，可能是一个效果不错的方法。

有人遇到不幸或烦心事时，便把全部心思集中在工作上，拼命地工作，让自己保持忙碌的状态，从而渐渐摆脱苦闷。

◆ 心灵感悟

当你伤心时，让自己忙碌起来吧，它会把所有的伤痛与苦闷赶走。

一生最重要的时光

古代有个英俊的国王，他的军队威震天下，他的财富举世无双。但有两个问题他无法解答，以致他不断地追问自己：人一辈子最重要的时光是什么？一辈子谁最重要？

他派人告诉全世界的哲学家说，只要能圆满答出这两个问题，无论是谁，都将分享他的财富。哲学家们从各个方向蜂拥赶来，但没有一个人说得让国王满意。

这时有人对国王说，遥远的雪山上住着一位老人，他的智慧广大无边，也许他可以帮国王找到答案。国王动心了，他亲自前往那座雪山，到达山脚时便装扮成一个农民前去拜访。

当他来到智慧老人的简陋茅屋时，看见老人正在地里挖些东西。国王恳切地说："听说你的智慧广大无边，所有问题都难不住你，那么你告诉我：我生命中最重要的人是谁？最重要的时光是什么时候？"老人满不在乎地说："来，帮我挖点土豆，然后去河边洗去泥土。烧水煮开，你和我可以喝点土豆汤。"

国王心想，这老头考验我呢。于是照做了。他和老人呆了好几天，一直期待着老人说出问题的答案，但老人总和他说些别的事儿。

国王忍无可忍，气愤地拿出自己的玉玺，并宣布老人是个骗子。

老人也装做生气的样子说："第一天你问我时，我就告诉你答案了，但你一直没弄明白。"

国王惊讶地问："你说了什么答案？"

老人不紧不慢地说："你初来，我表示欢迎，让你住在我这里。"老人接着提高声音说："要知道，过去的已经过去，未来的还没到来——你生命中重要的时光就是当下，你身边的最重要的人就是当下和你在一起的人，因为他和你一起分享着生活啊。"

国王听后恍然大悟。

◆ 心灵感悟

　　智慧宝典《金刚经》告诉我们："过去心不可得，现在心不可得，未来心不可得。"时间是相对的，真正的时间，万年一念；一念万年，没有古今，没有去来。正如一首古诗所说："风月无古今，情怀自浅深。"

时刻保持好心情 ♥♥

苏格拉底单身的时候和好多朋友同住在一间很小的屋里，但他一天到晚笑容满面。

有人问："这么多人挤一块，睡觉就是转身都难，你怎么还能这么高兴？"

苏格拉底说："朋友住一块儿，随时可交流思想和感情，这还不值得高兴啊？"

不久，朋友们一个个有了妻室，小屋只留下苏格拉底一个人。他仍然一样欢喜。

那人又问："你孤孤单单的一个人，还能高兴什么啊？"

苏格拉底说："我的书多啊！一本书足以称得上一个老师，这么多老师济济一堂，我怎能不高兴呢？"

才过几年，苏格拉底也有了自己的家室，住进了一座高楼的底层。高楼有7层，底层环境最差，经常会遇到泼污水、丢死耗子、扔破鞋臭袜子之类的事。但苏格拉底依然整天喜气可人。有人好奇地问："你家住在这样的环境，还能高兴啊？"

"照样高兴！"苏格拉底说，"住1楼的妙处你有所不知啊？我略举一二：到自家跨步就到，不必爬高楼，特别是搬个东西方便得很；朋友来了一下子就找到了，不必费心一层层去找；另外还有一个很大的乐趣：种花、种草、种菜，其乐无穷啊！"

一年后，苏格拉底把底层让给了一位老爸偏瘫的朋友。他自己搬到了7楼，每天仍然快活着。

以前的那个人带着取笑的口吻说："老先生，7楼好处也很多吧？"

苏格拉底说："没错，好处多着呢！例如每天上下楼梯，活动了身体；光线也不错，看书写字不伤眼睛；天花板不会乱响，白天黑夜都很宁静。"

后来那人看到了柏拉图，他问道："你的先生时时刻刻都很乐观，但他的环境并不见得那么好，为什么呀？"

柏拉图说："一个人心情的好坏，决定因素不在外界环境，而是内在思考方式。"

◆ 心灵感悟

孔子说："不在其位，不谋其政。"所以处在某种环境下，就要力图把那种环境的最大优势发挥出来。如苏格拉底处在1楼时，只去想住1楼的好处，而不会去想1楼的坏处、7楼的好处；当他住7楼时，就只想7楼的好处，而不会去想7楼的坏处、1楼的好处。否则，岂不是跟自己过不去！

永远乐观

奇乐天是个乐天派，生活质量颇高，贝特为此请教他一些问题。

贝特问："假如你连一个朋友都没有，你还会乐观吗？"

奇乐天说："当然。我会这样想：幸亏没有的是朋友，而不是我自己。"

贝特又问："如果你走路不小心掉进一个泥坑，弄得像个泥人，你还能乐观吗？"

奇乐天说："照样乐观。我会想幸亏掉进的不是无底深渊。"

贝特又问："有一天，你挨了一顿无缘无故的毒打，你还能乐观吗？"

奇乐天说："照样乐观。我会庆幸自己没被他们杀害。"

贝特又发问："当你睡得正香时，有人用难听的嗓门唱歌，你还能乐观吗？"

奇乐天说："照样乐观。我庆幸不是一匹狼在嚎叫。"

贝特又问："假如你妻子背叛了你，你还能乐观吗？"

奇乐天说："照样乐观。我为她庆幸，她背叛的不是一个国家。"

贝特又问："假如你的生命即将终止，你还能乐观吗？"

奇乐天说："照样乐观。我庆幸在人世自始至终都是个乐观的人，最终得以很高兴地前往西方极乐世界，继续乐观的旅程。"

贝特又问："这么看来，生活中没有能让你痛苦的事情了。你的生活自始至终都是一个连贯的喜剧？"

奇乐天说："没错，只要你愿意，生活无时无处找不到快乐。痛苦往往不请自来，但快乐和幸福需要去创作和发现。"说完这句话时，他嘴角依然带着微笑。

◆ 心灵感悟

悲观地看世界很容易，甚至对很多人来说不学就会。但要学会乐观看世界很难，需要努力学习和发现，改变以往的思维方式。真正有价值的人生一定是乐观的人生态度造就的，而不是由悲观的人生态度造成的。

传递爱的力量

雷杰是个法官，现在已经退休了，但他天性极富爱心。在他的一生当中，无论干什么事都以爱为前提，他认为爱是最伟大的力量。由于他最喜爱拥抱别人，所以获得了"抱抱法官"的绰号。他在车子的保险杠上写着：爱我就给我一个拥抱。

六年前，他就自己发明了一套"拥抱装备"，宗旨是：一颗心换一个拥抱。装备里面有30个刺绣小红心，用于贴在背后。他喜欢干的事情就是，带着"拥抱装备"到人群中去，一颗红心换一个拥抱。

雷杰因此名声大振，邀请他去会议和大会演讲的团体源源不断。演讲时，他最喜欢和别人分享"无原则的爱"这个概念。有一次，在洛杉矶的一个会议上，有个地方电视记者向他发难："拥抱参加会议的人，当然容易，因为这些人是主动的。但现实生活中，恐怕行不通吧。"他们要求雷杰在洛杉矶街头拥抱行人。雷杰欣然同意，电视工作人员尾随在后。雷杰首先向妇女打招呼："嗨，我是雷杰，大家都叫我'抱抱法官'。我是否可以用这些爱心换你的拥抱。"妇女欣然同意。评论员认为这个没什么难度。雷杰再看看四周，发现一个女交警，正在开罚单，于是走过去说："你好像需要一个拥抱，我是'抱抱法官'，可以免费奉送一个。"女警也接受了。

评论员觉得还是不够，又给他出个难题："看，那边正好有一辆公交车。众所周知，洛杉矶的公交车驾驶员脾气最坏，牢骚最多。你能当着我们的面，得到他的拥抱吗？"雷杰毫不犹豫接受了这个挑战。

雷杰找到驾驶员，老熟人似的说了起来："嗨！我是雷杰法官，大家都叫我'抱抱法官'。开车压力不小。今天我拥抱了一些人，使大家可以放松一下，以便更好地工作。你需要一个拥抱吗？"肥壮的司机居然走下车来，高兴地答应了。

雷杰给了他一个拥抱，然后送了他一颗红心，在车子开动时还一个劲说再见。采访工作进行到此，工作人员大眼瞪小眼，都服气了。

又有一次，雷杰的朋友米诺来看他。他是个职业小丑，专门邀请雷杰带"拥抱装备"去残疾之家。

他们到了后，开始分发气球、帽子、红心，然后一个个拥抱病人。雷杰有点不知所措，因为他和临终的病人、严重智障或者四肢麻痹的病人从没接触过，所以一开始总觉牵强。但医师和护士的鼓励，让他找到了感觉。

几个小时后，他们来到最后一个病房，里面住着最糟糕的34个病人。他的心里有点不安，但他明白他们的任务是把爱心传递出去，鼓舞病人的信心。雷杰和米诺同开始一样忙着传递欢乐，这时整个房间的医护人员大受鼓舞。

他们给每一个人都贴上小红心，戴上气球帽。

当雷杰来到最后一个病人多罗面前时，多罗胸前套着白围裙，神情呆滞流着口水。雷杰一看他流口水，就对米诺说："我们不管他了，去别处吧。"米诺说："那可不行，他也是我们活动的对象啊！"米诺把滑稽的气球帽系在多罗头上，雷杰也给他贴了一个红心并深吸一口气，弯腰拥抱了多罗。

突然，多罗笑了起来，其他病人也把响铃敲得叮当响。雷杰想问怎么一回事时，发现所有的医师和护士都高兴地哭了。他们告诉雷杰："23年来，我们头一次看到多罗笑了。"

◆ **心灵感悟**

爱其实就是一种由同情心生发的给予：在自己得到快乐时，也希望别人得到快乐；在自己得到幸福时，也希望别人得到幸福。所谓"无缘大慈，同体大悲"，就是对爱这个字最好的注解。

放下你自己

一条小河的源头在雪山高处，它经过了许多村庄和森林，最后到达了沙漠地带。它心里想道：重重的障碍都不可怕，这次难道我会在这里倒下吗？

在一次又一次试验中，发现河水渗透进沙堆中不见了，所有的尝试都是徒劳。小河悲观了：或者我命该葬在此地，到达美丽的大海恐怕只能是梦想了。

刚说完，一阵低沉的声音响了起来："风可以越过沙漠，你也可以的。"这是沙漠的声音。

小河不认同这个说法："我怎么能和风比呢？"

沙漠继续用低沉的声音告诉小河说："在你改变一种形态，加入到风中，就可以跨越我。"

小河做梦都没想过这样的事，它惊恐地说："不！不！改变形态，那还有我吗？那我是什么呢？"

沙漠耐心地说："你变换后的形态叫水汽，躲到风中，就可以飘过沙漠，到合适的地方，再凝成水变回你现在的样子。"

小河固执地说："那时的我还能说是现在的我吗？"

沙漠像个老和尚一样开导："可以说是，也可以说不是。但有可以肯定，不管是你现在的样子，还是变成水汽，你内在的本质都没变。你只以为自己是一条河，其实你根本没把握到自己的本质。"

小河渐渐记起来，似乎在成为河流之前，它的前生也是从大海被风卷着飞往雪山，化为雨雪，后来才变成河流的形态。小河明白了，它鼓起勇气，融入风中，由风带着它去寻找生命的归宿。

◆ 心灵感悟

改变是最困难的，因为一个人的惰性总在阻止着他前进；但改变也是最容易的，因为一个人一旦决定改变自己，那么就难以有阻挡他的困难。孔子说："吾未有见力不足者。"可见，只要行动了，就能够取得进步。

免费提供的生命 ♥♥

圣诞节那天，孤儿哈特给上帝写了一封信：

上帝：

　　您好！

　　您知道，我一直是个听话的孩子。昨天您送米特一个爸爸和妈妈，但您连一个阿姨都不送给我。这太不公平了。

哈特

哈特写有"上帝亲启"的信，几经周折到了神学博士摩罗·邦尼先生那儿。他是《基督教科学箴言报》的特约编辑，专门负责替上帝回信。他读到信后，很快就弄清楚了：米特有人领养了，但哈特还没有，仍旧呆在孤儿院。

在经过充分考虑后，这位神学博士这样回信：

亲爱的哈特：

　　孩子，上帝永远是公平的。如果你认为我没有送给你爸爸妈妈，就以为我不公正，那我会感到遗憾。我想告诉你，我最公平的地方在于——免费给人类提供了三样东西：生命、信念和目标。

　　你是否意识到，你和他人的生命都是我免费提供的，任何一个人都不需要为他的生命支付一分钱。信念和目标，同样也是我免费提供的。无论生活在哪个地方、富有还是贫贱，我都可以让你们得到。

　　孩子，免费供给生命、信念和目标，我在人间

的公平就表现在这里，也是我最大的智慧所在。希
望有一天，你能理解。

你的上帝

后来，这两封信被刊载到《基督教科学箴言报》上，是很
有名的公平对答。很多人因此受到很大启发，更深刻地认识了
人生。

◆ 心灵感悟

这个世界上，最贵重的东西如生命、空气和水火，都被大家
忽视了，其实它们是无价的；反倒是一些无足轻重的东西，在标
上价格后被人们 讨价还价，人们便宜买到后沾沾自喜。世人何其
颠倒。

把爱说出口

一位老师在华盛顿任教，她告诉学生，他们每个人都十分重
要，同时要把自己内心的感谢表达出来，让别人知道，这是十分
重要的。

她开始采用了一种特殊的做法：学生被逐个叫上讲台，然后
告诉大家这位同学对整个班级和她的重大作用。之后发给每人一
条蓝色缎带，上面写着金色的几个字：我很重要。

然后，她发动全班一起行动，去了解这样的做法会对社区产
生什么样的影响。每个学生带上别针和缎带，出去感谢别人，再
观察结果，一周后回到班上报告。

班上的一名男孩在邻近的公司找到了一位年轻官员，因为
他曾给过自己一些生活规划的建议。男孩把蓝色缎带别在他的衬

衫上，再给他一些蓝色缎带和别针，以便他能用这种仪式感谢别人。并对官员表示，希望下次能告诉自己行动后的结果。

几天以后，官员也去看他的上司。他的上司易怒、不易相处，但才华过人，官员表示极为仰慕他的创作天分。上司听了十分惊讶。然后官员把缎带别在老板外套上也如男孩告诉他的一样，请求上司把缎带送给帮助过他的人，并告诉他以后的结果。上司吃惊地答应了。那天晚上，上司回家，来到14岁的孩子身旁，以朋友的口吻说："今天我碰到一件奇怪的事情，办公室一位年轻的同事告诉我说，他对于我的创作天分很是仰慕，于是给我一条蓝色缎带，上面印有'我很重要'几个字，还多送给我一个别针，以便感谢值得我尊敬的人。晚上开车时我就在琢磨送给谁呢？我想到了你，没错，你就是我要感谢的人。"

"因为这些日子，我没有太多精力来关心你。这让我很惭愧。特别是我还会在你学习成绩不太好或者房间太脏乱时就朝你大吼大叫。但是，今晚，我就只想告诉你，除了你妈妈之外，你是我一生之中最重要的人。好孩子，我爱你。"

他的孩子听后十分感动，呜咽啜泣，甚至号啕大哭起来。哭够了之后，他对父亲说："爸，我本来想好明天就自杀，以为你从来没爱过我，但其实根本就没必要了。"

◆ 心灵感悟

人与人之间如果能多一份关心和重视，那么世界便多了许多理解和仁爱，少了许多冷漠和仇恨。其实根本不必等到重大仪式上才来表达这种爱，从小的细节便可以体现出来，让别人感到温暖。

把自己当别人 ❤

一位年轻人带着迷惑去拜访智者。

他问智者："如何在自己变成一个愉快的人的同时也给予别人很多的快乐呢？"

智者和蔼地对他说："孩子，难得啊，这么年轻就懂得追问这个问题了。我有四句话送给你。第一句是：'把自己当成别人。'先说说你的体会。"

年轻人说："在自身陷入痛苦难堪时，就把自己当成他人，痛苦自然减轻了；在喜事临头时，把自己当他人，那么狂妄自然可少很多。是这样的意思吗？"

智者点头称许，又说："第二句话是：'把别人当自己。'你再说说看。"

年轻人说："这叫换位思考，具有同情心，在别人需要时给予及时帮助。"

智者眼睛一亮，又说道："第三句话是：'把别人当别人。'"

年轻人说："是否可以这样理解？每一个人都应该充分尊重别人，不把自己的喜好强加到别人头上。对每一个人的独立性都有充分了解。"

智者笑得爽朗："好！好！果然是后生可畏！第四句话是：'把自己当自己。'这句话理解起来难度很大，留着以后慢慢品味吧。"

年轻人说："这句话我暂时无法把握它的内涵。但四句话自相矛盾的地方也很多，怎样才能统一起来呢？"

智者说："那好办，一辈子够你咀嚼的了。"

年轻人考虑了很久，然后叩头告辞了。年轻人渐渐进入壮年，又渐渐老去，直至去世很久，人们还时时记得他的名字，都称赞他是一个有智慧的人，而且一生活得很潇洒，给每个人都带去许多乐趣。

◆ 心灵感悟

　　认识人，是智慧；被人了解，是幸福；认识自己，是圣贤。孔子说："不要总说自己不被别人了解，要看自己有什么值得别人去了解的。"又说："看一个人做事的动机，看他做事的方法，看他做事的状态。这样别人就不能隐瞒你什么了。"至于如何认识自己，孔子好像没说。

珍惜所有

　　古时候，有一个樵夫，每天都上山砍柴，平淡地过着日子。

　　一天，他同往常一样去砍柴，在山路上拾到一只受伤的鸟。鸟的全身包裹着闪闪发光的银色羽毛。樵夫高兴地说："好漂亮的鸟，我一辈子从没看过这样漂亮的鸟！"于是他把银鸟带回家，为银鸟养伤。

　　养伤的日子，银鸟每天唱歌给樵夫听。樵夫的日子过得很满足。

　　有一天，邻人来看樵夫的银鸟。他告诉樵夫，金鸟比银鸟漂亮上千倍，而且歌唱得更好听。

　　从此，樵夫每天只想着金鸟，再也不把银鸟清脆的歌声放在心上，日子过得也很郁闷。

　　一天傍晚，樵夫坐在门外看夕阳，同时想着金鸟的美丽。银鸟已完全康复，准备离去。它飞到樵夫身旁，最后一次唱歌给樵夫听。樵夫从头听到尾，但仍然感慨地说："虽然你的歌声好听，但恐怕比金鸟还差一点儿；你的毛色虽然也好看，但比金鸟也要差一点儿。"

　　银鸟唱完了歌，在樵夫身旁绕了三圈后，在夕阳下越飞越远。

樵夫猛然发现，夕阳下，银鸟变成了金鸟。他梦想的金鸟不就是这个样子吗？可惜，金鸟飞走了就不再回来。

很多人经常犯类似樵夫的错误：金鸟就在自己身边，但却错过了。希望大家不要再做樵夫。

◆ **心灵感悟**

有人说世界上最珍贵的东西是"得不到"和"已失去"，于是人们每时每刻都在憧憬、在怀念。殊不知人们在为这两样"珍贵"的东西感伤时，会伤害到自己已经拥有了的东西，从而给自己带来更多的伤害。既然是得不到和挽不回，那么请珍惜当下吧，珍惜眼前的人，珍惜眼前的事。

接受自己 💕

有一位名叫安娜的女孩，她的脸孔美若天仙，不过当你看到她骂街的样子可能就不这样认为了。此外，她还堕落为吸毒犯。

不过，有一天，一位心理学家写的书打动了她。她找到这位心理学家，想让他帮助拯救自己已堕落的灵魂。心理学家相信在她堕落的外表下，有一颗纯洁向善的心。最先，他施用了催眠术，让她回忆学生时代的样子。结果心理学家发现：她当时很聪明，就是不敢表现，怕同学嫉妒。她甚至在一些体育项目上胜过男生，以致被很多人挖苦，她姐姐也曾为这个埋怨她。然后，医生试着让她做真空练习。这一次，她哭了，她在记录中写道：你信任我，没把我看成坏人！这让我感到莫大的希望；但你使我痛苦，因为我接触到了真实的生活，所以我恨你！

十年后，那位心理学家与安娜再次在街头相遇。他差点不敢认她了：衣着光鲜，神情自然，心理创伤的影子一点都没有了。一阵寒暄过后，安娜说："谢谢你曾经把我看成是一个特殊的人，并让我也认识到了这一点。不过那时我恨得不行，因为让我知道自己是谁，是怎样的人，在之前从来没有过。很多人说，承认自己的缺点不容易。不过对于我来说，认同自己的美德也不容易。"

在面前放一面镜子，观察自己，有的人可能会喜欢自己某一部位，同时讨厌另外的部位，有些地方则连看都不愿看。但请你不要回避，也用不着抵触，不要否认任何的部位。那些先入为主的完美标准你应该暂时放置不管，而用适合自己的标准看自己。只有这样，才能更好地把握自己，做最好的自己。

"成为你自己！"这句话说来简单，做起来却不容易。因为一个人一旦迷失了自己，那所谓的改进和提高都无从下手。

在照镜子时，试着对自己说："无论我有什么样的缺陷，我都愿意无条件接受，接受自己本来的模样。"或者你有些不能理解：我的确不喜欢自己的某些东西，为什么还要无条件接受呢？

其实，只要能接受事实，那么对于一个人来说也会轻松很多，就好像接受自己的模样一样。这是基点，之后你才能产生自信和自爱，拥有自己的愿望，把握自己的命运。

◆ 心灵感悟

接受自己的确是一件极其重要的事情。假如一个人连自己都接受不了，那么还谈什么自尊和自爱呢？一个不能自尊和自爱的人，会拥有怎样的人生呢？

只想你能做的事情

假如一个人在46岁时，由于机车事故烧得不成人形，4年后又因为飞机事故，腰部以下瘫痪，那我们能想象他会采取怎样的态度来面对人生？

我们能想象他既成为百万富翁、又成为魅力十足的公共演说家、还是意气风发的新郎官以及颇有贡献的企业家吗？我们敢想象他还会去泛舟、跳伞甚至角逐政坛一席之地吗？

不过，席里科的确做到了这一切。

他经历过两次惨重的意外事故而瘫痪，脸因为植皮变成了彩色的，手指全没了，双脚萎缩行动不便，轮椅变成了他最亲密的伙伴。

机车事故，烧坏了他身上65%以上的皮肤。为此，他做了大大小小16次手术。手术后，他不能拿叉子，也打不了电话，一个人也上不了卫生间。不过做海军陆战队员的经历，使席里科从不言败。他扬言："我有能力掌握我的人生之舟。同样，目前的状况既可以说是倒退，也可以说是新的起点。"说完这句话后仅仅六个月，他驾驶的飞机又升空了。

席里科开始一系列投资，首先在科罗拉多州买了座维多利亚式的房子，然后购置了两处房地产，又买了一架飞机和一个酒吧，还和朋友合伙组建了一家木材公司，生产以木材为燃料的炉子。这家公司后来发展成为佛蒙特州的第二大私人公司。

◆ 心灵感悟

这世上有幸运，也就会有不幸。当不幸来临时，无论发生了什么事，都要保持一种积极向上的心态和顽强的拼搏精神。我们要告诉自己：这没什么大不了的，我依然可以做以前想做的事，而且会把能做的事做得更好。

不因得失而喜悲 🧡

从辩证法的观点看来：得和失互为因果，有失必有得，有得必有失。失与得是事物存在的两个状态。它们真实、客观地存在着，只看其中一个状态，不看另一个状态是不对的。

古来万事都付之流水，万物分分秒秒都在变易中，得失即是永恒的。人生的得失也一样，有得必有失，有失必有得。珍惜得到的，而不去留恋已失去的，这样才能称得上明智。

不过，得失的权衡是很重要的。认准要得到的目标，努力追求；对于失去的，要有积极的眼光。古语说："塞翁失马，焉知非福"，可见得到不一定是好事，失去不一定是坏事。失之东榆，收之桑隅。

得失是相对的，有如药，既能治病，也会带来副作用。

台风即将来临时，一对乞丐父子正谈论着这场天灾。

儿子："爸爸，台风一刮来，很多房子就会被水淹了！"

父亲："没错，不光是房屋，衣服和车子也会被水冲走的。"

儿子："真好，我们既没房子，也没车子，不必担心受损失，所以洪水来了也用不着害怕。"

在人生的道路上，得失都是相对的。这样看得失，才能既客观又超然，就不会再怨天尤人，反而珍惜得与失带来的人生历练。

宋代文学家范仲淹说："不以物喜，不以己悲。"是啊，人不必因为失去而痛苦，因为此刻的得到意味着日后的失去；这一刻的失去，意味着日后的得到。两者相互转换，相辅相成。所以关键在于在得失中把握好自己的心态。

◆ 心灵感悟

古人说："文章千古事，得失寸心知。"这是古人就辞章歌赋来说得失的。其实，岂止是辞章歌赋，天下事的得失，也只有当事人自己知道——如人饮水，冷暖自知。

治疗头痛的饮料 ❤❤

　　约翰·潘博顿是乔治亚州亚特兰大市的一位普通药剂师。1886年5月的一个早晨，在自家后院的大锅里，潘博顿制作出了一种有镇静提神作用并能缓解头痛的糖浆。之后，他将糖浆带到了药房。助手魏纳伯依照他的吩咐将一些水和冰块加了进去。结果，他们立刻喜欢上了这种味道。

　　在兑第二杯饮料时，含有二氧化碳的水被魏纳伯错当成普通水加了进去。出乎意料的是，他们觉得味道更棒了！

　　有这么好的味道，当然不能再叫"头疼药"了。由于含有可乐果与古柯叶，所以糖浆被取名为"可口可乐"。他们决定将它作为一种解渴的饮料来卖。

　　就这样，可口可乐正式登上历史舞台。据可口可乐公司统计，这种潘博顿在1886年制成并为之花去73.69美元广告费，却仅卖出了25加仑、相当每天卖出9瓶，总共赚到50美元的饮料，如今已行销155个国家和地区，每天要卖出3.93亿瓶。谁能想到，今天的世界饮料之王，最初只是用于治疗头痛的糖浆呢？

◆ **心灵感悟**

　　追求目标的过程中，不要怕犯错。有时，犯错是成功的开始。

属于自己的芳香 💕

　　一个很想成就一番事业的年轻人总是被失败折磨着，渐渐开始怀疑自己。后来他去拜访一位得道禅师。年轻人向禅师诉苦道："为什么我怎么努力都无法得到想要的成就；而别人却总能顺利实现目标呢？"

　　禅师笑而不语，少顷，问了句无关紧要的话："说起'芳香'二字，你最先想到了什么？"

　　"当然是香水！我两个月前开了间化妆品店，专门卖世界名牌香水。虽然店铺已经关张了，但我还是会时常想起沁人心脾的芳香！"

　　禅师听后转而问化学家同样的问题。

　　化学家回答道：'我最先想到的是'芳香烃'化合物。眼下我正在研究某些大分子量芳香族化合物的致癌作用，希望能有所突破。"

　　之后，禅师又问诗人同样的问题。

　　诗人回答道："当然是连天的花海、美貌的少女，还有迎风飞舞的蝴蝶！这些都是我创作的源泉啊！"

　　年轻人实在不明白禅师的用意。正当他想问个究竟时，禅师又将问题抛给一位老华侨。

　　这是一位自幼离家，在海外拼搏半生，终于功成名就、荣归故里的富商。富商的答案是："故乡灶台上母亲做的晚饭、故乡的山水、故乡的泥土和空气！对我而言，没有什么能比它们更芳香的了！"老华侨眼中涌动着泪花。

　　禅师转头面向年轻人:"你对'芳香'的认识与这些人一样吗？"

　　年轻人摇了摇头。

　　"那他们对'芳香'的认识又都相同吗？"

　　年轻人又摇了摇头。

　　禅师微微一笑，目光中充满了睿智："我们每个人在生活中都有属于自己的芳香，那是一种独一无二的芳香。不要只顾着关

心灵鸡汤全集　最感人的真情故事　第一辑 甩掉灵魂的包袱

心别人，关心他们如何欣赏自己的芳香，却忘了你那与众不同的芳香……"

一朵再不起眼的小花，都有属于自己的芳香和美丽，独一无二。所以，不要跟别人比，不要盲目地羡慕别人拥有的东西，转而正视自己、珍惜自己，运用自己的才华去努力开创一片天地。

对上帝的请求

德国著名的作曲家墨西·门德尔松，身材矮小，相貌一般，而且驼背。从外貌来考虑，确实很难有女孩子会选择他做自己的丈夫。

一天，他去别人家做客。这家有一位美丽的姑娘叫弗西。看到她，墨西就被深深地吸引住了。他控制不住自己的情感，深深地爱上了这个弗西。但是因为他的相貌，女孩拒绝了他。

必须要离开了，墨西还是不愿意放弃。他鼓足勇气，去找弗西，想跟她最后谈谈。弗西貌若天仙，始终不愿意正眼瞧他。墨西很难过，但他还是努力表达自己的感情。他问弗西："缘分是天注定的，你相信吗？"

她看着窗外，说："相信。你呢？你也相信吗？"

墨西没有直接回答弗西的问题，而是说："据说，上帝在男孩子出生之前就决定了他未来的新娘。在我要出生时，上帝告诉我，我未来的新娘是个驼背，当时，我恳求上帝：'对一个女人来说，驼背是很悲惨的。上帝啊，仁慈的上帝，请您把美丽赐给我的新娘，把驼背留给我吧。'"

听到这里，弗西震惊了。望着墨西深情的眼睛，她的心乱了。最后，她做了墨西的爱妻。

◆ 心灵感悟

不要因为自己长相不如对方而放弃追求。长相只是一时的印象，放弃却是一生的失望。

超越痛苦

有一位作家曾写过这样一则寓言：

一只兀鹰，狠狠地啄着村夫，在把靴子和袜子弄成碎片后，便狠狠地啄起村夫的双脚来了。恰好一位绅士经过这儿，他对村夫鲜血淋漓地忍受痛苦感到很同情，于是问，为什么你要忍受兀鹰的啄食呢？村夫忍着痛苦回答："有什么办法呢？当兀鹰最初袭击我的时候，我还想赶走它。没想到它很顽固，差点抓伤我的脸，于是我就牺牲双脚任他侵逼。现在，真是痛苦啊，我的脚快成碎屑了。"

绅士说："不对啊，你完全可以一枪就毙了它的。"村夫一听，省悟过来说："是吗？那你赶快帮助我，好吗？"

绅士说："我乐意帮你，但我得去家里拿枪，你还能支撑住吗？"

村夫呻吟着，强忍着痛苦说："不管怎样，我会坚持下去的。"

于是绅士跑回去拿枪。不过晚了，就在绅士转身这一刹那，兀鹰突然一飞冲天，凭借着巨大的冲力，把硬如标枪的嘴刺进了村夫的喉咙，村夫扑地而死。兀鹰也因为用力过猛，淹溺在血泊中。

或许有人会想：村夫为何不自己拿枪毙了兀鹰，何以甘受兀鹰的攻击呢？其实，故事中的兀鹰寓意着人内在的痛苦。许许多多的人，都像村夫一样，在自己臆想出来的痛苦中不能自拔，甚至对那种痛苦有了依恋之情，不愿亲手去结束那种痛苦，就算是只要抬抬手。所以，面对痛苦，不必等别人帮忙，只要你愿意超越它，你就可以毁灭你的痛苦。

◆ 心灵感悟

孔子说："力不足者，中道而废，今汝画。"意思是一个人之所以会感觉到力量不足，半途而废，其实都是被自己的思想观念限制住了。可见，一个人端正自己的思想观念是多么重要。否则，人会处处受到自己思想观念的束缚，陷入痛苦的深渊而不能自拔。

勇敢开创新生活 ❤

在美军庆祝北非战争胜利的那一天，有人告诉一位名叫伊丽莎白·康黎的女士：战场上找不到她的侄子了。不久，又有人告诉她，她的侄子早就死了。她没有办法接受这个事实，决定抛弃工作，远走他乡，离开这个让她痛失亲人的熟悉环境。

转机发生在她清理桌子时，她正准备写辞职申请，不小心翻出了一封久远的信，是在她母亲去世时这个侄子给她寄来的。信上略显稚嫩的笔迹写着："这是肯定的，我们会永远怀念你。你肯定会撑过去的。是你教给我那些难以忘记的真理，你教我要微笑，要做男子汉，任凭风吹雨打依然矗立如故。"

这位女士把信读了一遍又一遍，就好像她侄子正在她身边对她说："为什么你不试试你教给我的办法呢？要坚强支撑下去，不论发生了什么事情，把悲伤隐藏在微笑后面，继续过下去！事情已经这样了，我们没有能力改变过去，但能够顽强活下去。"

这位女士打消了辞职的念头，把思想和精力都转移到工作上；有时间就写信给前方的士兵们；晚上也不让自己闲着，参加各种成人教育班。努力找出新的兴趣，结交新的朋友，不再为过去的事悲伤。之后，她发现她的生活比原来更充实、更有意义。

荷兰首都阿姆斯特丹有一间15世纪的教堂，废旧的碑上刻着一行字：事情是这样，就不会是别的样子。漫长的人生旅途，令人不快的事情时有发生，既是这样，就不可能是别样。我们也可以有所选择，那就是对于必然的结果愉快地接受和适应；或者拒绝承认既成事实，让忧虑继续侵蚀我们的生活。

◆ 心灵感悟

如果好好反省，也许你就会发现自己就是一棵饱经沧桑的大树，面对生命中无数次狂风暴雨和闪电的袭击都挺住了。但如果是来自内部像小甲虫一样的咬噬呢？你还能挺住吗？那可是只需轻轻一捏就死的小甲虫。

不要同自己过不去 ❤

摆脱悲观的情绪，是彻底战胜挫折最初下手之处。

一位美国人，商业发展受挫后欠了别人很多债，这让他整天闷闷不乐，打不起精神来。后来有一天，他偶然到街上去办事，发现一位失去双腿的残疾人高兴地向他打招呼说早安，他顿时有种羞愧得无缝可钻的感觉。那天他回家后，在镜子上写下这样一句话："我的苦闷，源于没有鞋穿；但我在街上发现一个没有脚的人时，才感觉自己处在怎样的幸福中。"

由于挫折而产生的许多不好的情绪，好像一片乌云笼罩在心头，使人目光短浅。但找到另外一个角度，就会对以前的处境有完全不同的看法：天地间是如此广阔无垠，大自然是那么多姿多彩，生活是何等的有滋有味。

◆ 心灵感悟

其实大多数人的悲观和沮丧都源自欲望过多。有这样一首诗道破了这样的人生境况："终日奔波只为饥，方才一饱便思衣。衣食两般皆具全，又想娇容美貌妻。娶得美妻生下子，恨无田地少根基。买到田园多广阔，出入无船少马骑。槽头扣了骡和马，叹无官职被人欺。县丞主薄还嫌小，又想朝中挂紫衣。做了皇帝求仙术，更想登天跨鹤飞。"

找到位置

阿雷德在高中读书时，校长对他的母亲说："阿雷德的理解能力太差，两位数以上的计算都不能弄清，或许他不适合读书。"母亲伤心地把阿雷德领回家，想用自己的力量培养他成材。然而，阿雷德始终对读书不感兴趣。一天，阿雷德路过一家正在装修的超市时，被超市门前的一件雕刻艺术品吸引。他凑上前去，好奇而又用心地观赏起来。

不久，母亲发现阿雷德只要看到木头、石头等材料，就会认真按照自己的想法去打磨它，塑造它，直到造型让他满意为止。母亲非常着急，她不希望他因为玩弄这些而耽误学习。

但阿雷德还是让母亲失望了：没有一所大学肯录取他。母亲对阿雷德说："你已长大成人了，去走自己的路去吧！"

阿雷德在母亲眼中是个彻底的失败者。他难过地远走他乡，去寻找属于自己的事业。许多年后，市政府为纪念一位名人，决定在广场上放置名人的雕像。能与名人联系在一起，这将是难得的荣耀和成功。众多的雕塑大师纷纷拿出自己的作品，最终一位远道而来的雕塑大师的作品获得了认可。

在开幕式上，这位雕塑大师说："我要把这座雕塑献给我的母亲，因为我读书的失败令她伤心失望。现在我要对母亲说，大学里虽然没有我的位置，但生活中总会有我的位置。希望今天的我不再让她失望。"

这个人就是阿雷德。在人群中，阿雷德的母亲喜极而泣。她终于明白自己的儿子是多么的优秀，只是当年自己把他放错了位置。

◆ 心灵感悟

人生密码隐藏在你最感兴趣的事物上，而兴趣本身就是破译的密码。要想找到属于自己的人生舞台，就要敢于坚持走自己的路。

别忙得忘记了最重要的事

林夕是一个著名的作家，他有一个做证券生意的朋友，在全世界飞来飞去，一年难得见上一面，唯一的联络方式是打电话。

有一个晚上，这个朋友给他打来电话，天南地北跟他聊天。

朋友突然问林夕："假如花上1元钱，就可以预知死去的时间、地点和情形，你愿意买吗？"

林夕考虑了一下，摇头说："我不愿意买。"

朋友问："为什么呢？"

林夕说："死亡是人生最大的痛苦，如果知道哪一天死，岂不更痛苦？我想最好的方式是：死亡瞬间降临。人没来得及思考，就不会有太多痛苦。"

朋友沉默片刻，然后表示："我愿意，我买。"

林夕很好奇："什么原因呢？"

朋友说："很简单，就是不愿意死的时候都糊里糊涂的。但也不必知道得太早，提前10天知道最好。"

朋友问："这10天你想做些什么呢？"

朋友回答："5天时间陪家人，好好相聚。因为一年到头总忙着谈判和签合同，难得有回家的机会，使我总觉得欠妻子儿女太多太多。我经常口头允诺，等公司发展好了，就陪他们去欧洲度假。但业务一直繁忙，时间一再拖延，始终未能履行这个诺言；另外5天时间留给自己，做最喜欢的事，例如和爱人去森林游玩。"说到这儿，朋友的声音有点酸涩。

林夕笑了："这不难啊，为什么不现在就挤时间去实行呢？"

朋友叹口气说："现在好忙啊，真没时间！"停顿了一下又说："如果等到最后10天才去做那些事，那么也的确太不应该了。"

然后电话就被搁下了，留下一串忙音。

◆ 心灵感悟

的确，每个人都很忙，但我们是否忙得把生命中最重要的事情忘记了呢？沧海桑田，世间变幻万象，我们似乎都忘记了一个最基本的常识：我们每一个人都是要死的。佛说，生命就在呼吸间，一息不来即属后世。又说，在腊月三十到来前，赶快吃斋念佛准备资粮吧！可见许多重要的事情都要提前去做，绝不能拖延。

不要放弃犯错的权利 ❤

苛求自己，追求完美，是不能让自己快乐的。

有一位画家自学画以来，一直都希望自己能作出一幅十全十美，任何人都无可挑剔的作品。经过多年的揣摩，他终于完成了一幅作品。他带着这幅作品和一支笔来到市场口，请过往的人在他的作品中划出自己最不满意的一笔。一天过去了，他的作品上被画得乱七八糟，几乎每一处都被圈出来，表示被人认为是败笔。画家十分伤心，他没想到自己辛苦完成的作品竟然遭到这么多批评。

经过一夜的思考后，画家又带着作品的备份到了昨天的地方，请过往的人们拿笔指出他们认为最满意的一处。一天过去了，画家的作品上又被涂得乱七八糟，同样几乎没有一处不被标记。画家看着乱糟糟的画，心里十分舒坦。他明白了一个道理：有人喜欢，也就会有人讨厌。根本没必要让每个人都喜欢自己的画。

我们是不是要学学画家先生呢？

追求完美的人，往往用成就来衡量自己的价值，强迫自己努力达到不可能的目标。结果，他们变得极度害怕失败，生活中充满着沮丧、焦虑、紧张。工作效果、人际关系、自尊心受到挫伤，感受不到生活的快乐。

为什么会变成这样？很重要的一个原因就是，不能以正确和符合逻辑的态度看人生。

追求完美的人，最大的错误就是认为不完美便毫无价值。比如说，一个每门成绩取得A等的学生，由于在一次考试中只取得B等成绩，便大感沮丧，认为这就是失败。追求完美的人害怕犯错，犯错后又做出过分的反应，不快乐便接踵而至。

他们的另一个误解就是认为"我永远都不能把这件事做

对"，认为错误会一再重复。他们自怨自艾，却不曾自问能从错误中学到什么，而只是说："我怎么能犯这样的错误？我绝不允许这样的错误！"自责的态度产生受挫和内疚的感觉，快乐就会与他们绝缘。

为了帮助追求完美的人戒除这个心理习惯，加州大学伯恩斯教授请他们列出追求完美的好处和弊端。一名法律系女学生只列出了一个好处：这样做有时会取得优异成绩。随后，她举出了六个弊端：

第一，它使我的精神非常紧张，为此有时成绩起伏很大；

第二，虽然有些错误是创作中必然会发生的，但我不愿冒险犯错；

第三，我从来不敢尝试新的事物；

第四，对自己有着太多苛求，使我的生活失去了乐趣；

第五，我不能松弛下来，因为我总是发现未臻完美境界；

第六，我变得不再宽容，很难容忍别人，使别人认为我是个吹毛求疵者。

根据这个详细的分析，她最后认为，放弃追求完美，自己的生活会变得轻松快乐而且更有意义。

伯恩斯教授指出："切合实际的目标，会使心情轻松，行事有信心，创造力和工作成效也会自然而然地形成，快乐也会常伴身边。我并不主张放弃努力奋斗，不过你也许会发现，在你只是希望有良好的表现而不是追求出类拔萃时，你更有可能会获得一些最佳的成绩。"

我们可以用反躬自问来抗拒追求完美的思想。想想自己犯过的错误，把从中得到的启示与教训详列出来。敢于面对恐惧和保留犯错误权利的人，往往生活得更快乐和更有成就，千万别放弃犯错的权利。当然，追求完美无需冒着失败和受人批评的危险，但同时也会失去进步、冒险和充分享受快乐的机会。

世界上没有完美。追求极至的完美，只是给自己徒增烦恼。要想快乐起来，就不要苛求自己和他人去一味地追求完美。

和死亡赛跑

他恐惧死亡，每天思考死亡是在前面还是后面？

他觉得死亡应该是在后面追上来的，因为：人死的时候，往往都保持着向前跑的状态，如飞机失事、各种车祸等；而动物们也是在朝前奔跑时被猎杀，好像没有动物在后退时丧生。所以他认为自己要走得更快，不能被死亡追上。

他开始实践自己的结论，每天动作迅速，生活节奏比常人快很多倍，蒙头朝前赶。

这一天，他又匆忙赶路的时候，一个白胡子老头拦住了他。老人奇怪地问他："你在追赶什么东西吗？怎么走这么快？"

他说："不，我没有追赶，我只是在逃。"

"逃？有什么在追你吗？"

"死亡，死亡都是在后面追赶人们的。"

"咦！你为什么认为死亡是在后面呢？"老人很惊奇，问道。

"动物们都是在朝前逃跑时死去的。"

"那你就错了！死亡才不傻呢，他总是悠闲地在终点等待。因为不论中间的过程如何，你总会到达终点。"

"你听谁说的？"他很惊奇。

"我不用听别人说，我自己就是死神。"

他大惊失色："那你是来告诉我，我要死了吗？"

死神说："不，别怕，你的寿命还很长。但你每天往前冲，我的兄弟'活着'抱怨说他跟不上你了，让我通知你慢点。"

"啊！那我怎样才能等到'活着'呢？"

"现在，你站着别动，静下心来，用心感受周围的一切，'活着'很快就能赶过来了。"

他放松心情，静下心来，老人说："你回头看，'活着'来了。"他转头，老人已经不见了，他看到了美丽无比的街景。

◆ 心灵感悟

如果你的节奏加快、加快、再加快，匆匆度过一生，回首看时，这样的一生又有什么意义呢？

必须放弃一些"机会"

最近，电视台推出了一档娱乐节目，内容是数钞票的比赛。规则相当简单——每次从现场选拔4名观众，只要他们当中有人能在规定的3分钟时间里，点出尽可能多的钞票并且数目正确，那他就能拿走这笔钱。条件真的很简单，回报也真的很优厚。难怪现场的观众全都按捺不住兴奋的心情，跃跃欲试。

游戏开始，4个人立刻埋头"沙沙沙"点起了钞票。然而，由于这一大叠钞票是按不同顺序杂乱重叠着的，甚至还有大小不一的各类币种，点起来真是很不方便。更要命的是主持人会在3分钟的时间里轮流给参赛者出脑筋急转弯的题。答不对题目是不允许继续数的。这样一番折腾，3分钟很快就过去了。4位选手手中也各自捏了厚薄不一的钞票。接着，主持人让他们各自在题板上写下刚才所数的钱数。

第一位，5836元；第二位，4889元；第三位，3472元。轮到第四位了，这是个腼腆的女生，她在题板上写出了自己点的数目——500元。观众席上立刻爆发出了一阵哄堂大笑。"500

元？她还能点得再慢一些吗？"大家无法理解女孩为何数得那么少。

接着，主持人开始当场清点各叠钞票。结果很快就出来了——第一位，5831元；第二位，4879元；第三位，3372元。又到了第四位，观众们惊奇地瞪大了眼睛——500元，分毫不差！按照规则，她是唯一获得奖金的人。在激动之余，主持人表情严肃地向大家宣布：这位女孩是节目开播以来，唯一拿走奖金的观众。

其实，另外3位观众只不过是多计了100元，或是少计了5元、10元。但正是这一"票"之差让他们紧张了3分钟，却徒劳无益！

明白了其中的道理，观众席上又一次骚动起来，不过这次爆发的是热烈的掌声！

◆ 心灵感悟

题目做得多，题题都做错，最终你会吃零蛋。做事也像做题，不求快，只求好；不求冒进，但求稳妥。这样，所付出的努力才会得到回报，而不是急急前行，到最后一看：我是瞎忙一场呀！

说出自己的窘况

琼刚在这个城市立足，叔叔来看望她。

两人参观了小城，该吃中午饭了。

琼带着叔叔向一个小餐馆走去，她刚来小城不久，手上只有50块钱。可叔叔却非要去旁边一家比较大的餐厅。琼不好意思说明，忐忑不安地跟着叔叔进了餐厅。

点菜的时候，叔叔问琼想吃什么。琼哪有心思吃呢，只说："叔叔，您点吧，我不挑食。"手里这点钱根本不够这餐饭，琼苦恼着，该怎么办呢？她根本没心思吃饭。叔叔却没有注意这些，只顾开心地吃，还叫琼多吃点，说这家餐厅的饭菜味道鲜美。

终于吃完了，侍者送来了账单。琼为难地看了看叔叔，不知道该什么办。

叔叔笑了，接过账单，付了钱，然后对琼说："孩子，我知道你的窘境，可你为什么不说出来呢？我一直在等待。要知道，有些事情你不明确地讲出来，别人是不会清楚的。"

◆ 心灵感悟

在你力不能及的时候，要勇敢地把"不"说出来，否则你将陷入更加难堪的境地。

油漆未干 💕

女孩很气恼，她被上司莫名其妙骂了一顿。

下午，她坐在公园里暗自伤心，觉得自己真倒霉，遇到这样的领导，以后的日子该怎么过呢？突然，旁边传来了一个孩子的笑声。她愣了一下，问："小朋友，怎么了？有什么好笑的啊？"

"哈哈……你不知道吧？这张凳子刚上过漆不久，你的衣服一定脏了。你站起来，我看看你背后成什么样子了？"孩子有点幸灾乐祸。

女孩呆住了：有这么坏心的孩子？真是跟我的上司一样。哼，但我绝不让你们嘲笑我，我要保留自己的尊严。

眼珠转了一转，女孩笑了，指着孩子的背后，说："快看，那小姑娘手里的洋娃娃真漂亮！"

孩子转过头去看，女孩迅速脱下外套。等孩子发现自己上当之后，女孩里面的翠绿毛衣已经展现出来，显得她更耀眼漂亮了。孩子撇撇嘴，走了。

◆ 心灵感悟

生活中的失意随处可见，就有如那些油漆未干的椅背一样，如果你已经坐上了，也别沮丧：脱掉脆弱的外套，你会发现，新的生活才刚刚开始！

满足渴望

近来有没有人夸你能干？你是否有这样的感觉：如果别人经常夸你的话，那么做事情就会特别卖力。否则，你就难以提起劲儿来。

对啊！人总得听些褒奖，做事情时才能干劲十足。不信就来做个小小的实验吧。

轻轻拍着自己的背部或双肩，赞许自己说："小伙子，干得不错！"假如每干完一件事情，都这样夸赞自己一番，成就感是不是增强了？要是别人不这么夸你，没关系，那就自己来吧！没什么不好意思的，要知道，工作这么卖力，美言几句是应该的。不要再犹豫了，赶紧练习吧！

心理专家告诫人们：在孩子小的时候，就应当告诉他们："假如得到别人拥抱，心里会很满足的话，那就冲到我面前来说：'抱抱我吧！'我就会抱你了。在你们紧抱孩子时，心里数着：'1、2、3、4、5、6、7、8、9、10。'就会让孩子的心理得到很大满足，然后继续玩耍去了。"

以大人的思考方式，根本没办法猜出孩子的想法，甚至猜不透什么时候他需要大人的拥抱。所以可以用这种方式来使双方互相体验对方的内心。

很多大人想当然地认为，孩子会主动说出内心的需求，其实不知孩子有时会自我设限隐藏心思；不但孩子，许多成人也是这样的，甚至你自己就是这样的。所以为何不主动去给别人一个拥抱呢？当你想得到别人的拥抱时，别人也会回报给你。

◆ 心灵感悟

在别人最渴望时，给予他渴望的东西，那种效果是最好的。别自以为是地强加给别人什么。俗语说，强按牛头吃草，吃力不讨好；强扭的瓜不甜。说的就是这个意思。当自己最渴望某种东西时，那就努力寻求能满足这种正当渴求的源泉吧。

美在心中 🖤

有一个著名的歌手，向来以清冽的声音和高尚的品德被人追捧，当然也有很多人嫉妒他。

在一次异地演出时，嫉妒他的人趁其不备，将别在歌手衣领上的无线麦克风弄坏了。轮到他上台演出时，他刚张嘴，就发现了麦克风的问题。他没有慌张，反而向舞台下的观众鞠了一躬："不好意思，我不小心带错了麦克风，声音的效果不好，请大家多多原谅。不要怪罪工作人员，这是我的问题。"然后，他非常从容和卖力地演唱，全场鸦雀无声，效果反而比有麦克风和音响时更好。一曲终了，掌声雷动，经久不息。

那个做手脚的人，在舞台后面，深深低下了头。

对于心存美好的人来说，即便发生意外，他们仍然可以创造生活的奇迹。

有话不妨直说

有一位在电视台工作的朋友告诉我有关她的一次亲身经历。这段经历至今还令她挺郁闷的。

那是一个晚上，她做完节目已经很晚了，就打电话叫了无线电计程车回家。

到家了，付钱时，她看了看显示的是80元，就拿出100元给司机。司机接过钱，没说什么就收下了。

以台北市的计费标准，显示的数字加上15元就是车费。按理司机该找5元给她，但司机并没找钱给她的意思，表情还怪怪的。她就想：不就5元钱吗？别要了，司机也挺辛苦的。

刚下车，她猛地想起来，是自己搞错了——她叫的是无线电计程车，得再加叫车费10元钱，是她少给了司机5元钱。难怪司机刚才表情怪怪的。她赶忙拍拍车窗示意司机开开窗户，赶紧再拿5元钱递上。

司机面无表情地摇下车窗，接过钱说："你总算想到了，要不然我还想：你们名人怎么也这么小气，连5元钱的小便宜也想贪。"

钱虽然是给了司机，误会也解除了，可我这位朋友心里一直很郁闷。她说："我少给他5元钱，他为什么不直接跟我说呢？"

◆ 心灵感悟

是不是有些时候，我们像那个司机一样，无声地忍耐着某个人的作为，而事实上是误解了那个无辜的人，让他根本不知道哪里得罪了你？人际交往中，为了避免瞎猜疑，有话不妨直说。

有谁看到"盒子枪"

　　父亲是乡政府管教育的官员，母亲是乡里的小学教师。那天，上面来人参观母亲所在的学校，父亲陪同前往。领导们来了，父亲走在前面介绍着，母亲带着学生表示欢迎……突然，母亲发现父亲的腰间有点不对劲，好像挎着一把"盒子枪"，仔细一瞧，原来是腰带没有别好。母亲慌忙给父亲递眼神，又偷偷地做手势，可父亲好像没看到。母亲窘极了……

　　晚上回家，母亲很生气："你不知道今天要接待领导啊？还穿成那样，真丢人！"父亲笑了，安慰母亲说："那点小事谁在意啊？不信你明天去问，看有谁注意到我的'盒子枪'了？"

◆ 心灵感悟

　　放松一点，这个世界是容错的。没有哪个人能把每件事都处理得天衣无缝，连电台最大的腕儿也做不到。再说了，你哪儿有那么重要？你以为你是谁？

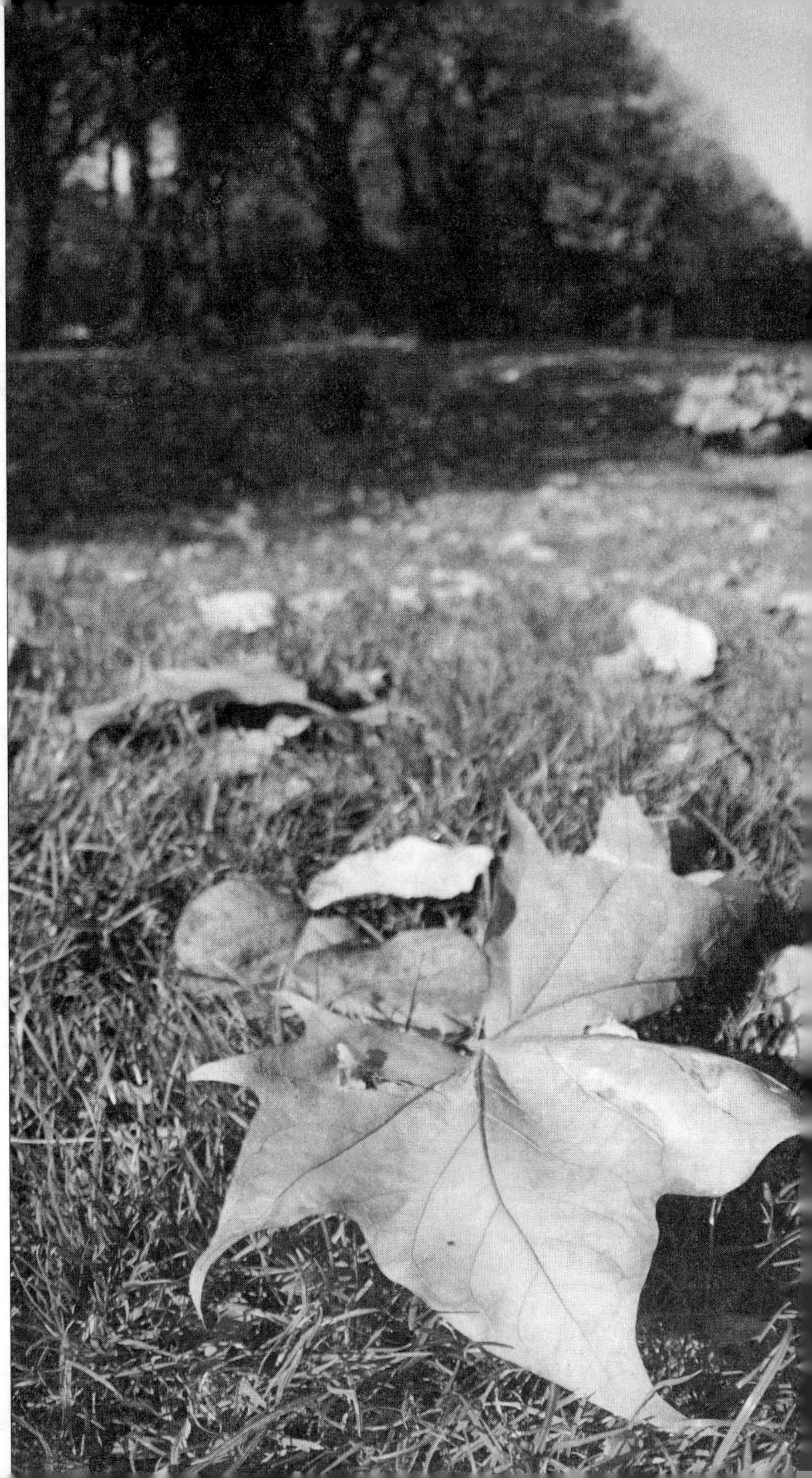

通向幸福的路

让我们用肥大的荷叶，包裹起皎洁的月亮带回家：把它夹在一本唐诗书里，压得平平展展，像思念亲爱的人那样。

——余光中

幸福

家庭穷困使卡特遭到邻居和同学的轻视，这让他很痛苦。

他觉得自己很不幸，决定要改变现状，要过得比那些看不起他的人更好、更幸福。于是，他努力打工挣钱上学，上完中学上大学。

终于，他大学毕业了。他在一家大公司上班，却发现做白领也不幸福——上有老板的怒气，旁有同僚的排挤。他觉得还是做老板自由些、幸福些。

于是，他用自己多年的积蓄开了一家小公司，努力经营，终于成功。现在，他有了房子、轿车和数不清的存款。可是，他并不觉得幸福：手下不听话；竞争对手很阴险；朋友嫉妒、邻居眼红。他觉得现在自己比世界上任何人都不幸。

他总思考着幸福的问题，神思恍惚，终于有一天出了车祸：他把车开到了大货车的下面。车完全坏了，幸而他没怎么受伤。事后，想想那惊险的一刻，他觉得：活着就是幸福！

◆ 心灵感悟

很多人体验不到幸福，那是因为坐在幸福列车上太久的缘故。其实幸福就是这么简单，简单到你还没有认识到它是幸福，就让它溜走了。

神话

从前有座寺庙，香火旺盛。大殿里有一只蜘蛛，常年接受香火影响，有了佛性。

一天，佛祖来到这里，看到了蜘蛛，问道："相识有缘，你可知道世界上什么最珍贵？"蜘蛛沉思半晌，道："应该是没有得到和已经失去的。"佛祖什么也没有说，离开了。

1000年后，佛祖又来问蜘蛛："上次我问你的问题，你可有别的答案？"蜘蛛说："没有。"佛祖离去。

又一个千年过去了。某一天，风吹来一滴露珠，落在蜘蛛网上。蜘蛛望着晶莹的露珠，心生爱意。这时，一阵大风吹过，露珠不见了。蜘蛛怆然。佛祖又来了："上次的问题，你可有其他答案。"蜘蛛道："没有。"佛祖沉默，让蜘蛛投胎为人，做了富家小姐，名为蛛儿。

蛛儿15岁了。这天，新科状元陆祝登科。皇帝为他设宴，找来了很多美丽少女，其中有蛛儿和长风公主。席间状元郎的才艺让姑娘们大为倾倒。蛛儿知道状元是自己的天赐姻缘，她很开心。

不久，蛛儿去寺庙上香，正遇上陆祝。蛛儿找机会对陆祝说："还记得千年前蛛网上的事情吗？"陆祝有点莫名其妙，摇摇头，离开了。

不久，皇帝下令，赐婚于陆祝和长风公主，蛛儿和太子厄草。接到这个消息，蛛儿愣住了，这是她无论如何也想不到的结果。她恨佛祖的狠心，开始绝食，身体日益虚弱。太子厄草赶来，对蛛儿说："那日宴会，我对你情有独钟，哀求父皇，才得到他的赐婚。你死了，我也不会独活。"说完就打算拔剑自刎。

此时，佛祖来了，问蛛儿："蜘蛛，你可知露珠（陆祝）是怎么到蛛网上去的吗？是风（长风公主）带去，也是风带走了它。露珠只是你生命中的过客而已。你可知道太子厄草是大殿前的一株小草，他仰慕了你3000年，你却从来没有注意过他。现在，你可明白什么是世界上最珍贵的东西？"蜘蛛醒悟了，说："是好好把握现在！"说完，她就清醒过来了，阻止了太子自杀……

漫长的一生是由一个一个的当下、当下、当下构成的，你想一生幸福吗？那就珍惜当下，过好眼前。

友谊的底线

一天，一个壮年男子路过丛林的时候，捡到了一只幼小的老虎。看它楚楚可怜的样子，他便把这只小老虎抱回家喂养。自从把它抱回家，他拿最好的食物喂它吃，每天给它梳理毛发，不辞辛劳地给它洗澡按摩。日久生情，老虎也和他亲昵起来，趴在他的身上和他玩耍，舔他的手脚。日子一天天过去，小老虎已经长成一只凶猛魁梧的大老虎了，但它没有对他有过丝毫威胁，反而像一只宠物狗一样乖乖地陪在他的身边。

突然有一天，他迸发出了一个奇特的念头——骑着老虎去旅游！于是他带着干粮和一些水，骑着老虎，踏上了旅途。旅途中，老虎和他相处得很融洽，驮着他四处游走。这一路上，人们见到此情此景，很是诧异，但又很羡慕。所以这个人就更加威风凛凛了。

"老虎不会吃掉你吗？"路人好奇地问他。

"怎么会呢？我们感情这么好！是我把它养大的，它怎么会吃我呢？"他神气地说道。

路上有只狐狸看到老虎问："你怎么能驮着他？你怎么不把他给吃了呢？"

老虎说："我怎么可以吃掉我的朋友呢？"

旅程已经过了大半，这时他们要穿越荒芜的沙漠，不幸的是他们的食物和水都被无情的风沙卷跑了。他很痛心，立刻安慰这只老虎说："朋友，你忍着点吧，咱们的食物被卷跑了，等咱们穿过了这片沙漠，我保证一定让你吃饱而且吃好！"说着说着，为了让老虎节省些力气，他从它身上跳下来，开始步行。

就这样在沙漠里走了一天，老虎已经饿得团团转了；第二天，老虎饿得开始舔他的手脚；第三天，老虎开始对他吼叫了；第四天，老虎已经露出了獠牙；第五天，饥饿难耐的老虎目露凶光，血红的眼睛直视着这个男人，在他正要上手抚摸安慰它的时候，老虎用尽所有力气扑在了他的身上，顷刻间把他撕成了碎片，将他吞噬。

这个男人至死都不明白，老虎为什么会把他吃掉？

◆ 心灵感悟

世间的友谊，有些是建立在饱暖基础上的，看似亲密无间的朋友，生死存亡时便会露出凶残的本质。因而一点也不奇怪：被你视为亲密无间的朋友，有时反而给你致命一击。所以，不要把人逼到绝境上，也不要让自己彻彻底底地信任某个人。

心灵有耳 💕

小女孩家里很穷。她个子矮矮的，又面黄肌瘦，而且长年穿着一件肥大的旧衣服。学校里要组织合唱团，老师不要她。

小女孩伤心极了，她跑到公园里痛哭。她是多么喜欢唱歌啊，多希望有这样一次机会啊。伤心的小女孩低低地唱起她喜欢的歌曲来，一曲接一曲，直到她再也唱不动了为止。"真好听！"旁边传来一个声音，"这个下午很美妙，谢谢你！小姑娘。"小女孩惊呆了，她发现说话的是一个老人。老人说完就独自走了。

第二天，小女孩又去了。老人还坐在那里，正满面笑容地看着小女孩。小女孩又开始唱了，老人听得很专注，一副沉醉其中的样子。演唱结束，他用力鼓掌，大声称赞："唱得真棒！谢谢你，小姑娘。"说完，就独自走了。

就这样，小女孩唱了很多年。她已经长成大女孩了，还考上了音乐学院。她要向公园里的老人报喜，谢谢他的鼓励，但公园里只剩下一张孤独的靠椅。

女孩到处打听老人的消息，有人告诉她："他死了好几天了。他是个聋子，已经二十多年听不到声音了。"

女孩呆住了：那个每天专注地听她唱歌、热情赞美她的歌声，给她莫大鼓励的老人，竟然是一个聋子！

◆ 心灵感悟

心里有乐声、耳朵听不到，比耳朵能听到、心里没有乐声要幸福多了，这样既宽慰了自己，又成全了别人。

朋友

很久很久以前，在意大利，有个小伙子叫皮斯，不知道怎么回事惹怒了当时的暴君尤奥尼，尤奥尼决定一个月后绞死皮斯。皮斯很孝顺父母，他想回家跟老人见上最后一面，可暴君尤奥尼怎么也不同意。这时，皮斯的一个朋友达蒙站了出来，表示愿意代替皮斯服刑，让他回家看望父母，还答应如果皮斯到行刑的日子还不回来的话，他可以代替他接受绞刑。这样的友谊让暴君也感动了，答应了他们的请求。

行刑的日子就要到了，皮斯还没有回来。人们都说达蒙太傻了，竟然这样相信友情，结果还要赔上自己的性命。人们都抱着看戏的态度围观着——达蒙已经被送上了绞刑架，绞刑就要开始了！突然，暴雨中，有人大喊："等一下，我回来了！"皮斯飞奔而至。

所有的围观者都愕然，继而落泪了，这才是真正的友谊！可这样的朋友竟然有一个要先离开人世了！不过，接下来又发生了一件让人们更意外的事：暴君尤奥尼竟然下令赦免了皮斯，他也被这样的友谊所感染，说："我愿意用一切，来换取这样的友谊。"

◆ 心灵感悟

能够舍生赴死的朋友，一生有一，足矣！

棉袄与玫瑰

杰克和艾米是一对恩爱的新婚夫妻，两人住在小镇的一角。杰克在铁道局做检路工，艾米照顾家里。生活虽然清贫，但很温馨。

在这个冬天的傍晚，两人正在吃饭，突然，有人敲门。艾米打开房门，一个衣着单薄的老人站在外面，手上提着一个菜篮子："夫人，我是对面刚搬来的，您需要一些青菜吗？"看着艾米缀满补丁的围裙，老人的眼神暗淡下来。

"当然需要，这些青菜都很新鲜呢！"艾米递过去几个便士。

"太感谢您了！"老人颤抖的声音里带着一丝感动。

送走老人，艾米对丈夫说："当年，我爸爸也是这样卖菜，养大了我们。"

第二天，下了很大的雪。傍晚，艾米做了一大锅热汤，给对门送了过去。

从此，两家成了最亲近的邻居。

快到圣诞节了，艾米和杰克商量送老人一件棉衣作为圣诞礼物："天太冷了，他年纪又大，穿那么少每天出去卖菜，怎么受得了呢？"杰克同意了。

赶在平安夜的前一天，艾米做好了棉衣。厚厚的棉絮，加上艾米精心的缝制，真是一件不错的礼物。到了平安夜那天，艾米特意去花店买了一枝玫瑰，插在放棉衣的袋子上。看到老人出去卖菜了，艾米悄悄地把棉衣放在了他家门口。

几个小时后，艾米听到了熟悉的敲门声，她欢快地打开房门。但这次，老人不是来卖菜的。

"看！这是什么？艾米。"老人兴奋地大喊着，"圣诞快乐！平日都是你们照顾我，这次，我有礼物送给你们了。"说着，他把一个大袋子举到艾米面前："这是一位好心人放在我家门口的，非常暖和的棉衣呢。我这老骨头不怕冷，杰克上夜班很需要，送给他穿吧。还有——"老人的脸颊微微泛红，略显羞涩地说，"这个送给你。是插在装棉衣的袋子上的，我又洒了些水，它现在像你一样漂亮。"

怒放的玫瑰花上，水珠映着灯光，一闪一闪，美丽极了！

◆ 心灵感悟

赠人玫瑰，手留余香。

别人的心肝宝贝 ❤❤

1861年，雷尼独自来到新西兰。他本来是爱尔兰人，因为信仰问题离开了爱尔兰。他在新西兰做淘金工。雷尼是个勤劳善良的人，非常关心身边的朋友。

某天，雷尼在去工作的路上，发现河岸有一具尸体，这是一个年轻人。在矿区挖矿的人经常会让水淹死，因为这里的人比较杂乱，所以没有系统的管理。死了的人很多都不知道姓名，只有一部分人能找到姓或者名，有的能知道他们的外号，但都没办法联络他们的家人。

雷尼发现的这具尸体，没有人认识，他只能被当做无名尸埋掉了。

雷尼很可怜他，想想他也是父母的宝贝呢，却落得这样的结果。最后，雷尼请求验尸官让他去埋掉这具尸体。雷尼在他的坟墓前竖了一块碑，上面写着："别人的心肝宝贝"。

多年以后，一直孤身一人的雷尼也死了，他生前的遗愿就是葬在那座无名坟前。人们在他的墓碑上留下这样的字迹——"雷尼：掩埋别人心肝宝贝的人"。

多年以后，人们在那里仍然能看到这两座坟墓。这两个生前陌生的人，死后成了最好的邻居。

◆ 心灵感悟

心中有爱的人，灵魂不会孤独。

最后1美元

20年前，我刚中学毕业，为了圆我的音乐梦，独自来到这座陌生的城市。我想成为一名音乐节目主持人。

可现实很残酷，一个月过去了，我一无所获，钱也花光了。幸好有朋友在超市工作，把超市过期要丢掉的食品给我，让我有口吃的。最后，我口袋里只剩下1美元，那上面都是我喜欢的歌星的签名。无论如何，我不舍得花掉。

某天早晨，我发现一名男子呆坐在一辆破旧的汽车里。连着两天，那辆汽车都没有动过地方，而车里的男子每次看到我，都会跟我打招呼。我很奇怪，这么大的风雪，他待在车里不冷吗?

到了第三天早上，我忍不住走了过去，男子摇开车窗。我们闲谈，知道他是来应聘工作的，但他早来了3天，不能立刻工作，身上没有钱，没有吃的住的，只能呆在车里。他踌躇半晌，终于不好意思地问我能否借给他1美元，他实在太饿了。可是，我跟他一样口袋空空。我讲述了我的窘迫，他失望地低下头去。

顿时，我想到了那1美元。心下很是不舍，咬咬牙，我还是给了他。他的眼睛立刻亮了起来。"这上面写满了字呢。"他惊奇地说。他不知道，那都是一些歌星的亲笔签名。

那天，我尽量转移自己的注意力，不去想那1美元。就在此时，我的运气来了，一家电台通知我去试录音，答应给我500美元的报酬。我表现突出，成了正式的节目主持人，生活稳定下来。

那辆车和那个男子，我再也没有遇见过。我不知道，他是乞丐，还是来考验我的天使，但我很清楚：我通过了人生的第一次考验。

◆ 心灵感悟

锦上添花、顺手捎带助人固然是一种美德，但真正考验人的却是这最后1美元——牺牲自己而助人，能通过这样的考试的人确实可贵。

惭愧

贝卡在一家咖啡店做侍应生。一天傍晚，生意正忙的时候，一个小男孩走了进来，贝卡连忙拿了一杯水过去。

男孩问："冰淇淋圣代多少钱一个?"

"40便士。"贝卡说。

小男孩把手伸进裤袋里，好像在数钱。"那普通的呢?"他又问。

这时候还有很多客人在等着，贝卡有点不耐烦："30便士。"她说话有点粗鲁。

又停了片刻，小男孩才说："那给我一份普通的冰淇淋吧。"

贝卡把他的冰淇淋和账单放在桌上，就忙着去招呼别人了。

小男孩吃完冰淇淋，付了账，离开了。贝卡忙去收拾，看到桌上的东西，贝卡脸红了：原来，桌子上小男孩给她留了10便士的小费。

◆ 心灵感悟

一副世俗的眼镜，会剥夺心灵的坦荡和从容。

爱之链

那天傍晚，他开车回家。在这边的小社区，很难找到一份工作，但他没有气馁，一直在努力。

天黑了，雪花也开始飘舞。他要抓紧时间赶路了，妻子大着肚子工作，不能再让她做晚饭了。

路边的老太太看来有麻烦了，看看能不能帮上忙。他把车停在老人的宝马车旁，意外地看到老太太有点害怕，他知道自己的形象很糟糕：他一天没有吃饭了，而且这么久没有找到工作，心情也多少受到了影响。他尽量表现得和善一些，微笑着对老人说："别怕，老妈妈，我是来看看能不能帮上忙。您愿意上车来暖和一下吗？我叫吉米。"

还好，只是车胎坏了，吉米帮她换好了备用胎。做好这一切，吉米已经一身泥土了，衣服上还沾了很多汽油，手也受伤了。老太太问需要付给他多少钱，她不介意多给一些。吉米愣了一下，他从来没想过帮助人还要报酬的。他谢绝了，说："您要真想谢我，下次遇见需要帮助的人，请不吝伸手。"老太太非常感谢他，说记住了他的话。两人各自上路。

行驶了一段时间，老人看到路边有间咖啡馆。天太冷了，她需要吃点东西，补充热量。大肚子女侍走过来，脸上带着甜甜的笑，递给她一条干净的热毛巾。她看得出来女侍怀孕应该有八九个月了，可女侍并没有因为这个而降低服务质量。吃完东西，她交给女侍100美元付账。在女侍去找零钱的时候，她悄悄地离开了。

女侍找完零钱，发现老太太已经离开了，餐桌上的餐巾上写着字：

> 这不是施舍，曾经有人无私地帮助了我，我也只是想帮你一下。如果你想回报，就把这爱之链传递下去。

◆ 心灵感悟

正如一首歌中所唱的：只要人人都献出一点爱，世界将变成美好的人间。

勇气

这是一则寻人启事：

> 寻找孩子的父亲。×年×月×日，一个黑人小伙子强奸了一位白人妇女，这名妇女后来生下了一个小女孩。目前，孩子需要亲生父亲来拯救她，她患了白血病。希望孩子的生父尽快与××联系。

看到这则寻人启事，人们纷纷猜测：这个黑人敢站出来吗？

如果他站出来了，那他现在的生活会怎么样？如果他沉默，那这将是一场永久的良心折磨。

一晃3个月过去了，没有人站出来。孩子的父母很担心：是不是他已经死了？还是他不愿意站出来？

在远方的一座城市里，饭店老板阿里看到了这则寻人启事。他心里波澜起伏，还记得那年他想早点回家给年老的父亲过生日，却因为着急打烂了餐馆里的一个盘子。老板蛮不讲理，按着他的头让他把盘子的碎片吞进肚子里去。他不堪忍受，反抗起来，打倒了老板，冲了出来。盛怒之下的他，发誓要报复白人。于是，他寻机强奸了一位白人妇女。之后，他逃到了这里。

在这里，他幸运地遇到了一个好老板。老板看重他，不仅把女儿嫁给了他，还把饭店交给他经营。他努力地工作，在家人和员工眼里，他都是一个好人。当年的秘密他一直藏在心底。

阿里心情很不平静，几天来，内心在不停地交战。最后，他忍不住给女孩的主治医生打了一个电话。听医生的口气，如果女孩再不做手术，就危险了。他决定去拯救那个孩子。

晚上，阿里把一切都告诉了妻子。妻子哭着带孩子们跑回了父母家。老人们也很生气，但不久后他们就恢复了理智："孩子，我们都知道阿里犯了让人很难饶恕的错。可现在，他能站出来，说明他还有良心。你希望自己的丈夫是勇于改过的人，还是希望他是一个把罪恶深埋于心的人？"妻子不语。第二天，她回到家里，看到后悔莫及的丈夫，决定陪他去医院。女孩的手术很顺利，孩子的母亲心情很激动。那个黑人让她恨了10多年，但这一刻，所有的一切都烟消云散了。

女孩病好了。阿里托医生捎话："我不会去打扰你们的生活，希望你们能快乐地生活下去。我对自己过去的所作所为很后悔，对给你们造成的伤害，我深表歉意。这次，你们给了我赎罪的机会，我很感激。"

一个犯了严重错误的人，得到赎罪的机会，是一种幸福；一个并不被欢迎的来到这个世上的孩子，得到这么多人的关爱，是一种幸福；一个仇恨了半辈子的受害者，心灵的枷锁被打开了，也是一种幸福。

我们来交换 ♥

荷兰，小镇，蔬菜店。小店里的蔬菜很新鲜，干完活回家的人们都会顺便在这里买些回家。因为贫穷，这里可以物物交换。小镇上有些穷人家的孩子，他们根本买不起什么，但是看到这么多新奇的物品，他们还是忍不住来瞧瞧。店主米勒先生也欢迎他们，把他们当大人看待。

"你好，利瓦，今天上课学了什么啊？"

"你好，米勒先生。我们学了拼音。您这个紫色的菜真好看。"

"是啊，利瓦，你父亲的身体还好吧？"

"嗯，好多了。"

"上帝保佑他，你父亲是个好人。你想来点什么吗？"

"不，我没有钱买。"

"嗯，你知道你可以用东西来跟我交换的。"

"真的？可我只有几个玻璃球。"

"哦，我来看看。"

"您看，多漂亮！"

"嗯，真的很不错，但是我更喜欢黄色的。你这个是红色的，你能找到黄色的吗？"

"当然。"

"那好，你把这个紫色的菜拿走吧。下次给我带来黄色的玻璃球。"

"太好了，谢谢您，我一会儿就送来。"

米勒太太微笑着看丈夫和孩子们交易。她知道镇上有几个孩子家里很穷，根本吃不上菜，也没有什么好东西来换。米勒先生想帮助他们，又怕他们尴尬，就经常故意给他们加点小要求。

很多年过去了，米勒先生因病去世了，当年那些穷苦的孩子都来参加他的葬礼。他们已经长大了，都很有出息。他们拥抱着米勒太太，诉说着感激之情。

◆ 心灵感悟

同情心是可贵的，但它常常会演变为自我炫耀和对他人的可怜——付出同情，但不流露，才是最可贵的。

医生为什么迟到 ❤

凡艾斯克是个很有职业道德的医生，他特别注重时间就是生命的理念，从来都是不管多晚，只要有病人他都会第一个赶到手术室。

一个寒冷的冬夜，外面飘着雪花。已经晚上10点多了，就在凡艾斯克准备休息的时候，电话铃响了："医院接诊了一名遭遇车祸的孩子，情况比较严重，你能否到医院来一趟？"听筒中传来海顿医生焦急的声音。

"好的，没问题。因为下雪我可能晚到一会儿，你们先做好必要的准备。"凡艾斯克医生回答道。

"知道了，我们会做好充足的准备的，请您立即出发吧！"海顿医生回答道。

凡艾斯克医生看了一下大木钟，说道："好的，我马上出发。"

凡艾斯克医生上了车，朝医院急驶而去。突然，前面的红绿灯闪烁了一下，变成了红灯。凡艾斯克无奈地减速停车。与此同时，路边闪出一条黑影，冲过来打开车门，用枪抵住凡艾斯克的头部。还没等医生反应过来，黑影说道："下车，我要借用你的汽车。"

凡艾斯克还没来得及说明自己要去抢救病人，就被黑影打开车门重重地推倒在了地上。

看到汽车急驶而去，凡艾斯克内心焦急万分。

寒冷的冬夜加上雪花的飞舞，过往的出租车已经见不到了，连归家的行人也没有一个。

无奈中，凡艾斯克向前奔走了半个多小时，终于见到巡逻的警车驶过。医生向巡警说明情况，并请求巡警将他送往医院。

当凡艾斯克到达医院的时候，海顿医生告诉他一个非常糟糕的情况：孩子在一刻钟之前已经停止了呼吸，永远地停止了心脏的跳动。

凡艾斯克听到这个消息后呆了一下，随即说道："我在路上遭到了打劫，车被人劫走了。"

角落中，坐在候诊凳上的黑影抖了一下，他听到了所有的谈话，悔恨万分，他就是孩子的父亲，那名劫车者——库尼。

◆ 心灵感悟

有一位先哲讲过一句名言：以害人始，必将以害己终。

仇人

那年我5岁。娘跟人家吵架，打得很凶。到了晚上，我跑到了对方家的园子里，拔光了他家的青菜苗，算是为娘报了仇。

干完这事，我跑回家，在奶奶面前得意地诉说自己的功绩。不想，一向疼爱我的奶奶，拿起她的拐杖照着我的屁股就是一阵乱打。直到我哭着喊着说"不敢了"，以后碰见"仇人"，该叫啥叫啥，奶奶才放下拐杖。

那年秋天，我家建房子，爹不小心砸坏了脚。家人发愁劳力不够，不知道该怎样对付"上梁"这道槛。这时候，"仇人"来帮忙了。娘看着"仇人"，一脸的内疚。"仇人"说："没啥，娃平日该喊啥喊啥，都没记过仇，咱有啥说的。看娃的面，这忙也该帮！"

◆ 心灵感悟

尊敬别人的人，同样会受到别人的尊敬。这像站在镜子前面，你怒他也怒，你笑他也笑一样。

为什么哭 🖤

在远离闹市的山里，茅屋的主人正在为迎接城里的朋友而卖力地打扫着自己的房子。正当他兴致勃勃干活的时候，一个没留神，竟然将自己唯一的暖瓶打碎了。山里人先是愣了一下，然后捶胸顿足大哭起来。

正在这时，他城里的朋友进来了，见山里人如此伤心，纷纷过来安慰。

开车来的城里人说道："一个暖瓶值不了几个钱，再去买一个新的不就行了？"

律师出身的城里人说道："你应该去法院控告厂商，要求赔偿。我帮你去辩护，保证打赢官司。"

开工厂的城里人说道："不用担心，我让我工厂里的工人帮你把它收拾好，保证跟新的一样。"

信仰基督的城里人说道："放心吧，打碎一个暖瓶也不会冒犯神明的，不用害怕啊。"

泪流满面的山里人说道："我不是为你们所说的这些而哭泣，真正让我伤心的是，我明天必须到城里去买一个新的暖瓶，而不能与你们一道去吃鱼了……"

◆ 心灵感悟

穿对方的鞋，才知道痛在哪里。

如果感到幸福你就跺跺脚

汤姆斯大学毕业了，做了一名中学老师。

他用新学来的一种教育方法"如果感到高兴你就拍拍手"，来调动学生的情绪，让他们勇于表达。

在最近的一次课堂上，他找到了机会，要用他的新方法来进行一次应用。他对同学们说："如果感到幸福你就拍拍手。"同学们都举起手附和，跟着汤姆斯拍。大家的表情渐渐变得鲜活生动。汤姆斯甚为高兴，他的视线掠过一个又一个同学，最后定格在一个女孩脸上。"如果感到高兴你就拍拍手。"汤姆斯重复了一遍。那女孩还是面无表情。"如果感到高兴你就拍拍手。"他冲着那女孩又大声地喊了一句，女孩依然无动于衷。

放学了，汤姆斯把女孩叫到办公室，问道："你为什么不和同学们一起拍手呢？"女孩把手藏在背后，摇了摇头。"你不想跟大家一起拍手吗？"汤姆斯把女孩的手拉过来，他惊呆了：女孩只有一只手。

第二天的课堂上，汤姆斯又要继续昨天的游戏了。他对大家说："让我们继续昨天的游戏好吗？只是在这里我要修改一下规则，如果感到幸福你就跺跺脚。"他带头跺起脚来，两只脚一起跺。一会儿的工夫，教室里响起了一片跺脚声。汤姆斯听到了，那个女孩发出很重的跺脚声，在她的眼眶中闪烁着晶莹的泪水。

开心的孩子们没有注意到，汤姆斯老师的脚不怎么灵活，他的脚受过伤。

◆ 心灵感悟

不要因为身体的不幸，就拒绝了让心灵去感受不幸之外的幸福。

幸福考验 💕

霍尔曼是一家小工厂的职员，他和镇上的姑娘艾米莉相爱了。可是镇上大地主的儿子阿洛也看上了艾米莉，发誓一定要娶她。

"百合节"快到了，根据风俗，求婚人应到心爱的女孩家送上一份贵重的礼物，藉此表达心意。阿洛肯定会带着厚礼来。艾米莉想不出办法，哭着跑来要霍尔曼想想办法，送上一份能打动她父母的厚礼。霍尔曼狠狠心，取出了全部积蓄——5000英镑。但想来想去也不知该买什么好，就把钱装在一个盒子里，打算带给艾米莉，让她自己看着买。

"百合节"到了，天阴沉沉的。霍尔曼匆匆忙忙出门。两家相隔几十里路，驴车是唯一的代步工具。驴车夫曼提驾着车来到霍尔曼家，霍尔曼提着盒子上了车。半小时后，车子来到闹市区，阿洛也上了同一辆车，带上一幅名画作为厚礼。雨越下越大，驴车越走越慢，以往只要一两个时辰的路程，他们走了三四个时辰还没到。半路上一个浑身湿透的老年男子也搭上了车。

大雨瓢泼，天色渐渐暗了下来。突然，驴车一颠，一个车轮陷进了水坑里，接着滚进数米深的沟底。霍尔曼、阿洛、老年男子从晕眩中爬起，发现车夫曼提受伤了。老年男子看了看伤情："划了一个大口子，需要立即缝合，帮我把手提箱拿过来。"

手提箱拿来了，里面装满了各种手术器械。曼提被挪到遮风避雨的破庙中，要手术了。可是，天太暗了，看不清伤口的状况，衣物等又被打湿了。老年男子问道："我只需要3分钟，有什么可以用来照明吗？你的画用油布包着，应该可以点燃。"阿洛极其不情愿："那可是名画，我还要送给我的未婚妻。"霍尔曼突然想到盒子里的5000英镑。他点燃一张钞票，闪现一道火光，映出他苍白的脸。

5000英镑烧完了，手术也顺利完成了。

"朋友，你怎么带着这么多现金？"老年男子问道。

"那是我准备给心爱的艾米莉买礼物的。现在，我一无所有了！"

"艾米莉？"老年男子重复了一遍，若有所思。远处传来了马车声，是艾米莉家派来接他们的马车。

半个月后，艾米莉成了霍尔曼的新娘。知道为什么吗？那位搭车的老年男子是艾米莉的父亲，那次他正好出诊回家。

◆ 心灵感悟

上帝怎能轻易让你得到幸福呢？他还要看看你能不能答对他的难题。

算你狠 ♥

又是一个拥挤的早晨。站在去公司的公交车上，我紧紧抓住吊手，拥挤的人群随着汽车的开动摇摆不定。竟然有抱小孩的女人上车，这可够她受的了。她抱着孩子站在车厢前部，坐在旁边的人假装闭目养神。

抱孩子的女人旁边，一个烫着卷发、穿着时髦的女郎坐着，目视前方，仿佛没有看到女人和孩子。女人一手抱着孩子，一手紧紧地抓住扶手，随着车子的颠簸，费力地稳住身子。孩子却不管这些，啃着手里的面包，好奇地张望着人群。

车子正走着，女郎突然站了起来，把座位让给了女人。女人很感激，忙抱着孩子坐下，连声道谢。

可女郎恶狠狠地瞪了她一眼，说："算你狠，让孩子在我头上吃面包。你看，我一身都是面包屑，我能不给你让座吗？"

女人愣住，赶忙站起来："真对不起，我没注意到。那我们站远些，你坐吧。"说完，走到一边去了。

众人的目光一下子集中在女郎身上。她脸红了，嘟囔着挤到后门，停车后立刻下车了。

那个座位一直空着，满车的人拥挤着，没人去坐。

◆ 心灵感悟

美，需要从镜中寻找，更需要从爱中寻找。

毒杀

一个小山村，年轻的女人跟婆婆的关系紧张。她认为婆婆故意找她麻烦，让她不好过，她也想着要对付婆婆。

终于，她忍受不了了，去了医院，找一位医生要秘方，想要毒死婆婆。

医生听她讲述了事情的经过，笑了，给她开了酸泥丸，让她每天吃饭前都给婆婆吃一粒，而且要微笑着伺候婆婆。3个月后，婆婆就会产生变化，女人可以再来找她。到时候加大药量，一定会有效果的。

女人听了很高兴，就拿着药回去了。

但3个月后，女人找到医生说她不想毒死自己的婆婆了。

医生很惊奇，就问她为什么。

女人说："我上次回家就照你说的做了。婆婆突然对我好了，对我很和善，还抢着帮我做家务，就像我自己的亲娘一样。我想救她，你告诉我该怎么办啊？"说到后面，女人有些着急了。

医生笑了："你不用担心，你婆婆没事的。酸泥丸不是毒药，而是促进消化的点心。你每天开心地给婆婆吃点心，她能感觉得到你的孝顺，自然也就对你好了……"

◆ 心灵感悟

如果想被爱，首先就得去爱。

6瓶美酒

二战期间，少尉参加了一个"不看样品拍卖会"，这是一个喜欢搞恶作剧的拍卖商举办的。少尉用30美元买下了一个不知道装着什么的大箱子。

人们都很惊奇少尉的大手笔，很想看看箱子里到底装了些什么。打开一看，竟然是威士忌！这在战时可是不可多得的东西。少尉拒绝了人们购买的要求，说要留给他的告别酒会用。

当时，著名作家海明威也想享受这些美酒，他专门找到少尉，希望他能分给自己一些，表示不计较价钱。但少尉始终没有松口。最后，少尉看到海明威确实有诚心，就说："我可以送你6

瓶，但是不要钱，你给我上6堂课吧，我也想成为作家。"海明威同意了。

在认真地上了5堂课以后，海明威调侃少尉说："你可算一个精明的商人了，那些酒你偷喝了不少吧？"少尉诚恳地说一瓶也没有喝。第6天，海明威有事要离开了，在要上飞机的时候，海明威给他上了第6堂课，并告诉他："做人首先自己要成为一个有修养的好人……第一要有同情心；第二要能以柔克刚，千万别讥笑不幸的人……"最后，正在登机的海明威突然转身对他说："告别酒会之前，请你一定先品尝一下样酒！"

少尉不明白海明威的意思，但仍然按照海明威的话做了。很快，他发现酒瓶子里装的是茶。他顿时明白了一切。

◆ 心灵感悟

保全别人的面子，体现的不仅仅是修养，还能从别人那里收获一份尊敬。

梦想城堡 ♥♥

希瓦勒，一名邮递员，他的生活就是每天走着去各个山村送信。

一天，他被一块石头绊倒了。那块石头看起来很怪异，他很喜欢，不忍丢掉，就放在了邮包里。山村里的人很奇怪，他怎么背着这么沉的一块石头呢？就劝他："这么重的石头，背着它太累了，扔了吧。"

希瓦勒却很得意，拿出石头给大家看："你们见过这么漂亮的石头吗？我怎么舍得扔呢！"

人们笑了，对他说："你喜欢这个啊？山上到处都是，你一辈子也捡不完。"

回到家的希瓦勒望着美丽的石头突发奇想：这么漂亮的石头，如果用它来建造一座城堡，那该是怎样的壮观！有了信念，希瓦勒以后送信的时候，就多了一份工作——寻找漂亮的石头。不久，他就收集了一部分。可是要建造城堡，这样的速度是绝对不行的。于是，他开始每天推着独轮车送信，看到漂亮的石头就放在独轮车上。就这样他坚持了很多年，白天送信、捡石头，晚上就开始凭自己的想象来建筑城堡。人们都说他不正常。

20多年了，他已经修建了很多漂亮的建筑，各种样式的都有。

1905年，法国一位记者偶然来到这里，发现了这些美丽的城堡，惊喜之余就写了一篇文章来介绍这些城堡和希瓦勒。之后，人们蜂拥而至，都来参观这些漂亮的城堡，就连毕加索都赶来了。

现在这座名为"邮递员希瓦勒之理想宫"的城堡群已经是法国最著名的旅游点之一了。在它的入口处，刻了这样一句话："我想知道一块有了愿望的石头能走多远。"传说，刻字的石头就是当年绊倒希瓦勒、让他痴迷、最终花费20多年建造这些城堡的最初那块石头。

◆ **心灵感悟**

一块石头有了愿望，它就不会再平庸地卧在泥坑里；一个人要有了愿望，他又会创造多少奇迹？

永不言弃

他应该是一个倒霉透顶的人，出生在一个贫困家庭，一生中失败不断：两次经商都赔钱，多达8次的竞选没有获胜，竟然还曾经精神崩溃过。

下面是他的生活遭遇：

1816年，年少时，他就要干活供养家人，家里却没有他的安身之地。

1818年，爱他的母亲去了天国。

1831年，第一次做生意就受打击，大赔。

1832年，参加州议员竞选，没有成功。

1832年，没了工作，想去法学院读书，却不被接纳。

1833年，借钱做生意，可不到一年的时间就赔光了，用了16年才还清了债。

1834年，又一次参加州议员竞选，这次终于获胜！

1835年，已经订了婚，就要结婚了，深爱的未婚妻突然死去，他伤心欲绝！

1836年，精神彻底崩溃，在床上躺了半年。

1838年，想做州议员的发言人，失败。

1840年，想要成为选举人，没有成功！

1843年，参加国会大选，失败！

1846年，再次参加国会大选，成功，到华盛顿任职。

1848年，想要连任国会议员，不成！

1849年，希望在自己的州内担任土地局长，失败！

1854年，参与美国参议员竞选，失败！

1856年，争取副总统提名，但支持者稀少。

1858年，再次参与美国参议员竞选——再次落选。

1860年，终于当选为美国总统。

他就是林肯，他的座右铭是："当我因脚滑而跌倒时，我爬起来笑一笑，跟自己说：'只不过摔了一下，你很幸运，你还活着，还有机会爬起来。'"

◆ 心灵感悟

有些人之所以天下无敌，是因为他从不放弃。

天职

这是一起突发事件。

一个偏于郊区的工地，民工们正在吃饭。工地一角突然坍塌，顿时，脚手架、钢筋、水泥……压向正在下面吃饭的民工。立刻，尘烟四起，痛苦的呻吟不断。

此时，恰逢两辆旅游客车路过。车停下，几十名老人迅速下车，没有顾及领队的"时间不够了"的抱怨，立刻开始迅速抢救伤者。老人们动作娴熟，神情专注，配合默契。没有手术刀，碎瓷片也行；没有纱布，换洗衬衣也能应急。

50分钟后救护车才赶来。一位外科医生说："这些老人至少保住了10多条生命。"

半小时后，机场，候机室。两位年轻的姑娘正在交涉机票改签和当地导游的陪同费问题，不时地抱怨老人给她们惹了麻烦。老人们都换上了干净的衣服，那些衣服都是去掉了肩章的制服，能看得出来，海、陆、空都有，他们正面容平静地打量着候机厅。其中一位老人，面带歉意，走向两个姑娘，隐约的交谈声传来："军医同学……很抱歉……但他们的脾气……"

◆ 心灵感悟

爱心不老。世界的存在，要以爱为养料。

唤醒沉睡的爱心

在欧洲医学界，居尔斯特兰德的名字是响当当的。他在1911年获得了诺贝尔医学奖，主要成就是揭开了眼睛生理光学的秘密。

老文诺，居尔斯特兰德的父亲，也是一名出色的眼科大夫。他办了一个小诊所，位于贫民区，但名气很大，不仅国内闻名，在北欧其他国家也是赫赫有名，很多患者不远万里慕名而来。

在老文诺的小诊所旁边有一所大医院，那是有钱有势的玛蒙勋爵开设的。相对于小诊所的人来人往，大医院就显得冷清了。曾经有人提议让老文诺来大医院坐镇眼科，可是玛蒙小心眼，嫉恨老文诺的才华，说老文诺是江湖医生，没有接受过正规的教育，不同意，还恶毒地攻击老文诺的医术。

听到这些，年少的居尔斯特兰德很气愤，立志要为父亲争这口气。他18岁就凭借出众的成绩上了医学院，经过5年的系统学习，毕业后回到了父亲的身边。居尔斯特兰德边实践，边学习，28岁就获得博士学位，论文震惊了瑞典整个眼科界。30岁时，他就做了斯德哥尔摩眼科诊所的所长。

恰在此时，玛蒙的女儿——珍妮眼睛出问题了。玛蒙花费巨款，请来各地的专家，可都没有用。珍妮瞳孔上有两块黑色的云翳，如果不摘除，就相当于有眼无珠；但如果手术失败，就有可能完全失明。真不知道该如何是好啊！最后，珍妮提议请居尔斯特兰德来给自己治病。

这时候，玛蒙才知道悔恨：当年自己做事太过分了，弄砸了两家的关系，现在，居尔斯特兰德一定不会愿意为珍妮治病的。可居尔斯特兰德居然来了！他很审慎，做好了一切准备工作。珍妮的手术很成功，她重见光明了！

玛蒙对居尔斯特兰德的行为很是感激，想要替他塑像，居尔斯特兰德拒绝了。

家乡人都把居尔斯特兰德看做自己的荣耀，都记得他说过的一句话："用爱心可以唤醒别人的爱心。"

冤冤相报，何时能了？与其让仇恨滋生仇恨，不如拿爱心唤醒爱心。

上帝会抽身帮助你 ❤❤

他出生于匈牙利，父亲是个木材商。从小，他就比别人显得呆了些，笨了点，因此常常有人叫他"木头"。12岁那年，他做了一个改变他一生的梦。在梦里，他写的东西获得了诺贝尔奖，国王亲自给他颁奖。醒来后，他真想大声地欢呼，把这个梦告诉所有的人。但他知道，如果他真的说出来，人们会嘲笑他的，他只能悄悄地说给妈妈听。

妈妈听了他的诉说后，很高兴："孩子，你真幸运！人们都说，当上帝决定要帮助某个人时，就会把一个美好的梦想放在他的心中。"

男孩从来不怀疑妈妈的话："只要我努力，上帝就会来帮我！"为实现自己的梦想，他开始努力。

岁月流逝，一个又一个3年过去了，上帝一直都没有来。就在此时，战争爆发了。因为是犹太人，他被希特勒的部队关进了集中营。

在那个地狱里，有600万人被害，幸运的是，他活着出来了。

1965年，《无法选择的命运》——他的第一部长篇小说诞生；1975年，《退稿》——他的第二部小说面世；随后，一系列的优秀作品从他的笔下诞生。

就在他快要忘却小时候母亲讲的那个关于上帝的传说时，他听到了这样一个消息：把2002年的诺贝尔文学奖授予匈牙利作家凯尔泰斯·伊姆雷。这是由瑞典皇家文学院宣布的。

凯尔泰斯·伊姆雷，正是他的名字！面对人们探寻他获奖感受的热切目光，他说："要知道上帝会抽身来帮助你，当你喜欢做某事，并排除万难也要去做的时候。"

◆ 心灵感悟

世事往往如此：当你刻意追逐时，它就像蝴蝶一样振翅飞远；当你摒去杂念，专心致志于它时，丰厚的收获便会敲门问候。

你在哪儿拉琴 ❤❤

一个年轻人，很喜欢拉琴。初到美国，生活很穷困，不得已要靠卖艺为生。命运待他不薄，他和一个黑人琴手占据了一家银行的门口，那可是一个黄金地盘，人来人往，络绎不绝，不少挣钱。

不久，年轻人赚到了一笔钱，他离开了那块黄金地盘，去了音乐学院学习。在学校里，年轻人专心学习，努力提高自己的琴技，提升自己的音乐素养。

10年过去了，他已经人到中年。偶然经过那家银行，发现银行门口的空地上，昔日的战友——黑人琴手，正在那儿陶醉地演奏。看到他，黑人琴手很开心，热情地询问他的情况："好兄弟，在哪里发财啊？很久都没有见过你了。"

他说了一个地方——那是一个著名的音乐厅。黑人高兴地问："那门前不错吧？好赚钱吗？"

他淡淡地笑了，隐讳地说："还不错，生意很好。"

其实，他是经常在那家音乐厅里演奏，而不是在门口卖艺。他已经是知名音乐家了。他，就是谭顿。

如果眼光被眼前的蝇头小利遮住了，就看不到更远大的目标了。

最大的麦穗 ❤❤

一天，柏拉图突然看到"爱情"这个词，可不知道是什么意思，就跑去问他的老师。老师告诉他："你去麦田里，找出其中颜色最金黄、个头最大的麦穗摘下来。但是只能摘一个，还只能朝前走，不许回头。"

半晌，柏拉图空着手回来了。老师问他怎么回事，他说："我曾见过又大又金黄的麦穗，但是不知道这个是不是最好的。而你说只能摘一次，不能回头，我就想前面一定会有更好的，便走了过去。可是，又发现后面的都没有前面见到的那个好。最后，就什么也没有了。"

老师笑了，说："现在你知道了，这就是爱情。"

又一天，柏拉图看到"婚姻"这个词，觉得很抽象，就去问老师。老师让他去树林里砍树，要找里面最大最茂盛的，还要适合做圣诞树的，并且只有一次机会，走过的路不许回头。

不久，柏拉图回来了，肩上扛着一棵树。这棵树有点普通、不太茂盛，但还不算太差。老师就问他："这是树林里最好的树吗？"柏拉图说："我接受了上次的教训，走过大半路程后，觉得这棵树也还行，就砍了下来，免得最后又两手空空。"

老师点点头，说："你清楚了，这便是婚姻。"

◆ 心灵感悟

选择决定成败，选择决定命运；选择意味着拥有，选择也意味着放弃——人应尽己所能，做出不见得是最好的、却是最明智的选择。

坚守农场 ♥

父亲是马术师，需要天南地北到处奔走。没办法，男孩也只好一段时间换一所学校。这样奔波的生活，使孩子的学习大受影响，男孩的成绩一直不怎么好。

一天，老师给大家布置了一篇作文，要求写自己长大后的志愿。那晚，男孩的情绪很高，他兴奋地写了满满6大张的纸，来描述他美好的志愿。他想长大后拥有一个属于自己的农场，还要在农场中央建一栋大大的住宅，要足足5000平方英尺，然后喂养大批的牛、羊、马。

第二天，交了作业。老师给他批了一个醒目的大F。那红红的F令他很伤心。老师还让他下课后去办公室。

他很困惑，问老师："老师，我写得不好吗？"

老师说："不是写得不好，而是你的志愿不切实际。你确定自己以后能买得起大农场？还想建造5000平方英尺的住宅？那怎么可能？如果你愿意重新写一个比较实际的愿望，我就重新给你打分。"

晚上回家，男孩犹豫不定，最后寻求父亲的意见。父亲对他说："孩子，得A或者得F都不要紧，最重要的是知道自己的梦想是什么，并能坚守住它。"听了父亲的话，男孩陷入了深思。最后，他决定坚守自己的志愿，不更改。

多年以后，男孩实现了自己的梦想。

他就是杰克·亚当斯，美国著名的马术大师。

◆ 心灵感悟

当我们计划人生时，常被他人的意愿所左右，从而放弃初衷——这是最大的不幸：既然别人无法代替我们去生活，为什么还要任人摆布呢？

大鱼来了

渔村里，生活着A、B两个船长。

有人问他们："你们为什么每天都出海捕鱼呢？"A船长愁眉苦脸，无奈地说："不打鱼，吃什么啊？"B船长却神清气爽，开心地说："因为我喜欢大海，它的波涛汹涌、它的平静安详，都让我着迷。"那人又问B船长："那你不操心生活吗？""当然，生活也必须关注，但你不觉得付出努力，然后获得丰收，这中间的过程才最重要吗？那种成就感所带给你的快乐是没有什么可以代替的。"

B船长喜欢大海，也喜欢船，所以他经常收拾船只、编织大网、研究大海。船长的热情也带动着船员，他们的收获越来越多，生活也越来越开心。A船长呢，总担心生活，不愿意多花钱修理船只、编织渔网，整天愁眉苦脸，连带的水手们也情绪低落，干活没有动力，每天的收获也越来越少。

这一天，两位船长约好同时出海打鱼，正好遇到一条罕见的大鱼。

本来A船长先看到的大鱼，但他觉得自己没有实力捕捉它，怕它破坏了自己的船，就看着它悠然地离开了。B船长平时就准备充足，这时，手下水手正摩拳擦掌准备大干一场，这条大鱼遇到他们，自然就跑不掉了。

◆ 心灵感悟

"可能"问"不可能"道:"你住在什么地方?""不可能"说:"在目光短浅、懦弱懒惰的人的心里。"

改变命运的两小时 ❤❤

有这样一个人,他虽然只是小学毕业,却获得了博士学位。他不仅口才出众,而且其他方面本领也超强。

你以为这些都是轻而易举得到的吗?

15岁,家境贫困,他辍学了,在书店里找到一份工作,每天要干12个小时。下班后,也不能回家,要看店。待着没事干,他开始看书。开始是打发时间,后来读书成了快乐的享受。晚上,整个大书店都属于他一个人,他养成了每天读两小时书的习惯。在这里,他度过了8年的快乐时光。

后来,他慢慢创立了自己的事业,并且获得了名誉博士的学位。

他,就是台湾著名的企业家陈茂榜。

◆ 心灵感悟

记住这样一句话吧:一个人的命运,决定于晚上8点到10点之间。

第5声枪响 ❤❤

热爱探险的两人,结伴横跨沙漠。未料估计不足,水提前喝完了,一人中暑,无法前行。

同伴出发去找水,留下一枝枪和5发子弹。让他两个小时后,

心灵鸡汤全集·最感人的真情故事 第二辑 通向幸福的路

87

每过一小时放一枪，同伴会根据枪声找准方向，尽快赶回来。

他虚弱地躺在沙漠中等待，看表，放枪。但是，他不相信同伴还会回来。

时间缓慢，他越发恐惧：他会不会没找到水就渴死了呢？他可能找到水自己走掉了？

4枪都放完了，只剩下最后一颗子弹了。

时间到，该发第5枪了，他对准自己的太阳穴，扣动扳机……

几分钟后，同伴赶至，手上满满一壶清水，后面还跟着长长的驼队，可等待他的……

◆ 心灵感悟

相信成功不一定能成功，但不相信成功肯定不能成功，因为不再抱希望，不再坚持，不再努力。

一连串梦魇

过年前夕，农夫打算进城赶集卖掉他的山羊和驴子，换些钱过新年。这天，他骑在驴背上，手上牵着山羊，赶路进城。有3个骗子盯上了他，打算骗走他的东西。

农夫在驴背上昏昏欲睡，骗子甲行动了。他偷偷把山羊脖子上的铃铛解了下来，系在驴子尾巴上，把山羊给偷走了。

不大一会儿，农夫醒了，回头一看，山羊不见了。慌忙下了驴身，开始到处寻找。这时候，骗子乙登场了，他先是热心地问农夫："怎么了？要找什么啊？"听农夫说自己的山羊被偷了，就马上惊讶地说："我刚才看到有个人牵着一只羊朝那个小树林走去了，你快去追吧，我帮你看着驴子。"农夫相信了骗子乙，留下驴子，跑去追山羊了。不大一会儿，他空手回来了，而驴子和骗子乙也早没有了踪影。农夫很伤心，哭着走着。路边的水池边，骗子丙早已等候多时，看到农夫的身影，他便号啕大哭起来。

听到有人哭得比他还伤心，农夫觉得奇怪，就上前询问原因。

骗子丙早就想好了说辞："我带了一大袋金子，本想进城去买东西。不想在这里歇息洗脸时，把金子给掉到水里了，而我又不会游泳。如果有人愿意下去帮我找到金子，我就送他15个金币作为报酬。"

农夫听了大喜：有了这15个金币，丢个驴子、羊算什么？我还多赚了呢。想完连忙表示愿意帮忙下水去捞金子。他脱下衣服，跳进了水里。骗子丙计谋得逞，拿起农夫的衣服和干粮就跑了。农夫又受骗了！

◆ 心灵感悟

没出事时麻痹大意，出事后惊慌失措，造成损失后急于弥补——骗子正是抓住了人性的弱点，才轻易得手。

谁糊涂

年轻人很苦恼，不知道自己以后的路该怎么走。他想寻求大师的指点，就长途跋涉来到法门寺，对方丈说："我独爱丹青之术，渴望找到一位好老师。但是这么多年了，一直未能如意，很多人空有盛名，画技比我还差。"

方丈听了，微微一笑："施主如此善画，就赠老衲一幅墨宝如何？"

年轻人也不客气，问道："大师想要怎样的画？"

方丈说："我别的爱好没有，就是喜欢品茶，施主就为老衲画一套茶具吧。"

年轻人听了，二话没说，展开宣纸，刷刷几笔，一幅淡雅的茶具图就展现在方丈面前：茶壶略略倾斜，茶杯个个小巧、精致，果然一幅好画！

方丈点点头，又摇摇头，说："施主画工果然不错，但你把茶壶和茶杯的位置画反了吧？应是茶杯在上，茶壶居下才对啊。"

年轻人笑了："大师怎生糊涂了？那不成了茶杯朝茶壶里注水了吗？"

方丈点点头："你既懂得这个道理，怎么把自己的位置摆得比那些丹青高手还高呢？这样，他们的香茗如何注入你这茶杯里呢？"

闻言，年轻人陷入沉思，许久，大悟。

◆ 心灵感悟

一个人目空一切的时候，就是他最无知的时候。

马蹄人生

那年，皮特9岁。一天，祖父指着路上的马蹄印问他："皮特，你已经上学了，应该学了不少知识。那你说说这个马蹄印里都写了什么？"

"可是，爷爷，这里面并没有字啊？"

"皮特，这里面是另一种文字，你必须要学会的。"

"爷爷，我真的没看出来有什么啊？"

"皮特，你要仔细观察。这应该是那匹枣红马的蹄印，它蹄铁上的钉子掉了两颗。明天它就要进城了，如果不把钉子补齐，蹄铁路上就会掉下来，马儿会受伤。孩子，世上的文字不止一种，这些是自然的文字。人要能读懂这些，才能更好地生活。"

生活是一间大课堂，投入全心，并用上一双善于发现的眼睛，你就会比别人收获得多。

源于一束玫瑰花 💕

1797年3月的某一天，卢森堡一所小学里，拿破仑兴致勃勃地结束了演讲。他如此高兴，以至于在送给该校校长一束价值3路易的玫瑰花时，许下一个承诺："非常感谢贵校对我和夫人的招待，为表达谢意，我承诺今后每年此日，我都会给贵校送来一束和此价值相等的玫瑰花，以象征两国友谊。"卢森堡人记住了这一承诺。

后来，战争打了起来，拿破仑也被流放了，那个承诺他早已抛诸脑后。

不料，1984年，卢森堡人重提此事，要求法国政府赔偿。他们给出两个选择：一、提供金钱赔偿，从1798年算起，本金为3路易，相当于一束玫瑰花的价值，复利为5厘；二、公开承认拿破仑不守诺言，并在各大报上登载此事。法国政府不愿公开承认拿破仑违约，可他们计算了一下赔偿金，都震惊了：3路易的承诺，变成了1375596法郎的天文数字。法国政府犯愁了。

拿破仑怎么也想不到，他的一时兴起，让法兰西遭遇如此的尴尬。

◆ 心灵感悟

许诺只在一瞬，践约却需要永远——无论凡人还是伟人。

坚持自己是对的 ❤

这是一次大型手术，年轻的实习女护士要参加。如果在这次手术中，她表现良好、获得外科专家的认可，那她就毕业了，能拿到合格的女护士证书了。

这个手术很复杂，也很漫长。从早晨到黄昏，终于要结束了。该给患者缝合伤口了，外科专家正要动手，女护士突然出声："等一下，大夫，我们刚才用了11块纱布，但是您只取出来10块，还有一块留在患者的伤口里呢。"

外科专家说："这怎么可能？你别乱说，我都取出来了。"

女护士毫不退让："不对！我传递的纱布，明明是11块，您只放回来10块。"

外科专家很不耐烦："我才是医生，我说了算。"

女护士坚持，大声说："医生更应该对患者负责，您不能这样做！"

外科专家笑了，举起握在左手手心里的第11块纱布，说："你是对的，护士！祝贺你通过了考核。"

◆ 心灵感悟

错误经不起时间的考验，不论你为何种理由放弃了自己的正确，都会最终被宣判为失败者。

为什么走得慢 ❤

北京颐和园里，年轻的女子不耐烦地呼唤自己的爱人："你能不能快点，路边的花草有什么好看？"

男子反问道："难道这些花草就不美丽吗？"

只知道在人生的道路上狂奔，注定失去观看两旁美丽花朵的机会。

并非到处都是坏人 ❤

比尔是一名编辑，并且获得了新闻界的嘉奖。回想起成功的经历，他特别感激梅欧文小姐，他回忆说："我是一个孤儿，有6个兄弟姐妹。父母去世后，一个亲戚收养了我。因为家境贫寒，自小我就靠卖报纸养活自己。那是四月份的一个下午，一辆电车在我身边停下，一个男人站在电车的车尾踏板上对我说：'来两份报纸'。我给了他报纸，可是这时候车子开动了，这个男人坏笑着说：'你追上来了，就给你钱。'我使劲儿地追，可是怎么也追不上电车，还摔了一跤。这时候，一辆马车停在我的身边，一位拿着玫瑰花的夫人含着眼泪对我说：'孩子，不要跟这样没有人性的人计较，你在这儿等着，我们一会儿就回来。'随即马车去追赶电车了。一会儿马车回来了，车夫说：'我狠狠地揍了那家伙一顿。'夫人说：'孩子，不要为这样的坏人伤心。世界上虽然有坏人，但还是好人多呢——像你我这样的人，都是好人。'直到好多年后，想起这件事，我依然感谢那位夫人，因为她的善良，我才没有沉沦，才认为世界还是充满阳光的。"

◆ 心灵感悟

让别人的生命有一点不同、有一点亮光是何其简单！

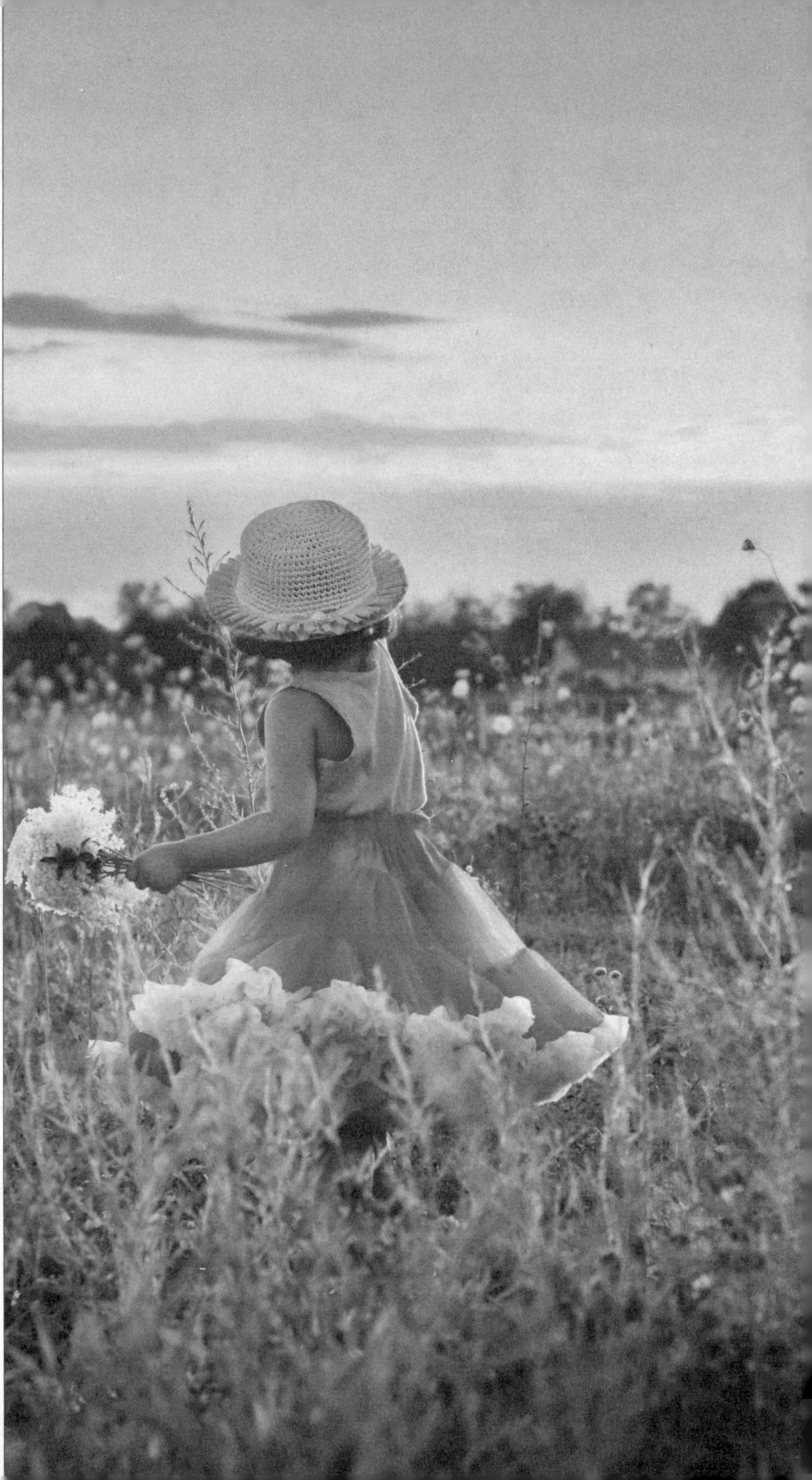

灿若夏花的生活

从明天起，做一个幸福的人，喂马、劈柴、周游世界；从明天起，关心粮食和蔬菜；我有一所房子，面朝大海，春暖花开。

——海子

致命的诱惑 ❤❤

在北极，北极熊的力量是最大的，它又没有什么天敌，但爱斯基摩人能够毫不费力地抓到它。

人类的智慧是无敌的！北极熊极为嗜血，人类就是利用这一点捕捉它的。爱斯基摩人先取一部分动物的血，把它们放在容器里，然后放一把双刃的匕首让它冷冻在血液里，就这样做出来一个大冰棒，最后把它丢在雪原上。

北极熊的鼻子很灵，对血腥味很敏感，当它闻到爱斯基摩人丢在雪地上的血冰棒时，就会很快赶来舔食冰棒。这样不久，它的舌头就会冻得麻木了，但是它是不会放弃美食的。再不久，就会有温热的血吃进它的嘴里，它不知道其实那就是它自己的血。因为它已经舔食到插在冰棒中间的双刃匕首了，匕首割破了它的舌头。因为舌头早就冻麻了，所以它觉察不到，但是鼻子能闻到鲜血的美味，它舔食得更卖力了，而自己的血也就损耗得更快了。就这样，不用多久它就因为失血过多而晕倒了。

此时，爱斯基摩人很轻松地就抓到了它。

◆ 心灵感悟

在为生活奔波的过程里，我们也可能是一头北极熊，我们沾沾自喜，以为得到了一些东西，却不想透支的是生命。

比金子还贵重 ❤❤

非洲，丛林，4个瘦骨嶙峋的男子正在艰难前行。

这4个人是跟队长马可一起来丛林探险的，马可当时许诺会给他们丰厚的报酬。但是在他们就要成功时，马可不幸染上了丛林疾病，永远地留在了丛林里。

木箱是马可临死前托付给他们的，他对他们说："你们要保证，寸步不离这个箱子。当你们把它送到我的朋友迈克教授那里时，你们会得到比金子还贵重的报酬。我相信你们一定能送到，而我承诺的东西，你们也一定能得到。"

埋葬了马可，他们上路了。密林里几乎没有路，每走一步都很艰难，而他们还要抬一个箱子。他们挣扎着，一切都不真实起来，只有看到这个箱子，他们才敢确定自己还活着……在最艰难的日子，那个比金子还贵重的东西给了他们战胜困难的希望。他们彼此监视，不让任何人有机会单独打开箱子，在这股信念的支撑下艰难地走着……

终于，看到了密林的尽头。他们用最快的速度找到了迈克教授，提起了那个比金子还贵重的报酬。但迈克教授根本不知道这是怎么回事，他说："你们看，我很穷，家里什么都没有。啊！难道箱子里有宝贝？"于是，大家一起打开了箱子，这下大家呆住了：箱子里只有一堆无用的木头！

"是不是搞错了？"

"让我们带回来这些无用的东西，马可精神有问题吧？"

"哪有什么比金子还贵重的报酬？骗子！"

只有最后一个人沉默不语，他想起来在丛林里的一路所见，那么多没有走出丛林的探险者的白骨；想起这个箱子给大家带来的希望……他站起来，对同伴们说："别抱怨了，我们已经得到了比金子更贵重的报酬了，那就是我们的生命！"

◆ 心灵感悟

　　如果生命失去了，拥有再多的金子都毫无意义。

公平

年轻人噩运连连，刚10岁，母亲就去世了。父亲是跑长途的司机，经常几个月不在家。他只能自己洗衣做饭，照顾自己。

17岁，父亲遭遇车祸去世。他没有经济来源，只能自己出去工作，赚钱养活自己。

20岁，工作中出现了工程事故，他失去了一条腿。他不得不接受现实，学习在拐杖的帮助下行走。

后来，他花光了自己所有的钱，办了一个养鸡场。可是，一场瘟疫让他落得一场空。

他愤怒了，跑去质问上帝："为何对我如此不公平？"

上帝问他："你觉得自己受到怎样不公平的对待了？"

他把自己的遭遇讲述了一遍。

"嗯，确实很凄惨，那你还要活下去吗？"

年轻人怒极反笑："哈哈，这么多不幸都没有打倒我，我怕什么？我会创造出自己的幸福生活的。"

上帝也笑了，他对年轻人说："地狱里新来了一个鬼魂。他生前很幸运，生活一帆风顺，只是最后那场瘟疫同样带走了他的财富，他就自杀了，而你还活着……"

◆ 心灵感悟

"我医治你，所以要伤害你；我爱你，所以要惩罚你。"——这是上帝的理论。

生命需要什么

利奥是著名的影星，他以胖著名。

1936年，在演出时，他的心脏出了毛病，人们把他送到汤普森急救中心。医生竭尽全力也没能挽回他的性命。生命即将结束，利奥的最后一句话是："身躯如此庞大，但生命却只需要一颗小小的心脏！"

利奥的这句话让当时的院长哈森很有感触，为了提醒人们注意关注自己的体重，他在医院的大楼上刻下了利奥的遗言。

1983年，石油大亨默尔也因心脏问题住了进来。战争使他的公司陷入了困境，他不停地跑来跑去从中斡旋，终于病发，住进了医院。

他简直把汤普森医院当成了自己的一个工作间。他包下了整整一层楼，还增加了几部电话和几台传真机，不停地工作着。当时有报纸这样写：

汤普森——美洲石油中心。

默尔的手术很完美。只用了几个月的时间，他就康复了。出院之后，他没有回到自己的工作岗位上去，而是去了他多年前就买下的乡村别墅。

1988年，默尔参加汤普森医院百年庆典的时候，有记者问他为何不再管理公司。他没有说话，只是微笑着指了指医院大楼上的字。

默尔在自己的传记里曾这样说：富裕和肥胖一样，都是超过了自己的需要。

◆ 心灵感悟

对健康的生命而言，任何多余的东西都是负担。

量鱼

一个人在河边钓鱼。他水平很高，钓了很多大鱼，但每次他都用尺子量一下鱼，如果鱼比尺子长，他就把它扔回河里。

旁边有人看了，觉得奇怪，就问他："你怎么把大鱼都扔回河里了呢？大鱼不好吗？"

这人淡淡地说："大鱼很好，但我家的锅小，只能装下比尺子小的鱼。"

◆ 心灵感悟

"够用就好"也是不错的生活态度：取自己够用的，不必贪求，这是富足人生的一项重要修炼。

长寿奥秘

1981年，世界卫生组织公布：巴基斯坦的劳扎、苏联的高加索和厄瓜多尔的比路卡邦巴是世界三大长寿地区，老人百岁比例比其他地方高8到12倍。

大出版商萨拉·何塞听到了这个消息，立刻派出手下记者赶赴三地采访，并命令他们要在两周内组织好稿件赶回。他打算出版一本关于长寿的奥秘的书。何塞果然很能抓住大众心理，书还没有出来，只打广告，就有很多人定购，订单高达650万份之多，真是想不发财都难。

可是，让何塞措手不及的是，记者们没有在规定时间内回来交稿。这下，书只能延迟出版了，那就必须交大量的违约金了。何塞焦虑万分，不幸脑溢血突发，年仅52岁就死了。

不久，这套介绍长寿秘诀的书出版了，封皮上写着长寿秘诀的最重要一条——平和的心态。

◆ 心灵感悟

人人都怕死，但具有讽刺意味的是，在追逐财富的路上，它就退居其二了。

贫穷

腰缠万贯的父亲带着儿子去乡下玩，打算让孩子了解穷人的窘况，学会珍惜现在的生活。在最穷的人家里，他们生活了一天一夜。回去的路上，父亲问儿子感觉如何。

儿子开心地说："太好了！"

"知道穷人的生活不好过了吧？"

"不是啊。我觉得他们比咱们过得好啊！他们家养4条狗呢，咱们就只有一条；他们拥有一条长长的、望不到尽头的小河，咱们就只有一个小水池；他们在院子里就能看到满天的星星闪烁，咱家院子里就只有几盏灯；还有，他们的院子如此开阔，足足有整个农场那么大，咱家的院子是那么狭窄！"

听了儿子的话，父亲目瞪口呆，说不出话来。

◆ 心灵感悟

处在钢筋混凝土造就的笼子里，我们是何其贫穷！

我没有打中

一天，大仲马和一个年轻人发生了争执。看他们争得不可开交，有人提议用抽签的办法来判定各人的命运，输掉的人要朝自己开枪。

很不幸，大仲马输了。他表情肃穆，拿起枪，进了一间房子，关上了门。同伴们都很担心，焦急地等待着。好半晌，才听到一声枪响。大家连忙跑进房间，就见大仲马拿着还在冒烟的枪，回过头来对大家说："真遗憾！先生们，我的枪法太差，竟然没有打中！"

大家都愣住了，大仲马继续说："为了一点小事，就浪费生命，我觉得这太蠢了。我自己不会做，也不会让我的对手这样做的。"

◆ 心灵感悟

能以幽默的方式解决一些想不开的小问题，才是生活的智者和强者。

美好时光 💕

就要30岁了，我心情有些沉重，难道我最美好的时光就要过去了吗？

早上散步的时候，我又遇到了尼斯，他80岁了，依然健朗。我们互相打招呼，他看我情绪不好，就问我怎么回事。我说，我快30岁了，人生中最美好的时光就要过去了，心情有点烦躁，不知道将来我老的时候，生活会怎么样。尼斯笑了，他说：

"孩子，生命中的美好时光不只是一个时间段。

"小时候，父母呵护、兄长疼爱，健康成长，那是一段美好的时光。

"上学了，学到了很多知识，结识了很多朋友，那是一段美好的时光。

"工作了，勇于承担责任，拿到了自己应得的报酬，那是一段美好的时光。

"遇见我爱的人，并得到了她的心，那是一段美好的时光。

"现在，我老了，但身体健康，孩子们生活开心，我和妻子仍像当初那样相爱，这又是一段美好的时光。"

◆ **心灵感悟**

细细品味，每一天、每一刻，都绽放着美丽的幸福。

风雨伦敦塔 ❤️

在伊丽莎白一世当政时期，伦敦塔是一座著名的监狱。

1573年，有位伯爵触犯了皇室，被关进了伦敦塔。塔内阴冷而潮湿，石墙又高又厚，根本没有办法跟外界联系，伯爵绝望了。这么久以来，进入伦敦塔的人，几乎都永远地留在了这里。在这样恶劣的环境里生活，很多人不是生病死了，就是长时间不能跟外界联系，精神受不了，疯了。还好，伯爵的囚室里有一扇小窗。每天，伯爵都会透过小窗望着一小片蓝天发呆。一天，他突然看到有什么东西跳上了窗台，喵喵地对着他叫。这，这是自己的小花猫？他摇摇头，不敢相信。难道是自己眼前出现幻影了吗？但小猫的叫声听起来这么真切。他忍不住伸出手来，轻轻叫着："小花! 小花! "小猫竟然硬从窗条缝里挤了进来，高兴地跳进了他的怀里。伯爵此时才相信这是真的，他抱着小花猫哭了。

原来，伯爵被抓之后，小花猫就跑了出来，不知道它是怎样找到伯爵的。大家都感动于它对伯爵的依恋，狱卒也被其感动，答应伯爵不上报，让小花猫留了下来。

就这样，小花猫陪着伯爵在铁窗中度日。伯爵也感念小花猫的依恋，总是先让小花猫吃饱喝足，自己才吃。一人一猫相伴过了很多年，最后小花猫老死了。这次，伯爵虽然又独自一人了，但他有了信念，他了解小花猫的心意，他要活着出去。

1624年，伯爵终于被释放了，这时候他已经在监狱里待了51

年。出来后，伯爵立刻找人为小花猫画了一幅画，放在自己抬头就能看到的地方。

◆ 心灵感悟

狱中51年都不放弃，看到这儿，还有什么理由萎靡不振地浪费掉一生呢？

废墟之花

伊朗，夜晚，大地震。片刻间，近5万人丧生，数10万人失去了家园。

在那片废墟里，一架小小的帐篷边，一盆火红的花在怒放。那位少妇的丈夫和儿子刚刚丧生在废墟之下。不过，幸存的幼小的女儿和这盆来自废墟下的花给了她勇气，支撑她活了下来。

灾难之后，家园可以重建；灾难之后，生活同样可以重建。

◆ 心灵感悟

仰望星空，静静设想：正有一颗流星，引领你通过生命的不可知的黑暗。

可怜的老头

在北京大学的礼堂里，哈佛大学的校长讲述了一段自己的经历：

某一年，我说自己有私事，向学校请了3个月的假期。回到家，又告诉家人："我有事要做，别问我做什么。我会不时打电话回家的，你们放心。"

校长独自去了南方，开始了一种全新的生活。他跑到农场去打工，在老板不注意的时候偷偷吸支烟或者跟旁边的工友聊几句，这让他很开心，心情愉悦。

有一次，他在一家餐厅刷盘子，才干了4个小时，老板就跟他结账了，说："可怜的老头，没办法，你动作太慢了。"

"可怜的老头"回到学校，发现一切都变得新鲜可爱起来，工作和生活变得更具吸引力了。他觉得，那3个月的生活就像一段小插曲，让现在的生活变得更有趣了。

◆ 心灵感悟

定期给自己复位归零，清除心灵的污染，才能更好地享受工作与生活。

您为什么不害怕 ❤

朋友乘船去法国，在海上遭遇暴风雨，人们都很害怕。一位老人却与众不同，她安静地祷告，不见一丝慌乱。

风浪过后，朋友跑去问老人：'刚才，您怎么一点都不害怕呢？"

老人说："我有两个女儿，大女儿已经回到了上帝的怀抱；二女儿住在法国。刚才我就祈祷：如果上帝召唤我，我就去看望大女儿；如果安然无事，我就能够看到小女儿。无论如何，我都会跟自己心爱的孩子在一起，那我怕什么呢？"

◆ 心灵感悟

人生的旅程，不可能一路绿灯。如果总是绿灯，也是一种单调与乏味。不妨来个红灯，让我们停下来观察、思考、欣赏，换换人生的况味。

记忆经典丛书

记忆经典丛书编委会 编著

心灵鸡汤全集

中国青年出版社

上篇 最感人的真情故事

第三辑 灿若夏花的生活 / 109

还有一个苹果 / 110

假如可以再活一次 / 110

守塔人 / 111

无福消受的美味 / 112

加上"厌倦"的价值 / 112

有一种美丽的从容 / 113

小哥哥 / 114

谎言 / 115

今日落叶明日花 / 116

我知道您是那样的人 / 117

树 / 118

银行存款 / 120

101封信 / 121

利润计算法 / 122

母爱从未远离你 / 123

唱给爸爸的歌 / 125

丢钱 / 126

世界的最后一晚 / 127

兄弟，你是最棒的 / 128

我总会跟你在一起 / 129

门 / 131

一吻之爱 / 132

真情对话 / 133

失忆 / 134

母亲 / 136

一双皮鞋 / 137

展开笑颜 / 139

身边的幸福 / 140

幸福如汤，趁热喝 / 141

妈妈只收0美元 / 142

宽容与爱 / 143

抓住"当下" / 144

第二册目录

放下 / 145

幸福需要体会 / 146

永远的探望 / 148

牵挂 / 149

善于给予 / 150

高尚的人 / 151

适可而止 / 152

情愿挨骂 / 153

从最近的地方寻求快乐 / 154

用心去看到美 / 155

乐观豁达 / 156

原谅也是美德 / 157

幸福在心 / 158

活着的价值 / 159

半根香蕉 / 160

第四辑 爱是一条芳香的河 / 163

巷口 / 164

五月槐花香 / 165

绝唱 / 167

她要的答案 / 168

白纸写家书 / 169

感谢仇人 / 170

麦克·劳德先生 / 172

练习爱情 / 172

情书 / 174

红玫瑰与白玫瑰 / 176

谁先说再见 / 177

错过了9棵树 / 178

执子之手 / 180

哑妻 / 181

屋顶测验 / 182

偷窥 / 183

约会试验 / 185

秘密 / 186

错过 / 186

真遗憾 / 188

当爱情变成习惯 / 189

分手清单 / 191

为什么你不转身 / 192

鱼眼里的爱情 / 193

坚守的理由 / 194

爱之花 / 196

佛祖的心事 / 197

礼物 / 199

别让那只鸟飞了 / 201

情人节的白菜 / 202

婚姻幸福的秘密 / 204

不要那朵花 / 204

换脑 / 206

生死至爱 / 208

不是每个秘密都要知道 / 209

鸳梦重温 / 211

外遇进行时 / 212

3周改变你的丈夫 / 213

柔软的小手 / 214

伤痕 / 215

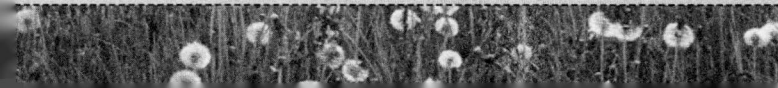

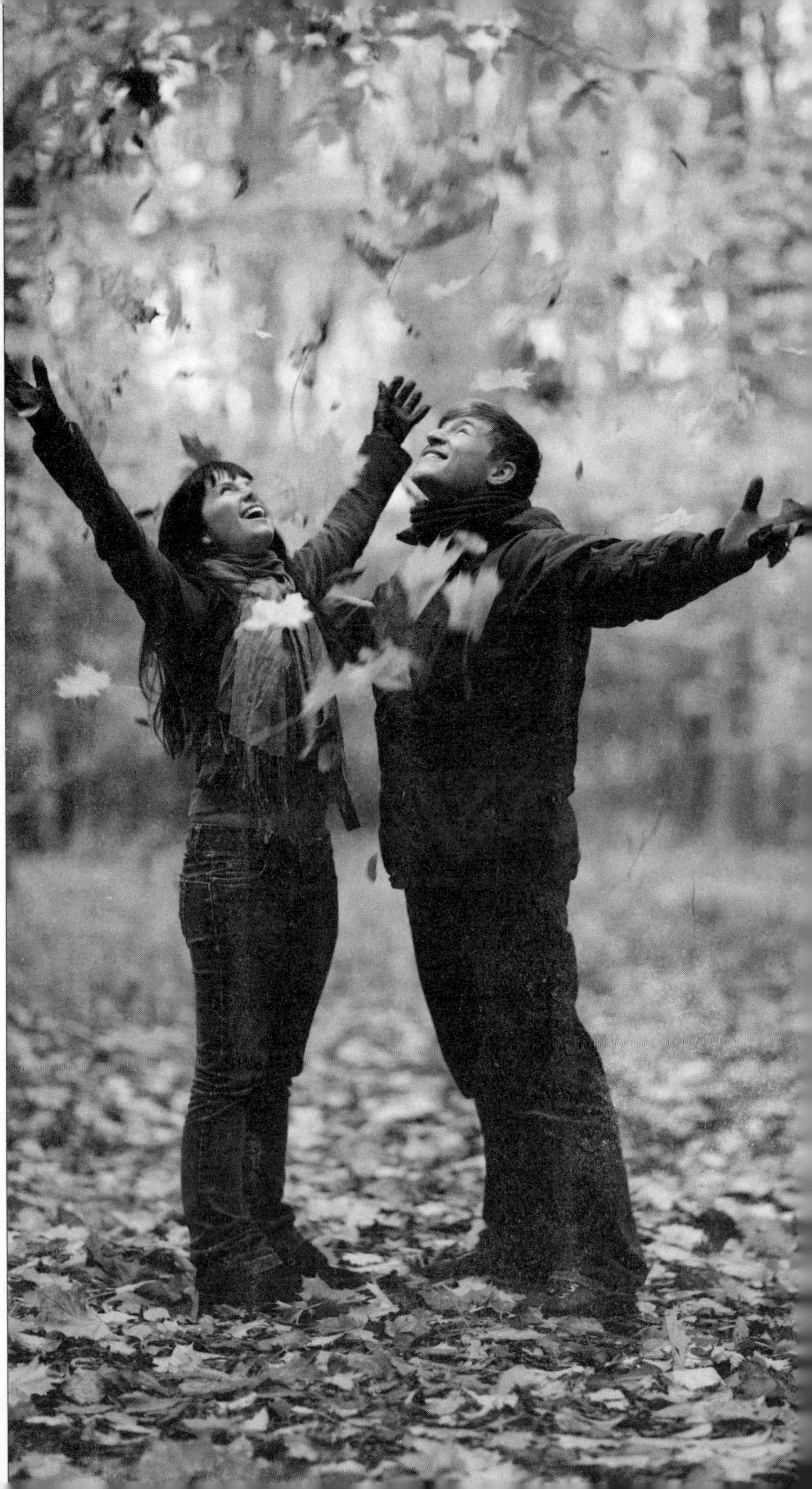

上篇

最感人的真情故事

■ 爱在左，同情在右，走在生命路的两旁，随时播种，随时开花，将这一径长途点缀得香花弥漫，使穿枝拂叶的人，踏着荆棘，不觉得痛苦；有泪可落也不是悲哀。

——冰心

Volume 1

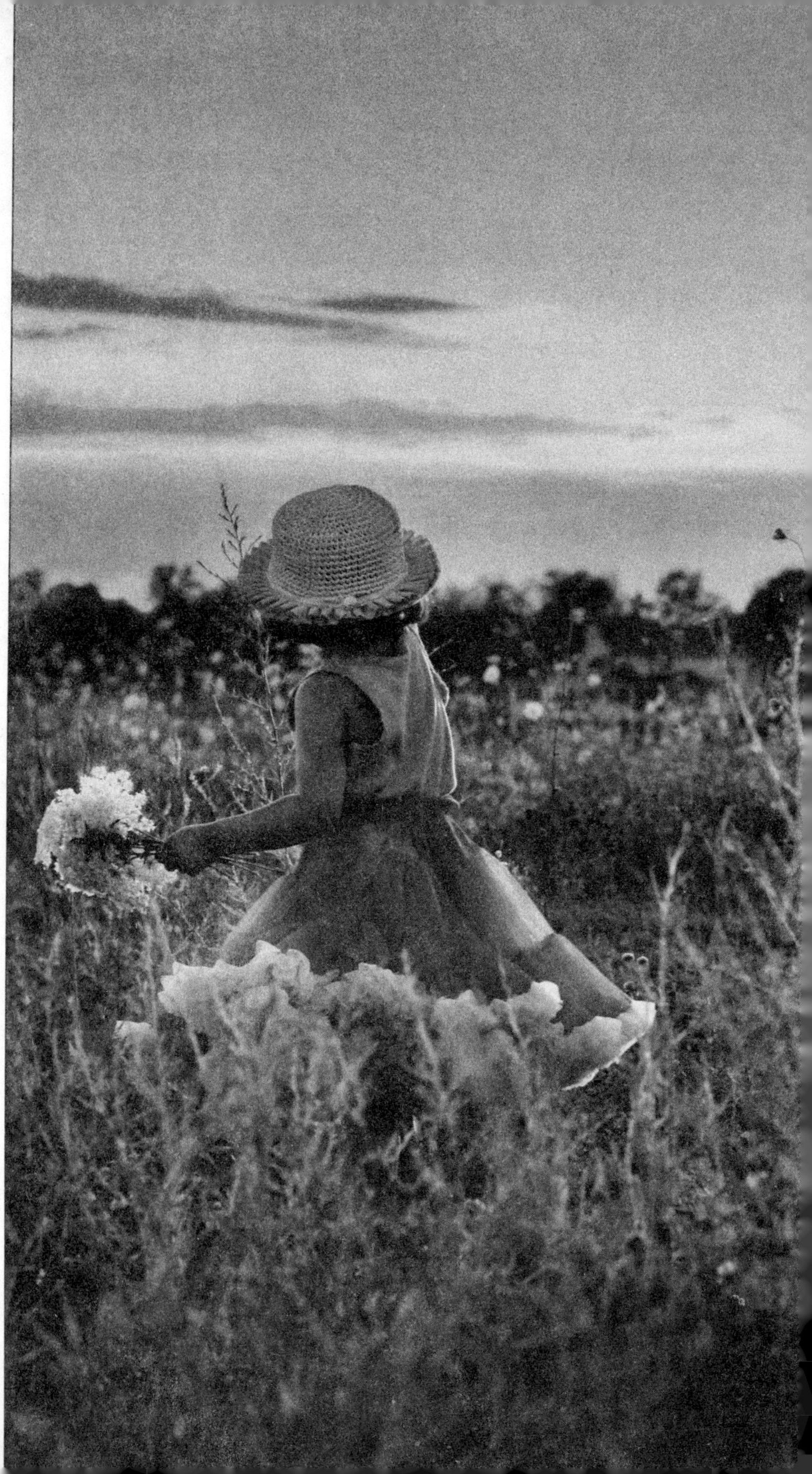

灿若夏花的生活

从明天起，做一个幸福的人，喂马、劈柴、周游世界；从明天起，关心粮食和蔬菜；我有一所房子，面朝大海，春暖花开。

——海子

还有一个苹果

曾听到过这样一个故事：

旅行者在沙漠里行走，一阵风沙过后，他迷失了方向。更不幸的是，他的水和干粮也被风暴卷走了。他找遍周围，摸遍全身，竟然在衣袋里翻到一个青涩的苹果。旅行者惊喜莫名："我还有一个苹果！"

带着这仅有的希望，旅行者开始寻找出路。每当身体疲乏、饥渴难耐时，他就拿出苹果看看，信心就又充足了，力量也回来了。

一天，两天，三天，旅行者终于看到了沙漠的尽头。那个苹果，他始终没有动过……

人们都赞叹旅行者的勇气和毅力，可旅行者说："都是这个苹果的功劳，没有它，也许我早就……"

◆ 心灵感悟

哪怕希望只是一点星星之火，也要坚守；最终，它会燃成燎原之势。

假如可以再活一次

假如可以再活一次，我不会每时每刻担心自己是否又做错事了，我会放心大胆地做事，错了改过再来。

我会让自己放松心情，更关心自己的生活是否开心。

我会更关心远处的风景，不放过那些青山、绿水，会对着夕阳傻笑，对着朝阳欢呼……

我再也不委屈自己的肚子，我要开心地吃冰淇淋。我会给朋友惹些小麻烦，再也不是只在脑子构思自己的恶作剧……

假如可以再活一次，我会多关注生活，享受生命的现在，而不是老是担心未来会如何。

曾经我每次出去，都带全所有的物品：温度计、药品、雨衣、指南针……假如可以再活一次，我要自由地行走，把这些都从我的行囊中去掉。

假如可以再活一次，我会开心地工作、生活、游玩……

假如可以再活一次，我会多坐几次空中飞车，多采几朵野花……

◆ 心灵感悟

采花瓣时，得不到花朵的美丽；忙生活时，享受不了生活的美好；如果生命可以再来一次，我会选择步伐放慢一点。

守塔人

小岛，乱石，灯塔，他。

20多年了，他就在这里，守着塔，为来往的船只引道。

那晚风雨交加，他敏锐的耳朵隐约听到有船只要通过。这么多年的经验，他知道，没有塔上的灯引路，再有50海里，船就会触礁，然后沉没。他忙点起火把跑向灯塔，爬上了最顶层。终于，风雨停息了，船长走上了小岛，看到他独自一人，很是感激，对他说："在这地方生活，多受罪啊！跟我走吧，我每月给你3000元的酬金。"

他笑了，没有激动，没有兴奋，只淡淡地说："10年前，就有人对我这样说，并答应给我3500美元酬金。"

船长愣住了，半晌，无语，离去。

坚守住自己的纯真本性，坚守住那一份淡泊——世事繁杂，与我何干？

无福消受的美味 💕

法国，美丽的乡村，巴士，游客琼，餐馆，餐厅老板。

巴士停顿10分钟，琼下车闲逛，走进附近的餐馆。"真干净！啊，还有浓汤和各种鲜美的食物。"琼的馋虫被勾引了出来，跟老板说："来碗浓汤。"

老板看了看她："抱歉，这个不卖。"

"为什么？"琼很纳闷。

"要知道这美味的浓汤可花费了我不少的时间，而你的巴士不会停留太久，你喝它也许只能用几分钟的时间，那对这些汤来说，太可惜了，而我也会因此不高兴。"

琼不禁惋惜，如此美味的浓汤自己不得不错过了。

◆ 心灵感悟

现代人的生活越来越像一块被快速咽下的三明治，那慢火熬成的美味浓汤，已离我们越来越远。

加上"厌倦"的价值 💕

一个小部落，生活在大山里。这里人人都有好手艺，能编织漂亮的草席，这在外面能卖很多钱。一家美国公司，想跟他们做生意，派人去商谈。

那个人对部落首领说："我们需要几千条草席，对你们来说，这可是一笔大生意！"

村人聚集起来讨论，结果是：这样大量订购的草席单价要更高才行。

美国人很惊奇："这是为什么啊？"

部落首领说："要知道，不停地反复做一件事是会令人厌倦的。因此，如果您想做这一单生意，就必须付'厌倦'这一成本。"

◆ 心灵感悟

厌倦也是一种成本——心理成本，对于有情感的人来说，心理成本永远不应该被忽略。

有一种美丽的从容

她生于富贵之家，从小衣食优厚，专人伺奉。后来，经历政治运动，成了挖鱼塘、清粪桶的反动派。

岁月无情，生活困顿，她喝下午茶的习惯却一直没有改变。家里一贫如洗，她就自己动手在炉子上烘制美味的西式蛋糕。沧桑数10年，每天下午，她喝着茶，吃着蛋糕，显得平静而悠闲，全然不在意生活的艰辛。不管生活如何变幻，她依然平心静气，温婉美丽。

◆ 心灵感悟

世上有一种坚强表现在从容的生活里，顺境逆境，泰然坚守。

小哥哥

生日的时候，哥哥送给埃伦一辆漂亮的跑车。埃伦很开心，他很喜欢这辆跑车，经常开出去兜风。

一天，埃伦下班出来，看到他的车旁站着一个小男孩。他仔细地看着埃伦的车子，显然无比羡慕。男孩衣着朴素，看来生活并不富裕。看到埃伦来到车前，他问："先生，这车是你的吗？真漂亮！"

"是的，这是我的生日礼物，我哥哥送的。"

"你哥哥送的，那你自己不用花钱，对吗？"小男孩瞪大了眼睛问。

埃伦笑着点点头，这孩子真好玩。

男孩高兴地大叫："啊！真好，我也想……"

埃伦以为他也希望自己的哥哥能送他东西，不料，小男孩却说："我希望我也能送给弟弟一辆车。"

埃伦被小男孩的话感动了，便问小男孩是否愿意跟他去兜风。男孩惊讶万分，欣喜地答应了。

一会儿，小男孩请求埃伦把车开到他家门口。埃伦以为小男孩要在朋友面前炫耀自己坐着漂亮的汽车回家，就答应了。

可是……

小男孩快速地跳下车，跑回家里。不久牵着一个更小的孩子出来了，那是他弟弟，这孩子的一条腿瘸了。小男孩让弟弟坐在旁边，指着车子对弟弟说："看，这辆漂亮的车子是他哥哥送的，他自己不用花钱。以后，我也要送你一辆车子，这样你就可以自己出去看美丽的风景、漂亮的大海……"

埃伦有些哽咽了。他走出车子，把弟弟抱进了车里，小男孩也赶忙跟了过去。

这段旅程他们终生难忘！

有哥哥真好！读了这个故事，没哥哥的人都希望有个哥哥：给自己挡风遮雨，带来快乐。

谎言 ♥♥

小时候，家里穷，饭都吃不饱，每天吃饭，强都狼吞虎咽。娘等强快吃完了，才端起碗，把饭拨给强一半，边拨边对强说："多吃点，娘还不怎么饿呢。"然后才端着半碗饭开始吃。

强正在长身体，那点儿粮食，营养根本不够。娘就去小河里捞些小鱼，炖成汤给强补钙。看着强有滋有味地喝着鲜美的汤，嚼着鱼，娘幸福地笑笑，对强说："好孩子，快吃吧。娘受不了那腥味，吃不下。"

强读初中了，学费贵了很多，娘开始糊纸盒，一个纸盒1分钱呢。强晚上被尿憋醒了，看到娘还在糊纸盒。娘说："年纪大了，没有那么多觉，躺着也睡不着，还不如……"

强高考了，娘破例请了假，每天顶着烈日等在考点门口。强从考场出来，娘递给强一小壶绿豆汤。强看到娘嘴都干得爆了皮，就让给娘喝。娘摆摆手："快喝吧，孩子，娘刚才喝过了。"

爹病逝了，娘的日子更苦了，还要供强上大学。这时候，隔壁刘叔叔经常来帮忙。大家都看得出来刘叔叔的意思，就想撮合他们。强也同意，这样娘就能轻松些了。可娘说："孩子，你别操心了。娘习惯了一个人，多个人不自在。"

强工作了，娘下岗了。知道娘一个人摆摊卖菜，强开始给娘寄钱，要娘别干这些了，自己养娘。娘不答应，钱也都退回去了。说："我还年轻，能养活自己。"

强在母校做了两年教师，又考了国外的博士生，读完后留在那里搞科研。强要把娘接过去享受一下生活，娘拒绝了，说："我老了，不想去陌生的地方生活。"

娘得了癌症。强飞回来，娘已经瘦得只剩下一把骨头了。看到娘咬着牙忍受疼痛，强哭了。娘说："好孩子，别哭，娘没有那么疼。"说着，伸手去摸摸强的脸，就这样去了，脸上还带着笑容。

◆ 心灵感悟

母亲就像默默无闻的树根，使树枝结满了果实，却不要任何报酬。

今日落叶明日花

寺庙阔大，里面生长着很多参天古树。每当风起，都会有树叶飘落。

小和尚负责清扫这些落叶。秋冬之际，落叶很多，小和尚每天都要花费很大的精力才能扫完这些落叶。时间长了，小和尚不乐意了，总想怎样才能减轻自己这项负担。

他的一个师兄给他出了一主意，让他在清扫落叶前，先把树上就快要落的树叶摇下来，这样，第二天就可以不用清扫了。

小和尚接受了这个建议，并且实施了。他很高兴，认为自己一天干了两天的活，第二天可以不用清扫了。

可是，第二天，暗自得意的小和尚来到院子一看，呆住了：院子里还是满地的落叶。

此时，一位老和尚对小和尚说："孩子，万物都有自己的发展规律，你违背不了的。我送你几个字，你看了就明白了。"老和尚在地上写下了这些字：发衰辞头，叶枯辞树。物无细大，功成则去。

小和尚领悟了：应该遵守自然规律，不必自寻烦恼。

从此，小和尚每天都高高兴兴地清扫落叶。老和尚看了心头高兴，口中喃喃道："今日落叶遍地，明日繁花枝头。"

◆ 心灵感悟

花开花谢，月缺月圆，潮涨潮落，雁去雁来。生命以它的节奏行走着，不如踏上它的节拍，从容淡定地过好每一刻。

我知道您是那样的人

巨大的货轮在广阔无垠的大海上行驶。清洁船只的小孩子是一个黑人小家伙，他不小心掉进了深不可测的大海。急风高浪中，孩子的呼救声没有人能听到……冰冷的海水中，孩子艰难地踩着水，求生的欲望让他尽力稳住下沉的身子，努力挣扎着从水里探出头来，可视线中，货轮渐行渐远。

终于，大船消失不见了，海面上只剩下汹涌的波涛。孩子没有力气了，身子在不断下沉。孩子很累，他想到了放弃，可是老船长温和的面容闪现在他的脑海里：不，我不能放弃！船长会发现我掉进海里的，他会回来救我的。孩子努力聚集力量，朝前游去……

终于，船长注意到孩子不见了。他认为孩子一定是掉进大海了，就命令航船返回。有人劝说船长："时间太久了，那孩子估计早就不在了，不是淹死了，就是被鱼吞吃了。"船长踌躇了一下，决定还是回去找。旁边一个人插嘴说："不过是一个黑人小孩，没必要浪费时间。"老船长眉头皱起，怒喝道："闭嘴！"

老船长赶到了，在最后一刻，救起了孩子。

终于，孩子醒了。他睁开眼睛，看到老船长，激动地爬起身子，跪了下来。船长连忙扶起孩子，问道："好孩子，你竟然坚持了那么久啊！"

孩子说："因为我相信您一定会回来救我的。"

老船长很惊奇："你怎么这么确定我一定会回来呢？"

"因为我知道您是那样的人！"

听了孩子的话，老船长的泪水流了下来，跪倒在黑孩子面前："孩子啊，是你救了我啊！我很惭愧，那一刻我曾犹豫过……"

◆ 心灵感悟

　　一个人能被他人信任也是一种幸福。他人在绝望时想起你、相信你会给予拯救更是一种幸福。

树

小男孩经常来找这棵树玩，这棵树也好爱这个小男孩。

每天，小男孩都来看望这棵树。他用它的叶子编织帽子，戴在自己头上，像模像样地来回走着，就像巡逻的士兵。他还经常爬上树身，坐在树枝上荡着双脚眺望远方。树上结满了甜美的果实，它们都进了小男孩的肚子。有时累了，小男孩就靠着树干睡觉，树用它茂密的树枝为小男孩遮住骄阳。小男孩也好爱这棵树，树好开心！

小男孩慢慢长大了，他不再天天来了。树开始盼望。

一天，男孩又来了，树开心地叫着："孩子，快来玩啊，爬上我的树干，尝尝我的果子，好甜的。"

男孩摇摇头："我长大了。不能天天玩了。我要买书包去上学，可是我没有钱，你能给我吗？"

树说："孩子，真对不起，我没有钱。不过你可以把我身上的果实卖掉，这样你就有钱买书包了，你就会开心了。"

男孩把树上的果子都摘光了，树很开心。

好久了，男孩都没有再来……听不到男孩开心的笑，树好难过。

终于，男孩来了，树高兴得快说不出话来了："快……快……孩子，来……爬到我身上玩。"

男孩摇摇头："不，我很忙。我该娶妻生子了，你能送我一间房子吗？"

树黯然垂下了枝条："我怎么会有房子呢？不过——"树高兴起来，"你可以用我的枝条来盖房子。这样，你就开心了。"

男孩砍下了树的枝条，树很开心。

好久好久，男孩都没有来过了。当男孩再次出现的时候，树高兴得不知道该说什么好了："孩子，你来了，来玩一会儿吧？"

男孩摇摇头："我老了，没有力气玩了。我想去远方，需要一条船，你能送我吗？"

"我的树干可以造船，只要你开心，你就拿去吧。"树说。

男孩造好船，走了。树很开心。

日子悠悠，终于，男孩又回来了。"很抱歉，孩子，我没有什么能给你的了……虽然我很想给你……可……我只剩下这块老树根了。很抱歉……"树说。

男孩摇摇头："我不需要什么了，我只是累了，想要找个安静的地方休息。"

树很开心："好啊，我的老树根坐起来还蛮舒服，正好适合休息。"

男孩点点头，坐下来。树好开心……

◆ 心灵感悟

树就好像我们的父母，我们就像那个小男孩，向他们无尽地索取、发脾气、诉说委屈。可是，当他们孤单的时候，我们在哪里？当他们需要我们的时候，我们又在哪里？

银行存款

每个周末，妈妈都会计算家里的开销。

"这是房费，这是食物开销……"妈妈把每一项费用摆出来。"妈妈，老师让我这周买一支铅笔。"一个孩子说。"哦，知道了。"妈妈把这笔钱也放在一边。

就这样，那堆钱越来越少。爸爸说："还够用吧？"妈妈脸上露出笑容，点点头。我们都松了一口气。"太好了，不用去银行取钱了。"妈妈开心地说。

能在银行里存钱，这是很了不起的。我见过旁边的简一家因为没钱交房租而被赶出来的情形。我很害怕，但姐姐对我说："不怕，咱们有存款。"我的心才放下。

哥哥要上大学了，爸爸妈妈同意了。

上大学的各类花销都算好了，妈妈拿出家里的钱，数一下，不够。妈妈看看大家，轻声说："能不动存款就好了。"我们都同意不动用那笔存款。

哥哥说："我去商店打工。"

爸爸说："嗯，我不喝酒，也不抽烟了。"

姐姐看看我，说："我和弟弟帮邻居桑瑞家除草。"

妈妈笑了，点点头。

存款保留下来了，我们都很安心。

大罢工开始了。这时候，全家一起努力，动用存款的念头一直拖着。我们把一些不怎么用的东西送人了，腾出了一间房子出租。妈妈去蛋糕店帮忙，得到一些过期蛋糕，经过妈妈的巧手处理，味道又鲜美了。爸爸晚上去鲜奶厂帮忙，得到的报酬是一些鲜奶和随便拿的发酸的奶。酸奶被妈妈加工成了奶酪，一样可口。最后，罢工结束了，爸爸重新工作了。妈妈自豪地宣布："我们又一次保住了我们的存款！"

以后，我们都长大了，有了自己的家。爸爸妈妈也都老了。我偶然在报纸上发表了文章，收到稿费的支票后，我送给了妈妈："妈妈，这个给你，和你的存款放一起吧。"

妈妈看着支票好一会儿，骄傲地说："好！"但她犹豫了一下，说："咱们一起去好吗？孩子。"

"妈妈，我已经签字了，不用去了。您只要交给营业员，他们就能办好的。"妈妈看看我，笑了："孩子，我怎么会有存款呢？这辈子，我就没有见过存款单。"

◆ 心灵感悟

妈妈有的不是存款，而是一笔无形的、让家人安心的财富。

101封信 🖤

那年，我职高毕业，在工厂里找了一份工作。漫长的365天里，我写了101封信。其中，50封都是给同一个人的；省里各家报刊收到了40封；以前的同学10封；只给年老的爹妈一封。50封信没有挽回我的恋人；40封投稿信石沉大海；10封友谊的呼唤都没有回音。

新年的最后一天，我给年老的爹妈写了一封信，告诉他们不要担心我。不曾想几天后就收到了回信，爹找邻居写的，我家20里外才有邮局。信里只有一句话：

孩子，累了就回家吧。爹妈。

那段日子，我灰心到了极点，生活好像没有任何希望。如果没有爹妈的回信，我不知道自己会变成什么样子。

◆ 心灵感悟

即使整个世界都背叛了你，还会有一双手臂张开着，那就是父母在等你回家。

利润计算法

这家商店的生意不错。老板做这一行已经几十年了，可老板是从农村出来的，不是很熟悉会计方面的知识，也不习惯记账。他有自己的方法：支票固定放在一个小木匣子里，钞票插在专用票插上。

有一天，他儿子来看望他。这个儿子的职业是会计，看到老人没有任何的账目记录，就说："爸爸，您这样怎么能知道自己的成本是多少、利润又是多少呢？嗯，我帮您设计一下，做一套先进的会计系统好了。"

老人说："算了，好孩子，我心里明白就行了。要知道，你祖父是农民，他留给我的家当就是一条裤子和一双鞋子。后来，我独自来到城里，辛苦打拼，才攒下这家小商店。然后我结婚了，有了你们3个孩子，你们都很出息，哥哥成了律师，姐姐做了编辑，而你也成了会计师。现在，我和你妈妈有一栋很漂亮的房子，两辆汽车。我们还拥有这件店铺，并且没有任何外债。"

老人略略停顿一下，欣慰地说："我算利润的方法很简单：这所有的东西加起来，去掉那条裤子和那双鞋子的成本，剩下的都是利润！"

这也许不是一种科学的会计方法，但这种方法算出了人生的利润。

母爱从未远离你 ❤

平平7岁的时候上了小学。那时候，她才知道自己是个孤儿。之前，她并不觉得自己和别的孩子有什么差距，甚至在生活方面她要比一般的孩子好上很多：住的房子很大，兄弟姐妹很多，有很多阿姨，玩具也很新颖……但是，上学的那天，老师问她，你的爸爸妈妈叫什么名字？做什么工作啊？平平愣住了，带她去的阿姨对老师说：她是个孤儿……平平第一次知道了孤儿这个词。回去的路上，阿姨向她讲了她是如何被父母放到孤儿院的门前的，是院长收留了她、抚养了她，并会一直教育她到成人。平平小小的心灵从此以后就有了阴影，从此以后，再不肯唱《世上只有妈妈好》。渐渐长大后，她开始想象和编排关于自己的故事：父母不负责任，将自己无情地抛弃。甚至，她不像从前那样开朗、活泼了，常常一个人，对着镜子或墙壁发呆。

唯一值得庆幸的是有一个署名为爱你的阿姨，总是定期寄钱给她，并且捎带一些女孩子喜欢的礼物。小时候是洋娃娃，大一点了是漂亮的衣服和鞋子，当然也会写信给她。平平忍不住会向她倾吐自己的苦恼，这个叫爱你的阿姨总是劝她要走出阴影，要自己努力拼搏，走出小镇，去大城市见世面。平平还会忍不住问她到底是谁、为什么要长久地资助自己。对方则说通过慈善机构了解到平平的情况，想做些力所能及的帮助。再后来，平平想见她，想叫她妈妈，对方很坚决地拒绝了："我怎么有资格做你的妈妈？你的妈妈要比我爱你多几千倍。见面以后再说，等你再大一点吧。"

平平盼了很久，等了很久，终于过了18岁的生日。她考上了一个还不错的大学，她在信里强烈要求见这位阿姨。但是对方仍然拒绝，推说自己身体不好不愿意见面。平平不好勉强，只好作罢。

远离了小城镇，仿佛也远离了阴影。大学的生活五彩缤纷，有心仪的男孩走近她，爱她。两个人毕业后就结婚、生子了，生活一帆风顺，和爱你阿姨也渐渐失去了联系。平平的身心已经全部投入到相夫教子上，看着自己的孩子一天天健康成长，她想到自己当年被父母遗弃，越发地对孩子好了。

突然有一天，在平平的儿子都已经7岁的时候，她接到了当年的孤儿院院长的电话。原来，老院长在弥留之际有话要对她说。当平平风尘仆仆地赶到小镇时，院长躺在床上，手里捏着厚厚的信和零散的照片，看见平平赶来，仿佛很欣慰，示意平平看那些信与照片。平平在疑惑中翻看着：那几乎是一部自己的成长日记！从襁褓里的婴儿到活泼可爱的童年；略微忧郁的少女以及大学里桃花树下灿烂的笑容，记载着她全部的成长历程。平平更加不解，因为这些照片全都是她寄给爱你阿姨的呀。院长虚弱地向她解释："其实，爱你阿姨就是你的亲生妈妈。你父亲是一名军人，在抢救战友时不幸牺牲了。当年你妈妈不是想抛弃你，而是实在没有能力自己抚养你成人，怕你在一个残缺的家庭里无法健康成长。她把你送到孤儿院以后，就去了外地打工，为你攒钱。她来过，偷偷地看过你就走。"抹着眼泪，平平着急地问："那现在呢，她在哪里？"院长不无遗憾地说："她已经走了，就在一年前。她很安心，因为你终于摆脱了阴影，拥有了自己的生活。"

院长最后的话深深地印在平平的脑子里："你妈妈是为了让你能有一个更好的生活环境，她宁愿一辈子远远地看着你，祝福着你，也不愿意看你在不完整的家庭里长大。她是爱你的，像她的名字一样……"

◆ 心灵感悟

最美好的关爱可能看不到、摸不到，但可以用心去感觉。

唱给爸爸的歌 ♥

我的爸爸很平凡，但他会煮各种香甜的粥，我和弟弟每天早晨都要喝。

我的爸爸很平凡，但他给我买各种有意义的书，培养我读书的好习惯。

我的爸爸很平凡，他喜欢听我讲故事，经常沉醉其中，让我有莫大的成就感。

我的爸爸很平凡，他喜欢帮妈妈做家务，还帮劳累的妈妈揉肩捶背。

我的爸爸很平凡，可他写得一手好字，那字如行云流水般飘逸，我和弟弟最爱模仿爸爸写字。

我的爸爸很平凡，可他见义勇为，勇抓小偷，为我们做出了榜样。

我的爸爸很平凡，可他爱我们，会亲切地拍拍我的头，吻吻我的额。

我的爸爸很平凡，他会经常跑去看我踢足球，在旁边为我加油、呐喊，虽然他并不懂足球规则。

我的爸爸很平凡，他会带着我们去坐摩天轮，跟我们一起大声尖叫。

我的爸爸很平凡，他会自豪地跟朋友介绍："看，这是我儿子！"

我的爸爸很平凡，他会跟我玩捉迷藏、看谁背得快等小游戏。

我的爸爸很平凡，他只是一个普通的工人，但他诚实、勇敢，爱我们的家，爱我们这个社会。

◆ 心灵感悟

谢谢爸爸，他不是伟人，但是我们心目中的英雄。

丢钱

家里穷，父亲早逝，母亲独自抚养他。他知道母亲的辛苦，所以学习格外用心。

他考上了大学。大一的寒假，他回家看望母亲。寒冷的冬天，母亲帮人洗衣服，手上裂了一个又一个口子。母亲解释说："这活好做，一块钱一件，价钱还不错，都是富人家的衣服……"

明天就开学了，晚上母亲高兴地回来了，说："孩子，看，妈妈领了200块钱呢。"说着就要拿出来给儿子看。结果，只掏出一张百元钞票。母亲急了："丢了，那一百块丢了。"她慌忙跑出去找，要知道，这一百块钱是儿子一个月的生活费啊！

他也赶忙跑了出去。黑黑的夜里，母亲打着手电，一点一点寻找，不放过任何可能的地方。他的泪水流了下来：那是母亲整整洗了100件衣服才赚来的啊！他们找了半天，就是没有。

寒风中，母亲不死心地寻找了3遍。他好心疼："妈，明天再找吧。"母亲却执意要找。他心疼难耐，就从自己的生活费里拿出一张，偷偷放在院子里。果然，一会儿后，母亲惊喜地喊："孩子，看，钱在这儿！"他忙跑出去，跟母亲一样惊喜。两人开心地回到屋子里，母亲把钱递给他："孩子，给你，多买些好吃的。"

毕业后，他找到了一份好工作。母亲再也不用洗衣服了。那张钞票，他一直保留着。那上面有温馨，有踏实。

后来，偶尔聊起了这事，他告诉了母亲那100元的事。

母亲很平静地说她知道是他放的。

他大吃一惊，不明白母亲怎么会知道。

母亲笑了："孩子，我领到钱后都标上1、2……可找到的那张上面没有，而且是在家里找到的。我明白你怕我着急，所以才这样做的。孩子这么疼我，我怎么能再让你担心呢？反正钱也找不回来了。"

他哭了，紧紧地抱住了母亲。

◆ 心灵感悟

母子连心，他们都想把最温暖的爱留给对方。那一张百元纸币的寻找，证明的就是母子情深！

世界的最后一晚

如果明天就是世界末日了，你认为世界的最后一晚会是什么样？

这是一个题目，一个出给全人类的题目。

有人用一幅图画回答了这个问题：这是一个团聚的夜晚，母亲坐在灯下织毛衣，父亲戴着眼镜读书，孩子们在客厅里玩耍。

有人嚷道：怎么会这样。太平淡了。这个抗议的人一定很年轻，如果他已人到中年，就会笑一笑：这个晚上就应该是这样的。

夫妻俩把屋子收拾干净，看着孩子躺在床上睡好。两人小声地交谈着孩子们的情况：大女儿最近心情有点不好，小女儿的学习成绩好像进步了……终于，两人忙完了，躺在床上，幸福地叹了一口气。突然,妻子一骨碌爬了起来,快步走了出去。丈夫很吃惊:"怎么了?怎么了?"妻子走了回来,松了一口气说:"啊,我刚才想起来忘记关厨房的窗户了,现在好了。"丈夫嗔怪道:"都什么时候了啊,还记挂这个。很晚了,快休息吧。"于是,两个人躺好,闭上眼。丈夫突然小声说:"这么多年有你和孩子们在我身边陪伴我,我很幸福。"

世界就要毁灭了,可能在知道这个消息的最初一霎那,你会想要做些特别的、刺激的事,但是片刻之后,你就会改变主意。转身,毫不犹豫地奔向那个最让你留恋、最让你割舍不下的人那里。

◆ 心灵感悟

看似例行的琐事,隐藏着最实在的留恋和真情。还有什么比家人围绕、喝杯好茶,并在一天终了时倒在清爽的床上睡个好觉更幸福呢?

兄弟,你是最棒的

刚参加工作,业务不熟,出了点小差错,他认为自己不行,能力太差,不知道自己是否适应这个社会。

那天下班,一个远方的朋友给他打电话。

朋友说他跟自己最好的朋友翻脸了,罪魁祸首正是他。

他莫名其妙:"我离你们那么远,怎么会扯到我身上?"

朋友说了事情的经过:"我跟我那哥们聊起了你,我说你很棒,是个厉害人物。可那小子非说你没什么,很普通。我当然不愿意,所以就吵了起来。"

他愣住了,半天没说话。

"兄弟,你是最棒的!我知道的,你有实力。"朋友的口气那么坚定。他知道，这个朋友从来不屑于夸耀没本事的人。

刹那间，他觉得自己整个人充满了力量：是的，我是优秀的，我的朋友甚至为了这个跟自己最好的朋友吵翻。他终于找回了自信，他对自己说：工作是有些不顺心，但刚开始谁能十全十美呢？我一定会慢慢好起来的。朋友后来的话，他一句也没有听进去，他只记得一句：兄弟，你是最棒的！

奔向那个最让你留恋、最让你割舍不下的人那里。

◆ 心灵感悟

不论你面临着一时的挫折，还是被整个世界背弃，只要还有人一如既往、全心全意地支持你、鼓励你、赞美你，那感觉该是多么幸福！

我总会跟你在一起 💕

这是一个很遥远、很偏僻的小村子，挨着大山。虽然有着秀美的风景，却也经常面临山体滑坡的危险。村里生活着几百户人家，大家彼此相互扶持、相亲相爱，俨然是一家人。小强的爸爸和妈妈跟村里其他的父母一样，在适龄的年纪送小强去了山外的小学读书，希望他能好好学习，天天向上，有一天能够出人头地，走出大山。虽然要一周才能够回来一次，可小强的爸爸妈妈对短暂的分别并不在意，更关注小强的学习成绩和道德的培养。

这个周末，到了小强要回来的时间，可天已经黑了，还没看见小强的影子。小强妈在家门口转来转去，终于还是忍不住要小强爸出去迎一迎，害怕孩子在回来的路上出了什么意外。小强爸顺着山路寻找着儿子的身影，边走边喊。走了很久，在最崎岖的那段山路，他仿佛意识到了什么。果然，在不远处，他看见了一堆乱糟糟的石头，还有树杈混在一起。很明显，这里曾经发生了一次山体滑坡。他觉得眼前一黑，心里很是紧张，快步走上去，用手挖着那些乱糟糟的石头，不停地呼唤小强的名字。可是，回答他的却只有呼啸的山风。这时，走过来一些乡亲，询问发生了什么事。小强爸大概说了一下情况，大家纷纷说，山体滑坡有一阵子了，大约有五六个小时的时间了，孩子如果真的被压在里面，他那么小，恐怕也……但小强爸坚决不相信自己的孩子会有意外，他坚持儿子会勇敢地坚持着，直到他来救他。于是，他坚定地用手刨着土和石头，边刨边喊着："小强，小强，爸爸在这里，不要害怕，爸爸来救你了……"乡亲们看他如此坚定和执著，于是都留下来一起陪他。天越来越黑，风越来越大，这时又下起了大雨，营救工作越发困难了。时间又过了9个小时，有的乡亲开始懈怠了。但是，小强爸心里只有一个信念：自己的儿子一定在很痛苦地等着自己来救他，自己一定不能放弃。小强妈也赶来了，她和小强爸一样，没有呼天抢地，反而很镇定地和丈夫一起，用双手刨着那些坚硬的土和石头。他们边刨边和里边的孩子说话："儿子，你不要害怕啊，爸爸妈妈来救你了。你要坚强啊，你要挺住啊……"

　　天渐渐亮了，10多个小时过去了。当风和雨都停住的时候，大家突然听见了孩子的呻吟声，于是，都增强了信心并加快了速度。终于，看见了孩子的小脚丫，紧接着是孩子的腿……当大家终于把小强救出来的时候，天已经大亮了，距离山体滑坡已经过去了整整12个小时了。一个不到10岁的小孩子能在黑暗中坚持那么久，实在是个奇迹。

　　后来，有人问小强："那么黑，那么重，你不害怕吗？"小强说："不害怕，我知道爸爸妈妈一定会来救我的，而且我仿佛一直听见爸爸妈妈在喊我，我知道他们会来救我的。我就一直坚持着……"也有人问小强的爸爸妈妈："那么困难，甚至有人劝你们放弃，你们是怎样坚持的？"小强爸妈憨憨地笑着："没啥，自己的孩子，自己的肉，怎么能让他睡在石头里呢？而且，我们也一直告诉他：无论发生什么事，我们都会和你在一起。"

◆ 心灵感悟

只要有一丝胜利的希望，保卫亲情的战斗就是值得的。

门

女孩厌烦了父母的管教，离家出走了。

离家时带的钱都花光了，又没有人愿意雇用她。女孩心灰意冷：父母不爱我，回家有什么意思？她开始在外流浪。

离家这么久，女孩从来没有给家里任何音讯。她不知道：父亲已经死了，母亲也憔悴不堪了。

每次略微听到一些消息，不管是不是自己的女儿，母亲都会以最快的速度赶过去。她走了很多地方，在每一个收容所都留下一幅画：白发苍苍的母亲微笑着："女儿，我们爱你，回家吧！"

这天，女孩无精打采地走进了一家收容所。她饿了，想要点吃的。不经意间扫了一眼告示栏，顿时停住了脚步："那是母亲！"虽然母亲苍老了很多，但她还是一眼认了出来。看到旁边的字，女孩失声痛哭。

顾不得肚子饿，她朝家的方向跑去。终于到家了，已经快凌晨了。她犹豫着要不要现在敲门，不料刚把手放在门上，门就开了，门竟然没有锁！她冲进房间，母亲还没有睡，正抚摸着她经常抱着睡觉的玩具娃娃出神。

她的脚步声惊动了母亲。看到她，母亲瞪大了眼睛，接着就紧紧地抱住了她。

"妈妈，这么晚了，您为什么没有锁门啊？"

母亲轻轻地对她说："你走后，这门就没有锁过。"

◆ 心灵感悟

父母对子女的爱是伟大的，不管孩子怎么对他们，他们的爱之门是永远不会关闭的。

一吻之爱 ♥♥

这天，寒风怒吼，大雪纷飞。医院里，凯利正在产房里催生。孩子还有3周才足月，可凯利非要提前分娩。医生对危险的一再强调也不能阻止凯利的决心。她找来证人，又写了保证书：决不会因为在分娩过程中出现的任何问题为难医生。医生被其感动，最终同意了她的要求。

人们都很关心这对母子，很多人守候在产房外。大家表情严肃，都沉默地等待着……终于，传来了孩子落地的哭声。人们都松了一口气。

凯利请求医生把她和孩子立刻送回家去，她的丈夫正等着孩子的到来。

救护车把凯利和孩子送到了家。这时候，大家才知道：凯利的丈夫已经是癌症晚期，就要离开人世了。凯利想要丈夫看一眼孩子，体会一下做父亲的感觉，才决定提前分娩的。这位濒死的父亲，终于看到了自己的孩子。他拥抱着他说："我的孩子，你真漂亮。爸爸不能陪伴你了，你要记住爸爸。"父亲吻了一下孩子，脸上带着笑容去了。这是父亲留给孩子的最初、也是最终的话；最初、也是最终的吻。

"孩子，妈妈很开心。让你提前出生，经历了生死之门，但你已经接受了父亲的吻，是个有父亲疼爱的孩子。你有父亲的祝福、拥抱……尽管这一生只有这一次，但这一吻之爱，已经足够……"

人生中，有些爱不可没有……

♦ **心灵感悟**

人们都认为死亡是痛苦的，这位父亲却例外：他走得多么满足、幸福和充满爱意！

真情对话

他是出租车司机，每天早出晚归。

这不，天还没亮，才5点多，他就出车了。

今天不错，刚中午12点，就拉了200多块钱的活了。好不容易空下来一会儿，他忙赶去吃今天的第一顿饭。到了平时常去的小餐馆，不用他吩咐，一碟土豆丝、一碗米饭已经端上来了。匆匆扒完饭，他放下3块钱就走了。这会儿可是打车高峰，不能浪费时间。开出租车，这可是一个辛苦活：每天忙个不停，吃饭都没有一个准点。买车可是贷了不少钱的，他得早日把钱还上啊。还好妻儿都知道心疼人，家里不用他操心。每天深夜，妻子都会给他做好热腾腾的饭等着他，给他洗脚，为他捏肩。

刚拉上一个客人，"真情对话"节目的时间到了。这是他最喜欢的节目，每天都听。突然一个熟悉的声音响起："阿姨，我想跟我爸爸说几句话。"

"没问题，孩子，先介绍一下你爸爸吧。"

"我爸爸开出租车，他叫姜安。今天是父亲节，老师说我们要多陪陪爸爸。可爸爸每天天不亮就出去，夜深了才回家，我已经好几天没见到爸爸了。"

"这样啊，那你跟爸爸说几句话吧，可能他正在收听这个节目呢。"

"爸爸，我知道你很辛苦。你每天中午才吃早饭，只花3块钱。这么热的天，你都是从家带白开水喝，不舍得花钱买冰水。我知道咱们要还买车的钱。爸爸，咱们一起努力，我再也不乱花钱了。爸爸，星期六晚上，我和妈妈一起等你，困了我就用凉水洗一把脸。你回来后，妈妈帮你洗脚，我帮你捶背。"

主持人的声音有些哽咽，沉默半晌才说："好孩子，真乖，你叫什么名字啊？"

"我叫姜斐，上小学二年级了。"

"孩子，你还要嘱咐爸爸什么吗？"

"嗯。爸爸，今天是父亲节，你早点回家吧。中午吃点好的，别总省着。爸爸，长大后我帮你开车，你就不用这么辛苦了。"

他的手有点抖，突然觉得生活很美，幸福的味道在空气中弥散……

◆ 心灵感悟

<u>生活水平有高有低，但幸福的感觉却不分穷人和富人。</u>

失忆

姐结婚了，姐夫是她初中的同学。从少年到青年，一直走到现在，两个人说是郎才女貌一点儿都不过分，感情好得不得了。结婚的当晚，两个人就自己开车去了郊外，准备在远离凡尘的地方，共同迎接新一天太阳的升起。哪想到，这一去，就成了两人的永别。车子在半路上遭遇了车祸，姐夫为了救姐姐，用身体挡住了她，自己则迎上了迎面冲来的卡车。救援人员赶到的时候，姐夫已经咽气，怀里紧紧抱着的姐姐也是奄奄一息。姐姐在医院昏迷了整整三天。

第四天，姐姐缓缓地睁开眼睛。我和爸爸妈妈紧张地看着她，又喜又忧，喜的是她终于醒过来；忧的是不知道如何告诉她姐夫已经离开的真相。可是，她却仿佛无所谓的样子，东拉西扯地问了很多，竟然就是不提姐夫的事。经过医生的检查，说是得了部分失忆症。虽然我们很奇怪怎么会有这样的病，但是看着姐姐无忧的样子，我们悬着的心总算放了下来。

过了一段时间，姐姐可以上班了。单位的同事都很自觉地没人和她提起从前的事，她也像什么都没发生一样，快乐地上班，努力地工作，并且很快有了晋升的机会，做了总公司的部门经理。我和爸爸妈妈虽然很欣慰，但仍然尽量为她创造一个和从前不一样的环境，害怕她触景生情，终有一天会想起从前的事。于是我们换了新房子，换了新的居住环境。后来有一天，她说要去约会，对方追了她好久。我们小心地试探她："感觉怎么样？"她笑呵呵地回答："还不错，正在考虑。你们放心吧，我会处理好的，并且也一定会挑选一个最适合我的过一辈子。"

我们更加放心了，原来她真的失忆了。她忘记了她曾经有个青梅竹马的男朋友、有个刚刚结婚一天的老公、他们是在迎接新一天的时候彼此失去了……虽然我们心里很难受，但是，只要她快乐，我们还有何求呢？

直到有一天，我不小心发现了她枕边的日记，厚厚的一本，记录着她全部的心路里程——她出车祸后的全部生活。其中一篇这样写道：

"爸爸、妈妈、妹妹，他们煞费苦心地瞒着我，害怕我想起从前的事。我能理解他们对我的爱，我已经失去了爱情，我不能再失去亲人。我要尽自己最大的努力，为他们，也为自己走出一片新的天地。我把对爱人的爱深深地埋在心里，期盼能在来生再续前缘……"

我惊呆了，这是怎样的爱与痛苦，在姐姐强颜欢笑的背后有着怎样的伪装和无奈。我哭了……

◆ 心灵感悟

在这个世界上，能让我们坚强地活下去的绝不仅仅是爱情。有时，爱情走远了，但亲情、友情还在。我们永远不会一无所有。

母亲

我在10岁那年失去了父亲。他去得很突然，早上还送我上学，晚上回家的路上就被车撞倒了……妈妈从此坚持一个人抚养我。她辛苦地工作，还打着零工，就为了能给我一个不比别的孩子差的生活、学习环境。我也算是争气，考上了大学，找了个还不错的工作，紧接着是娶妻、生子、升职……

那天，我站在高高的办公室的玻璃窗前，回味着我似乎美满的人生，突然发现，我已经很久没见我的妈妈了。多久了？我甚至都想不起上次去看她是什么时候了。心里一阵疼痛，那个辛劳把我抚养成人的妈妈，一个人坚持单独生活在老房子里，我甚至不知道她的身体怎么样。她因辛苦而落下的病痛现在怎么样了？于是，我匆匆离开了单位，去超市买了很多生活用品和食品，开车去了老房子。

当我的车开进原来的那个小区，发现妈妈正在和一群老头老太太在一起晒太阳，她看见我，很意外的样子。我发现，妈妈竟然那么老了，头发全都白了，她的身躯什么时候佝偻的呢？从前，无论多辛苦，她都是要挺着腰板的呀！她像个孩子似的抚摩着我，问我的身体，问我的工作，问她的儿媳妇和孙子怎么没来。我还没从对她身体变化的震惊中摆脱出来，显得有些恍惚，迷茫地看着她，胡乱地回答着。她突然很严肃地问我："是不是家里出什么事了？"我说："没有，没有。"她不相信："没出事你怎么突然来了？是媳妇吗？还是孩子？工作上的问题吗？孩子生病了吗……"她急急地问了很多，她把她能想到的问题都问到了，我却什么都说不出来。我的眼睛湿了，我的妈妈，辛苦把我养大，一大把的年纪了，儿子的拜访竟然让她担心。我这做儿子的，到底是怎么做的呢？我陷入了深深的自责中……

晚上回到家里，媳妇也慌张地问我："你出什么事了吗？妈下午来电话问我，说你在她那儿，魂不守舍的，以为出了什么意外……"夜里，我向媳妇宣布："以后无论工作多忙多累，每周都要到妈妈那儿去，陪她说说话，吃顿饭，让孩子和她玩玩……"媳妇明白我的心思，同时还加了一条，要定期带妈妈去检查身体！我点点头。

在你还有时间和精力的时候，多去看看自己的父母，多去陪陪他们。他们在不知不觉中老了，不知道哪一天，他们可能就突然去了，到那时再后悔，也没有用了。

◆ 心灵感悟

"树欲静而风不止，子欲养而亲不待。"把浪费的时间匀一点给亲人，让对方更快乐，让亲情更升华。

一双皮鞋 ♥

种田挣不够孩子的学费，没办法，他们只得把孩子托付给父母，到城里去打工了。打工的日子不好过，每天早晨两三点钟女人就要去批发一些蔬菜，然后偷偷地在小巷里卖。丈夫不懂什么技术，只能在建筑工地做力气活。虽然平时自己省吃俭用，但一到过年过节，两人总是打扮一新，买上大包小包的礼物回家看望父母。面对父母的询问，也总是说自己的日子清闲、工作轻松……可清瘦的面容、粗糙的手出卖了他们，父母坚决拒绝他们的礼物和钱。

那次，母亲要去城里看望亲戚，不能太寒碜，就去邻居家借皮鞋，走了很多家，才借到。女人看了很心疼，再去打工时，就跟丈夫说一定要给母亲买双新鞋子。丈夫没有异议。

又要回家了，看着新买的鞋子，她有点犯愁了：母亲肯定不会收下这双新鞋子的。该怎么办呢？正犯难间，突然想起那天自己看到有人把半新的东西扔进垃圾桶的场景。她不由两眼一亮，忙拿起新皮鞋，用手折了折，又在上面撒了把土。丈夫看她忙得欢喜，有点莫名其妙。

再次来到父母家，她手上只拎着那双洒满尘土的皮鞋，别的什么都没有。她嗫嚅着跟母亲说："妈，我们什么都没买，就在城里捡了一双皮鞋，是人家不要的。我看着合适您穿，就带回来了。"

母亲笑呵呵地接过皮鞋，拍打拍打上面的泥土："咦！还挺新的呢。城里人真浪费！"把脚伸进去试了一下，正合适。"以后去城里看望你大姨，不用四处借皮鞋了。"她和丈夫相视而笑，"回头看看，如果有合适的，也给你爸爸捡一双，他的脚还没有沾过皮鞋呢。"母亲又说。

下次回家，她又用同样的方法给父亲捡了一双"旧皮鞋"。

◆ 心灵感悟

当欺骗饱含着善意的亲情，又怎能不让人泪流满面？因为这一种欺骗，叫真爱。

展开笑颜 ❤❤

俗话说："笑是百药之长。"笑在人的生活中，不仅具有医疗的功能，还能产生意想不到的效果。正如卡耐基所说：笑对于悲伤者来说是太阳，对于烦恼者来说是解毒剂。

笑容就像甜美的果实，让饥饿的人获得温饱，让温饱的人获得甘甜。笑声是一种粘合剂，能积极地把两颗心紧贴在一起。面带笑容处世，你遇到的困难将大为减少。笑像极了一瓶面霜，它的好处只有在你把它打开并擦在脸上时才会发现。要学会笑，这是最廉价、最有效的健身良药。

当有人请教美国南部一位卓越的节目主持人为什么她举办的活动都非常成功时。她说："我每次尽量邀请乐天派人士。我会观察每个人的性格，把悲观的人、爱发牢骚的人从下次集会的名单上划掉。"

俗话说：笑一笑，十年少。仔细观察一下周围的人，就会发现乐观的人确实与众不同，他们看起来似乎比实际年龄要更年轻。同时，人们都喜欢和乐观的人在一起，因为他们会把快乐传播给别人。

笑容可以增添一个人的魅力，试想一下，一个冷若冰霜的美艳女子与另一个相貌平平、但是脸上时常挂着迷人笑容的女子相比，你愿意与哪一位交往呢？大多数人肯定都愿意与挂着迷人微笑的女子交往，这就是笑的魅力所在。

◆ 心灵感悟

笑是一种风度，笑是一种友谊，笑是一种健康。哲人说：快乐的微笑是保持生命健康的唯一良药，它的价值千万，却不用花费一分钱。

身边的幸福 ❤❤

　　一生中赢得大奖的机会不见得有，但我们总是有许许多多的机会得到生活的小奖：一个拥抱或者一个微笑。

　　生活就像一条曲径通幽的小径，鲜花绽放，彩蝶飞舞，硕果压枝。我们不必花费许多时间，舍近求远去寻找幸福。其实，幸福就在我们脚下，俯拾即得，只要我们肯弯下腰去。

　　丰富多彩的生活有许许多多美好的东西值得我们去享受：除了工作、学习、赚钱、求名，还有可口的饭菜、温馨的家庭、蓝天白云、浩瀚的大海、雪山与草原……除此之外，诗歌、沉思、友情、谈天、读书、体育运动、喜庆的节日，甚至工作和学习本身也可以成为幸福的享受。

　　人们总是渴望得到盛满完美和永恒幸福的"金罐子"，反而对微不足道的细枝小叶视而不见；对不能立即见到成效的一砖一瓦置之不理。如果我们不是太急功近利，我们的辛苦劳作也会变成一种乐趣。

　　罗丹说："美是到处都有的，对于我们的眼睛，不是缺少美，而是缺少发现。"

　　一位学者希望在知识和写作中寻找快乐，却只找到幻灭和忧虑。有一天，他看见一位女士在车站等人，怀里抱的婴儿睡得很熟。这时，从火车上走下来一个男人，来到那对母子身边，轻轻地亲吻女人和她怀里的孩子，动作是那么轻，生怕惊醒孩子。灿烂温馨的笑容顿时浮现在女人的脸上。学者猛然醒悟，原来生活中的一点一滴都蕴藏着快乐与幸福。

　　幸福像一个个小小的颗粒，散落在我们周围。只要我们一粒一粒地把它们收集起来，很快就可以装满一篮子。生活中的喜悦到处都有，点点滴滴都值得我们细细去品味，去咀嚼。我们的生命因为有了这些小小的幸福，而更可亲、更可眷恋。

停下匆忙的脚步，仔细看看周围，你会发现幸福就在你的身边。

◆ 心灵感悟

幸福是什么？幸福是一种心态，幸福是一种感情。刻意去追求幸福反而难以找到，其实幸福就在身边散落着，只要用心生活，幸福就会围绕在你周围。

幸福如汤，趁热喝

他挣钱养家。每天下班回家，他都会皱皱眉头，说："我累了，别来烦我！"今天跟往常一样，妻子在厨房里忙活；孩子们叫了一声爸爸，就跑到一边玩去了。

"又劳累了一天，我对这个家算是尽心了。"他想。他坐在起居室里，板着脸。他就这样待着，不知道该干什么。妻子忙着做饭，孩子们自己玩耍，大家都知道他很劳累，没有人打扰他。这是他以前想要的幸福家庭生活，可是，现在他心里有一点小小的不满足，他觉得自己跟这个温馨的家庭有了隔阂。

就像现在，孩子们腻到妻子身边欢闹，而自己一个人独自坐在这里。开饭了，晶莹剔透的米饭、绿油油香气扑鼻的青菜，还有颜色鲜艳的红烧肉……这是一个温暖而甜蜜的环境，而他，明明坐在那里，却似游离其外。

是怎样形成这样的局面的呢？他沉思。

这不是谁的错。第二天下班回到家，打开大门，他面带微笑，张开了双臂："我回来了，亲爱的孩子们，来，让我抱一抱。"

脱去坚硬的外壳，张开双臂，把幸福拥个满怀吧。

妈妈只收0美元 ♥

在美国的得克萨斯州有一条特别的法律：当孩子满14周岁时，有义务帮父母干活，主要是自己力所能及的。如，收拾餐桌、打扫卫生等。

这个晚上，临睡觉前，小男孩苏克写了一份账单，留给妈妈：

早上，苏克帮妈妈去市场买菜，应得报酬4美元；中午，苏克帮妈妈洗碗，应得报酬3美元；下午，苏克帮妈妈清理草坪，应得报酬10美元；苏克今天很乖，应得报酬6美元。总计：23美元。

写完账单，苏克开心地笑了，然后放在餐桌上，回去睡觉了。一直收拾东西的妈妈看到了纸条，摇摇头，笑了。在后面添了一些字，把它放到苏克床前的小桌子上。

第二天早上，苏克醒来，发现了那张账单：

苏克在妈妈肚子里待了整整10个月，妈妈需要报酬0美元；妈妈为苏克的成长操心，需要报酬0美元；妈妈为苏克准备食物、清洗衣物，需要报酬0美元；妈妈每天陪苏克游玩，需要报酬0美元……总计：0美元。

真爱是无法计量的。妈妈为什么如此慷慨？因为她爱得太多；妈妈为什么如此宽容？因为她爱得太深。等我们有了妈妈那样多、那样深的爱时，我们也会只索取0美元。

宽容与爱 ❤❤

宽容是打开爱的大门的钥匙。

《寓圃杂记》中记述了杨翥的两件小事。杨翥邻居家的一只鸡丢了，邻居便大骂鸡是被姓杨的偷去了。有人告诉了杨翥，杨翥说："随他骂去，姓杨的又不只我一家。"又一邻居总是在下雨天把自家院中的积水排放进杨翥家中，使杨家又脏又潮。家人气不过，杨翥却劝解家人："总是晴天的日子多，下雨的日子少。"

久而久之，杨翥的宽容、忍让感动了邻居们。有一年，邻居们得知有一伙贼人密谋抢杨家的财宝，便主动组织起来帮杨家守夜防贼。杨家由此免去了一场灾祸。

宽容说起来简单，可做起来却会因为要付出代价甚至是痛苦的代价，而变得很难。每个人的利益都会受到他人有意或无意的侵害，我们要勇敢地接受宽容的考验，即使在无法控制情绪的时候，也要管住自己的大脑。只要忍一忍，急躁和鲁莽就会过去，冲动的行为也会被控制。如果能像杨翥那样，能找出平衡自己心理的理由，宽容和大度便会产生出来，忍让的痛苦也会随之化解。

宽容不是怯懦胆小，而是一种关怀，一种体谅。宽容也是一种智慧，是建立良好人际关系的法宝。

宽容的人，是拥有大智慧的人。

抓住"当下" ♥

　　我在城里工作多年了，终于劝动父亲来城里玩一次。逛过大商场，我们打的去一个风景区。下车时，我递给司机18元车费。父亲看了，立刻呆住了："才坐一会儿，就要这么多钱？"我笑了："这是便宜的，出租车都这个价。"父亲很不满："这在家，买一板车青菜了。"

　　我去买门票。父亲又问："这个要多少钱？"我知道父亲会心疼，就把120元的票说成是40元。父亲瞪大了眼睛："这是半片猪呢！"我拉着父亲："票都买好了，不给退的，咱们进去吧。"

　　看完风景出来，父亲打死也不愿意坐车了，他非要走回去。我苦笑，这里离我家少说也有20多里地，怎么走啊？天快黑了，这时间也来不及啊。我招来一辆出租车，父亲生气了，独自走了。我问司机到我家要多少钱，他说25元，最低价了。

　　我先给了他钱，叮嘱他："一会儿，见到我父亲，你就说两块钱。"司机愣了一下，问："为什么啊？"我无奈地说："我父亲第一次来城里，嫌坐车贵，不愿意坐车。"司机点点头，同意了。

　　我坐上车追赶父亲，很快就看到父亲的身影了。我让父亲上车，父亲却让我下来。司机很机灵，说："大叔，我这是顺路捎客，便宜，只要两块钱。"父亲听了这话，谢过司机，这才上车。一路上，父亲和司机聊得很投机，司机一直把我们送到了家门口，还帮父亲打开了车门。

　　父亲先走进家门。司机叫住我，把25元钱塞给我，说："留着给大叔买点好吃的吧。"我愣住了："你怎么不要车钱？"司机说："大叔和我爸一样，都是舍不得坐出租车的人。"我点点头："老人都这样，你父亲身体还好吧？"司机的声音哽咽了："他走着回家的时候，不幸被车撞了。此后，我就开起了出租车。"

我不知道该说些什么……

◆ 心灵感悟

爱都是相似的，而幸福却各有各的定义。

放下

放下虽然是两个简单的字眼，但是真正做到却不容易。

两个和尚赶路，在一条河边遇到一个被河水所阻的少女，其中一个和尚把少女抱过了河。两个和尚又继续赶路，另一个和尚指责他的同伴："出家人是不能近女色的，你怎么可以抱她渡河呢？"那个刚才抱少女渡河的和尚叹息："我已经放下了，你还未放下。"

"放下"是一种自由，更是一种觉悟。其实能不能放得下一件事情，关键不在嘴上，不在行动处，而是在心里。

◆ 心灵感悟

对待任何事情都要"拿得起，放得下"，不只是手中放下，更要从心中放下，做一个心胸开阔的人。

从前，有个男孩，他过着非常幸福的生活，只是经常要让人搭车。

一天，男孩对上帝说："我已经想了很久，我知道我长大后需要些什么。"

"是吗，那你需要什么？"上帝问。

"我要住在一幢大房子里，前面有门廊，一尊维纳斯的雕像就放在门前，还有一个花园。我要娶一个貌美如花的女子为妻，她有一头黑黑的长发，有一双蓝色的眼睛。她有着温和的性格，还会弹吉他，并有着清亮的嗓音。"

"我要让我美丽的妻子为我生3个男孩，我们可以在一起踢球。他们长大成人后，一个是科学家，一个是政治高官，而最小的将是一个足球明星。"

"我要成为冒险家，去登山、去航海，并且能够在途中救助他人。我还要拥有一辆我最喜欢的黄色兰博基尼跑车，并且永远不需要搭送别人。"

"你的梦想，听起来真的非常美妙，"上帝说，"希望你能实现你的梦想。"

后来，男孩有一天踢球时，不慎磕坏了膝盖。从此，登山、爬树、航海对他来说已经不能实现了。因此，他无奈地选择了学习企业经营管理，而后做医疗设备生意。

他娶了一位温柔美丽、长着黑黑的长发的女孩，然而她却不高挑，眼睛是褐色的；她不会弹奏吉他，甚至连唱歌也很困难，可她却能做一手好菜，画画也非常棒。每天他都要照顾生意。透过市中心的高楼大厦，他看到蓝蓝的大海和闪烁的灯光。屋门前不是维纳斯的雕像而是一只长毛狗。

他有3个女儿，小女儿是最可爱的一个，但却天生侏儒。女儿们都非常爱自己的父亲。虽然她们不能陪父亲踢球，却更多地和父亲一起去公园玩。小女儿坐在公园的树下弹吉他，唱着动听而久萦于心的歌曲。

他过着幸福的生活，但他却没有黄色兰博基尼跑车。

一天早上醒来，他想起了很多年前自己的梦想。因为没有实现，他对周围的朋友说"我很难过"，认为上帝是同他开玩笑，才有了现在的这一切。任凭妻子、朋友们怎样去劝说他，他都这么想。

不久，他因悲伤过度住进了医院。一天夜里，病房里只剩下他一个人了，这时，他对上帝说："我在小时候对你讲过我的梦想，你还记得吗？"

"噢，当然，那是个美好的梦想。"上帝说。

"为什么你不让我实现自己的梦想？"他问。

"其实，你的梦想已经实现。"上帝说，"只是我给了你一些你自己没有想到的东西，算是一个惊喜吧。"

"你有一位美丽大方的妻子，一份很不错的工作，住所也非常舒适，还有3个美丽可爱的女儿。这难道不是最佳组合吗？"

他打断了上帝，说道："是的，但我真正希望得到的你却没有给我"。

"我也以为你会把我真正希望得到的东西给我。"上帝说。

"你希望得到什么？"他问。他没想到上帝也有希望得到的东西。

"我希望你能为了我给你的东西而快乐。"上帝说。

他静静地想了一夜，终于明白了自己梦想的东西恰恰就是自己已经拥有的东西。

后来，他康复了，依然在36层的公寓中幸福地住着。孩子们的悦耳声音、妻子美丽的眼睛以及精美的花鸟画都让他感到无比的幸福。

快乐就是现在，这是上帝的另一种恩赐。乐观的人会这样想，然后怀着感恩的心情去享受。

永远的探望

英国老人汤恩·罗斯威尔，是一位89岁的退休奶酪师。他经营着一个不怎么景气的农场，他的妻子鲍琳一直住在护理院。罗斯威尔自己的身体也不好，患有心脏病，而且11年前因从梯子上跌落还摔断了一条腿。令人难以想象的是，这样一位病残老人，每天居然花6个小时的时间，走二百多公里的路，去探望妻子。

护士贝蒂·洛根说："他每天都风雨无阻地来探望他的妻子。甚至在连邮差都不送信的大雪天，他都一如既往。我无法想象他是怎样做到这一点的"。

七年前，罗斯威尔的妻子因中风住进了护理院之后，汤恩七年如一日，每天坚持去看望她。他发誓说："我答应过要与我的老伴恩爱至死。我会天天奔走来看望他，只要我还活着。如果我们长期分离，又怎么能算得上是恩爱呢？"

然而，对罗斯威尔来说，长途跋涉去看望老伴实在很不容易。他每天早上6点30分就要起床，走一公里多的路到公共汽车站，然后搭乘公共汽车，用50分钟的时间到最近的火车站，再转乘1小时30分的火车到护理院所在的怀恩敦。火车站与护理院之间还有177公里路程，罗斯威尔都是搭"顺风车"，因为他没钱叫出租车。一路上的劳顿之苦，可以想象。

罗斯威尔一般在11点45分时，才能到达鲍琳的身边。

洛根护士每天都目睹这一对相濡以沫的老夫老妻相会时的情景。她说："他一到鲍琳的身边，便吻她的额头，随后互相紧紧拥抱。罗斯威尔在下午4点15分就必须离开护理院，因为要赶5点30分的火车回家。相别时两人眼中总是噙满泪。"

罗斯威尔每天回到家一般都近8点15分了。为保证第二天能早早起床，他总是匆匆地做好晚饭，吃完便睡。他不断地说："我梦想能住得靠近鲍琳些，可没人愿意买我的老农场，我只能住在这里。虽然我天天去看望她，旅途也还顺利，但我一想到鲍琳晚上将一个人寂寞地呆在那里，心里还是非常难过。"

◆ 心灵感悟

我们能想到的最浪漫的事，就是两个相爱的人能够一起慢慢变老，直到老得哪儿也去不了，还把彼此当做掌心里的宝。

牵挂

每周日的晚上，她都会按时给母亲打个电话，这已成习惯了。

母亲总是放下手头的事，在电话那头早早地守候着。

一张口母亲的第一句话就是："家里被偷了。"

"损失什么没有？"她急切地问道。

"真可惜，那一柜子的鞋全没了，别的倒没什么要紧的！"闻言她如释重负。

在母亲的那个大柜子里，收藏着儿女不同时期穿过的旧鞋：有儿时的第一双小红皮鞋；有姥姥送给儿子的周岁礼物——虎头鞋；有女儿的粉底旧鞋，那是女儿出嫁穿过的；儿子出国时不要的耐克鞋……

每隔一段时间，母亲就把那些鞋拿出来擦一遍，然后晒晒，再仔细地收起来。对母亲的这一做法，她很不以为然：何苦要留着那些既不卫生又占地方的旧鞋呢？可母亲却把它们当成宝贝。

每次回国时她都想把这些旧鞋处理掉，可母亲总是不同意。这次鞋子被偷了也可以说是天遂人愿了。

"妈，别惦记了，这些东西都没有用了，丢了反而省事。"她轻轻地说。

"咳！"母亲长叹了口气，说，"你们做儿女的不明白那些鞋意味着什么，虽说以前生活不富裕，可一家人聚在一起是那么温馨热闹。现在儿女们都在国外，一年也不能见几次面，只能通过电话听听声音了，反倒不如这些鞋子，看得见摸得着。平日里摸着你们穿过的鞋子，就像摸着你们一样，仿佛从前那些快乐的时光又回来了。现在可好，连这个寄托都没有了，以后这空落的心就更没着落了……"

电话那头，母亲字字句句似带泪。

◆ 心灵感悟

我们漂泊在外，最温馨的就是觉得有一种来自故乡的牵挂、一种故乡的亲情在关注着我们。正所谓"慈母手中线，游子身上衣"。

善于给予 ❤

在沙漠中，有个人迷失了方向，没有了食物和水，濒临死亡。可他仍然拖着沉重的脚步一步一步地向前走，终于找到一间久无人住、摇摇欲坠的废弃小屋。在屋里，他发现了一个吸水器，就用力抽水，却没有一滴水。他又发现旁边有一个插着纸条的水壶，纸条上写着：你只有先把这壶水倒入吸水器里，然后才能吸出水。但是，在你走的时候，一定要在水壶里装满水。他小心翼翼地打开水壶，里面果然有水。

"我是不是该把这壶水倒进吸水器里？这个人面临着艰难的抉择，要是倒进吸水器却不出水，这救命之水岂不白白浪费了？喝下这壶水我就能保住自己的生命。"但是，他还是下决心按照纸条上说的做，吸水器果然喷涌出了泉水。

他喝了个够，真够痛快的！随后，他在水壶里装满了水，塞上壶塞，又在纸条上写了句话："朋友，请相信我，纸条上的话是千真万确的，只有把生死置之度外，才能喝到甘美的泉水。"

◆ 心灵感悟

给予，就是付出，有付出才会有收获。给予他人方便，他人也会给你方便。生活中那些自私自利、只顾自己享受、不顾别人感受的人，到最后什么也不会得到。

高尚的人 💕

从前，有一位年事已高却非常富有的商人，他决定把家产分给3个孩子，但他提出了一个要求：3个儿子都要出去游历天下做生意。

富商告诉临行前的孩子们："我不想分割我的财产，把它们集中起来才能让下一代更富有；一年后，我会把我的所有财产给那个做了最高尚事情的孩子！"转眼间一年过去了，3个孩子如约回到父亲跟前。

老大先说道："在我游历的时候，曾遇到一个十分信任我的陌生人。他将一袋金币交给我保管。后来他不幸去世，我便将金币原封不动地还给了他的家人。"

父亲说："你做得对，但这算不上是高尚的事情，因为诚实是每个人应有的品德！"

老二接着说："我在一个贫穷的村落遇到一个衣衫破旧的小乞丐掉进河里，我立即跳进河里，奋不顾身救起了那个小乞丐。"

父亲说："做得不错，我的孩子，不过这也称不上是高尚的事情，因为救人是你应尽的责任！"

老三略有迟疑地说："我做的事实在不能算什么大事。有一个千方百计地陷害我的仇人，有好几次他差点就弄死我了。一天晚上，我在悬崖边，发现他正睡在崖边的一棵树旁，我只要轻轻踢他一脚，他就会滚下悬崖；但我没有这么做，而是把他叫醒，让他小心赶路。"

父亲严肃地说："孩子，你做到了神圣且高尚的事。能帮助自己的仇人很了不起，来，我把所有的产业交给你。"

不难看出："爱产生爱，恨产生恨。"如果一个人懂得用宽容的心去看待仇敌，甚至帮助对方摆脱危险，才是真正高尚的人。

◆ 心灵感悟

心中无恨便是爱。你的爱能融化恨，能容得下天下人、天下事，你就是高尚而又神圣的赢家。

适可而止

在一次集会上，印第安酋长对他的臣民们说："上帝分给每人一杯水，于是，你从这杯水中体味生活。"

这一杯水其实就是我们的生活。杯子的华丽与否显示不了一个人是贫穷还是富有，但杯子里的水对任何人都一样，清澈透明，无色无味。只要你喜欢，你可以加盐、加糖等等。

但你不停地往杯子里加水、加糖的欲望必须适可而止，因为杯子的容量有限。

你要慢慢地啜饮、体味这杯中的水，因为你只有这一杯水，水喝完了，杯子也就空了。

在生活中，总是有许许多多的人为了让自己的这杯水色香味俱佳，而往杯子里加上各种各样的诸如爱情、友情、金钱；喜、怒、哀、乐等佐料，水也就变得越来越浑浊，所以感觉活得很辛苦。其实，辛苦是因为你在水中放了过多的佐料。只有适度地、有选择地放入调料，生活才会有滋有味。

◆ 心灵感悟

"多"不一定就是好。做任何事情都要有度，有度就能把握住生活的精彩。过犹不及就是这个道理。

情愿挨骂 💕

康德说："生气是拿别人的错误惩罚自己。"健康专家认为，经常生气可能会导致严重的后果，不但会使脸上的皱纹增多，还可能因过度紧张而导致心脏病。所以，我们要对自己好一点，千万不能让别人影响自己的健康。

20世纪三四十年代，大文学家巴金先生也曾受到无聊小报、社会小人的谣言攻击。对此，他斩钉截铁地说："我唯一的态度，就是不理！"因为如果反击，"小人"会更为谣言发生的作用而高兴不已。

胡适先生在写给杨杏佛的信中说："我受了十余年的骂，从来不怨恨骂我的人。有时他们骂得不中肯，我反替他们着急；有时他们骂得太过火，反损骂者自己的人格，我更替他们不安。如果骂我而使骂者有益，便是我间接于他有恩了，我自然很情愿挨骂。"

面对他人的辱骂，平静、幽默、宽容是排除心理困扰的妙药良方。巴金和胡适先生就是这样做的。

难堪的误解、不公正的批评或者辱骂在我们一生中都难免会遇上，但要记住：为了一句不公正的批评或难听的辱骂，不要失去理智。

◆ 心灵感悟

宽容，不仅能使紧张的气氛化解，更能使你自己的心灵得到净化。

从最近的地方寻求快乐

同学聚会的时候，有人提出要去西藏走一走。这一下，大伙就像炸开了锅一样，抢着说出自己的旅游心愿。

"我想去昆明，去感受那里四季如春的气候。"李冰说，"我还想去维也纳听音乐，去卢浮宫看名画，去阿尔卑斯山滑雪，这么多愿望，我希望都能实现。实在实现不了，实现一个也好。"

"我想去新疆，去吃吐鲁番葡萄。"

"我想去法国！"

坐在一边一直没有说话的陈平突然说："我没有那么多心愿，我只是希望明年的这个时候，大家还能坐在一起高高兴兴地吃顿饭就行了！"

"哈哈哈！"陈平的话引来大家的一阵哄笑，"这算哪门子心愿呢？这顶多算个约会，毫不费力就能实现！"

"是呀，这简直土得掉渣了！明摆着的事，有什么嘛！"

陈平点点头，微笑着说："是啊，我的心愿就是这么实实在在的，随时都能做到！不像你们，每个人的心愿都像星空一样遥远！"

其实，这句话的意义很深。身边的俗事，谁都要经历，是最平常也是最容易得到的。我们总是向往遥不可及的良辰美景，而对身边唾手可得的风景视而不见，也正因为如此，我们总是不满足，觉得自己没有听见塞纳河畔的歌声，没有感受香榭丽舍的浪漫，没有瞻望凯旋门的壮观……自己总是不幸福。正是因为"没有"，所以我们总是不快乐。

◆ 心灵感悟

人们总在抱怨自己没有的东西，却从未低下头来看自己拥有的东西。这样，又怎么会快乐呢？

用心去看到美

有一位少女对生活感到极其厌倦，她打算投湖自尽。在湖边，她遇到一位正在写生的画家。画家正全神贯注地描绘着手中的画。少女厌恶地看了画家一眼，心想："真是幼稚。这里的山像鬼一样狰狞，这里的湖早已荒废，看上去就像坟场一样，有什么好画的！"

画家似乎觉察到少女的情绪，他没有说话，仍然专心致志地画他的画。过了一会儿，他叫那名少女："小姑娘，过来看看我的画！"

少女走过去，正想对画家的画大批一顿，突然就被画上的风景惊呆了。她从来没见过这么美的风景——那"鬼一样狰狞的山"变成了美丽的、挥舞着翅膀的女人，那"坟场一样的湖"就像天上的宫殿，而这幅画的名字就叫做"生活"。少女完全忘记了自杀的事情，她被眼前的画深深地吸引住了。她感觉自己的身体在变轻，在飘浮，她觉得自己就像画上那袅袅婀娜的云……

这时，画家突然挥笔在画上画了一些凌乱的黑点，像蚊蝇，又像淤泥，少女惊喜地说："这是星星，这是花瓣……"

画家看着她兴高采烈的样子，满意地笑了："是呀，生活中有太多的美丽需要我们用心去发现！"

◆ 心灵感悟

生活中不是缺少美，而是缺少发现。

乐观豁达

亨利患了白血病，这对他无异于一个晴天霹雳。从那一刻起，亨利便觉得生活没有了任何意义，精神彻底崩溃，拒绝接受任何治疗。

一天，亨利逃出医院，在街上漫无目的地游荡。他看到不远处，一位上了年纪的盲人动情地弹奏着一件磨得发亮的乐器。盲人的怀中挂着一面镜子，令人难以理解！

趁盲人一曲弹奏完毕，亨利走上前好奇地问道："对不起，打扰了，这面镜子是您的吗？"

"当然是我的，乐器是我的宝贝，镜子同样也是我的宝贝！音乐可以让我感觉到生活是多么的美好……"

"可这面镜子对你有什么意义呢？"他急切的问道。

盲人微笑着说："我希望有朝一日出现奇迹，我能用这面镜子看见自己的脸。因此，无论何时何地我都要带着它。"

亨利被震撼了：一个盲人如此热爱生活、信念坚定，相信自己能重见光明，这不正是他活得如此乐观豁达的原因吗？

亨利醒悟了，就在这一瞬间。他坦然地回到医院接受治疗，再也没有逃跑过，即使每次化疗都让他疼痛难忍。

虽然亨利的病治疗起来非常痛苦，但他坚强地接受了，不久以后终于恢复了健康，最终成为一位事业有成的企业家。

◆ 心灵感悟

无论什么时候，我们都要充满希望地面对困难与障碍，这是成功者和失败者的一个分水岭。成功者坚持不懈，会去寻找其他可行办法，坚持把事情做好；失败者自怨自艾，只能被困难击倒在地。

原谅也是美德

星期五的早晨，礼品店的老板丹尼照常开门营业得很早。丹尼静静地欣赏着店里各式各样的礼品和鲜花。

这时，一位脸色阴沉的年轻人走了进来。他仔细浏览着店里的各式物品，最终看上了一个精致的水晶乌龟。"先生，您的眼光真不错。"丹尼亲切地说。"这件礼品需要多少钱？"年轻人的语气和眼光依旧很冰冷。"50元。"丹尼答道。年轻人掏出50元钱给了丹尼。丹尼还从没遇到过这样豪爽、慷慨的买主呢。"先生，这件礼品您想送给谁呢？"丹尼试探地问道。"送给我的未婚妻，明天我们就要结婚了。"年轻人的回答依旧冰冷。丹尼的心里咯噔一下：什么，送给自己的新娘一只乌龟？他怎么能在自己的婚姻上安一颗定时炸弹？丹尼心里很沉重，随后对年轻人说："先生，这件礼品一定要好好包装一下，才会把更大的惊喜带给你的新娘。可是，很不巧，今天我这里包装盒没有了，请你明天再来取你的礼品好吗？我一定为您赶制一个漂亮精致的礼品盒……""谢谢你！"说完年轻人就转身走了。

第二天，年轻人很早就来到了礼品店，取走了他要送给新娘的礼物。

年轻人拿着礼物来到结婚礼堂——新郎原来不是他，而是另外一个年轻人！他跑到新娘跟前，将礼品捧给新娘，随后转身就走了。他回到家中，焦急地等待着新娘充满愤怒与责怪的电话。他有些后悔自己的做法，泪水扑簌簌地流了下来。傍晚，新娘给他打来了电话："谢谢你，你的礼物对我来说太珍贵了，谢谢你终于能明白了这一切，能原谅我了。"新娘感激地说着。年轻人疑惑万分，什么也没说，便挂断了电话。但他仿佛又明白了些什么，于是立刻来到丹尼的礼品店。推开门，他惊讶地发现，那只精致的水晶乌龟依旧静静地躺在橱窗里！

年轻人静静地望着眼前的丹尼，而丹尼冲着他轻轻地微笑。在这瞬间，年轻人的冰冷被感激与尊敬融化："谢谢你，谢谢你，是你让我又找回了真正的自己。"

◆ 心灵感悟

以牙还牙，以眼还眼，只能激化矛盾。我们要学会宽宏大量，以德报怨。原谅是一种风格，也是一种美德。

幸福在心 ♥

从前，有个人因为心地善良、热于助人，死后便升上天堂做了天使。他仍时常到凡间帮助别人，希望从中感受到幸福的味道。

一日，他遇见一个非常苦恼的农夫，向天使诉说："我的水牛生病死了，没有它我怎能下田作业呢？"

天使便赐给他一头健壮的水牛，看到农夫高兴的样子，天使感受到了幸福的味道。

又一天，他遇见一个非常沮丧的男人，原来他的钱被骗光了，没有盘缠回家了。

于是天使给他银两做路费，男人非常高兴和激动。天使在他身上感受到幸福的味道。

又一日，天使遇见一个年轻、英俊、有才华且富有的诗人，妻子也貌美而温柔，但他却过得不快乐，烦恼郁闷。

天使问他："你不快乐吗？我能不能帮你？"

诗人惊讶地对天使说："真的吗？那太好了，我只想要一样东西，你可以给我吗？"

天使回答道："可以。不管你要什么，我都可以给你。"

诗人望着天使说道："我只缺幸福，我只要它。"

天使想了想，说："我明白了，我知道你想要什么了。"

然后，天使把诗人所拥有的才华、容貌、财产以及他妻子的性命都夺走了。

又过了一个月，天使来到诗人的身边，看到他食不果腹、衣衫褴褛。于是，天使把他的一切又还给了他。又过了半个月，天使又来到诗人身边。这次，诗人很快乐，搂着妻子不住地向天使道谢。因为，他获得了幸福。

◆ 心灵感悟

幸福本没有绝对的定义。在平常的生活中，往往一些很小的事情也能撼动你的心灵，幸福与否，只在于你的心怎样去看待。

活着的价值 ❤

在城市医院的同一间病房里，住着两个绝症患者，一个来自农村，另一个来自城市。

每天都有亲朋好友和同事前来探望来自城市的病人。家人宽慰他说：你安心养病，有我们在，家里你就放心吧。朋友劝慰他说：别想别的，一门心思养病就好。同事开导他说：你现在的工作就是养病，单位上的事情，你放心，我们都替你安排好了……

没有什么人来陪护来自农村的病人。他的妻子隔很久才能来看他一次。妻子每次总是不停要丈夫为家里的事情拿主意：他大伯的女儿就要出嫁了，我们该送多少贺礼啊？小芳要跟她表姐"出门"，我拿不准主意，还没答应她，还是你拿主意吧……

几个月过去了，两个人的情况发生了戏剧性的变化。

来自城市的病人，在亲人、朋友、同事的一声声"你放心吧"、"你就安心养病吧"的宽慰声中，感觉自己已经是个没用的人了，他们已不需要自己，因而渐渐地失去了活着的价值意义，失去了战胜病魔的信心和勇气，在孤独、寂寞与病魔的吞噬中死去。

来自农村的病人正好相反，强烈的求生欲望使他奇迹般地活了下来，因为他意识到自己对家人太重要了，自己必须活着。

◆ 心灵感悟

被别人需要，能体现出一个人的价值。在一定意义上，一个人如果不被别人需要，生存也就失去了意义。

半根香蕉 ♥♥

这是企业家小时候的故事。

那时候，他才10来岁，在山村里生活，家境贫困，从来没见过香蕉。

那次，母亲带他去县城参加婚礼。第一次，他见到了香蕉：

像弯弯的月亮，亮丽的黄色，远远就能闻到它散发出的诱人香味。终于等到大家开吃了，母亲先给他剥了一根，他囫囵吞枣般吃了下去。大家都看着他，母亲又拿了一根，剥开咬了一口，然后站起来去旁边找水去了。香蕉的香味一直萦绕在他的心头，盖过了所有的一切。

带着对香蕉的眷恋，回家了。在路上，母亲突然拿出那半根用手帕包着的香蕉，递给了他。幼小的他明白：在众人面前，母亲巧妙地为他保留了这半根香蕉，这里面有母亲虽贫困却不失尊严的坚强，还有对他深深的爱。

记忆中那半根香蕉一直都在，时时提醒他，要努力向上。

◆ 心灵感悟

母爱是一朵巨大的火焰，这世界上一切的光荣和骄傲都应该属于母亲。

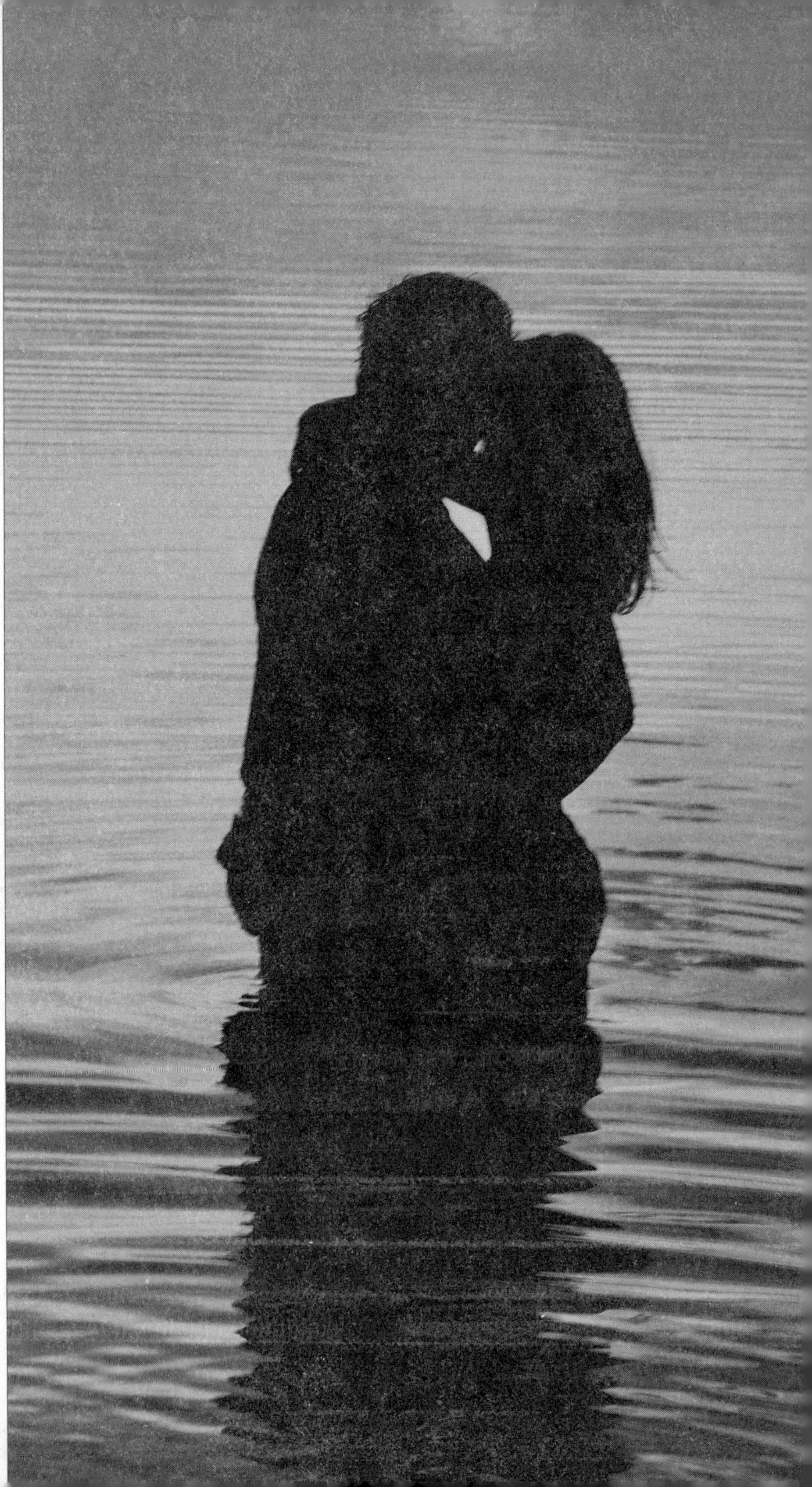

爱是一条芳香的河

于千万人之中遇见你所遇见的人。于千万年之中，时间的无涯的荒野里，没有早一步，也没有晚一步，刚巧赶上了。

——张爱玲

巷口

我喜欢在放学后抱着家里的小花猫坐在门口，看巷子口来来往往的行人。不知道从什么时候起，我的视线开始落在一个俊朗的男孩子身上。他总是在路过我身边时朝我微笑，然后慢慢没入巷子深处。我记得他帅气的山地自行车、挺拔的后背和后背上那块画板。

某天傍晚，我心血来潮，打算画我的小花猫，于是在门口摆开了摊子。突然我觉得身后好像有人在注视，转过身，他就站在我身后，正用心地看我的画。我立刻觉得自己的脸烫起来。我不安地坐在那里，等待他提意见。可是，他却一言不发，最后竟然夺过我的画笔和画板，自己画起来。很快，我的小花猫就在画板上活生生地再现了。他还在画纸的边沿写了许多绘画的技巧。我目瞪口呆：真是个怪人！等我醒悟过来想要道谢的时候，他已经走远了。

从那以后，我开始有意地坐在门口等他。可是他不再对我笑了，有时连看都不看我一眼，就走进了巷子深处。日子缓慢地流淌着，我上高三了。有一天，我在巷口没有看到他，从此他就失去了踪影。但高考的压力让我没有时间去找寻他，我把自己的所有精力都放在学习上，不再为那段朦胧的感情守候。

第二年的9月，我走进了海边的一所大学。后来，我认识了一位优秀的男孩子，他成了我的男朋友。有一次，我问他："你家门口是不是经常有个小女生路过，而你偷偷地喜欢她？"他瞪大眼睛，惊奇地看着我，很莫名其妙的样子，然后摸摸我的脑袋，小心地问："你是不是发烧了？"我瞪他，娇嗔道："你才有病呢。"心中有苦苦的味道散开。

快毕业了，我的时间比较空闲。有一天，男友约我一起去看画展，展厅边有一个展会说明：

心灵鸡汤全集

最感人的真情故事

第四辑 爱是一条芳香的河

旅法画家，白枫，先天性聋哑，擅长工笔花鸟，1978年生于我市。

他的画充满积极的生活气息，很有灵气。我看得兴致盎然，男友突然跑过来，惊奇地对我说："贝，快来，有幅画可像你了。"我跟着他快步跑过去——哦，真的，这竟然是真的，这就是当年的我：编着一条长长的麻花辫子，低着头在逗怀里的小花猫。我怀疑这份巧合。

男友在旁边叫道："看，这不就是你家的那个巷口吗？这个画家绝对见过你！瞧，这旁边还有一首诗！"那是席慕容的《盼望》：

其实，我所盼望的，也只不过就是那一瞬，我从没要求过你给我一生。如果能在开满栀子花的山坡上与你相遇，如果能深深地爱过一次再别离，那么再长久的一生不过就只是，就只是回首时那短短的一瞬。

看完诗，我泪盈满眶。即使我们无缘再聚，但我心中有你，你心中有我，这就够了。

◆ 心灵感悟

曾经相遇，总胜过从未碰头。

五月槐花香 🖤

那年五月，槐花盛开的时候，小街上槐花香缭绕不绝，迷醉了所有的人。在12路的巴士车站，她长长的发缠住了他的上衣纽扣。他帮忙解开她打结的长发，她没有说话，只是回头鞠躬道谢，那水灵灵的大眼睛从此就留在了他的脑海中，挥之不去。

此后，他有意在站台附近寻找她，她一直没有出现。

一天，他不经意间回头，发现站台附近有一个小花店，那个女孩就在那里。他狂喜，快步走过去。她冲他羞涩地笑。他买了很多花。她还送了他店里最娇艳的那枝花。

从那天起，他经常光顾那家小店，买了很多花放在家里、办公室里，还经常莫名其妙地笑。同事们都追问他是不是走桃花运了，他笑不语。

那一天，他终于大着胆子请她一起吃饭，可是她摇头拒绝了。他努力了很多次，都遭到了拒绝。慢慢地，他不再去那个小花店了。

那个槐花香气缭绕的五月过去了。

多年以后，某一天，他偶然翻看这个城市的报纸，发现一篇写五月槐花香的文章。作者是一个哑姑娘，故事里有那条槐花香缭绕的街。她说曾经有一个男孩子经常去她的花店买花，那男孩子似乎喜欢她。但她因小时候生病坏了嗓子，不敢跟这个充满阳光气息的男孩交往，怕毁了自己在他心目中的形象，于是拒绝了他。当男孩子不再出现之后，她曾经伤心了很久。但那个五月槐花香季节里出现的男孩子毕竟为她的生活增加了一抹亮色，她要慢慢走进那片阳光。于是，她开始了写作。现在她有了一个充满希望的未来和一个真心疼爱她的人。她说正是那段自己放弃的爱让她醒悟，让她对生活重新鼓起了勇气。她要谢谢那个男孩，并不是所有无疾而终的爱都是灰暗的。

他饮着咖啡，仿佛在那段文字里又嗅到了五月的槐花香。

◆ 心灵感悟

冥冥中常有一种机缘，让你遇到某个人，然后收藏在记忆里——很久以后再把它拿出来，那一幕依旧令人心动。

绝唱

那天晚上，我们一起去看电影。电影放映结束后已经10点半了，你骑着摩托车送我回家。

我搂着你的腰幸福地把脸颊贴在你的后背上。可是，慢慢地我觉得车速越来越快了，已经是超速行驶了。我很害怕，就对你说："开慢点……我害怕……"

你说："这样多好，有飞的感觉……"

我抱紧你："求求你了……太快了……吓死人了……"

你说："好……不过……你要说你爱我才行……"

我说："我爱你……我当然爱你……快点慢下来嘛……"

你说："那你再紧紧抱我一下……"

我又紧紧地拥抱了你一下，把身子紧紧地贴近你，说："好啦，现在慢下来吧，我真的很害怕。"

你说："好，不过你要把我的头盔脱下戴你头上，它让我的眼睛看不清楚前面的路，不方便驾驶。"

我没有多想，拿下头盔戴在自己的头上……

那天我在医院里醒来，而你却永远地离开了我……

原来车速一直居高不下，是因为刹车坏了。最后我们撞在了一栋建筑物上……

◆ 心灵感悟

在平常的日子里，在短短的一瞬，爱向我们展示了一个神话。

她要的答案 ♥

　　云，温婉细致，是精致的古典美女，学校里有很多帅气的小伙子都想追求她。天，相貌和家世都很平平，但是才华出众。云和天是同系的师兄妹，不知道为什么，两个人特别投缘。他们经常在一起讨论问题，一起逛公园，一起买东西，但只是普通的朋友。在完美的云面前，天总是有些淡淡的自卑。

　　时间过得很快，转眼间，天要毕业了。那一天，下雪了，洋洋洒洒的雪花在天空中飞舞，迷人极了。天坐在宿舍里观赏着这美好景致。突然，电话铃响了，是云。云说，难得这场大雪，想和天一起出去走走。天知道云很喜欢雪，而且这么漂亮的景致，他也想出去走走，就欣然同意了。云今天特别漂亮，典雅的紫色大衣、白色的高领毛衣、蓝色的毛裙，看起来温婉动人。而且，云今天也不像以往那样和天漫步聊天，而是有点兴奋、有点羞涩地一个劲儿地往前走。到了郊外的湖边，雪已经很小了，只是偶尔有几片雪花在空中飘过。等天快步赶上来的时候，云已经在雪地上写下了一个大大的字——"您"。她含羞带笑地说："快点过来啊，猜猜这个字是什么意思？"

　　天绞尽脑汁也没有想出这个字有什么特殊的意思，而身边的云却眼睛亮亮地盯着自己看，满怀希翼，又含情脉脉。天实在猜不出来是什么意思。最后云提示他说："多动动脑子嘛，这里有你，还有我呀。限你周末想出来，记得打电话告诉我答案哦，不许忘记！"云强调了几次"不许忘记"。天不知道云为什么要玩这种猜字游戏，但他不想看云失望的样子，所以很用力地去想。

　　回来的路上，好几次，云都羞涩地含羞欲语，但最终什么也没有说。天很纳闷，觉得云今天很奇怪，却始终猜不透原因。

　　回到宿舍，天把"您"字写在纸上，寻求室友的帮助，可是一直都没有合适的答案。而周末，天竟然忘记了给云打电话。云失望透顶。

毕业后，两人天各一方，失去了联系。

几年后，偶然的一次机会，天遇到了云的好友，她问天："你真的不喜欢云吗？要知道，云一直都很喜欢你。那个周末，她等你的电话一直等到深夜。你为什么不主动些？她的心上一直有个你，而你却没有把她放在心上！"

天呆住了，恍然大悟。"你在我的心上，我心上有你"，这就是答案。

◆ 心灵感悟

女孩的心思巧妙缜密，似有千千结，也难怪粗枝大叶的男孩读不懂女孩心。其实，爱可以直言相告。

白纸写家书

父亲的病逝使本来就穷困的家里雪上加霜。无奈之下，母亲只好同意让年幼的我出去打工。到了南方，我找到了一份修理汽车的工作，有个师傅带我。师傅50多岁了，姓秦。秦师傅有两个爱好：一是没事就修理指甲；二是喜欢帮人家洗衣服。

两个月过去了，我攒了一笔钱，打算寄给母亲，顺便写一封信报平安。在办公室搜寻了一下，找了一张包装纸，就伏案写起来。正写着，秦师傅突然问我："你在这里的活不是又苦、又累、又脏吗？怎么说自己的工作很轻松啊？"我羞红了脸，说："我不想让母亲担心。"秦师傅赞许地说："不错！出门在外是应该报喜不报忧。但是，你写信的纸这么破，又脏，你母亲不怀疑吗？"

秦师傅摸摸我的头说："我也是很小就没有了父亲，20岁的时候母亲病了，腰部以下都动不了，是偏瘫。我们到处寻找名医治疗，最后来到这里，我找了一份活干。当时，我们要比你现在辛苦得多。你想想，咱们一天工作下来，手上肯定又黑又脏，手指甲里面的机油又很难洗掉。领第一笔薪水的当天，我买了很多好吃的东西回家。削好苹果，我递给母亲，母亲却拉着我的手翻看。

最后，母亲断定我的工作肯定又苦又累，死活让我辞掉工作，不愿意再花钱治病，甚至以绝食相要挟。没办法，我以给她洗衣服为名狼狈地跑了出来。我很发愁，这份工作虽然比较辛苦，但毕竟薪水不错。洗完衣服之后，我就有了主意，我跟母亲说我同意辞去现在的工作。不过第二天，我又来这里上班了，下班后我仔细地清理了自己的指甲，还把同事们的衣服都给洗了。这样，手也就变白了。母亲再检查时也就发现不了什么了。就这样，我能多拿点薪水给母亲治病了，也就一直在这里做，直到现在。"

说完，秦师傅打开抽屉，给了我一叠雪白的信纸。于是，我在这洁白的信纸上重新给母亲写信："妈妈，我在这边工作很轻松，一切都好，请勿挂念……"

◆ 心灵感悟

都说"可怜天下父母心"，漂泊在外的游子们牵挂父母的心何尝不是一样的呢?

感谢仇人 ❤

宇学习成绩不好，没有考上大学，又不会什么技术，不得已到了一家印刷厂做送货员。

有一天，宇要给一所大学送书。那书满满一大车，好几十捆呢，而且要送到10楼上。如果自己走楼梯搬，那会累死的。于是，他先扛了几捆放在电梯口等电梯。这时候，有个年轻的警卫走过来，对他说："你别在这儿等了，去走楼梯！这电梯是教授、老师才能乘坐的。"

宇解释说："我是给你们送书的，不是学生。那书有很多呢，而且要上10楼！"

但是警卫不管这些："这个我管不着，反正你不是教授或者教师，就不能坐电梯！"

宇见跟他争论不通，就把书放在大厅的一个角落里，自己走了。

后来，宇跟老板说明了事情的原委，大学的工作人员也谅解了他们，但是宇却决定辞职。办完交接手续，宇直奔书店，买了一整套高中教材，还有许多参考书。宇发誓要出人头地，考上大学，以后再也不要让人"看不起"。

快到联考了，宇每天都学习十好几个钟头。每当倦怠的时候，他就想想大学警卫不让他搭乘电梯的那一幕，就又劲头十足了。

联考结束后，宇考上了某名牌大学。许多年过去了，他在所学领域取得了不凡的成绩。偶尔他会想起当年那一幕：如果没有那个警卫的"看不起"，自己是否还会这样努力？是否会取得今天这样的成绩？这样想来，那个警卫难道不是自己的恩人吗？

◆ 心灵感悟

人在遭遇挫折，被他人百般刁难、歧视和嘲讽时，才能被"当头棒喝"惊醒过来。那种刁难、歧视、嘲讽岂不是一生中最珍贵的礼物？

麦克·劳德先生 🖤

皮特从小就失去了父母，跟奶奶生活。奶奶不知道如何管教他，所以他经常跟一些坏孩子混。一天下午，皮特看到某公寓里一户人家的主人驾车出去了——这可是个偷盗的好机会。于是，他就偷偷地溜进了那户人家里。

但是，在皮特溜进卧室的时候，却发现一个和他年龄相仿的女孩正躺在床上。他呆住了。

看到皮特，女孩开始很惊恐，但很快就平静下来。她笑着问："你是找住在4楼的麦克·劳德先生吗？"皮特不知所措，只好点点头。"那你走错了，这是3楼，经常有人走错呢。"女孩甜甜地笑着。皮特道谢后正想借机离开，女孩却说："你愿意陪我一会儿吗？我生病了，医生不让我下床，每天躺着我很寂寞。爸爸妈妈又很忙，我真的很想有一个人陪我聊天。"皮特当时不知道怎么想的，竟然就留下来了。

那天，皮特和女孩很开心。他们聊了很多，女孩还吹长笛给他听。最后，女孩看他很喜欢，就把笛子送给了他。

皮特离开的时候，心情很复杂。他留恋地回头看看，却一下子怔住了：那房子只有3层，根本就没有第4层。麦克·劳德先生根本就不存在！

◆ 心灵感悟

一颗美丽的心灵，被派来拯救一个迷途的灵魂。

练习爱情 🖤

那一年，我刚20岁，家里人就急着帮我找对象，好像我嫁不出去似的，还给我安排了一次相亲。我很不乐意，却也抵不过妈妈的死缠烂打，还是去了。他长得不错，高大英俊，虽然我不太喜欢这种相亲方式，却也对他并不反感。初次见面，我们都很矜持，聊了一会儿，相互留了联系方式，就结束了这次约会。

刚过两天，他就来约我。这次我精心打扮，让他眼前一亮。我们一起去爬山，他很体贴，带着水和零食，还不时招呼我休息，对我照顾得很周到。我们聊得不多，可是看他憨憨的小心的样子，我知道他也是第一次谈恋爱，心中很是欢喜。从山上下来时，他就牵着我的手了。我想我是喜欢上了他。

假期过后，我要回学校了。刚到学校我就盼望着他的信。女孩子会幻想，我也是，想着他会给我写什么样的情书，心里甜甜的。可是，接到信的时候我呆住了：他，他的字竟然这么丑！那地址让他写得像狗爬，而我的名字竟然紧跟着地址写着。他竟然不知道写信的基本格式吗？我恨恨许久，才打开信封。内容倒还通顺，就是字太小，一行的位置，他写了两行字，真不知道他是怎么想的。我看得头晕眼花。初恋的女孩子都想要一个完美的男友，我忍受不了他这样丑的字，觉得他是一个小气的人，很反感，就没有给他回信。

那年深秋，他来学校看我。天蓝色毛衣，配深蓝色的裤子，加上他本身高大英俊，看起来真让人怦然心动。我又动心了。我们玩了一周，他回去了。我又开始想念他，但是一想到他那笔丑丑的字，我又犹豫了。

放寒假的时候，他来看我，说想我了。我默然无语，送他回家。路上雪很厚，他细心地在旁边不时扶我一下。看我不小心要滑倒，他竟然抱住我，把自己垫在我身下。那一刻，我感动了。他说："我真的很爱你。给我一次机会，我会努力。"我把头埋在他怀里，点头。我去了他的家里，他家人很喜欢我，给我做了很多好吃的。这个假期，在他的照顾下，我觉得自己像个公主一样幸福。

但是他一不在眼前，我就又犹豫起来。想想他的字，心又恨恨。最后，因为种种原因，我们还是分手了，在那个春末。

大学毕业后，我也有了新的恋人，男朋友写得一手漂亮的字。他长相并不出众，个子也不高，但这些我都不在意。我跟着他到了南方，两个人白手起家，生活很辛苦。

一次，妈妈给我打电话，"不经意"间聊起了他，说他已经结婚，生活还好。没人发现，我泪如雨下。

我并不是后悔自己的选择：丈夫是一个温柔体贴的人，我也是真心对他。我们的感情真挚、坚定。我想这一切应该感谢他，是他让我学会了爱。我用他练习了我的爱情，学会了珍惜。不过，我很愧疚，我想我应该留给他的是一个美好的故事，而不是一颗受伤的心。

◆ 心灵感悟

不要因为寂寞去恋爱，时间是个魔鬼，如果其中一方产生了感情，到最后如何收场？

情书

外婆贝迪正在忙着整理餐桌的时候，外孙女凯蒂走进了家门。凯蒂扬声说："外婆，我爱上了一个人！他可真是帅呆了。"

"哦，亲爱的，是前几天和你一起来家里玩的小伙子吗？"外婆问道。

"不是啊。是我的数学老师，他好帅，而且很年轻，声音也很迷人。我很喜欢听他讲课。"凯蒂说。

"啊哈，有这样一位优秀的老师很不错啊！"外婆说。

凯蒂眉头轻锁，略显淡愁，问道："外婆，您也谈过恋爱吗？"

"傻孩子，那当然。当时我还很小呢，不过我爱上的是我的英文老师。他那时候刚毕业，才开始教书。他长得帅极了！"外婆一副神往的样子。

凯蒂瞪大了眼睛，惊奇地问："真的？"

"当然，我很爱他，还给他写了一封情书呢。我把他的优点一一表述，说他帅，他的声音动听……接着，我悄悄把信夹在了作业本里。"

凯蒂聚精会神地听外婆讲她的爱情故事，眼睛也不眨一下。

"第二天，上课的时候我偷偷地看了他一眼，立刻就明白他已经看了我的信。当时我很紧张，真想知道他对我是什么感觉。他开始给大家发作业本。到我的时候，我打开作业本，发现我给他的情书也在里面，而且上面是满满的红色标记。再仔细一看，我觉得好难过。原来，那些红色的标记都是他对我那封信的批改，竟然还有评语：'曼德小姐，虽然你这篇文章主题选得不错，但是可以清楚地看出来你的基础知识太差了，这么多的语法和拼写错误。没办法，我只能算你不及格。'"

外婆面带微笑说："我当时心情糟糕透了。他还在信的背面写道：'把你的语法和拼写错误都改好，明天重新交过来。'我是哭着回家的，心想：我是真的爱他，他竟然把我的情书当成作业给批改了！他怎么可以这样呢？我流着泪修改情书，眼泪把信纸都打湿了。第二天，他看到我修改过的信，很满意。

"现在想想，我当时爱他爱得有点莫名。后来，我上了大学。某一天，我突然遇到他，我想知道他是否还记得我，就主动跟他打招呼：'您还认识我吗？××老师。'他看看我，笑了：'当然，我还记得你那封情真意切的情书呢！'听了他的话，我又高兴又不好意思。没想到他接着说：'那件事是我不对，我应该向你道歉！我有两张电影票，你周日有时间吗？这个电影很好看，我保证你会喜欢的。'就这样，我们开始了约会。"

外婆微笑的面容上闪现着幸福的光芒："我和你外公结婚都50年了，真不可想象，日子过得好快啊！不过，到现在，他还是喜欢修改我的语法和拼写错误呢。哦，你外公散步就要回来了，咱们收拾餐具，准备开饭吧。"

◆ 心灵感悟

你爱他吗？爱就告诉他。别怕，爱一个人是一件美好的事情。

红玫瑰与白玫瑰

很多人在她耳边说他是才子。开始她不在意，后来禁不住大家都说，就开始慢慢注意他了。

一次偶然的机会，她看到他奔跑在球场上的英姿，心忽然满满的。从此，她就经常在球场边为他加油呐喊。因为她的美丽，自然而然也就有很多男生注意她。他的目光也开始落在她身上。

那时候，她知道他已经有一个漂亮的女朋友了，但是她忍不住就是想引起他的注意。所以，她参加他主持的每一个活动，而且每次都成绩斐然。他怎么会不注意她呢？这么聪明美丽的女子。慢慢地，两个人熟识了，开始一起吃饭、看书、游玩、逛街……

那天，他的女友从另外一所城市的大学赶来看他。两个人一起在他校园里逛，他热情地介绍自己的学校。在校园的著名景点玫瑰园边，他们遇到了她。她今天打扮得真漂亮，她冲他打招呼。他的目光在遇到她后，陡然一亮。女友看在眼里，笑着说："这个女孩真漂亮！"他什么也没有说，其实他的女友也很漂亮。女友很聪明，立刻转移了话题。

送走了女友，他开始考虑：这两个女孩子都很漂亮，也很聪明。我到底爱哪一个呢？他犹豫不决。

"她真漂亮！"那天晚上他们一起吃过饭，坐在玫瑰园里休息的时候她说。他能看到她眼里有泪水滚动，不禁心中一动，他选择了她。第二天，他就跟女友说了想要分手的事。女友很聪明，也很理智，虽然伤心，却没有为难他，就答应分手了。

朋友们都很羡慕他，有幸遇到这么两个聪明美丽的女子。离开的那个又没有纠缠，很大度。

可是，在他们真正走到一起的时候，他们开始争吵了。比较两个女孩子的种种，他后悔了。两个人吵来吵去，直到他毕业，他们终于分手了。最后，她祝福他，独自离开。他不知道，其实她是爱他的，只是看他还想着以前的女友，所以……

他想和前女友和好，但是她拒绝了，留给他一张纸条，上面写着：

> 选了红玫瑰，白的就是"床前明月光"；选了
> 白玫瑰，红的就是心口上那颗朱砂痣。

他恍然明白，爱情也是如此。美丽的玫瑰各有让你爱的理由，无论选择了哪一个，你都会遗憾。因为得不到的才是最好的。

◆心灵感悟

爱是垄断和独占的，面对两枝同样精彩的玫瑰，要么选一枝，要么全部失去。

谁先说再见

恋爱中的两个人，总有许多的甜言蜜语说也说不完。他们每

天都聊很久，然后女孩恋恋不舍地说一声"再见"，然后挂断电话。男孩子总是会再握着话筒一会儿，体味女孩子的浓浓爱意。

后来，两人分手了。漂亮的女孩子很快又找到了新男友：一个英俊、豪迈的男孩子。女孩很开心，也很得意。但是，随着两人交往的加深，她总觉得两人之间有什么不对，但一时也不清楚问题出在哪里。两个人也经常煲电话粥，但每次通话结束时，男孩子就"啪"的一声挂断电话，让女孩没说完的"再见"卡在喉咙里，很不舒服。

那一天，两个人吵架了。新男友并不哄她，而是转身就走了。女孩却没有哭，反而觉得轻松了很多。回到家里，看见那台趴趴狗形状的电话，她又想起了他，那个等着她先挂电话的男孩。这台电话还是他送的呢，她忍不住拿起电话拨出那个熟悉的号码。

男孩的声音依旧温暖，女孩却不知道该说什么，沉默良久，只好说"再见"。女孩没有挂电话，心底一种莫名的情愫让她静待男孩的反应。

电话里很安静。良久，男孩说："不是说了'再见'吗？你怎么还不收线啊？""为什么一定要我先挂电话呢？"女孩声音低低的。男孩的声音很平静："我习惯了。你挂了电话，我才放心，怕你突然有什么想说的没说。""可是，后挂线会很失落啊！"女孩的声音有些哽咽。"那没什么，你快乐就好。"

◆ 心灵感悟

原来爱情有时候很简单，一个守候，就说明一切。

错过了9棵树 💕

他们是一对相爱的人。但是两个人的性格差异很大，他老实纯朴，喜欢安静，能一个下午坐着看书而一句话也不说；她活泼开朗，喜欢热闹，一个小时不说话就会嚷着闷。他喜欢小城市涓涓细流般的生活；她向往大城市不分白天黑夜的喧闹生活。到最后，要毕业了，他们决定分手。

那天晚上他去上自习，夕阳西下，凉风习习，可是他却还是心情烦躁，为他们的分手。突然，前面出现她的身影，她没有像往常那样和一大群人边聊边走，而是一个人抱着课本。他有种冲动，想走上前去叫住她。可是话到嘴边，他又停住了：已经决定要分手了，还要再来一次挣扎吗？思来想去，最后，他对自己说：如果她回头，我就放弃自己的坚持，跟她一起走。她还是默默地走着，他跟在后面。快到自习楼了，他绝望地加快脚步，身边的杨树一棵一棵退后，1、2、3……到第9棵的时候，他越过她，没有回头。他很伤心：看来我们注定要分手了。只有9棵树，而你最终没有回头。

毕业后，两人各奔东西，都去了自己向往的地方，后来各自结了婚。日子缓慢地过着，偶尔，他能听到她的消息：她离婚了；她去读了研究生。

有一天，他突然接到她的电话。她说她来了他所在的城市，她就要去国外定居了，临走前想见他一面。他听了很心酸，又想起了当年美好的时光，挂了电话，就直奔约会地点了。

见了面，聊起往事，说起多年前的那个傍晚。他说："那天我跟在你身后，发誓只要你回头，我就跟你走。"她默默看着他，幽幽地说："其实，那天我是故意等你的。只要你赶上我，我就会追随你走的。我绷紧了心数身后的杨树，可数到第9棵的时候，你赶上来了，却没有停留。"

◆ 心灵感悟

世事就是这样无常，短短的一瞬，就改变了一生。

　　她5岁，那天走在贫民区的路上，几个孩子抢走了她的冰淇淋与漂亮的手链。她吓哭了，他跑来，赶走了那些孩子，拉着她的手送她回家。她当时只忙着哭了，没问他的名字，只记得一双温暖的手。

　　她6岁，转到了一所新学校。华丽的衣饰显得她与众不同，她低头不知所措，班长走过来，拉起她的手。她抬头，看到一双蓝色的大眼睛。她还记得那双温暖的手和这个温度。

　　她12岁，上了一所豪华的私立中学，却发现自己还是喜欢有他牵手的日子。放学后，她跑了好远去找他，可他正跟一个漂亮的女孩聊天。她伤心极了。

　　她14岁，一天，偷偷地跑去看他打球，不想被他发觉了。他开心地拉过她，让她坐在第一排。

　　她16岁，那天，他来找她，表达了爱意，却怕自己贫困的家庭配不上她。她不让他继续说，搂住他的脖子吻了他。晚上，他跑去摘了很多迷人的野玫瑰送给她。她心里甜甜的，却假装生气地斥骂他。他的手伤痕累累，她心疼地吻它。

　　她19岁，在别的城市上大学。那天，很冷，她去车站等他。他攒了许久的钱，终于能够来看她了。火车门刚打开，他就跳了下来，看着她冻得瑟瑟发抖的身子，他心疼地把她抱在怀里。

　　她24岁，她父亲让他考虑她一生的幸福和安康，希望他离开。那天早晨，她推开窗子，发现一地的玫瑰花瓣，组成了一颗滴血的心。

　　她25岁，结婚，然后随丈夫定居国外。

　　她一生都很安定且生活富裕，不用为生活发愁。70岁那年，丈夫先她而去，儿子接她回国生活。不想，几个月后，她突然发现自己看不见东西了。儿子忙请来医生。医生已经白发苍苍，温煦和蔼的他，在走进房间的瞬间呆住了。他快步走向她，颤抖着手抓住她已经枯瘦、不复光滑白嫩的手。她身子顿时绷紧，随后放松。摸索着，她接过他递过来的同样枯瘦的手，放在自己的脸颊边："对，就是这个温度！"

她的眼睛没有办法治好了，但他还是很高兴地向她求婚，娶了她。那天，他牵着她走在红地毯上。她闻着玫瑰花清新的香味，听着欢快的婚礼进行曲，不禁泪盈于眶，想起了这么多年的牵手，仿佛又回到了那个青春四溢的年代。

◆ **心灵感悟**

对于世界来说，你是渺小的，但他却将你视为独一无二的珍宝。

哑妻

他们是邻居。他是天生的哑巴，却不聋，能听到人们讲话，却没有办法表达自己的想法。她也是一个苦命的孩子，自幼父母双亡，自己跟奶奶相依为命。她把他当哥哥，他也像哥哥那样照顾她，陪她玩，听她诉说烦恼……时间长了，虽然他每次都用手势跟她交流，可是通过眼神，她就知道他的想法了。那专注的眼神让她知道，哥哥是爱自己的。

她考上了大学，他们都很开心。他努力挣钱，都给她，让她专心学习。她也坦然接受。

大学毕业了，她工作了。她对他说："哥哥，我爱你，我们结婚吧！"他却震惊，躲开了。她对他倾诉："你知道吗？我14岁的时候就知道自己爱上了你。我并不是同情你，我是真的爱你。"可是，他还是躲。

那天，她突然住院，吓坏了他。他跑去找医生，医生说："这孩子恐怕嗓子不行了，她的喉咙里有个瘤子，已经切除了，但是声带被破坏了。"医生摇摇头，叹息着走了。他走进病房，她含泪望着他。

他们结婚了。那么多年，人们习惯了身边这对爱人彼此间脉脉含情相视。他们用心交流，分享彼此的开心和伤痛。人们都很羡慕他们，虽然他们不能说话，可是他们多么幸福啊！

但死神还是从她身边带走了他，人们都来安慰她。她呆呆地望着他的遗像，半晌，突然说："他，还是离开了我。"

人们哗然……

◆ 心灵感悟

大爱无言，只有心底的狂热，默默地付出和盛满温柔与爱的眼神。

屋顶测验

我的少女时代，是在偏远的小镇上度过的。那时候我们的房子建在一个山坡上，是一栋3层的小楼。父亲对这栋小屋很用心，给它漆上漂亮的颜色，还对门窗做了搭配。但是木瓦房不结实，经常这儿破，那儿漏，需要修缮。而那时候我们并不富有，根本就雇不起别人来帮忙。没办法，就只有老爸一个人干这活了。等我和姐姐长到十七八岁时，这项工作被父亲赋予了新的含义：那就是对跟我们约会的男孩子进行人品测试。

父亲会抢在初次登门追求我们的人之前，爬上屋顶假装是泥瓦匠，当然会在屋子下面放一个梯子和一把榔头。等那些摸不清情况的追求者来到我们家，爸爸就在房顶上友好地冲着他喊：

"你好！小伙子，我不小心把榔头弄掉下去了，你帮个忙，给我扔上来好吗？"

如果男孩子不愿意帮忙，那他就被淘汰了；如果有人按爸爸的意思把还头朝屋顶一扔，那他就只能等到一次机会——可以跟我或者姐姐约会一次，但他们还没有资格做我们的男朋友；如果有人爬上梯子，把榔头递给爸爸，顺便再跟爸爸敷衍一下，那他就可以跟我们约会两次；如果有人能够把榔头递给爸爸，并且主动跟他聊天，那他就能通过爸爸这一关了。

我的男友热情善良，很愿意帮助别人。他初次来我家，不仅爬上梯子把榔头送到爸爸手里，还在上面陪了爸爸整整一个上午，帮忙把我家破损的木瓦都拆除了。虽然我对这件事没有什么特别的感觉，但是父亲却对他印象极好，还特意帮他说好话："这个男孩子可靠，你要认真和他交往。"而姐姐的男朋友则帮助爸爸装好了新的木瓦。后来，他做了我的姐夫。

不久，我们搬到了另外一个小镇生活。那里的新房子很好，不需要经常修缮。这样，爸爸就没有了考验男孩子们的道具，所以妹妹们的男朋友都没有经历过这道测试。果然，她们的感情生活都枝节横生，没有我和姐姐这样顺顺利利、水到渠成。

◆ 心灵感悟

鲜花是美丽的，巧克力是甜蜜的，但愿意放弃自己的享受而去帮助一个毫不相干的人，才是真正可以托付终身的人。

偷窥

一个春意明媚的早晨，一辆黑色的奔驰轿车停在了李杰私人侦探社前。一位白发老人走下了车，看了看侦探社的门牌，走了进去。

"请帮我一个忙……"老人对李杰说。

老人的要求很简单，就是让李杰在不惊扰人的前提下，拍摄一个人的日常生活情况。老人愿意为此给李杰很高的报酬。但李杰还是有些犹豫，因为他知道偷拍是损害他人隐私权的。但老人明确地表示自己只看看录像带，看看那个人的生活情况，看完之后，李杰就可以把录像带销毁。既然这样，李杰也就同意了。

第二天，李杰就找到了那个人——一个普通的阿姨。她清晨锻炼的情况，夜间休息的神情；她开心时的样子，沉默时的表情；和儿孙一起快乐的景象，回忆往事时的沉醉……李杰都抓拍了。这个阿姨很平凡，就李杰这么多年的侦探经验来看，实在没有什么值得关注的。委托者的意图会是什么呢？

李杰把他拍摄的东西整理了一下，请来老人。这盘录像带里的东西真的太平常了，跟所有的老人平时的生活没有两样。李杰看得都犯困了，可老人却看得很认真，生怕落下什么。

看完后，老人闭上眼睛沉默半晌，对李杰说："你销毁吧。"李杰把所有的相关东西都销毁了，抬头却发现老人已经泪流满面。李杰很惊讶，拿来毛巾。老人的情绪慢慢稳定下来，他对李杰笑笑："你很惊奇吧？这个人很平常，我却执意要知道她的情况。其实她是我的初恋情人，已经50多年了，我就是想知道她现在的生活怎么样。"

老人离开了，李杰望着老人的背影，他的身板挺直，却有些落寞，毕竟是70多岁的人了。50年的时光里，会发生很多事，可以经历生老病死，却磨灭不了老人心中的初恋。

◆ 心灵感悟

毫无经验的初恋是迷人的，也是无价的。

约会试验 ♥♥

　　他们俩认识很久了，可还是第一次一起出来散步。两人都不明白对方的心思，他们还从来没有过亲昵的动作呢。

　　夕阳给城市披上一件朦胧的外衣，沐浴着夕阳的霞光，她的身影很美。他有股冲动，想抱住她，亲吻她。但他不敢，怕惹她生气。

　　走了一会儿，两人来到公园的一个角落，找了一个凳子坐。

　　在不远的一个凳子上也有一对恋人，他们在拥吻呢。她看看那边，又看看他，有点嗔怒。他看看她，再看看那边，挠挠头。

　　他说："我讲故事给你听吧。"

　　她微笑着同意了。有时候她很奇怪，这么一个爱讲故事的人，怎么反应就这么迟钝呢？

　　他说，有一位母亲，她对恋爱中的女儿说，跟男人约会的时候，你一定要注意。如果那个男的急着想碰你，那就不是好人，你要赶紧跑。如果他一直都没有碰你，你可以试一下他，假装跟他亲热。如果这个男人动作很笨拙，那你就可以放心跟他交往了，这是老实人，可靠。

　　说到这里，他看了看她，说："要不咱们来试验一下？我假装要拥抱你，你再躲开？"

　　她沉默。

　　他继续说："别怕！只要你反应快，就没什么的。等以后你跟别人约会，有了这次经验，也就不会害怕了。"

　　她恨恨地看着他。

　　他提醒她："开始了哦，我就要开始拥抱你了哦。"

　　他伸出双臂，去拥抱她，她没有躲开，而是扑进了他的怀里，捶打着他说："可恶，你可恶……"

爱是感性的，不需要理性的检测。

秘密

感谢上帝，我娶到了她。新婚之夜，我给她讲了一个秘密。我说："我要感谢那位老人，正是有了他的帮助，我才认识了你。"

"什么帮助啊？"妻子笑了笑，问。

"我请那位老人帮忙，让他在只有咱俩的时候，让电梯停顿几分钟，这样我就有机会认识你了。"

"老人什么都没有问就同意了，并且还把灯给关了。是这样吗？"妻子说。

我大惊："啊？你竟然知道？"

"当然了，那是我外公。是我让他故意熄灯的，我要看看你是否会在黑暗中使坏。"

"我可什么都没敢做，只说了一句话：'姑娘别怕，有我在呢。'"

"是啊，正因为这句话，我知道你是一个正派的人，才决定走近你、接受你的追求的。"说着，妻子吻了吻我。

◆ 心灵感悟

感谢庄重。守法的结果最甜。

错过

北京。火车站。软卧候车室。她拉着行李箱，缓缓走着，面容秀丽。他提着公文包，快步走着，面容紧绷，好像有什么急事似的。

两人相遇，彼此惊愕。半晌，无言。这么多年了，又见到对方，谢谢上天。

多少次梦中相会啊，终于见面了。两人相视一笑。

"还好吗？"

"好。"

好似整个候车室只剩下两人，心跳的声音对方都能听到。她羞涩地低头。他扫视两边："那边有咖啡座。"然后，两人坐到了对面。

多年的想念啊，不知多少次后悔地敲打自己的脑袋。此刻，对方就在眼前。她眸光低闪，看着眼前人坚毅的面容，那曾是她美好的梦啊。他看着她娇嫩的容颜，那是他渴望驻足的港湾啊。

"结婚了？"他想知道自己是否还有机会拥有她。

她对他淡笑，不语。

默认？这么可爱的女孩子，不会等到现在还没有嫁人的。当年是自己生气离开，再回来，她已远去。

"你呢？"她轻问。

他，心思百转，却不敢去探知事实真相，他怕。最后，他只是笑。

她的眼神变得幽怨，她误会了。想起气走他的日子，没有他的那座城市，变得凄凉寒冷，她受不了，逃走。独自一人闯荡，开始坚强。

大概他们有缘无分吧。

挥手，再见。两个失意人，随着奔跑的列车，越走越远。

其实，他们又错过了彼此。两人都为了等待对方而至今独自一人。

世界上最遥远的距离，不是相隔万水千山，而是我站在你面前，你不知道我依然爱你。

真遗憾

终于到北京上班了，虽然只是一个杂志社的小小编辑，但是能来我喜欢的北京，我还是很高兴。北京的房子不好找，我住的地方离公司有段距离。不习惯挤公交车，我就买了一辆自行车骑着上班。

那天早上，我起床晚了，赶忙蹬着自行车去上班。

北京的红绿灯还真多，这不，我蹬得正起劲，前面红灯亮了，赶忙急刹车，惯性使然，还是撞了人。我忙道歉："抱歉，抱歉！"还好没出什么事，只是碰了一下。我看看我撞的这个女孩，真漂亮！淡绿色的连衣裙、大大的眼睛。女孩的脾气不错，什么都没说，还对我笑了笑。

自那之后，我发现我和那女孩竟然有一段路是同行的，几乎每天我们都能见面。每次我们都会打招呼，点个头，或者笑一笑，很默契。

一个春光明媚的早晨，我们在那个红绿灯前碰面了。她略带羞涩地对我点点头，在绿灯亮起的刹那，向我前车筐里塞了一封信，然后蹬着车飞快地走了。

我有点奇怪，拆开信看了一下。原来她在很多杂志上看过我的文章和照片，喜欢我的文章，想跟我交个朋友，还说假如我同意，就给她回信，把信放在她的前车筐里。

这么漂亮的姑娘，谁不愿意结交呢？我很高兴，晚上就给她写了一封信，第二天放在了她的车筐里。

第三天，她回信……

第四天，我回信……

我们就这样用笔交流着……

她也喜欢文学，经常写东西放在我的车筐里。她的文笔很细腻，写的东西很感人，我帮她刊登了不少。

几个月后，她在信里问我是否有女朋友。

我回信说没有。

她回信说："那我能做你的女朋友吗？"

我兴奋极了，这么漂亮的女朋友，我以前连想都没敢想过呢。我买了玫瑰花，还请了一天假，但从我们相遇到分手，都没胆子送给她。想想有点不甘心，我决定跟着她，到她单位门口再给她。

她下车了，这是一所学校，我抬头看去：光明聋哑学校。

我顿时呆住。她，她竟然……我的心冷了。难怪呢，我们认识这么久了，她都没有跟我说过话。

从那天起，我避开她，开始坐公交车上班。

几个月后，我在电视里看到她。她唱了一首《聋哑人之歌》，感动了全场观众。

此时，我才明白，她只是那所学校的老师，并不是聋哑人。

◆ 心灵感悟

连这点考验都没有经受住，这样的爱情失去了又有什么可惜呢？

当爱情变成习惯

一个半小时，300元钱，他们终于吃完了这顿饭，走出餐厅。

其实朗很忙，吃饭期间他都在想生意的事，对女友的问话大多用"嗯，好"回答，还好女友不介意。看看时间还早，女友对朗说："你最近忙，不用送我了，早点回家休息吧。"明天就要谈判了，还有些细节要考虑一下，朗没有坚持送女友，说："那好吧，路上小心，到家给我电话。"

朗很快回到家中，开始工作。电话铃声惊醒了他，抬头看看时间，凌晨两点多。这么晚了，谁打电话啊？接通了，是未来岳父。原来女友还没有回家，她父母着急了，问问他怎么回事。朗一下子乱了：她说回家给我电话的，都这么晚了。女友一向是个乖女孩，难道……朗不敢朝下想，忙报了警。

警察向他了解情况："你们那晚吃饭，她穿什么衣服？""啊，这个，这个，我想不起来了……""哦，那衣服的颜色你应该记得吧？""我，我当时没注意，满脑子都是第二天的谈判，所以……""啊？那她的发型你总该知道吧？是长，是短？是直发，还是卷发？有没有染色？""我们交往很多年了，所以很多东西我都没有留意了……"

警察惊奇了："你们很少见面吗？怎么你一点都不知道呢？那她带包了吗？"

朗摇摇头，一无所知。

警察也觉得奇怪：怎么会有这样的男朋友？

朗为自己对女友的漠视也很懊恼，这么多年了，自己已经把爱情当成了习惯，就是对女友这个人也习惯了，不再在意。

两天过去了，女友还是没有消息。朗担心之余，努力地回想女友的样子。

晚上，朗身心俱疲，趴在沙发上睡着了。突然，他看到了女友，他惊喜地跑向她，嘴里还埋怨着："你去哪里了？让我好担心啊！来，让我好好看看你。"但是，他还没有追上，女友就突然消失了。原来是一场梦！

到第五天，他见到了她，可她再也不能陪他说话了。在停尸房里，朗哭了："现在我终于看清楚你了……你醒过来啊……我再也不会漠视你了……我会好好珍惜你的……"

朗痛哭不已，他永远失去了珍惜女友的机会。

◆ 心灵感悟

如果我凝望你，请不要问为什么，我只是想把你的一切记在心间，在见不到时细细回味。

分手清单 💕

那天晚上，他们决定分手，两人都很狼狈。女人眼睛肿肿的，男人也气色不好。狠狠瞪了男人一眼，女人递给男人一张清单：

> 我买的窗帘、我买的被单、我买的枕头、我买的锅、我买的碗筷……

男人看看女人，埋头仔细阅读清单，疲惫的身上多了一份伤感，他也给女人写了一份清单：

> 被褥是免费的，家用电器是免费的，送给你的衣物、首饰、花朵是免费的，给你写的情书，无数的关心、照顾是免费的……
>
> 所有的都是免费的，欢迎你都带走。所有为你做的一切，所有对你的爱，都是免费的。

女人看了清单，红肿的眼睛里又蓄满了泪水。她看看男人，带着鼻音说："好，所有的东西都归我，还有你，也是我的。"男人惊喜地抱着女人，说："好，都归你，我也是属于你的。"

◆ **心灵感悟**

爱是不能计算的。也许，我们都应该停止抱怨，给对方一个紧紧的、温暖的拥抱。

为什么你不转身

他和她相爱。

他比她大，他总是很照顾她。虽然不能天天见面，但每天的电话是不会少的，天冷天热，加衣减衣，生活中很多小事，他都会提醒她。

大家都知道她有一个爱她宠她的男友。她也暗自开心，男友这样优秀的人，却独独对自己这样用情，还有什么不满足的呢？和所有相爱的人一样，他们也经常吵嘴，但每次，他都会转身来哄她。他会说："折磨人的小丫头，我投降了。"

后来，他们同居了。她还是像以前那样，不耐烦生活中的繁琐家事，而他依然宠她，自己干大部分的活，照顾她。但是，慢慢地，她觉得自己受束缚了。一次，她晚上和同事一起喝多了酒，凌晨1点多才回家。他非常生气，立刻就跑去另外一个房间睡了。

他们还是经常争吵，还是每次都是他转身与她和好。后来，她隐约觉得他转身的时间增长了，但是她没有放在心上，她习惯了。那一天，因为一件小事，他们又吵架了。他转身走了出去。

一天，两天……她等他说"对不起"。

但是，一个星期了，他还是没有转身回来。等待是很痛苦的，她决定先去外面散心。她觉得等他回来后，事情就会好了。

可是，等她回来后，她呆住了。屋子里已经没有他的任何东西，仿佛这个人从来没有在这里待过。他走了，辞职去了外地。

无论如何，她都想不到他会这么决绝。她还是深爱他的，她知道大多数时候都是因为自己的任性两个人才会争吵，而他一直包容她，她却没有珍惜。

后来，她向朋友诉说这段伤心的往事，朋友静静地听着，突然问她："为什么你不转身呢？"

那一刻，她呆住，泪流满面。是啊，很简单，自己转身就可以，可是为何自己没有这样做呢？

◆ 心灵感悟

美好的爱情大抵如此，总会有无数次的转身。那个最先转身的是他们爱情的天使，但如果每一次转身的都是同一个人，天使也会疲倦。

鱼眼里的爱情

那时候，欣刚大学毕业，还是个害羞的小丫头。那天，欣初次和男朋友一起吃饭。桌子上只有一盘荤菜，那是一条鱼。男友先挑起鱼眼，放在欣的盘子里，问欣："你喜欢吃鱼眼吗？"欣羞涩地说："我没有吃过，不知道喜不喜欢。"

男友告诉欣："我很喜欢吃鱼眼。小时候，家里吃鱼，爷爷每次都把鱼眼留给我，说鱼眼有明目的功效，小孩子吃了好。"

"但是爷爷过世后，就再也没有人给我挑鱼眼吃了。"回忆从前，男友有些难过。

"说实话，鱼眼能有什么特别的味道吗？那只是代表一种宠爱而已。以后，咱们吃鱼，鱼眼就归你了，我也想宠你。"男友深情地注视着欣。欣甜甜地点头，喜欢这份宠爱。

后来，欣养成了习惯，每次吃鱼，男友都会把鱼眼挑给她。

那个寒冷的冬天，午后，男友向欣求婚。欣哭了，却没有答应。欣说："我想要的生活不是这样子的，我不想在这个小城市过一辈子。"欣是一个要强的女孩，她不甘心就这样默默无闻地生活，她想做一番事业出来。男友送欣走的时候，欣硬起心肠，没有回头。

在外面努力多年，欣的事业有了很大的发展，有了一家自己的公司。可是，她的爱情还是空白，她看不上别的男人。在外面应酬的时候，经常吃鱼，可是再也没有那个给她挑鱼眼的人了。每次，她都在离开宴会的时候，看看那个鱼眼，回想从前的那份宠爱。

一个难得的机会，欣回去小城，昔日的他已经是别人的丈夫。他邀请欣去他家吃便饭，那天晚上的餐桌上有鱼，他招呼欣吃鱼，给欣夹了一筷子鱼肉，却把鱼眼给了他的妻子。

那一刻，欣哭了，多年的奔波都没有这一刻让欣难过！

◆ 心灵感悟

失去某人，最糟糕的莫过于他近在眼前，却犹如远在天边。

坚守的理由

这天，老同学薛颖请我去她家吃饭，我不假思索就答应了。以前上学的时候她就对我有点意思，虽说我的女朋友很漂亮，可是有美女邀约，不去白不去。跟女朋友说有哥们儿请我去喝酒，我就跑了出来，买了份礼物，直奔薛颖家。

薛颖家有点偏郊区，具体位置我不知道。快到的时候，我给薛颖打电话，谁知话刚说了一半，手机没电了。真倒霉，薛颖还没有说清楚她家的具体位置呢。嘿嘿，不过，路边的小报摊上有部电话，天无绝人之路啊。旁边有个老太太看摊，我忙走过去："大妈，我打个电话！"谁知道老太太挪张报纸就把电话盖住了："我这里哪有什么电话！"

　　我愣住。这时，一位姑娘走来，轻轻对大妈说："大妈，我要打个电话！"老太太本来绷紧的脸一下子乐开了花，连忙把报纸拿开，说："好，好，打吧，孩子。"说着，还从里面拿出来一个小凳子给了那姑娘。姑娘立刻就聊开了："喂，民吗？今晚上还忙吗？你早点回来啊，我给你炖鱼吃。鱼炖得时间越长越好吃，刚才我就炖上了，加了很多的调料。你一定喜欢吃……"这姑娘真能说啊，我气坏了，这老太太怎么回事啊？用个电话还偏心。好不容易等姑娘打完了，我快步走向前去，按住电话："大妈，您不能太偏心吧？让她打也要让我打啊。"老太太无奈的样子，说："好，好，你打吧。"我得意地抓起电话，奇怪了，这电话怎么没有电流声啊？拿起电话机一看，竟然没有电话线！

　　我晕了："刚才……"老太太指了指那姑娘，叹息道："这电话是专门为她准备的。她现在疯了，每天都来这里打电话。"

　　原来，这姑娘的丈夫是缉毒警察，在一起抓捕毒贩的行动中牺牲了。丈夫行动前，她曾给丈夫打过电话，让他晚上早点回家，她给他炖了鱼。可是，丈夫却再也没有回来。她受刺激太深，一下子精神失常了。以前她就经常在这里打电话，后来她丈夫牺牲了，她就天天来这里打电话，而谈论的内容永远都是炖鱼……

　　老太太擦擦眼泪："后来，我接替原来的报摊主人在这里卖报。他们好心，为了这姑娘，把这部电话也留了下来。我怕她伤心，就把电话线掐了……"

　　我很震惊，问大妈如何知道这些事。大妈说她是姑娘的婆婆，姑娘疯了之后，就不认识她了。还说那姑娘情深，总惦记丈夫那晚没有吃上炖鱼……

听了姑娘的故事，我心绪烦乱，没有去参加薛颖的生日宴会。我去找女朋友，给她转述了这个故事，我说："这个疯了的姑娘，还时时惦记着丈夫没有吃上那顿鱼。我们更应该好好珍惜我们的现在，坚守我们的爱情。"

纵使缘分由天，怎样相处却是事在人为。放弃心猿意马，改为始终如一，才能让爱保全。

爱之花

那个人不正常，这栋楼上的人都这么说。

那个人和小玉分手后，就经常出现在这栋楼的周围。每次都待在他和小玉约会时经常去的地方：像楼前废木料那儿，他以前经常在那边等小玉；还有就是隔壁那栋楼的楼顶，以前他们经常在那边聊天。

在这个夏天和秋天，他就这样每天出现在这两个地方，不管天气有多恶劣。

小玉的家人不同意他们交往。也是，这个人看着就傻呆呆的，怎么能配得上聪明伶俐的小玉呢？开始，大家还担心这个人会捣乱，但时间长了，大家见他也没有什么特别的举动，也就放心了。

天渐渐凉了。某一天，忽然有人注意到他正把楼前的废木料往外扛。反正那也是废弃的东西，有时候大家觉得碍事，现在他要搬就搬吧，也不是什么好东西。

整整3天的时间，他才把废木料清理完。楼前显得开阔多了，人们有些感激他了。但他为什么要这么做呢？人们百思不得其解。

冬天来了，雪花飞扬。那个人在那块他清理的空地上忙碌着，不知道他要做什么。人们躲在家里，吃着热乎乎的火锅，喝着暖暖的酒开心地谈笑着。

越来越大的雪之后，那个人消失了，再也没有出现。

春天到来的时候，楼前的那片空地上长满了绿绿的植物。一天早晨，有人在楼上惊呼："花！快来看啊，好多漂亮的花！"真的，那片空地上开满了鲜艳的花，很漂亮。楼上的人又有了新发现：那些花的开放竟然是有规律的，他们组成了几个大字——我爱小玉。有懂花的老人说："哦，这是勿忘我！"

从此，楼上有孩子喊闹："我爱小玉，我爱小玉……"

某个房间里，一个女孩泪流满面。

◆ 心灵感悟

有一种爱，撕心裂肺、痛彻骨髓，但还是要去爱，因为那是让生命完整的唯一方法。

佛祖的心事 💕

一个漂亮的女孩，家族富有，自己秀外慧中。但她不愿结婚，她要找那个适合自己的人。有一天，她出去散心，掀开轿帘，观赏外面的风景。突然，远处飞奔来一匹骏马，马上的年轻男子让她眼前一亮：这就是我要找的人！可是，骏马带着男子一掠而过，她看着他消失在远处。此后，女孩一直没有放弃寻找那个男子，但是一无所获。她每天诚心向佛祖叩拜，希望佛祖让她再见到他。终于，佛祖受到感动，显灵了，问："你是要再看到那个男人吗？"

她说："对，我还想看到他。"

佛祖说："那要放弃现在所有的一切，你愿意吗？"

女孩说："我愿意！"

"而且，你要经过5年艰苦的修炼，才能见他一面，你确定吗？"

"是的，我确定！"

于是，女孩变成了一棵兰草，长在大山深处。山里风急雨骤，女孩很是辛苦，但她不后悔。4年多了，她还是没有见过任何人，她很着急。到了最后一年，有个采花人看到了她，把她带走了。采花人在城里有一个花店，他把她摆在店里，每天都有来来往往的人们看她，唯独没有他。最后那一天，她终于看到了他，他买了一朵玫瑰花就走了，没有发现旁边一株兰草的关注。

佛祖出现了，问："这样，你满意了吗？"

女孩说："不！如果我是他买的那朵玫瑰花多好？这样我就能碰到他了。"

佛祖说："那你还要再修炼5年才可以。"

女孩说："好！"

佛祖笑了："你不后悔吗？已经吃了这么多的苦了。"

女孩说："不，我不后悔。这是我自愿的。"

女孩变成了一棵桃树，长在果园里。在希望和失望之间徘徊了近5年，到了最后那一天，女孩知道：他要来了。他来了，紫色的绸衣衬托得他更俊逸了。这次他不是匆匆而过的，他是来摘桃子的。他走到女孩面前，仔细寻找大大的桃子，女孩小心地用自己的枝条触摸他。这么多年的思念啊，可她没有办法诉说，她只能把自己最好的果实送给他。男人要走了，他摸摸桃枝，好像感谢它送给他那么多甜美的桃子，然后离开了。

佛祖又出现了："如果你想做他的妻子，那你还要继续修炼。"

"不，虽然我想做他的妻子，但还是算了。"女孩说。

听了女孩的回答，佛祖很意外："为什么啊？"

"爱他，不一定要成为他的妻子。嗯，那他的妻子也经历过我这样的痛苦吗？"女孩说。

佛祖说："是的。"

女孩笑了："这些我也能做到，不过不用了。"

此时，女孩发现佛祖好像松了一口气似的，她很惊奇，问："佛祖，难道您也有什么心事？"

佛祖笑了："是啊，我喜欢这个结局。这样，那个男孩子就可以少等10年了，而他只为了看你一眼，已经修炼了整整15年了。"

◆ 心灵感悟

生命总是平衡的，总是以一种我们不了解的方式，在背后默默地操纵。

礼物

礼物为什么值得珍惜？因为那承载着爱人的爱。

明天就是结婚一周年纪念日了，欣欣躺在狭窄的小床上冥思苦想：要送给爱人阿强一份什么样的礼物呢？两人都是这个城市里的外乡人，不甘心在农村熬一辈子面朝黄土背朝天的日子，渴望能在小城里赚点钱，可以买个房子，可以接父母来住，可以让孩子有更好的学习环境……但是，尽管两人工作很辛苦，日子还是过得苦巴巴的。欣欣刚刚查完储蓄罐里的存款，只有三十几块钱。三十几块钱，能买些什么呢？她抓耳挠腮，突然，她碰到了挂在脖子上的坠子，这是妈妈在她结婚之前送给她的，据说有好几代人的历史了。翠绿的颜色，闪烁着亮晶晶的光彩。欣欣眼睛一亮，从床上一跃而起，胡乱穿了件衣服，直奔马路对面的典当铺。那个老板曾经见过这条项链，曾经给过不错的价钱。然而，今天，他只开出了500元的价钱。没办法，为了阿强的礼物，欣欣还是拿着钱迅速离开了。在商场转了很久，她终于选中了一款纯皮的表带，颜色高档，质地纯正，正好搭配阿强压在箱底的那款镀金的手表——因为没有合适的表带，阿强从来没有戴过。尽管当掉了祖传的玉坠，尽管花掉了500多块钱，欣欣还是很开心。想着阿强看到礼物兴奋的表情，脚步也轻快了许多。

阿强，此时也正在同一间商场，在首饰柜台前为欣欣选购礼物。结婚时岳母送给妻子的玉坠，因为没有钱买项链，欣欣一直用一根红丝线挂在胸前。阿强不止一次看见欣欣渴望的眼神在首饰柜台前流连，也早就决定送一条可以搭配玉坠的项链给欣欣。所以，为了明天的结婚纪念日，为了能满足欣欣不敢张扬的愿望，阿强狠了狠心，早上出来的时候拿出了压在箱底的镀金表，廉价卖给了同事——是的，现在的工作着实不适合戴这么名贵的手表，索性卖掉算了。何况，是为了给妻子买一份礼物。现在，他仔细甚至是挑剔地挑选着，几乎惹恼了服务员。阿强带着歉意笑着，脑海里闪出欣欣看到礼物时惊讶的样子。生活中能有什么比看到妻子开心的样子更幸福呢？

回到家里，陋室里散发着诱人的饭菜香。欣欣洋溢着幸福的笑脸站在阿强的面前，神秘兮兮地拿出礼物："漂亮吗？喜欢吗？快把你的金表拿出来，戴上看看是不是非常合适？"阿强没有立刻答应，从包里拿出了项链，亲自戴在了欣欣的脖子上。欣欣仿佛明白了什么，两个人什么都没说，只是互相脉脉凝视。几乎同时，两人张开双臂，将对方紧紧地拥抱在怀里。此刻，语言是多余的。阿强抚摸着欣欣白皙的脖子，那条精心挑选的项链虽然显得那么孤单，却闪亮着爱的光芒。欣欣眼底闪着晶莹的泪花，闭上眼睛，泪珠落到脸颊上，滚烫的。

礼物为什么值得珍惜？因为那承载着爱人的爱。

别让那只鸟飞了 💕

　　结婚10周年时，收到一位朋友从国外寄来的礼物。这份礼物有点特别，不是贺卡，不是工艺品，而是一张名为《别让那只鸟飞了》的游戏光盘。

　　我从不玩电子游戏，所以把这张盘放到书架里就忘了。倒是9岁的儿子一天翻到了它，好奇地拿出来玩了几天，然后对我说："妈妈，这张光盘很好玩，里面有一只小鸟，如果照顾不周，它就离你而去，一飞走，你就输了。"我听了很好奇，打开来看了看，原来这是针对成人开发的一个投资8500万美元的游戏。

　　进入游戏，你就成了一幢豪宅的主人。豪宅美轮美奂，设施无比齐全，你可以享受到类似于"比尔·盖茨"那样超级奢华的生活。换句话说，只要不违法犯罪，你所能想到的生活方式，它都能为你提供。像打高尔夫球、乘坐私人游艇散心、邀请世界名流聚会、品尝各国一流口味的佳肴、周游全球……包括秘密约会你心仪的异性，和他浪漫地度过数日。总之，普通人发大财以后想过的生活，游戏里都包括了。

　　可有一件奇怪的事，豪宅里住着一只小鸟，嘴上叼着一只小篮子，不停地飞来飞去，无论你身在何处，都围绕在你身边。你不能忽略它，常常要往小篮子里放东西，否则到了一定时间，它就会离开你，从窗口里飞出去。那一刻，你的豪宅会轰然倒塌，你的美妙生活、你所有的梦想，都会化为云烟。

　　在篮子里放什么好呢？都是普通的日常用品和日常行为，比如：花朵、糖果、微笑、哭泣、亲吻等，游戏里提供了一份菜单，共有160种之多。每一件东西都被赋予不同的时间价值，分别代表几分钟到数月不等。奇怪的是，我送它金钱，它待的时间短；送它微笑、拥抱、关切的话语，它待的时间长。一次，我送它10美金，它只待了3分钟；送它一朵鲜花，它竟然待了3个小时。一次，当我挑选一个吻送给它，它不仅安静地陪了我一下午，有一刻还钻进篮子里打了一个盹儿。还有一次，我送它热烈拥抱和深深惜别，就去欧洲旅游了。结果一个月后回来，鸟儿不但没飞走，当我踏进家门，它还唧唧喳喳地围着我飞，可亲热了。后来我发现，这是一只特别可人的鸟儿，不慕荣华和富贵，但求真心与热情。对于婚姻来说，把它呵护好，意义重大！

越来越发觉，这不是一款简单游戏，而是对婚姻的思考和感悟。日常生活中许多容易忽略的小事，一个微笑、一个拥抱、一句暖心的话、一杯热茶、一朵5角钱的玫瑰，都可以滋养你的婚姻。

当彻底领悟了这个游戏，我的婚姻也神奇地越来越幸福。后来，一对年轻的朋友结婚，我又把它郑重地转送了出去。

◆ 心灵感悟

并不是失去的爱破坏了我们的美好时光，爱的失去，都是在小地方。

情人节的白菜 ❤❤

去年，情人节，女人抱着电话哭："还是单身好！情人节的时候可以第一个收到玫瑰花。可现在，结婚才3年，他就什么都忘了。"

女人喜欢浪漫，她受不了这种遗忘和不在意。

女友想了想，对她说："没有玫瑰花啊，嘿嘿，好办。你在家里的花瓶中种上大白菜。看看他有什么反应。"

真是个馊主意！她忍不住笑了。

很久以后，某天，女友去她家做客。午餐时，女友吃到一盘味道别致的凉菜，那是橙汁拌白菜。女友吃得很满足："真好吃啊！这种纯正的白菜味，很少能吃到了。现在都是大棚里种的菜，根本就没有菜味。"

"这个可要感谢你！"丈夫插嘴道。

这句话提醒了她："真是呢，我都快忘了。记得去年情人节，你给我出了个主意，在花瓶里种白菜。当时，我真的买了白菜回来，把菜心都种在花瓶里了。他晚上回来，看到花瓶里的白菜，笑了，知道自己忘了什么，大半夜的又跑出去给我买了玫瑰花。"

她述说着，浑身洋溢着幸福的味道："然后，白菜这回事我们就忘了。后来有一天早上，我们突然发现那些种在花瓶里的白菜都开花了，密密的黄色小花，非常漂亮。"

"然后花落了，结出了很多细小的种子。我们都觉得应该让这些种子再长成大白菜，于是就开始行动。我们把小花园让出一半来种白菜。你知道种白菜的过程吗？要先翻土，土要敲得细细的，然后浇水。第二天，在湿润的土壤中撒上种子。到白菜的小嫩芽长出来时，要盖上细网，不然就都让麻雀给吃掉了。"夫妻俩抢着叙述，那么开心，那么幸福！

"不知道你有没有经历过这种从播种到收获的过程？这中间的快乐，还有收获时的心情，那是一种对生活的领悟。"她像一个万事满足的小女人那样说道。

◆ 心灵感悟

当把爱情种成白菜时，谁能说里面没有玫瑰的芬芳呢？

婚姻幸福的秘密 ♥♥

今天是老妈妈的金婚纪念日，参加宴会的朋友强烈要求老妈妈传授她婚姻幸福的秘诀。

老妈妈也不客气，微笑着拿起话筒："其实很简单。刚结婚时，我告诉自己，要列举老公的10条缺点。为了我们婚姻的幸福，这10条缺点，我可以包容。"

下面有人问："哪10条缺点呢？"

老妈妈笑了："说实话，50年了，我也没有具体列出来。每次丈夫做错事，惹我生气的时候，我就告诉自己：算了，这个错是那10条中的，我可以原谅。"

◆ 心灵感悟

结婚前，应该睁大一双眼；结婚后，应该闭上一只眼。

不要那朵花 ♥♥

老公是学计算机编程的。当初跟他交往，是想这样的人稳重，值得托付终身。可是恋爱两年，结婚3年，我有些疲倦了。我是个浪漫的女人，他的木讷、不解风情让我的感情累了，我不知道他还爱不爱我。

那天，我终于说出了口："涛，我们离婚吧！"

他愣住了，艰涩地问："为什么？不是好好的吗？"

我苦笑了一下："好好的？我累了。"

他沉默半晌，问："我要怎么做，你才能改变主意？"

直视着他的眼睛，我说："我问你一个问题，如果你的答案我能接受，那咱们就可以不用离婚。假如我很喜欢一朵花，但是它长在悬崖上，如果你去摘，一定会掉下去摔得粉身碎骨。你会去吗？"

他想了一下，说："我明天早上再给你答案，好吗？"我的心一下子沉了下去。

早上起来，他已经出去了。桌上热热的粥碗下压着一张纸条，上面写得满满的。不过，看了第一行，我心凉了，但……

亲爱的慧：

我确定我不会去摘那朵花，理由是：

第一，你喜欢玩电脑游戏，却不懂得电脑程序的应用，每次都把程序搞得一团糟，然后就哭，我要留着手给你修理电脑。

第二，你出门总忘记带钱包，买好了东西才发现没带钱，我要留着脚跑去给你送钱，把你喜欢的东西买回家。

第三，在这里住了这么久，你出去还是经常找不到方向，我要留着眼睛帮你看路。

第四，你每月那几天都会疼痛难忍，我要留着手掌帮你揉肚子。

第五，别人惹你生气的时候，你总不说话，喜欢生闷气，我怕你会气坏了身子，所以我要留着嘴巴逗你开心。

…………

因此，在确定你身边没有更爱你的人之前，我不想去摘那朵花……

亲爱的，如果你接受我的答案，就把房门打开吧！我正拿着你喜爱的小煎包在外面等着呢……

我泪流满面，这个男人……

嗯，现在我确定，这个不浪漫的男人真的爱我，我不需要那朵花了。

◆ 心灵感悟

浪漫是什么？是送花？是雨中漫步？一些平凡的爱意，总容易被渴望激情浪漫的心灵所忽略，而忘了它的真实和珍贵。

换脑

手术非常完美。大卫看着镜子里的帅气男子，有点搞不清楚，对医生说："大夫，这是谁啊？我要看我自己。"

"这就是你，大卫。"约翰大夫平静地说，"你在一场事故中身体破碎了，但大脑却神奇地丝毫没有受损。正好医院里有个男人刚去世不久，是个脑损伤者。我们把你的脑子移植到他的身体上了。大卫，这只不过是换了一个身体而已，你还是你。而且你现在可是一个帅小伙了，要好好珍惜！"

"我妻子，嗯，她知道我现在这种情况吗？"

"哦，我们没有告诉她，她只知道你出事故了，整个身体都毁了。"

"对于我的死，她有什么想法？"大卫问道。

"这个我不清楚，不过她表现得比较冷静。当然，她工作很忙。"

"不错，凯瑞工作很忙。"大卫有点难过。他妻子是一位敬业的演员，总是把事业放在第一位。他实在太爱妻子了，有时候，真想自己就是那些跟妻子演对手戏的漂亮男演员……现在，他也是一个帅小伙了。嗯，妻子没有见过他现在的样子，他要重新追求妻子，赢得她的芳心。

他找到妻子的拍摄现场，等她出来后，他以新的面貌迎上前去："你好，我是你的影迷，我很喜欢你演的各种角色，我能请你吃饭吗？"旁观的人都哈哈大笑，以为她会拒绝，但令人意想不到的是她竟然答应了。

　　后来，他们就经常约会了。不久，他求婚，万岁！她竟然答应了。啊哈，终于赢得她的芳心了。

　　但是，结婚当天却出了意外，一个陌生的女人冲进了礼堂，大喊道："卡罗——卡罗——"大卫吓了一跳，下意识地后退了一步，说："你是谁？我不认识你，我也不叫'卡罗'。"

　　"卡罗，我是你的妻子啊！他们骗我说你死了，我不信，你果然还活着。"

　　"哦，不，你认错人啦，我是查理。"

　　"不，你是卡罗。你确实是我的丈夫……你的右手臂下面有一块黑色的胎记，不是吗？"

　　凯瑞看着他说："查理，你确实有这胎记，她到底是谁？"

　　大卫让凯瑞回家等他，然后找到约翰大夫，和卡罗的太太说明了一切。

　　卡罗的妻子听完后有些不信，但是她盯着大卫的眼睛片刻，就明白了。那不是她的丈夫，那是寄居在她丈夫体内的另外一个灵魂。她哭着离开了。

　　大卫回到家，心里惴惴不安，他怕自己的欺骗会让凯瑞生气，不要他了。

　　凯瑞在客厅里看着书等他，大卫鼓起勇气对凯瑞说："亲爱的，我要跟你坦白关于我身份的问题。"

　　凯瑞望着他的眼睛，深情地说："看着你的眼睛，我就知道一切了。大卫，你还需要坦白什么？"

真爱一个人，即使换了时空，变了容颜，你也能从千百万人中认出那个熟悉的灵魂，然后再次相爱。

生死至爱 💕

杰克是一名出色的棒球手，英俊潇洒。在一个探险俱乐部里，他结识了温柔可人的罗斯，两人分别为对方身上的迷人气质所吸引，迅速坠入爱河，3个月后结为夫妻。两人不约而同地选择了蜜月期间到著名的落基山脉普利斯特里山谷进行滑雪和探险，要让晶莹剔透的雪花见证两人不渝的爱情。一路上，两人温情缱绻，爱意绵绵。没想到，在不知不觉间，竟然迷了路。

起初，两人还能用彼此的身体和语言互相温暖和鼓励。杰克还找到一处可暂时安身的山洞，并在苍茫的、一望无际的雪地上找来单薄的树枝燃火。可是，尽管他走了很远，依然无法弄到可以果腹的食物。眼见着罗斯一点一点憔悴下去，杰克万分心疼。到了第三天，救援人员还没到，而罗斯已经面目苍白，极度虚弱了。她斜靠在山洞的石壁上，奄奄一息。杰克咬咬牙，再次迈出山洞。过了很久，当罗斯被一股血腥的味道刺激醒的时候，发现爱人正在火堆前烤着什么，而他左臂的袖管却在火光中摇来荡去。罗斯挣扎着扑过去，急切地问他发生了什么事情。杰克说，在寻找食物的时候遭遇了棕熊，发生了激烈的搏斗，结果就是分别从对方身上拿到一截手臂……罗斯抚摩着杰克空荡的袖管，想着杰克视为生命的棒球事业，哽咽着说不出话来。而杰克则催促她赶紧吃那截已经烤得发黑的"棕熊"手臂。他说自己已经吃过，并一直用右臂搂着爱妻，温柔地看着她，眼神里写满了爱与不舍。渐渐地，他的拥抱越来越松，终于手臂落了下来。他永远地闭上了眼睛……罗斯依靠那截"棕熊"手臂，又熬过了3天，救援人员终于来到了。

罗斯睁开双眼，她无法接受杰克离她而去的事实，不愿意一个人在世上独活。她茶饭不思，终日精神恍惚，形容枯槁，只想着早日去与杰克相会。一天，救援队的工作人员找到她，告诉她一个惊人的秘密：原来那用来维持她生命的"棕熊"手臂实际是杰克的左臂，是杰克用自己的生命换来了她的新生。罗斯惊愕不已，继而号啕大哭。她仿佛看见杰克自戕的决绝，仿佛看到杰克在天堂看着她、鼓励她活下去。她决定用坚强和勇敢回报杰克的爱，要活下去。

◆ 心灵感悟

穿越生死的爱恋，来得心痛、惨烈、永生难忘，但我宁愿选择抓住手边宁静的幸福，远离这份考验。

不是每个秘密都要知道 🖤

在结婚10年的时候，她发现了丈夫的外遇。那时候，丈夫的事业越做越好，家里有了100多平米的房子，有了可以代步的车。女儿7岁，刚刚上学，很乖，很聪明。她就安心地做着贤妻良母，偶尔会和朋友小聚，但永远保证在丈夫和女儿回家之前做好可口的饭菜。日子平淡、舒坦，原以为可以这样直到永远，没想到，竟然让她发现了意外。

在和朋友聚会的时候，在陌生的街头发现了熟悉的车子，车子上走下来陌生的女人和熟悉的丈夫。那两个人的表情，分明早已情投意合，缠绵悱恻。当时只觉得天崩地裂，她努力压抑着没有冲上去问个究竟，匆匆找了个借口离开。回到家里，她并没有哭泣，只是在房子里转来转去，摸摸窗户，摸摸沙发，摸摸女儿的照片。10年的时间，可以改变从前的山盟海誓，当年的热烈转眼就成冰凉。可是，生活还要继续，难道让孩子在即将建立人生观的时候面对父母的争吵与离异吗？不能！最重要的是，她舍不得这个辛苦建立的家，舍不得他，舍不得自己对他的爱。就当做没看见吧，就当做没发生吧。

这样隐忍的日子过了一年左右，事情发生了变化：他开始正常回家，开始给女儿辅导功课，开始在半夜悄悄地钻进她的被窝……她想，许是分开了，这么快就自生自灭了，他还是回到了自己的身边，于是也格外地配合。日子又恢复了从前的样子，不再有伪装的快乐，只剩下真实的幸福。

那个女人仿佛不甘心，间或有电话打来。起初她不说话，那女人也不说，等着对方开口。后来那女人终于忍不住，说："你不想知道我是谁吗？"她回答："我早已知道你是谁！"那女人又说："你难道不想知道你老公与我曾经多么恩爱缠绵吗？不想看看我们曾经的爱巢吗？不想看看我们的情侣内衣吗？"句句话都打在她的心头，句句话都刻在她的心上，像最锋利的刀子。她努力使自己的声音和动作都很轻柔，轻描淡写地说："不想。反正，他已经回来了，这就够了。"对方沉默半天，电话挂了。以为这样可以结束，却在不久后收到陌生的邮包。她知道里面装的什么，收到的瞬间还是想打开看看的，到底当年的外遇是如何的风月，到底……但她最后还是忍住了，像当年忍住了没问一样。她知道，这是最后一道防线，守住了，就见月明。于是，邮包被束之高阁。

又过了几年，生活更好了，要换更大的房子了。搬家的时候，丈夫发现了邮包要打开，她没拦着。眼见着丈夫的脸青一阵，红一阵，就假装没看见。久久沉默后，他投来问询的、歉意的目光，她却笑了，问："晚上想吃什么？出去吃好吗？"

接着，是一个宽容的拥抱，而日子，终于顺风顺水地过下去。后来的日子里，她庆幸自己的选择，有些秘密，知道了也假装不知道，反而更好。

好奇心有时是潘多拉魔盒，满足它便会播下滋生灾难的种子，此时，聪明的做法是选择将它牢牢锁住。

鸳梦重温 ❤❤

邮递员每天都要到这条街上来。

每次他到的时候，都能看到那位老人，白发苍颜，等候在那里。她的信真多，邮递员很纳闷。每次他喊着她的名字把信递给她，老人脸上都会绽开一朵灿烂的花，感激地看看他，双手接过信。拿到信的老人那么满足，仿佛这世界上没有比此刻更幸福的了。那洋溢着幸福气息的老人让邮递员很羡慕：是谁送给她的信，让她这么开心呢？

后来，老人去世了。在整理她的遗物时，人们发现了那些信。令人惊奇的是，那些信的信封是新的，但里面的信纸却很旧了，都泛黄了。再细看，原来那信竟然是情书，是她早就去世的丈夫年轻时写给她的。这下，大家明白了：是老人自己把信寄给自己的，让自己在花甲之年，还能重温当年被珍爱的甜蜜感觉。

◆ 心灵感悟

对于世界而言，你是一个人；但是对于某个人，你是他的整个世界。

211

心灵鸡汤全集 最感人的真情故事 第四辑 爱是一条芳香的河

外遇进行时 ♥♥

丈夫有外遇了。

那天，有人打电话到家里，她刚说一个"喂"，对方就挂断了。她的第一反应是：这个打电话的人一定是一个女人，而且一定跟丈夫有关。她不愿意忍受怀疑的折磨，就找电信局的朋友查了一下：那是一个叫秋的女人。

整个下午，她都待在家里，委屈和愤怒的情绪交织，她考虑该怎么对付丈夫的这种背叛。但这晚丈夫恰巧加班，晚上9点多了才到家。在这3个小时里，她的情绪有了变化。她想平时大家聊天时经常说到谁谁有外遇了，当时自己并没有什么特别的感觉，那如果把丈夫也放在那个谁谁的位置上呢？这样想，她的情绪就慢慢平静下来。她又想：我到底还想不想要这个家？如果我跟丈夫大闹，丈夫有可能就真的跟那个女人在一起了，这是自己要的结果吗？思来想去，她觉得不应该闹，丈夫还是每天都回家的，说明他还是珍惜这个家的。自己并不想让这个家破碎，看来要走另一条路。因此，在丈夫进门的时候，她已经能像往常一样招呼丈夫了。

她选择了用自己的深情和宽容挽回丈夫。她放宽了自己的心，重拾往日的温柔，对丈夫的照顾也更细心了。有一次，她竟能假装若无其事地在丈夫面前，为他清洗留在他衣领上的口红印。这回，丈夫不安了，来来回回走了无数遍之后，终于问她："你不问我这唇印是如何来的吗？"她看了他一眼，平静地说："对于一成不变的平静生活，人会有厌烦的时候，想要去追求刺激。不过，要记住刺激不可过度，那对身体不好，对整个家也不好。"

她相信，这话会让丈夫反思，丈夫的心会回来的。果然，不久，丈夫略带尴尬地把那个故事讲给她听了。她本想就把这当做别人的故事，可最后，还是忍不住趴在丈夫胸前痛哭。

心灵鸡汤全集 最感人的真情故事 第四辑 爱是一条芳香的河

事后，她想：虽然这样做自己会受些委屈，但保住了自己的家，也赢回了丈夫的心，保住了自己的爱情。

◆ 心灵感悟

一颗理智的心，一边在流血，一边在宽容。

3周改变你的丈夫

我和老公杰森最近关系不好，虽然我们并不争吵，但是几乎不怎么交流。我明白，主要原因在我身上，我总看他不顺眼，老是挑他毛病。没办法，我也不想这样，可就是看他毛病太多。现在杰森不对我敞开心扉了，我该怎么做呢？是不是该改变一下呢？

我给自己做了一个3周计划：每天尝试找出杰森身上的一个优点，然后告诉他。

开始又遇到了麻烦，我还是看他毛病多多，你看：吃过东西也不知道收拾；那件衣服如此难看他还是要穿……我实在很难找出他的优点。难道他身上没有一点优点吗？

啊，那当然不会。你看，杰森简简单单就把电灯开关修好了。

"真好，你把电灯开关修好了！"我对杰森说，但语气里不难听出做作的味道。

第二天，我继续说："你不像我这样爱唠叨，对我的缺点也很容忍，我真高兴！"听了我的话，他对我笑笑，可那笑，让人看了真别扭。

"看来，这办法并不怎么好。"我暗忖。

接下来的几天，我怀疑自己的做法，我觉得自己在睁眼说瞎话，因为我还是很难从杰森身上找到闪光点。不过随着时间的推移，后来，我觉得在杰森身上找优点也不难了。他是个诚实的人，乐于帮助别人，对大家很耐心……以前我怎么会只看到他的缺点呢？

3个星期的时间过去了，我很兴奋，现在要找杰森的优点简直太容易了。而且杰森现在也开始对我坦诚相待，愿意跟我谈心了。我觉得杰森变化很大，可是，杰森说我才是变化最大的。

我跟他说我正在努力改掉唠叨的坏毛病。

杰森听了，表示也要改变自己，为了我们的幸福，努力做个更好的人。

我开心极了！

◆ 心灵感悟

当婚姻出现小小的摩擦时，你是意气用事、大吵大闹，还是心平气和地问自己"问题到底出在哪里？"

柔软的小手

拥挤的公共汽车上，一对夫妻被挤散了。空气混浊的车内，让人头晕。忽然，丈夫精神一振，原来人缝里伸出来一只白嫩、柔软的小手，拉住了丈夫的大手。丈夫无法形容那种销魂的感受，只能闭眼一心一意去感受小手的滑腻。车到站了，丈夫实在舍不得放开那只小手，就把自己的名片塞进那只手里。

下车时，突然一辆大车不知怎么了，疯狂地朝丈夫撞来。身后的妻子看到了，用力一把推开了丈夫，自己，却倒在了血泊中。震惊的丈夫回过神来，抱起了已无气息的妻子，一张卡片从妻子的手里飘落下来，赫然是自己的名片！

因为平淡，爱情会游离温馨的港湾；因为好奇，爱情会不经意地转弯。然而，就在转身的刹那，你会听到爱情低声的哭泣。

伤痕

他和她还在读高中，而且是高三。或许是言情小说看多了，两个人偷偷相爱了。但是这时候谈恋爱是不被允许的，他们只好偷偷地见面，偷偷地聊天，偷偷地写小纸条。虽然爱得辛苦，但两个人很快乐。

但最后，还是有风言风语在班里流传。他害怕了，因为老师已经说了要保送他进重点大学，那可是光明前途的保证啊！

他是班长，有时兼办班里的墙报。那天，他在墙报上写了一篇文章，隐隐约约说有人自作多情，缠上了自己。同学们看后，都明白了，开始对她指指点点。她脸色苍白，泪悬于眶，却只字未说。很快，那篇文章不知被谁擦掉了。

他得偿所愿，被顺利保送上了大学，后来又进了知名企业。在上大学时，他意识到自己当年的作为给女孩带来了极大的伤害。于是，他写信给她，希望能够得到她的原谅，还说，那篇文章其实是他自己擦掉的。她回信，只有短短一句话：

爱的伤痕能轻轻一擦就掉吗？如果是，那就不是真正的爱！

◆ 心灵感悟

因为爱，所以受伤。当你放出冷箭的时候，不要瞄准最爱自己的人。

记忆经典丛书

记忆经典丛书编委会 编著

心灵鸡汤全集

中国青年出版社

03

第三册目录

上篇 最感人的真情故事

第四辑 爱是一条芳香的河 / 219

爱的财富 / 220

账单 / 221

可悲的结局 / 222

苹果 / 223

男人的心 / 225

婆媳之争 / 226

我们所爱的人 / 227

陶行知的散文诗 / 228

光明大道19号 / 229

你爱我的方式不同 / 231

黑白电视 / 232

前世今生 / 233

墓碑上的征婚广告 / 234

特别的爱 / 235

第五辑 放飞心灵 / 237

孕育珍珠 / 238

顺境的惩罚 / 238

上帝判卷 / 239

心思 / 240

苏东坡的心 / 241

挣来一枚硬币 / 241

不争议 / 242

一口气可以赌多久 / 243

挺起你的胸膛 / 244

真诚求爱 / 245

就是这样嘛 / 246

那一记耳光 / 247

松开绳子 / 248

心与心的距离 / 249

最重要的一课 / 250

活得漂亮 / 251

第三册目录

高兴 / 251

断指的幸运 / 253

轻松前行 / 254

让灵魂赶上 / 255

简单地生活 / 256

无压一身轻 / 258

别被琐事套牢 / 259

为自己为鼓掌 / 260

生命只不过是一段历程 / 261

愉快地生活 / 262

抓紧梦想的翅膀 / 263

浪子回头金不换 / 264

出人意料的遗嘱 / 266

生活要精致 / 267

读书的快乐 / 268

点点滴滴的欢笑 / 269

奉献的回报 / 269

父亲的磨蹭 / 271

心灵空间 / 273

钓翁之意不在鱼 / 274

丢弃的彩票 / 275

宁静致远 / 276

轻看荣誉 / 276

正确的利益观 / 277

人生的作业 / 279

放下包袱轻装前进 / 280

受益一生的忠告 / 281

境由心生 / 282

付出的快乐 / 283

真谛 / 284

有能力就做一点慈善事业 / 284

担心无用 / 286

神奇的体重器 / 287

没说话的人 / 288

决斗 / 288

我只能给你一半 / 289

下篇 最鼓舞人的励志
    故事

第六辑 读懂人情做
    对事 / 293
你会打篮球吗 / 294
找来梯子 / 295
为什么当伞兵 / 296
我需要你的帮助 / 297
当好不懂行的评论家 / 298
善用"求名"心理 / 299
没有一个不重要的 / 301
帮就帮个好忙 / 302
握好一次手 / 303
关键在于攻心 / 304
棋盘哲学 / 305
当心邻近影响 / 306
完美的胜利 / 307

和睦相处的秘诀 / 309
输的究竟是谁 / 310
结果不同 / 311
给对方一个台阶 / 313
经典赞美 / 314
巧妙提醒 / 315
如何摘下天上的月亮 / 316

第七辑 抓住每一个
    机会 / 319
眼光短浅不得 / 320
不嫌弃一块泥土 / 321
每个人手中的那块金子 / 321
缘于两三个小铁钉 / 323
给自己一片悬崖 / 324

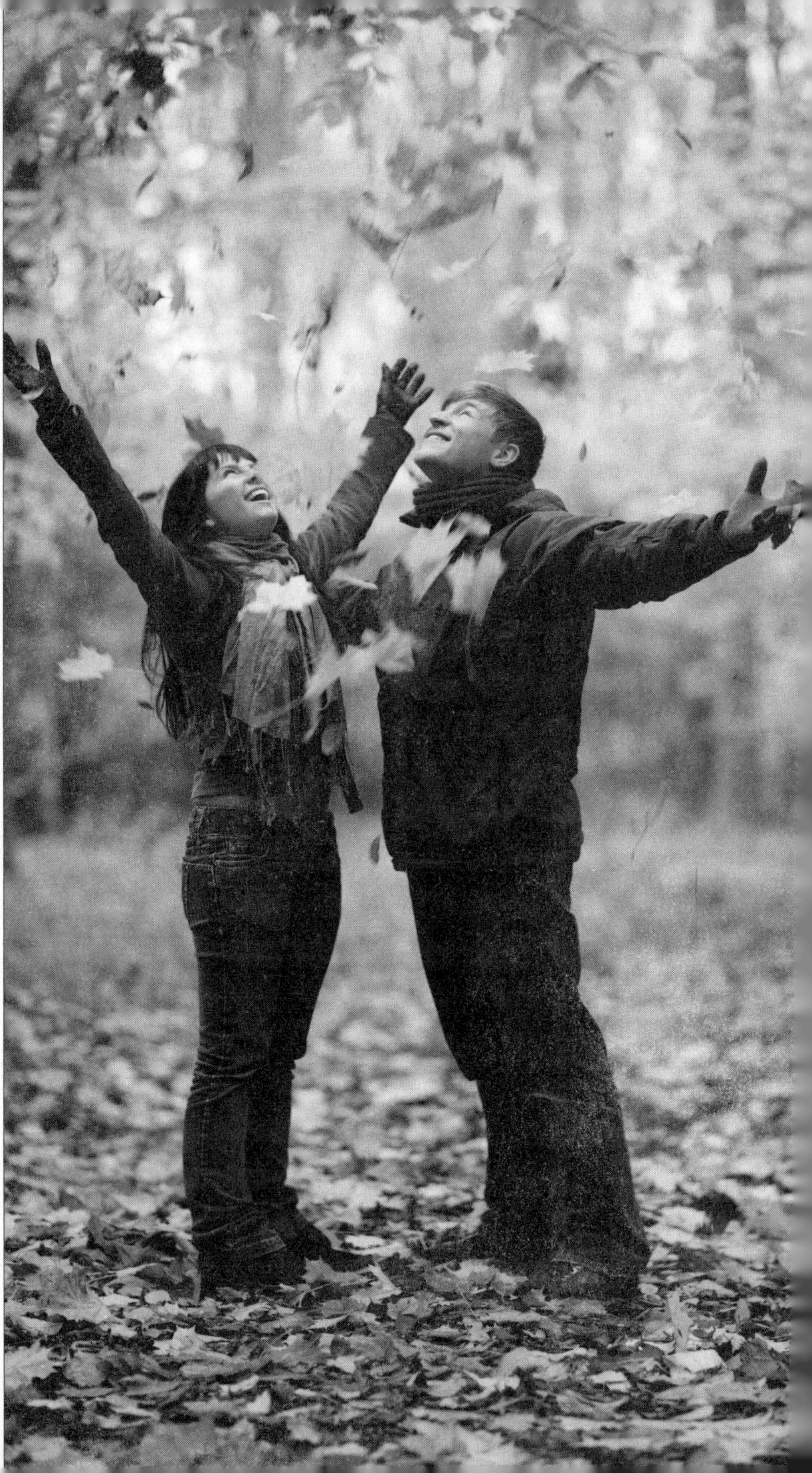

上篇

最感人的真情故事

Volume 1

爱在左，同情在右，走在生命路的两旁，随时播种，随时开花，将这一径长途点缀得香花弥漫，使穿枝拂叶的人，踏着荆棘，不觉得痛苦，有泪可落也不是悲哀。

——冰心

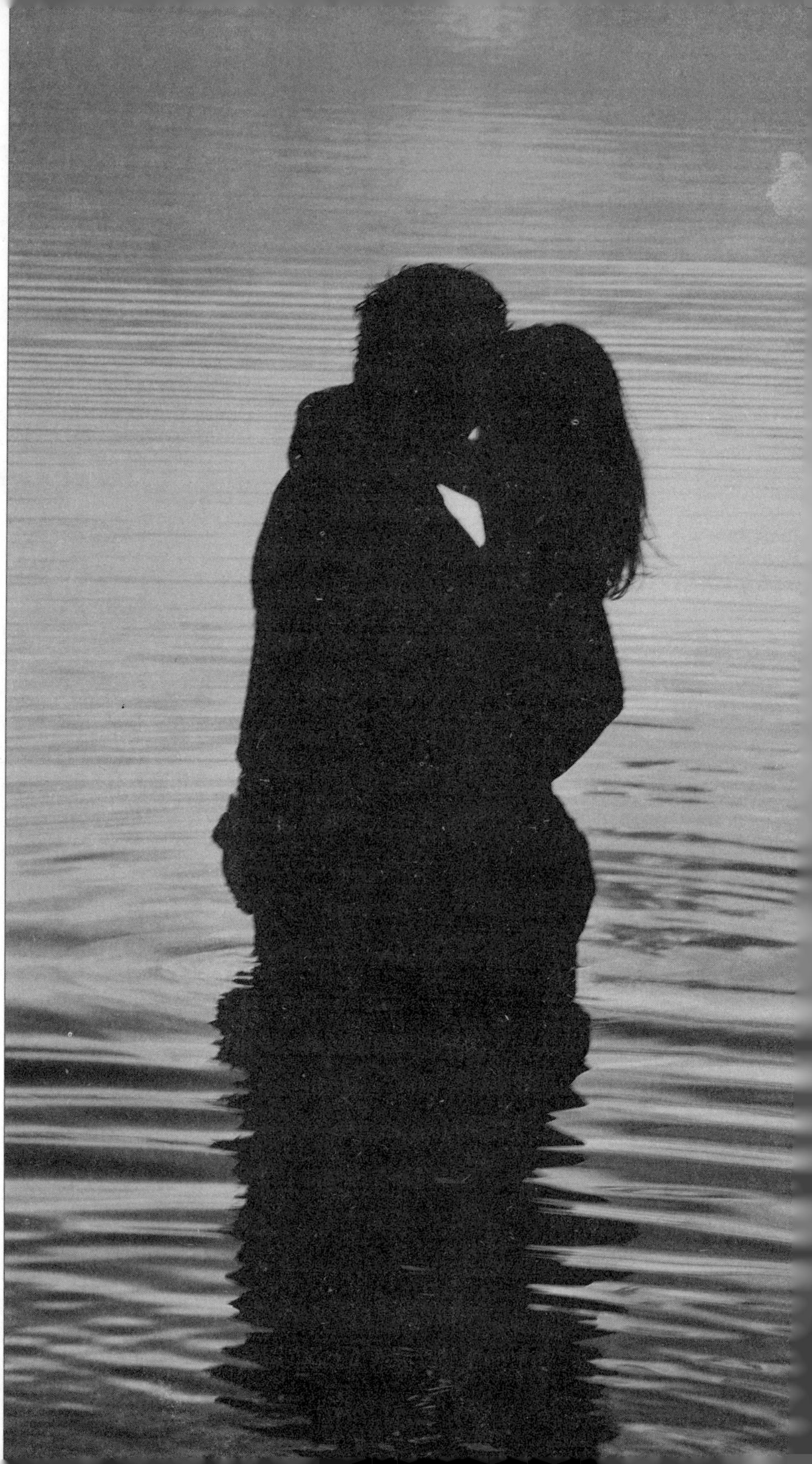

爱是一条芳香的河

于千万人之中遇见你所遇见的人。于千万年之中，时间的无涯的荒野里，没有早一步，也没有晚一步，刚巧赶上了。

——张爱玲

爱的财富 ♥♥

　　美国医生哈斯有一位温柔的妻子，家庭生活幸福美满。他热爱他的事业，不过，哈斯是个喜欢动脑筋的人，所以在空闲时，喜欢做一些发明创造。

　　在幸福的生活中，哈斯每个月都会听到妻子抱怨做女人的一些不便，尤其是每月的固定那几天。哈斯很爱妻子，他觉得自己有义务为她做点什么，便与妻子做了一次长谈。

　　之后，哈斯了解了妻子的烦恼。作为医生，哈斯了解生理学，妻子那几天的不快乐并不都是生理现象，还有一个很大的原因，那就是妇女用品不够灵活方便。他想着帮妻子改进这些妇女用品。突然，他灵光一闪，想到医院里的医生和护士用消毒棉和纱布给伤者吸收伤口血液的情景：我是不是可以借用这个办法为妻子做点什么呢？

　　连着好几天，哈斯都待在实验室里，先把医用药棉改造成长短适中的长条状，然后中间用一根棉线贯穿，中间用纸充当导管。就这样，这位深爱妻子的医生亲手为妻子做出了世界上第一支女性内用卫生棉条。

　　1933年，这项发明获得了专利，随后传遍世界上100多个国家，使无数妇女受益。

◆ 心灵感悟

　　无论哈斯医生赚到多少钱，他太太一生所感念的，仍是丈夫的那颗爱己之心。

账单

母亲结婚是在1966年。父亲是一名退伍军人。他们结婚的地点在单位会议室。所有的同事都参加，不少还带了孩子。每人发两颗喜糖（普通水果糖），最后竟然不够，因为原先没统计足孩子的数目。

把客人送走之后，母亲在小台灯下统计结婚的费用。摘抄如下：

> 一张床单：8.60元；两条枕巾：3.26元；两只暖壶：6.40元；一条纱巾：2.60元；5斤糖块：3.25元；一身红条绒衣服：10.80元；一块上海牌手表：128元；共计：162.91元。

别小看这100多元钱，两人攒了两年多哪。

女儿结婚是在2002年，对方是一位IT公司的总裁。结婚庆典由市里最著名的婚庆公司承办，地点在五星级酒店，请了数十桌宾客，极尽豪华之能事。婚礼的账单如下：

> 婚宴：10万元；钻戒：20万元；两架直升机：租金每架1万元；1辆10米长的凯迪拉克：租金3000元/辆；7辆加长奔驰：2500元/辆；主持人+摄像+VCD制作+化妆+乐团+场地装饰+鲜花+焰火：总计5万元……

仅婚礼花费将近40万元，还不包括去欧洲度蜜月的花销。然而，结婚不到一年，两人就分手了。

母亲的年代，连上海自行车都是奢侈品。但是，简陋的新房里两人恩恩爱爱、甜甜蜜蜜，相濡以沫地携手度过人生的风风雨雨；女儿的婚礼，堪称豪华奢侈，然而，再多的金钱也掩饰不了真情的匮乏。

40万元是162.91元的近2500倍，然而获得的幸福却不能成正比。

◆ 心灵感悟

不要让婚礼的豪华、铺张、浪费，取代了名叫"爱情"的这个主角。

可悲的结局

在那个讲究成分的年代，她是红小兵，他是黑五类。但成分与层次的差距没能挡住两人如火如荼的爱，他们勇敢地结合在一起，共同抵挡外界的打压。患难见真情，两个人在自己的世界里幸福得不得了。

拨开乌云见天日后，他凭借优秀的工作能力、上乘的道德品质和出色的表现，很快得到了上级的认可，几乎是连升三级，成为城市里的政界名流。当时，他风华正茂、玉树临风，倾慕者众多，但他丝毫不为所动，尽量抽时间陪家里的妻子。尽管岁月磨去了她娇美的容颜，但是两人依然像从前一样爱着，且相敬如宾，相约永不离弃。

但现实并不是你想怎样就一定怎样的。在一个酒会上，他认识了一个商场巾帼，年轻、漂亮、干脆、热情，不计后果。说不动心是不可能的，但他的防线一直坚守得很好。对方仿佛参透了他的心思，不屈不挠地坚持着。终于，还是在一次醉酒的半梦半醒间有了越轨的行为，激情过后，仿佛尝到了久悬于枝头的葡萄，也不过是酸酸的，没有特别。生活仿佛回到了平常，然而是哪里出了纰漏呢？她仿佛知道了什么。他惶恐、不安，怯怯地试探她的口风，却探不出个所以然。终于有一天忍不住，他直接问她知道了什么。她缓缓地说："本来我不想说，既然你问了，我可以告诉你，我全都知道了。同时也告诉你，我并不打算原谅你。"自此，不再单独与他说半句话。他后悔莫及，尝试了所有的忏悔方式，乞求获得她的原谅。但是，她就那么坚持着，坚持着，坚持了20年。他则像苦行僧一样过了20年。

终于有一天，她开口了，却说："我要不行了，医生说我就几个月的生命了。这么多年，委屈你了，也为难你了。我走后，你再找一个吧，别一直苦着自己。"他号啕大哭，不能自已。弥留的时光，那样短暂。女人走后不到半年，他因终日恍惚而被急驰而过的汽车刮倒，再也没起来。临走前，他把女儿叫到床前嘱咐后事，将从前的过往讲给女儿听。女儿一边流泪一边安慰爸爸不要再自责。他最后说了一句："我要找你的妈妈去了，下辈子我们还在一起。"

◆ 心灵感悟

世上没有不生杂草的花园，月亮脸上也有雀斑，可是，我们为什么非得盯着那些杂草和雀斑呢？

苹果

第一次为他削苹果，是谈恋爱的时候。可她削得不熟练，方向是逆的不说，还削掉了不少果肉。他笑着把刀子拿过去，说你再削咱就只能吃果核了。从此，他每次都削好了果子再递给她，怕伤了她的纤纤细手。

成家以后，他包揽了全部家务，为的是让爱好写作的她，有足够的空闲时间。每次她静静提笔的时候，他就为她准备好低低的背景音乐，然后递上一只削好的苹果。她啃着香香甜甜的苹果，心里也充满了甜蜜的味道。

她写作的路并不顺畅，辛苦写出的稿子往往石沉大海，偶有发表的也只是报章上不起眼的小豆腐块儿。但她不舍得放下手中的笔，依然执著地跋涉、攀登。正当山穷水尽之时，在一次笔友联谊会上遇上了文采风流的子矜。

子矜也欣赏她的执著，并热心地给予指点。她慢慢地走上了文学之路，发表的作品逐渐增多，成为了圈内公认的才女。两年之后，她出版了平生第一本书。拿着刚印好的新书，她不是马上寻找丈夫，而是欣喜若狂地向子矜家里跑去。不知不觉间，她已经爱上了这位写作老师。

在狂热的爱火中，她决定和丈夫分手。晚上，静静的灯光下，她在电脑里起草离婚协议书，不知为何有些迟缓。丈夫还是一如既往地为他削苹果，看出她的犹豫，他的刀子也为之彷徨，果皮一寸寸地掉落，不再成条。看完了她陈述的离婚理由，他心里一阵阵泣血，但没说什么，还是把削好的苹果递给了她。她轻咬一口，泪水忽然夺眶而出，嘴里的苹果也没了味道……

终于分手了，仿佛如释重负，却怅然若失。到底失去了什么呢？她不知道，她只知道，原先无比向往的与子矜的爱恋在剥离了距离之美后，竟然千疮百孔；还有，从此以后不能再吃苹果了，一看到苹果，心中的痛楚会弥漫开来，渐渐扩散……

终有一日，她忍不住还是捧起了一只苹果，并学他的样子慢慢地不间断地削皮，这才发现需要何等的细心和耐心！这是一份怎样的爱？一个男人曾无怨无悔地给予她的，遗憾的是，她却永远失去了这份爱。

◆ 心灵感悟

不能草率地结婚，更不能草率地离婚，因为婚姻不是打牌，重新洗牌要付出巨大的代价。

男人的心 🖤

女人喜欢上了别的男人，要跟丈夫离婚。丈夫无奈，只得同意，但要求先见见妻子的男友，再离婚。妻子答应了。

女人本以为两个大男人会反目成仇，甚至大打出手，可是没有。丈夫彬彬有礼地与那个男人握手，然后请求妻子回避一下，要与他单独交谈。妻子答应了。正忐忑等待时，两人脸色平和地走了出来。

陪男友回家的路上，女人好奇地问："你们谈了些什么？他说了我的坏话吗？"

男友轻轻摇着头说："他没说你坏话，你太不了解你丈夫了，真可惜啊！"

女人说："可惜什么？我还不了解他？呆瓜一个，不解风情，麻木不仁，就知道傻干活。"

"这就是你对他的评价？那你知道他跟我说了些什么吗？"

"到底说了什么？"

"他说你脾气急，但心脏不好，叫我婚后凡事顺着你；说你喜欢吃辣椒，但胃不好，叮嘱我今后想办法哄你少吃一点辣椒。"

"还有呢？"

"就这些。"

男友转过身，深深地盯着女人："他比我更了解你，更知道怎样去爱你。他是比我更值得你爱的男人，你不应该离开他……再见。"

女人怔在原地……

◆ 心灵感悟

有这样一个胸怀博大、无限关爱的好男人，说不定前世修了几百年，哪能为一时的情迷而轻易放弃呢？

婆媳之争 ❤❤

　　第一次看到娇小美丽的媳妇走进家门，她心里就沉了一下。厮守了二十几年，儿子这样懂事、听话，现在却乖乖听命于另一个女人了，心里没有那份难舍和别扭是假的。

　　婚后，儿子媳妇和她住在一起。儿子乐此不疲地献殷勤，下了班还给媳妇洗衣服。她沉着脸，儿子好言好语地解释："她今年带毕业班。我呢，闲着也是闲着，活动下筋骨嘛。"她没说话，到了大家一起吃晚饭时，才若无其事地说："单位领导也太不像话了吧，让人连洗衣服的时间都没有。"媳妇一下怔住了，儿子也无语。这餐饭，吃得不是滋味儿。

　　儿子的工作其实并不轻松，常常是下班到家，刚扒几口热饭，就有电话来催，请他去矿井检测机器。每到这时，餐桌上剩下的婆媳俩，就显得更不自然。

　　一次，儿子被叫走两个小时还没回来，两人不约而同对望一眼："阿楠怎么还没回？"说罢，急忙跑到各自屋里拨电话，不到两分钟，都失神地走出来，浑身无力地靠着门框。突然，媳妇"哇"一声大哭起来，冲出了家门。

　　她也赶过去了，拨开拥挤的人群，看到一个悲痛欲绝的年轻女人，正在用血淋淋的双手狠命挖着乱石堆。她有些恍惚起来，这一幕在若干年前演过，而且不止一次。女主人公是她，一次为了自己的父亲，一次为了儿子的父亲——她的丈夫。悲哀浸透的心已经变得有些麻木。

　　救援人员的结论出来了：阿楠生还的希望约等于零。她悲怆地想，这就是命吧。没想到媳妇死死拉着救援人员，求他们再试一试，否则她在这里用手挖到死！

　　她仿佛吃了一惊——为年轻媳妇的狂热爱情，仿佛又有些感动，终于主动说了一句："回家吧。命里没有的，求也求不来。

唉……"媳妇一声大吼:"不——!他说过,要我们等他,要回家吃饭,他说过的!他说过的!"

救援人员感动了,说一定把阿楠挖出来,哪怕他已不在人世。一天过去了,两天过去了,媳妇一直跪在旁边。整整5天5夜,她没吃一口东西,没合上一眼,她说,只有这样才能感动上天。

终于,第6天清晨,一声惊呼:"他还活着!"媳妇连滚带爬地跑过去,奔向夹在两块大石板中的丈夫,嘶哑的嗓子惊喜地叫唤。当阿楠被救起来的那一刹,这个执著而心力交瘁的女子,终于昏倒在她双手扒过的血淋淋的碎石堆上。

次日早晨,阳光明媚。她在病房的玻璃窗外,看到一对年轻的人儿在窃窃私语,心里却再也没有一丝阴影……

◆ 心灵感悟

与其让爱和爱发生争斗,不如把它们拧成一股合力,共同保护我们所爱的人。

我们所爱的人 ♥

快40岁的女人,容颜憔悴,面容上留下了岁月的痕迹。20多岁的女孩,青春亮丽,才华四溢,脸上是青春的光华。两人对坐,她们是为了一个共同的男人而坐在这里的。沉默半响,女人对女孩说:"我们描绘一下那个我们都爱着的男人吧。"

拿出纸笔,两人埋头写着。

女孩不假思索,写道:

高大英俊,有安全感;知道疼人,体贴;有事业心,成功人士……

几乎所有形容优秀男人的词汇都用上了。

女人神色平静，写下相知相守的感受：

胆子不大，怕黑；吃饭挑食，吃不好，心情就变差；早上赖床，要多叫几遍；抽烟凶，喉咙爱发炎；不爱干家务，不会做饭……

女孩看了这些，愣住，慢慢心凉：这跟自己认识的是一个人吗？

女人看看女孩，说："没错，这就是他。你只是远远地看到了他的一部分，没有看到全部。"

女孩思想动摇了：这样的人，值得自己付出大好青春吗？

◆ 心灵感悟

爱情，如果不落实到穿衣、吃饭、数钱、睡觉这些实实在在的生活中去，是不容易天长地久的。

陶行知的散文诗

1939年12月31日，重庆，陶行知，我国著名教育学家，和吴树琴女士举行婚礼。两人的相遇相知，可以说"千载难逢"，对此，陶行知最清楚。为此，他特意写了一首散文诗放在他们的结婚证上：

天也欢喜，地也欢喜，人也欢喜。

欢喜我遇到了你，你也遇到了我。

当时你心里有了一个我，我心里有了一个你，

从今以后是朝朝暮暮在一起。

地久天长，同心比翼，相敬相爱相扶持。

偶尔发脾气，也要规劝勉励。

在工作中学习，在服务上努力，追求真理，抗战到底。

为着大我忘却小己，只等到最后胜利。

再生一两个孩子，一半儿像我，一半儿像你。

这首散文诗，生动诙谐，情真意切，把两人巧遇相识、相亲相爱，以及以后的共同生活都刻画得生动圆满，真是天作之合。这篇佳作流传很广，目前，它已被保存在南京市陶行知纪念馆内，属于二级文物。

◆ 心灵感悟

"夫妻结合是缘分，千年难遇这一回。"谁对此领悟得越早，谁就会越加珍惜它，谁的收益也就会越大。

光明大道19号

新婚未满月，他就出去打工了。山村里的男人几乎全都这样，山里出产的东西无法养活一家老小。留下女人在家里，种地、砍柴、带孩子、养老人，等着他每月写来的信和寄来的生活费。

每月他都会寄钱回家，有时多一些，有时少一点。不管多少，她都会欣喜地把来信看了又看，然后把钱存起来，一分也舍不得花。他的字并不漂亮，然而她却觉得那是世界上最美丽的文字，因为里面写满了对她的思念。她也喜欢给他回信，地址是早就烂熟于心的：光明大道19号。多体面的名字，这条路一定是铺满灿烂的阳光吧。

等他的信、看他的信成了她最大的心愿。他常在信中给她描述大城市的生活，还说，等她来了带她去吃麦当劳。

春节，他没回家，说去海南旅游了，公司组织的。她心里不舍，但还是很开心，见着熟人就说，我家男人的公司组织去旅游了，挺远的，说是海南。给人的感觉好像海南是国外一样。

快两年了，还没见着男人的面。她每夜想念他，终于忍不住了，想悄悄动身去探望一下。

真漫长啊，整整3天3夜，才到了那个城市。真如男人信里描述的那样繁华。她有点晕头转向，光明大道19号，在哪里呢？不是说在市中心吗？可是，一位警察告诉她，这地方在市郊，还有两个小时的车程呢。又颠簸了两个小时，终于看到了那个路牌——梦中都想去的地方，但只是一块破旧的牌子！旁边是建筑工人的工棚，已经拆了一大半。旁人说，大楼快盖好了，住在工棚里的工人也都该回家了，干了两年，舍不得回家的路费，没想到春节，老板跑了，连最后几个月的工资都拿不到，怎么回家还是个事儿呢。

她的眼泪怎么也止不住，面对那块破旧的"光明大道19号"，想起他曾说过的美丽大都市、海边旅游、吃"麦当劳"……心酸啊。她没有去找他，而是收拾好行李，又上了火车。3天3夜之后，回到家中。

写了一封信，只一行：很想很想你了，回家好吗？

不到一月，男人大包小包风尘仆仆回到家，还带着一份3天前买的"麦当劳"，说："在城里总吃，吃腻了，你尝尝。"

她背过身去，悄悄擦了眼泪，吃完了"麦当劳"（要10元钱一份呢），然后说："不如蒸红薯好吃，吃不惯，难怪你吃腻了。"

一夜没合眼，他挨着她，一直讲啊讲，讲那个都市，讲光明大道19号。她在黑暗里听着，应着，泪不断。

她一直没说："爱人啊，光明大道19号，我去过了。"一直没说，不肯说……

◆ 心灵感悟

不要责怪爱人撒了谎，因为他想把快乐带给你，不想看到你心酸与流泪。

你爱我的方式不同 ❧

老公，我的车半路爆胎了，又找不到修车摊，好容易才推到家，累坏了。本以为你会大惊失色："怎么会这样？叫我去接你呀。要不打的回家也成哪。"谁知你竟然说："咦，你不是要减肥吗？正好机会来了，还不用花钱。"气得我一夜没睡好。第二天早上，你把你的车钥匙留在了我的早餐桌上。我才发现，原来你是爱我的，只是方式与众不同。

老公，我爱花花草草，想自费去云南看个够。本想你会高兴地说："真的吗？老婆我陪你去。"没想到你却说："有钱没处花呀？帮我买两盒雪茄得了，要大卫·杜夫的。"我把嘴撇了一天，觉得没有这样不可理喻的男人。后来，却发现茶几上多了本《云南自驾游》。我才发现，老公你是爱我的，只是方式与众不同。

老公，季节一变化，我头发掉得越发严重。去看医生，说没问题，我心里却放不下。本以为你会搂着我说："老婆，头发没有减少啊，你永远是最美的。"可你却说："我说呢，每次打扫卫生那么费劲，原来都是你的贡献啊。"我气得说不出话，跑出去兜了一圈才回家。后来，我奇怪地发现地板上的头发变少了，而且越来越少，直到你出差几天，才又多了起来。原来是你偷偷做了手脚啊。我才发现，原来你是爱我的，只是方式与众不同。

老公，我要和朋友聚会，打"拖拉机"，跟你说要晚些回来。本以为你会说："老婆，早点回来啊，老公会想你的。"谁知你冷冷地说："随便，你玩吧，没关系。"我郁闷地走了，觉得你不重视我。深夜到家，看到了窗前灯光衬托着你不眠的身影。我才发现，原来你是爱我的，只是方式与众不同。

老公，我逛超市特意为你挑了一件外套，兴冲冲地拿回家。本以为你会说："老婆，太开心了，温暖牌啊。"但你却说："又打折了？这次是几折啊？"我很伤心，真想把衣服扔了。后来才发现，一有重大场合你必定换上这外套。我才知道，原来你是爱我的，只是方式与众不同。

老公，我发现拐角那家小店的烤肉串特好吃。本以为你会说："真的吗？老婆，咱一起去吧，我请你。"没想到你说："吃什么烤串啊？谁整天嚷嚷减肥来着？"只好赌气一人去吃。后来，你悄悄弄来烧烤架，还准备了肉片、调料等。我才知道，原来你是爱我的，只是方式与众不同。

老公，我嫁给你真幸福，很多人都羡慕我呢。本想你会说："嘿嘿，羡慕我的人更多。"没想到你说："这还不好理解，那是因为我好欺负呗，同情我的人可多了。"我哑口无言，觉得你真是无法沟通。后来，无意中发觉，每晚睡前，你都微笑地看着我们的结婚照，然后吻吻我的脸（我假装睡着了），才睡下。我才知道，原来你是爱我的，只是方式与众不同。

◆ 心灵感悟

一千个人有一千种爱情，一千种爱情有一千种表达方式。即使采取的方式不是你所期望的，并不代表他不全心全意地爱你。

黑白电视

那时他们年轻，很穷，家在城郊，除了生活必需品，就只有一台14寸的黑白电视机了。

穷是穷点儿，但两人相互宽容，彼此敬重。丈夫对球赛着迷，妻子对电视剧百看不厌。但那晚，生活不平静了：电视机坏了！图像闪闪烁烁、声音也断断续续。而丈夫喜欢的足球赛正在直播，丈夫急躁起来，对电视机又拍又打；妻子也过来帮忙，上下左右地转动着天线。突然，妻子惊喜地叫起来："清楚了！"果然，声音清晰了，图像也正常了。丈夫欣喜地坐下来看球赛。

"太棒了！"看完球赛，丈夫高兴地喊道。时间不早了，丈夫正要招呼妻子去休息，抬头，却看到妻子站在电视机旁，正瞌睡，手里扶着天线。他小心地叫醒妻子，妻子放下天线，电视机里的声音又开始模糊，图像也闪烁起来……

后来，他们生活条件好了，在市区买了三室二厅的房子，还装了家庭影院，但那台黑白电视机，仍保留着。

◆ 心灵感悟

爱是发自内心的，当你想起当初那份真挚的感情，自然知道应该怎样携手走好以后的路。

前世今生 🖤

一个书生，跟未婚妻约定了结婚日期。但在那一天，未婚妻结婚了，新郎却不是他。书生急怒交加，病倒了。家人着急，适逢一僧人来此化缘，就让他帮忙劝导书生。僧人拿出一面镜子让书生看：茫茫大海边，一女尸躺在海滩上，一丝不挂，不知被何人所害。一人过，看一眼，摇头，离去。又一人过，脱下自己的衣服，盖住女尸，离去。再一人过，挖坑，小心掩埋了女尸。书生看了，迷惑不解。

僧人解释说："那女尸，是你未婚妻的前世。而你是给她一件衣服的人。今世，她与你相恋，是要还你人情。但是，她最终要报答的人，是那个掩埋了她的人，就是她现在的丈夫。"书生恍然大悟。

那天晚上，躺在床上，我给丈夫讲了这个故事。丈夫听后，半晌不语，突然说："前世，我掩埋了你，对吧？"

窝在丈夫怀里，我潸然泪下。

◆ 心灵感悟

一个人出生后，灵魂便到处寻找与他相配的另一半。他也许一辈子也找不着她；也许要10年、20年。但是，他们碰面的时候，马上认得出对方，全凭直觉，无须理由——难道，这真是前世吗？

墓碑上的征婚广告

大卫·费德斯顿，年纪轻轻就做了医学教授，前途不可限量。大卫是一个满怀爱心的人，他不仅爱自己的妻子、家庭，爱自己的事业，还喜欢帮助别人。身边的人都敬重他，他的学生也深深地敬爱他。不幸的是，他乘坐的公交车发生车祸，为了保护一个陌生的孩子，他身受重伤。他知道自己无法治愈，就提前写好了自己的碑文。这是一篇不同寻常的碑文：

> 大卫·费德斯顿，死于1998年8月10日。他很为他的遗妻悲伤，极希望有情人去安慰她。她很年轻，芳龄30岁，并具有一切好妻子的美德。她的地址是本地教堂街4号。

大卫永远地离开了我们，但他的爱永世长存，照亮整个世界。

后来，一个好男人看到了碑文，娶了他的妻子。他们生活幸福美满，常常牵着手去看望大卫，给他带去美丽的鲜花。

◆ 心灵感悟

爱是伟大的导师，教会人怎样去爱人。

有一个男孩，他很顽皮，都上高中了，也不认真学习，所以成绩不好，很普通。有一天，物理老师发了一张试卷作为家庭作业，那上面有一道很难的题目。第二天课堂上，老师发现除了这个顽皮的男孩，几乎没有别的人做出来！

老师惊讶于他的天分，便决定刺激下他上进的欲望，就问："肖强，这作业是你自己做的吗？你那点水平还做不出这样的题目吧？一定是你哥哥帮你做的，我以前教过他，知道他的物理成绩好。"

"老师，你这是诬陷！这作业明明是我自己做的。"

"不要说谎！你的情况我是知道的，别骗人了。"物理老师站在讲台上，貌似地说。

男孩咬着牙，低着头再也没有辩驳，但眼中的泪水一颗一颗滴落在课本上。下课了，他在朋友面前发誓："那题目确实是我自己做的！他凭什么在课堂上羞辱我、看不起我？看着，将来我一定要在物理上超越他。"

后来，男孩考上了大学物理系。毕业后，他又去国外读了硕士、博士——确实，在物理上，他超越了他的老师！

❖ **心灵感悟**

爱不仅仅只有一种方法，有时候换方法会起到更好地作用。

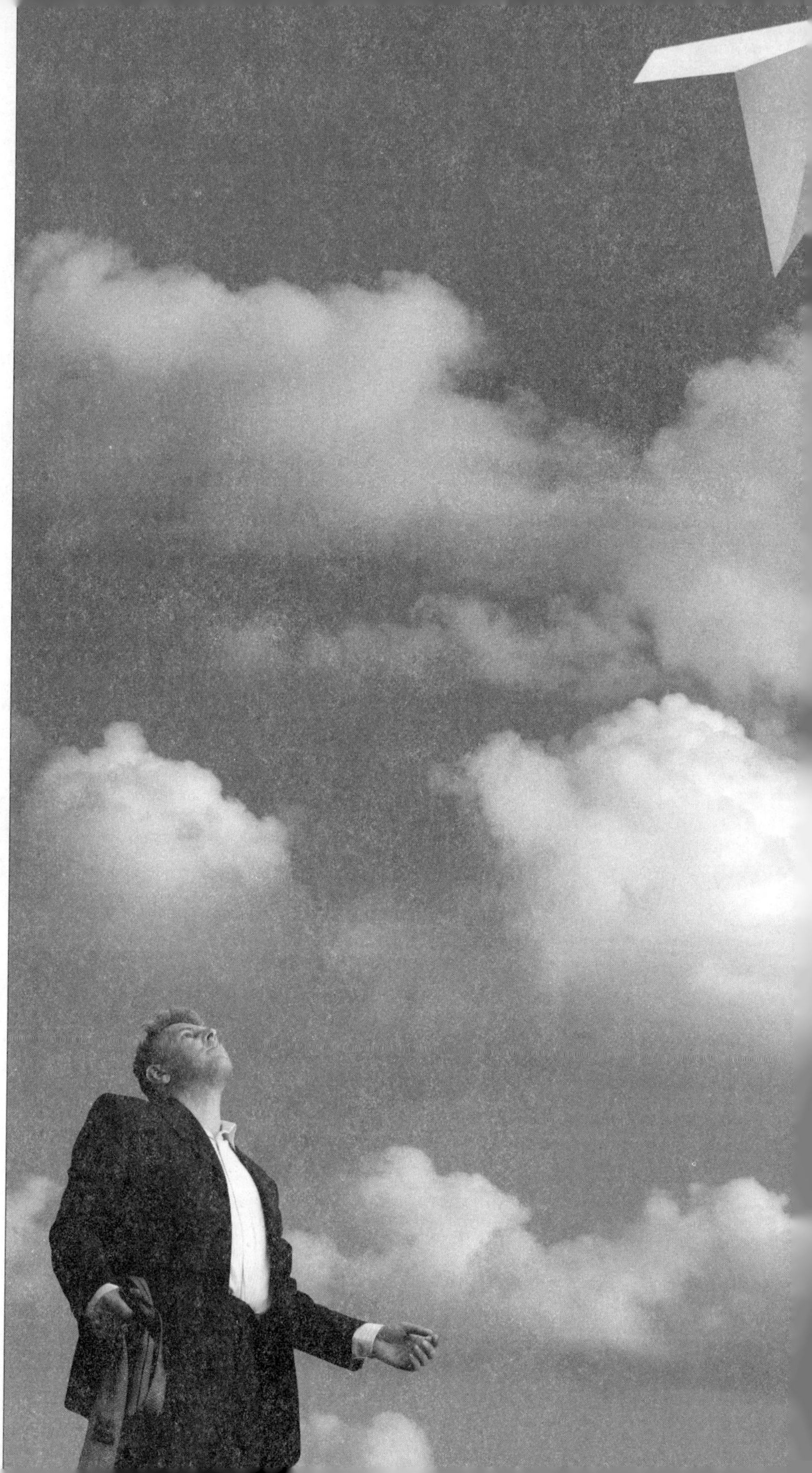

放飞心灵

■ 所有的故事，都开始在一条芳香的河边：涉江而过，芙蓉千朵；诗也简单，心也简单。

——席慕容

孕育珍珠

两只蚌在聊天。

一只说:"我身体里有个硬硬的东西,圆圆地硌得我好难受。"

另一只说:"感谢上帝,我身体很健康,没有什么病痛。"

一只海鸥飞过,听了它们的话,说:"你的痛苦会换来一颗美丽的珍珠;而你的健全却是什么都没有。"

◆ 心灵感悟

对于杰出者来说,孤独就是蚌身体里的宝物,忍耐痛苦的结果是得到那颗美丽绝伦的珍珠。

顺境的惩罚

女人要报复那个负心的男人。她偷走了男人的孩子,让巫师对孩子施法,要对他施行最残忍的法术。

时间不久,巫师就告诉女人,说自己已经按她交代的那样做了。女人跑去一看,顿时大怒:原来巫师把孩子交给了一个富翁收养。她生气地责怪巫师,巫师却让她耐心等待。

最后,看到了那孩子的遭遇,狠心女人也后怕了。那孩子生活在优越的环境下,养成了一身坏毛病:衣来伸手,饭来张口,身体病弱,意志软弱。后来,富翁破产了,这孩子从小没有吃过苦,这样的日子他简直没办法过。在路边乞讨,身体又经不住日晒雨淋,最后病饿交加,精神承受不住,疯了。在一个风雨交加的夜晚,死在了一个臭水沟里。

◆ **心灵感悟**

　　一直处在顺境里的人是脆弱的。当你抱怨自己的不幸时，不妨转个念头想：你得到了别人无法得到的考验——那其实是上天的厚爱。

上帝判卷

　　上帝这天兴致不错，想找点好玩的事情。他灵机一动："不知道现在世界上的万物对自己的生活是否满意？我来询问一下。"上帝立刻展开行动，他做了一张调查表，让大家回答：如果让你选择，你想做什么？

　　大家都认真作答。上帝看了答卷，瞪大了眼睛——

　　猫："我想做老鼠，可以光明正大地偷吃……"

　　鼠："我想做猫，有主人供养，一辈子不愁吃喝……"

　　猪："我想做牛，能获得人们世代的崇敬……"

　　牛："我想做猪，不用干活，不用觅食，吃喝有人送，自己只要睡觉就好……"

　　鹰："我想做鸡，有主人保护，还不愁吃喝……"

　　鸡："我想做鹰，可从笑傲天空，自由捕食……"

　　蛇："我想做青蛙，能得到人类的保护……"

　　青蛙："我想做蛇，能吓坏人们，自在生活……"

　　男人："我想做女人，可从打扮得漂漂亮亮，等着男人养……"

　　女人："我想做男人，可以自由自在在外面闯荡，回家还有女人伺候……"

　　上帝看完，好心情全被破坏了，怒喝一声："贪心的东西，别想改变了！"

鸟儿愿为一朵云，云儿愿为一只鸟。这个世界是羡慕不完的，最好做当下的自己。

心思

一位博学的教授，一生育人无数，经常会有从前的学生回来拜访。这些回访的学生，参加了几年工作后，见到恩师，大都倾吐着生活与工作的不如意：上司很难搞、买卖不赚钱、妻子不贤惠、儿子不孝顺，等等。

教授只笑不说话，走进厨房，为大家熬了一锅甜甜的米粥。学生们抱怨了半天，也确实饿了，看到教授拿出盛粥的碗，都惊呆了：不知道教授从哪里弄来那么多形状各异、颜色各异、材质各异的碗。教授说："别看了，你们都饿了，赶紧喝粥吧。"于是，大家纷纷拿起不同的碗盛起粥来。

教授见大家都喝完了，微微一笑，说："请你们看看自己手里的碗，再看看桌子上没有被选中的碗。"大家迷惑不解，不知教授是什么意思。教授接着说："你们所有人都选择了颜色艳丽、形状突出、材质上乘的碗，而这只塑料碗却没人选择，为什么呢？其实，你们需要的是粥，而不是碗。但是，你们偏偏很重视碗的质量，过多地把重心放到了不应该放的地方，把心思花到了不该花的地方。这样，哪还有心情去享受粥的美味呢？而你们现在所谓的烦恼又是不是自寻烦恼呢？"众人无言！

◆ 心灵感悟

如果把生活本身看做最重要的事，何必耿耿于怀没有高薪和高职呢？有了高兴不就够了吗？

苏东坡的心 ♥♥

苏东坡和佛印是好朋友。

这天他去找佛印学习佛理。两人开始打坐。很久之后，佛印问他："你在对面看到了什么？"苏东坡的心并不在佛理上，他看看坐他对面的佛印，暗自笑了，说："我看到对面是一堆屎……你看到了什么啊？"佛印脸色平静，缓缓说："我似乎看到了佛祖。"

苏东坡心里乐开了花：这个佛印，我说他是屎，他说我是佛祖，哈哈……苏东坡心情大好，忍不住把这件事讲给自己的妹妹听。苏小妹博学聪慧，她看着哥哥得意忘形的样子，摇摇头，说："唉！哥哥，别兴奋了。你不了解佛意吗？自己心中所想即是眼中所见。你心中认为佛印是屎，其实就是说自己是屎；佛印心中想你是佛祖，其实就是说他自己是佛祖……"

苏东坡听了妹妹的话，猛然醒悟，顿时羞愧万分……

◆ 心灵感悟

每个人都应该心存美好：心中有什么，就会看到什么，也会得到什么。

挣来一枚硬币 ♥♥

托尔斯泰成名之后，虽然有很多崇拜者，但他始终都有一颗平和的心，从不把自己当做大人物，更经常到普通的场所感受生活，捕获写作灵感。

有一天，他去车站感受生活，正一边走，一边看，一边用心观察和记录。不料，一位女士对他说："嗨，请帮我把行李送到车上去！"原来，她把托尔斯泰当做了车站里的工人。托尔斯泰没有拒绝，立刻帮女士把行李送到了车上，还叮嘱对方要注意行李的安全，并祝她旅途愉快。女士觉得他服务到家，顺手给了他一枚硬币作为小费。托尔斯泰一愣，快乐地接受了。

这时，坐在对面的旅客发现了托尔斯泰，就斥责那位女士："哦，天呢，看在上帝的分上，你知道他是谁吗？那可是著名的托尔斯泰啊！你怎么能让他为你拿行李呢？"女士恍然大悟，连忙向已经走远的托尔斯泰大声地道歉："对不起啊，我不知道您是谁呀，请您千万不要计较啊。我做了一件多么愚蠢的事情啊，请上帝原谅我吧。"

托尔斯泰却很平静地说："没关系，我不过是尽了自己的一份力，帮你做了一件微不足道的事情，不要太在意。何况，我得到了报酬，你没做什么坏事，不要自责！"

火车缓缓地开走了，带着那位惶恐的女士。而托尔斯泰，依然平静地走在人群里。没人知道，这个普通的看起来像个工人似的行人就是大名鼎鼎的文豪。

◆ 心灵感悟

"处处绿杨堪系马，家家有路到长安。" 宽容就是潇洒，如果事事斤斤计较，活着也累。难得人世走一遭，潇洒最重要。

不争议 💕

在一条村间的路上，有两个人喋喋不休地争执着什么，面红耳赤的。这时，走来了一个白发苍苍的老人，两人就奔上前去，请老者给个公道的评论和答案。原来，两人正在争论是谁想出了草船借箭的主意，一个人说是诸葛亮；一个人说是周瑜，并且用50块钱打赌。

老者听了，笑呵呵地看着两个人，半晌，说："草船借箭的主意是周瑜出的。"于是，认为是诸葛亮出主意的人输掉了50块。

那个人走后，认为是诸葛亮的人指责老人："你为什么要做如此错误和荒唐的评断呢？"老人说："其实，你输掉的不过是50块钱，而他输掉的是出一辈子的丑。你说，到底谁是真正的赢家呢？"

◆ 心灵感悟

对谬论的附和，恰恰是对持有谬论者最大的惩罚。如果你想摆脱无谓的争辩，不妨用一用。

一口气可以赌多久 ♥♥

一对恋人，从小青梅竹马，两小无猜，私下定了终身。但是，女孩的父母却认为男孩子家里太穷，没有能力照顾女儿一辈子，女儿嫁过去一定会吃苦，于是，强行将女孩嫁给了一个富家子弟。男孩子一怒之下，远走他乡，发誓要闯番天地回来，要让女孩和她的家人后悔一辈子。

他很出色，不长的时间里就建立了自己的事业和王国，金钱无数，身边的美女也无数。原来，为了报复当年女孩子没有对他从一而终，他就到处寻找和女孩子相像的姑娘，有的是眼睛像，有的是鼻子像，有的是嘴巴像，甚至，有的是声音像……日子越过越久，美女越来越多，他的孩子也越来越多，而他却越来越老了。他的财产被这些美女和儿女都瓜分掉了。最后，他一个人孤单地躺在简陋的房间里，回想多年来的英雄气，却只能是发出一声长叹。

是啊，这样的赌气到底值不值得呢？

◆ 心灵感悟

"英雄气短"有时候是好的，但赌太长的气徒然是浪费美好的时光——气是赌到了，目标也完成了，可对人生而言，又有什么收获呢？

挺起你的胸膛

很多年前，有个年轻人打算报考一所著名的音乐学院。年轻人全力发挥，可还是没有被录取。

穷困的年轻人只好在学院旁边的街道上卖艺，要挣回家的路费。年轻人用心地拉起琴来，优美的旋律在周围环绕，人们纷纷驻足聆听。最后，年轻人微笑着拿起了琴盒，人们自觉地掏钱放入。

此时，有人"哼"了一声，一枚硬币滚到年轻人的脚下。年轻人愣了一下，看看那个人，弯腰捡起地上的硬币，微笑着递给他："先生，您的钱掉了。"那人冷冷地接过钱，又扔在年轻人脚下，狂傲地说："这是给你的，你要收下！"年轻人看看那人，笑了笑，弯腰鞠躬："先生，谢谢！刚才我帮您捡起了您的钱。现在，也请您帮我捡起我的钱。"

那人怔住，半晌，看到周围的人都瞪着他，狼狈地弯腰捡起那枚硬币放入了琴盒。

一双锐利的眼睛看到了这一切，他就是路经此地的音乐学院主考官，年轻人被录取了。

后来，年轻人取得了不菲的成绩，《挺起你的胸膛》就是他的代表作。

◆ 心灵感悟

针锋相对会让缺德者更加暴虐，理智应对才能维护我们的尊严，因为任何邪恶在正义面前都无底气站稳脚跟。

真诚求爱 ❤❤

莉薇可是远近闻名的好姑娘，她不只漂亮可爱，而且知书达理，很多优秀的年轻小伙子都在追求她。马克·吐温也对她一见钟情。慢慢地，两人相互吸引，他们相爱了。

马克·吐温向莉薇求婚。莉薇羞涩地说："父亲对我们管教很严，你必须征得他的同意，我才能嫁给你。"

马克·吐温拜访了莉薇的父亲，向他提出了娶莉薇的请求。

莉薇的父亲很谨慎，他不太了解马克·吐温，就要他拿出能证明自己品性的材料，说这样才能考虑把莉薇嫁给他。马克·吐温同意了。

马克·吐温找了5个人来写这份证明材料。这5个人并不是他的好朋友，也不是对他有好感的人，而是那些平时看不起他的人。结果可想而知，这5个人一句好话也没有说，还说马克·吐温根本配不上莉薇。

马克·吐温知道这5份材料对自己求婚很是不利，但他不愿意说谎，就把这份材料交给了莉薇的父亲。

看完这些材料，莉薇的父亲沉默了，半晌之后，才问马克·吐温："你找的都是些什么人？难道你连一个好朋友都没有吗？"

马克·吐温没有辩解，平静地说："可能是吧。"

不料，莉薇的父亲却一下子转变了表情。他高兴地对马克·吐温说："我同意你和我女儿的婚事。你是一个真诚的人，竟然敢拿着这样的材料来给我看，一点儿也不隐瞒别人对你的批评。我喜欢你这样真诚的人，以后，我就是你最好的朋友。"

莉薇的父亲很有眼光，马克·吐温没有让他们失望，他对莉薇非常好。结婚后，莉薇很幸福，她跟姐姐说："我们的生活很开心，每天都阳光明媚……"

◆ 心灵感悟

真诚，是一种心灵的开放，是一种晶莹剔透的高尚。它不是智慧，但时常放射出比智慧更诱人的光芒。有许多凭着智慧冥思苦想得不到的东西，靠真诚却能轻而易举地得到。

就是这样嘛

白隐是一位深受乡民爱戴的修行者。

一个漂亮的女孩，没有结婚，肚子却大了起来。她的父母大为震怒：好端端的孩子怎么会这样？对女孩严加逼问，女孩被逼无奈，最后终于吐出两个字："白隐。"

老人怒气冲天，跑去痛骂白隐。白隐没有辩解，只说："就是这样嘛。"

女孩生下了孩子，她父母把孩子丢给了白隐。这时候，人们对白隐失望透顶，早就不理会他了。可白隐依旧不辩解，他向旁人寻求抚养孩子的方法和用品，即使人们对他恶言相加，他也毫不在意，就像这孩子是帮别人代养的一样。

一年过去了，女孩再也忍不住，跟父母讲了实情：原来，孩子的父亲是临街的一个男孩。老人听了，知道错怪了白隐，立刻前去赔礼，乞求白隐的原谅，并请求带回孩子。

白隐仍然平淡如水，并没有指责他们，只说："就是这样嘛。"似乎什么都没有发生过。

白隐的这种行为，赢得了人们更深的尊敬。

◆ 心灵感悟

"就是这样嘛。"那么慈悲，那么轻柔。那是恒久的忍耐化为无形的坚毅；那是凡事包容化成的无上的悲悯。

那一记耳光

疾驰的火车上，包厢内相对坐着4个人。一边是老妇人和她漂亮的孙女，一边是警察和被押解的小偷。

列车要穿越隧道，车厢里一片漆黑，什么都看不到。这时候，突然一声响亮的亲吻声打破了沉静。接着，一声清脆的耳光声又响起。

到底怎么回事？

隧道被抛到车后，车厢里又明亮起来。警察的脸上出现一个深深的红掌印，气氛真尴尬，没人愿意先说话。

老妇人瞪了警察一眼，心想：这个警察真混蛋，还好我孙女是个正经孩子。这一巴掌下去，看你还敢使坏？

漂亮的孙女不屑地瞥了警察一眼，想：这个警察脑子有毛病，竟然去偷亲我年老的祖母，真可怜，挨了这么重一耳光。

警察怒视着小偷，想：这个混蛋，自己去偷亲人家姑娘，却让我倒霉受了连累。可谁也没看到怎么回事，我说什么也没用，等到地方看我怎么修理你。

小偷心里那个美啊，想：我这个小伎俩可真给自己出了一口气！我在自己手上亲了一下，又狠狠给了警察一记耳光。他抓不住把柄，只能做替死鬼，真爽！

◆ 心灵感悟

臆断，往往产生偏见；偏见，比无知离真理更远——生活中，不妨把胸怀放坦荡一点，少几分猜测臆断。

松开绳子

有个人，对高峰有一种疯狂的倾慕之情。他喜欢独享登顶的荣耀，就独自去攀登世界第一峰。

天黑了，还有不远的路程就能到达顶峰。他继续攀登，不想因为夜晚而延缓他登顶的狂欢。漆黑的夜，什么都看不到。

就要到山顶了，只剩下两米的路程，他却猛然脚下一滑，整个身子向下跌去。下落的过程，除了黑暗，什么都看不到，他不禁心生恐惧之感。往日的生活片断一一闪现，父母的叮嘱、妻子的温柔、孩子的稚嫩小脸……他想：我要死了。突然，下落的身子停住了，腰间的绳子起了作用——那是他的救命稻草。

可是，悬吊在半空中，阴冷的风吹着，他不知道该怎么办，只能呼救："仁慈的上帝啊，请您救救我吧！"

耳边真的响起一个低沉的声音："我该怎么帮你呢？"

"上帝啊，请您救我下来。"

"你相信我吗？"

"当然！"

"那你把腰间的绳子砍断吧。"

沉默半晌，登山者不肯放弃救命稻草……

第二天，救援人员发现了一具尸体，已经冻僵了。尸体悬挂在一根绳子上，双手紧握绳子……距离地面仅2米高。

不舍不得，大舍大得。你呢，你有多依赖那根绳子？你敢放开它吗？

心与心的距离 💕

情感辅导老师问他的学生："同学们，大家都知道，人生气的时候，说话声音很大，都用喊的。你们知道是为什么吗？"

学生们沉思半晌，有人说："是不是因为我们不再'冷静'了？"

大家你一言我一语，各自说出了各自的理由，但老师都不满意。最后，老师说出了他的想法："人们生气的时候，心与心的距离就拉开了，要想让对方听到自己的话，就必须喊；喊的同时潜意识里知道对方离自己心远了就更生气，于是距离更远了，而喊声就更大了……"

"相反，相爱的人在一起时说话声音都很小，"这个你们应该都有切身感受。老师笑了，"那你们知道为什么吗？"

有学生抢答道："因为相爱的人心与心之间没有距离。"

老师点点头："对，所以他们几乎都是用耳语交谈，到后来只用眼神交流就能明白对方的心意了。这是因为爱得更深了，心与心之间已经没有距离了……"

最后，老师说："所以，你们在吵架时，先不要大声嚷嚷，要先冷静下来。等你们心与心之间的距离恢复正常了，再心平气和地好好交谈。"

◆ 心灵感悟

把心的距离拉近，说什么都省力。

最重要的一课 ❤❤

　　孔子带着自己的学生周游列国，十几年，走走停停，边走边看，边看边学，拜访了很多有学问的人，参悟了很多道理。大家纷纷表示，长了很多知识与见解。在马上要解散回家的时候，孔子让大家在城外暂时停住脚步，跟大家说："周游马上要结束了，现在我们来上最后一课。"

　　于是，大家围坐在一起，弟子们都不知道老师会出什么样的题，进行什么样的讨论。可是，孔子看看大家，又看看四周，问："我们现在坐在哪里？"大家异口同声说："旷野里。"孔子又问："旷野里长满什么？"大家再次异口同声回答："杂草！"于是，孔子问了最后一个问题："怎么才能彻底除掉这些杂草呢？我说的是彻底除掉！"大家非常惊愕，没想到问题如此简单，于是纷纷出主意说：用铲子铲；用火烧；甚至有人说要把草连根拔出来就可以了……

　　孔子听了弟子的话笑了，没有公布正确答案，反而让大家各自回家，继续思考，明年在此地再相聚。

　　一年后，大家来到城外，旷野中已经不再是满目的杂草，而是绿油油的庄稼，郁郁葱葱，生机盎然。大家四处寻找孔子的身影，却被另外一个学生告知，孔子又开始了新的周游，理由是觉得学问还未做到最深，还有很多道理没有领悟到。

　　是的，庄稼长满大地，野草就无处容身。美德占据心灵，纷扰就无从生起。

◆ 心灵感悟

真的，人生如果缺了这一课，即使学富五车又有多少意义呢？

活得漂亮 ♥♥

我们中学的语文老师长得实在不怎样，脸上一大块黑色胎记，但他夫人却非常漂亮。我们很惊奇，也很好奇他们是怎么结合的。在元旦联欢会上，我们起哄让语文老师讲他的恋爱经历。

老师很大方，说："你们也都看到了，我脸上有这么大块胎记，这是胎里带的。所以我从小就很自卑，总觉得生活很黑暗，唯一让我舒心的是我的学习成绩还不错。后来，我考上了大学。虽说大学的生活自由自在、五彩缤纷，但我还是无精打采。一天，我们班导找我聊天：'你怎么精神萎靡不振的样子？一点儿也不像年轻人。'我讲述了自己的情况。班导说：'天生的东西，我们可以抱怨，但自己活得漂亮与否，却是自己的事情了。'

"这句话惊醒了我。从此，我振作起来，积极面对生活，参加学校各种活动，辩论大赛、歌唱大赛……很快，我为自己赢得了荣誉。同样，也获得了漂亮姑娘的芳心。最后，她就成了你们师母。"

台下，我们掌声如潮。

◆ 心灵感悟

无论什么时候，渊博的知识、良好的修养、文明的举止、优雅的谈吐、博大的胸怀和一颗充满爱的心灵，一定可以让一个人活得足够漂亮，哪怕他本身长得并不漂亮。

高兴 ♥♥

运动员在国际比赛中荣获银牌，记者前去采访他。

记者问："这次获得银牌，你感觉自己的水平是否完全发挥出来了？"

运动员很高兴，说："当然了，不然不能获奖的。"

记者又问："那你获奖后有什么感想？"

运动员笑着说："我真是太高兴了。"

记者接着问："除了高兴，还有什么啊？"

运动员愣了一下，说："没有什么了。"

记者皱皱眉头，问："没有遗憾吗？"

运动员有些诧异，说："没有什么好遗憾的。"

记者提醒说："比赛前大家都说你能获得金牌呢，你没什么想法吗？"

运动员摇摇头，说："能获得银牌，我已经很满足了。"

记者用惊奇的口吻问："难道你对金牌没有兴趣？"

运动员笑了，说："谁能对金牌没有兴趣呢？"

记者用诱导的口气问："那么说，你对差一点没拿到金牌还是很遗憾喽？"

运动员看了看记者，冷冷地说："我已经说了我很高兴，你为什么非要我说遗憾呢？"

记者有些难堪，说："抱歉！最后一个问题：下次比赛，你觉得自己能拿金牌吗？"

运动员摇摇头，说："不知道，我还没想那些呢。我只是不明白，我拿了银牌，本来很高兴，你却非要我表示遗憾。我想知道为什么我获得银牌就不能高兴呢？"

记者顿时脸色一白，说："高兴，你当然可以高兴。"边说边灰溜溜地走了。

◆ 心灵感悟

为什么非得当第一才能高兴？这种理论不是让世界上绝大多数人都不开心吗？

断指的幸运 ❤❤

国王有个聪明能干的丞相在身边，每有大事，他都会征询丞相的意见。

下雨天，国王本来要出行的，就问丞相："这大雨天出行好不好？""好啊！大雨过后，万物洗涤干净，美景尽显啊。陛下您这可是既能观赏美景，又可体察民情，一举两得啊！"国王听了连连点头。

这天，阳光炙烤，国王要出巡了，他问丞相："这天真热，出门可好？"丞相说："怎么不好？这种热天很少见，国王能在这时候去体察民情，百姓不是更感动？"国王点点头，高兴地走了。

打猎是国王和丞相共同的爱好，所以每次两人都一起去森林打猎。

一次，国王打猎时，一个小脚趾不慎被刀砍掉了，就问丞相："我的脚趾被砍断了一个，这事不妙？"丞相毫不犹豫："不，是好事！"国王一听，怒火中烧，立刻把丞相关了起来。怒火稍稍熄灭后，国王去监狱看望丞相："你在牢房里感觉好不好？""好，非常好！"国王一听，刚下去的火又上来了："哼，那好，你就继续在这里待着吧！"

国王独自去打猎了，可天都快黑了，还是连只兔子也没有见到。国王累坏了，就下了马走着，他抬头一看，周围的景色都没有见过：坏了，好像迷路了。正烦恼间，他又掉进了陷阱。这么深的陷阱，国王费了白天的劲也没有爬出来。等了一会儿，好像有人走过，他大声呼救。

那人把他救了上来，很不幸，这是一个食人族的人。那人把国王带回了部落，准备把他清洗干净，烤了吃。在清洗的过程中，那人发现国王的一个脚趾没有了，就向酋长报告："这个动物少了一个脚趾，不吉利，不能吃！"酋长过来一看，果真如

心灵鸡汤全集

最感人的真情故事

第**五**辑 放飞心灵

此，只好放了国王。

好不容易活着回来了，国王立刻跑去见丞相："爱卿呀，我错怪你了，就因为断了一个脚趾，我才捡回来一条命啊。"痛哭过后，国王又问丞相："我把你关了这么久，可好？""好，绝对好！"国王很惊奇："为什么啊？""陛下你想，如果你没有关起我来，那我一定会跟您一起去打猎。食人族就会抓走咱俩，可您脚趾断了，能活命，我却完好无缺，那不是必死无疑？"

国王听了，豁然明白：事情都有好坏两面，就看你自己的理解了。

◆ 心灵感悟

以乐观积极的态度看待事物，是不会有损失的。当环境无法改变时，不如改变眼光看它，适应它，然后从中受益。

轻松前行 💕

威廉·科贝特年轻时是一位报社的记者。后来，他为了完成自己心中的"鸿篇巨作"辞去了报社的职务，将全部精力都投入到创作当中。然而令他感到烦闷、沮丧甚至绝望的是他怎么也写不出来那部作品。

一天，他向自己的师长倾诉了自己的苦恼。师长听后并没有安慰他，而是不动声色地对他说："走吧，咱们到我家去坐坐！"

"怎么去？"

"当然是走路了。"

"走路那得好几个钟头呢，我们会累坏的！"

"那就算了，我们就到前面转转好吗？"师长也不坚持，马上就改口了。

就这样，他们一路聊着大学时的趣事、工作中的见闻、各自对未来的打算，缓步前行。一路上，他们逛了公园，在湖边休息，甚至还喝了咖啡。正聊在兴头上，师长突然停住了脚步，转身对科贝特说："我们到了！"

科贝特一抬头。可不是吗？他俩已经不知不觉地到达了目的地。几个小时的路程，他俩一点也没觉得累，甚至还有些意犹未尽。

接着，科贝特听到了令他终生难忘的一席话："当你面对的目标是如此遥远时，不要去想那漫长的距离，而应该学会轻松地向前行进。必要时，可以休息一下，放松一下。唯有如此，你才不会被巨大的压力打垮，你才能真正达到目标！今天的这段路，请你牢牢记在心中。"

一语惊醒梦中人，威廉·科贝特改变了自己对创作的态度。正是在这种轻松的心态下，他充分享受着创作的快乐。不知不觉的，他成了美国知名的专栏作家，并写出了《莫德》、《交际》等一系列优秀作品。

◆ 心灵感悟

面对一个目标时，不要急于求成、恨不得一口吃成个胖子，而是学会放松心情，欣赏道旁的风景，品味追求过程中的快乐。这样，成功反而会在轻松中早日达成。

让灵魂赶上 ❤

南美的丛林中隐藏着几千年前古印加帝国文明的遗迹。那是很多探险家极度渴望探究的神秘境地。有这样一位探险家，他怀揣着梦想来到了南美这片神秘的丛林。由于对地理环境很陌生，他找当地的土著人作为向导及挑夫。这样一大队人马朝着森林深处进发。这些土著人的身体素质实在过硬，笨重的行李也无法阻挡他们箭步如飞地前行。整个探险过程中，探险家身上没有任何行李，却总喊着要停下来休息，所有的土著人不得不停下来等候他赶上队伍。

为了实现平生的夙愿，即便探险家已经精疲力竭，但迫切希望到达目的地的信念仍不停鼓舞着他，第四天，当探险家天亮醒来，催促着土著人准备上路时，意想不到的事发生了：土著们拒绝继续前进。这个决定实在令探险家不能理解。探险家为了弄明白为什么，急忙让翻译给他解释。最后，探险家明白自古以来在这个神秘的地方流传着这样的一个习俗：在赶路的过程中，大家都会竭尽所能拼命向前冲，但每走三天，就需要休息一天。

这个习俗还是令探险家困惑不已，他向翻译询问，为什么这个部落中会留下这么奇妙而又耐人寻味的作息方式。翻译按照土著的原意给翻了过来："那是为了让灵魂能够追赶得上跑了三天路的疲惫身体。"

◆ 心灵感悟

凡事全力以赴、充满无比的干劲，这是美好的境界；但是，该休息时还是要休息，要完全地放松自我，让疲惫的身心获得休整喘息的机会，让灵魂跟得上充满干劲时的步调。这样做，便掌握了工作和休息之间的脉动，让你拥有持续无穷的动力。

简单地生活

我们想要拥有太多的东西：更多的财富，创造事业上的辉煌，拥有豪华的住所，享受家庭的温馨等等，以至我们总是过得

"苦匆匆"。

当我们想要拥有这些时，却不知道，我们想要的东西已经悄悄地给我们的心灵附加了太多的负荷。如果我们想要拥有美好的生活，就必须首先减少我们的欲望。我们要简化人生，我们要学会有所放弃。

我们必须懂得：金钱并不是我们活着的全部内容，只不过是能让我们过上舒适生活的一种工具。

对那些能使你幸福的东西，要不惜金钱去得到它。小陈一家经济不是很富裕，平时拮据的他们却每逢假日必去滑雪，并为此购置了价格不算便宜的滑雪板、长靴、撑杆及滑雪衫等装备。我们都认为小陈一家简直是不可思议。我问到他时，他却说："虽然我们过着清贫的日子，但我怎么也忘不了滑雪时的快乐。"

可见，把钱花在恰当的地方，看起来虽然有些奢侈，但是能够放弃金钱而去用它获取快乐，就是一种使生活简化的方法。遗憾的是有很多人不懂这个浅显的道理。

有一对恋人，从二十来岁起就开始为后半辈子的生活操心。他俩整日忙着购房置地、积攒钱财。等他们觉得可以安心成家时，已经接近了中年。更遗憾的是，尽管他们去了很多地方求医问药，却始终没有怀上一个孩子。

当你确信某事某物能让你的生活更为充实时，不管它是一次旅游，还是一个孩子，或是其他的乐趣，你就应该放下思想包袱去追求它。否则，失去了快乐换来的却是思想的负荷。

◆ 心灵感悟

幸福与否并不取决于金钱的多少，生活的天平能够公平地称出什么是值得我们珍惜的。不要丢了西瓜捡芝麻，丢弃了本该属于我们的快乐。

在一堂成功学课程中，于老师向大家提出了一个奇怪的问题："这本书有多重？"

同学们的目光落在了讲台前那本精装书上。"50克？""可能40克。"大家你一言我一语地议论着。

"有多重并不重要，关键是你能将它举过头顶后保持多长时间。举一分钟，同学们都觉得是小事一桩；保持一个钟头，大家就会觉得头昏眼花了；如果真的要坚持一天，那可能就得被送进医院了。其实，书还是那本书，没变！只是我们举得越久，就会越觉得沉重。

"同样道理，生活中的压力也是如此。我们应对压力——不论你是自愿还是被迫的——就像是需要将这本书举过头顶。无论书的重量是大是小，我们一直举着它，到最后就一定会觉得越来越无法承受，直到倒下。我们要做的只是放下书，放松手臂。哪怕只有一小会儿，都会让我们有喘息的机会。因此，各位，当你们在一段时间里承受着压力时，不要忘记在适当的时候好好休息一下自己，然后重新面对压力。这样你们才能坚持更久的时间。"

职场是8小时的职场，当我们离开办公室时别忘了将压力也同时留下。回到家中，我们唯一的任务就是好好休息。不为了别的，只为了明天能更好地应对压力。

◆ 心灵感悟

有压力是好事，可以激发你提高自己，做出更大的成绩。可是，始终把压力背负在身上就坏事了，它会让你疲惫不堪、抱怨生活没有意义，直至被它压趴下。这样做有必要吗？又有什么好处呢？没有必要也没有好处，所以，适当地找个时间把它卸下，还自己一片轻松吧！

别被琐事套牢 ♥♥

　　著名哲学家劳恩教授的莲子核桃实验，是每一个上过这节课的学生都难以忘怀的。

　　这是哲学班在学校里的最后一堂课，劳恩教授会赠予他们什么样的毕业礼物呢？上课铃响了，劳恩教授和平时一样快步走进教室，不同的是今天他手里拿着一袋核桃、一袋莲子和一个空的玻璃瓶。看到教授拿着这些东西，大家都有点失望。因为作为一名哲学系的学生，大家对先装核桃再装莲子，以此说明世界没有绝对的满、只有相对的满的哲学辩证法早已烂熟于心。大家都不明白在这离别之际，教授为何还要老调重弹。

　　只见教授不慌不忙地取出莲子，装进玻璃瓶里压实，然后微笑地望着台下的学生。这回大家更迷惘了，一位大胆的男生站了起来："教授，您为什么不是先装核桃？这难道不是经典实验吗？"

　　劳恩教授微笑地摇摇头："不是，我想经典实验对于你们来说都已烂熟于心。你们都知道先装核桃再装莲子，都知道时间、事物都像这装着核桃、莲子的玻璃瓶，都是相对的满。可是你们有没有考虑过这样一个问题，像我现在这样，先装莲子，那核桃还装得下吗？我想你们马上要走上工作岗位，以后在工作生活中遇到的琐事数不胜数，就像这莲子一样，如果你们的心都被这些琐事所困扰、填满，那么还怎么去实现像核桃这样的大事呢？我送给你们的礼物就是：不要被琐事所困扰。"

　　现场爆发出一阵热烈的掌声。

◆ 心灵感悟

　　人们都喜欢"避重就轻"——虽然知道哪些更重要，却总会找出各种理由去回避它。结果是味淡的莲子嚼了不少，却难有机会品尝那香而略苦的核桃。人生有限，我们必须清晰地认识到一生中最重要的是什么，这样就不会陷入无谓的琐碎中荒废了一生。

为自己为鼓掌 ❤

许多销售业务员都有这样的经验：如果某天早上心情不佳、自觉无法应付难缠的客户时，便会首先拜访成交率较高的客户。待几笔交易达成，自信心充分建立以后，再去拜访难缠的客户。这种方式不仅可使阴郁的心情逐渐开朗，还可以确保每天的业绩。

成功者往往懂得如何"给自己鼓掌"，善于爱护和不断地培育自己的自信心。

一个不信任自己、悲观处世，只把自己的成果当做侥幸的人，是不可能成功的。

成功者在确定目标后，总是以强烈的进取精神千方百计地创造条件去实现目标，成功的机会从而大大增加。即使遇到挫折，他们也会调整心态，积极分析，去进行新一轮的努力。而每当事情有了一些顺利的进展时，他们就会马上给予自己积极的肯定，以此来建立更多的自信心。

人需要得到鼓励和赞扬，以此来保护自己的自信心和成功信念。所以不妨花些时间，恰当地给自己一些奖励。

作家劳伦斯·彼得曾经这样评价一些著名歌手：为什么许多名噪一时的歌手最后以悲剧结束一生？其原因就是，他们在舞台上永远需要观众的掌声来肯定自己，却从来不曾听到过自己的掌声。所以一旦下台，一个人时便会备觉凄凉，觉得自己被抛弃了。他的这一剖析，非常深刻也非常值得我们每个人深省。

给自己鼓掌，是为了正确地评估自己的能力，强化自己的信念和自信心，而绝不是自我陶醉。

每当你取得了成就、做出了成绩时，或朝着自己的目标进一步靠近时，千万别吝惜给自己的掌声。当你对自己说"好极了！"或"你真棒！"时，你的内心一定为这种自我激励心潮澎湃。这种成功途中的快乐，确实很值得每一个人去细细品味并且永远珍藏。

◆ 心灵感悟

每个人的第一个也是最忠实的朋友就是自己。孤单的时候与你同行，悲伤的时候给你安慰。所以，一定要在成功的时候享受开心与激动，给自己的鼓励和赞扬别人是无法替代的。

生命只不过是一段历程

古希腊有一位国王，他有至高无上的权利、享用不尽的财富，但是他不快乐。他常常被莫名其妙的忧虑笼罩，整个人焦虑不安，烦躁易怒，甚至吃不下、睡不着。于是，他找到智者苏菲，要他说出一句至理名言，这句话必须有一语惊心之效，能让人胜不骄、败不馁，得意而不忘形、失意而不伤神，始终保持一颗平常心。苏菲答应了，他要国王将手上的戒指给他。国王同意了。

几天后，苏菲将戒指还给了国王，说："不到最后时刻，决不要取下戒指上的宝石，否则它就不灵了！"

过了一个月，邻国前来挑衅，国王亲自率兵抵抗，但终因寡不敌众，整个城邦被敌人攻陷了。国王不得不四处逃亡。

有一天，国王来到一条小河边，又饥又渴的他掬起河水解渴，水中浮现出他的倒影：一个蓬头垢面、衣衫褴褛的人正捧着水贪婪地吮吸着。国王吓了一跳，他怎么也不敢相信曾经气宇轩昂、威风凛凛的他竟然变得如此落魄。

国王伤心欲绝，他甚至想一死了之，正当他准备投河自尽时，戒指上的宝石在太阳下发出了耀眼的光芒，国王猛然想起智者苏菲的话，他急切地抠下了戒指上的宝石，只见宝石里侧镌刻着一句话——这也会过去！顿时，国王的心头重新燃起希望的火花。于是他忍辱负重、卧薪尝胆，重招旧部并东山再起，最终赶走了外敌，赢回了王国。而当他再一次返回王宫后，所做的第一件事便是将"这也会过去"这句五字箴言，镌刻在象征王位的宝座上。

后来，他被誉为最有智慧的国王而名垂青史。据说，在临终之际，他特意留下遗嘱：死后，双手空空地露出灵柩之外，以此向世人昭示那句五字箴言。

◆ 心灵感悟

什么事情都会过去，幸福的、痛苦的、快乐的、悲伤的，有什么真正值得我们伤怀呢？所有的一切，生命都必须经历，你要做的，就是认真体验每一次。

愉快地生活 ♥♥

很多人可能会时常思考：人活着到底为了什么？

可能很多人会说："活着就是为了成功。"

然而，成功者的人生终极目的并不仅仅是简单地活着，而是生活得更愉快、更有意义、更有效率。

所以，如果说成功是人一生的终极目标，那么愉快地生活着则是成功的终极目标。只要能够对自己的生活感到愉快的人，都可以视之为成功者。他可能没有权势、没有地位、没有财富，但他拥有的快乐心境是那些空有权势、地位、财富的人所体会不到的。

这就是所谓的"愉快生活原则"。愉快地生活，必须首先尊重和欣赏别人生活中的愉快。你的周围充满着愉快的氛围，足以驱散不安的阴云，消除人们的忧虑。

愉快地生活着，但不要争着去做他人生活中"愉快的领袖"。因为不同的人有不同的生活习惯、不同的思想、不同的情感。你可以从适应愉快的环境氛围的角度去尝试着影响和感染别人，但不要总是想着改变别人，不要企图将自己的喜好强加给他人。你如果能够给你身边的人带来愉快固然可贵，但若能响应周围愉快气氛的召唤则更需要一种高尚的品质。不要埋怨任何不能给你带来愉快的人，因为你也并不是能给所有人带去愉快的人。

面对不愉快，你不妨将它放一放，这也不失为愉快地生活着的一条原则。有些事情，比如人际关系中的不和谐，只要它不会发展成给你造成困惑的毒瘤，将它冷却不失为一个明智的办法。

只要你永远保持快乐的心境，一切问题都会轻松解决、一切烦恼都会随风而去。

◆ 心灵感悟

给他人带去欢乐和接受他人带给我们的欢乐，都是可以使我们愉快生活的必要条件。不必拘泥于快乐的形式，重要的是保持快乐的心态。

抓紧梦想的翅膀

莱特兄弟在读高中时辍学了，从此再未受过正规教育。但二人所具备的丰富的创意与远大的志向，却远远超过大学生。

在接触飞行创作之前，他们曾尝试过很多工作，但都以失败告终。最后他们开了一间规模很小的自行车行，修理和贩卖自行车。然而，无论做任何生意，两兄弟始终无法忘怀飞上蓝天的梦。不久，他们在自行车店里成立了风动试验场，开始实验机翼风阻。

经过数年滑翔机的不断试验，莱特兄弟将引擎装设在滑翔机上使其成为飞行机。1903年12月17日，是人类历史上值得纪念的一天。上午10时35分，弟弟奥威利先坐上飞行机。他双腿伸直俯卧，拉动引擎杆。飞行机发出轰隆的巨响，起飞时排气管也发出巨大的声响，直至它缓缓升高。飞行机在天空中摇摇晃晃，足足盘旋了20秒之久，最后降落在100米以外的沙地上。

这就是人类历史上最早的飞机，人类自远古以来的飞行梦想终于实现了！自此以后，人类的双脚终于可以离开地面，可以到广袤的天宇去遨游。

我们每个人都有自己纯真的梦想，但最终梦想成真的人，是那些从来没有放弃过自己梦想的人；而那些无所作为的人，就一定是早早放弃或者从来不曾拥有过梦想的人。

如果你有一个梦想，你一定要牢牢抓住，千万不要松开。

◆ **心灵感悟**

一个人的梦想虚无缥缈并不可怕，可怕的是从来不曾有过梦想。当你拥有自己的梦想时，就不必害怕，只要坚持，梦想终究会实现。

浪子回头金不换

美国有一个黑人青年，他成长的环境很坏。由于出生在贫民窟，又没有人教他走正道，而且一整天和一帮坏孩子混在一起，逃学、破坏公物和吸毒，成了他的日常功课，结果12岁就被拘留过，原因是抢劫商店；15岁时又被拘留过，原因是他试图撬开办公室的保险箱；他第三次被送进监狱，则是因为参与打劫邻近的一家酒吧。

在监狱里，一名年老的无期徒刑犯偶然看见他打垒球，很高兴地对他说："你是有能力的，可以有机会做些自己的事情，不要自暴自弃了。"老囚犯的一番话，引起了年轻人的无限思索。他想：虽然处于监狱，但这里也拥有世间最大的自由；他可以选择出狱后重新做人，成为一个垒球手。5年的努力，年轻人成了明星赛中的底特律老虎队的成员。当时底特律垒球队的领队马丁专门为此事访问了他的监狱。他力保这位年轻人出狱。年轻人出狱后果然不负众望，一年时间不到，就成为垒球队的主力队员。

尽管，年轻人在人生的最初阶段走入过歧途，但是入狱后，他反而认识到人的自由意志———一种人人都具有的、选择权利在你我手中的意志，最终获取了人生的辉煌。

每个人都因为环境或者见识、眼光等原因，有过迷茫、困惑，但是凭借毅力坚持往理想的方向走去，最终会获得完美幸福的人生。

◆ 心灵感悟

孔子曾说过："仁远乎哉，我欲仁，斯仁至矣。"意思是说仁离我们远吧，我想去追求仁，那么就能达到仁的境界。所以每个人都有把握自己人生和命运的权利。坚持走仁义之道，你就会得到完美幸福的人生。

出人意料的遗嘱 ♥

富商得了重病，就要不行了。窗外广场上，捉蜻蜓的孩子们欢快的笑声传来，富商对自己的4个孩子说："我都不记得蜻蜓的样子了，你们去抓几只给我看看吧。"

一会儿工夫，大儿子就回来了，手里拿着一只蜻蜓。富商忙问："这么快啊？"

大儿子说："不是我自己抓的，是用您送我的遥控车换的。"富商点点头。

又过了不久，二儿子带着两只蜻蜓回来了。富商问："捉两只啊，真快！"

"这是我买的。我把您送我的遥控车租了出去，得到3分钱，我用2分钱买了2只蜻蜓。"二儿子欣喜地说，"爸爸，您看，我还赚了1分钱呢。"富商笑了，点点头。

片刻之后，三儿子也回来了，他竟然拿回来8只蜻蜓！富商说："啊！你真厉害，捉了这么多！"三儿子说："我没动手抓，只是出租您送我的赛车，租金就是1只蜻蜓。要不是怕您等着急，我还能得到更多的蜻蜓呢。"富商笑了笑，拍拍三儿子的头。

最后，小儿子回来了，不过他很狼狈，一身汗水，衣服也脏兮兮地沾满泥土，并且两手空空。富商问："孩子，你这是怎么啦？"

小儿子说："我抓蜻蜓呢，可是半天也没有抓到一只。于是我就想是不是能用赛车撞到一只，可看到哥哥们都回来了，我就没敢多玩，不然，可能就真的会撞到一只落在地上的蜻蜓呢。"富商哈哈大笑，开心极了，心疼地帮小儿子擦擦满脸的汗珠。

第二天，孩子们在各自的床头发现了父亲留给他们的小纸条：孩子，蜻蜓对我来说并不稀奇，我想看到的是你们捉蜻蜓时的快乐。

富商已经死了，这是他留给孩子们的最后的话。

◆ 心灵感悟

在追逐金钱和物质的过程中，我们失去了多少人生的乐趣。

生活要精致 💕

大学的时候，有一个从山区来的青年朋友。据说，他的家是常人无法想象的偏远。他每次回家，下了火车以后还要坐汽车，下了汽车以后还要坐马车，之后是背包步行……

他曾给我们讲他母亲的故事，我们仿佛看到了一个在困窘环境中坚强生活的瘦削美丽的母亲。她经常教导孩子们：生活可以简陋，但却不能粗糙。她给孩子做白衬衫、白边儿鞋时那样的干净而有样，让孩子们穿着粗布衣服却懂得整洁和有序。他说，母亲的言行让自己知道，贫瘠的土地上一样可以长出美丽的花。

和这位青年朋友同一寝室的还有位朋友，是富裕家庭里的"宝贝"。他上大学时，疼爱他的妈妈一下子就给他买了10套衣服，可他没有一件穿出点模样来。他总是东一件、西一件随便地乱扔，衣服总是皱巴巴地贴在身上。他的头发总是"张牙舞爪"，从没见他打理。一切都乱了套是他的生活常态。他不明白，上铺室友的床单为什么总是铺得整整齐齐，日子每天过得有滋有味，而自己的床上，横看竖看都是乱。

从偏远山区走出来的青年朋友，伴着大家的赞叹读完了研究生，携着心爱的姑娘，去北京开辟自己的广阔天地了。听说，当他有了自己的家庭以后，也保留了母亲留给他们的优良传统，把自己的日子过得精致而有序。

精致美好的生活不在于财富的多少，而在于一个人对待生活的态度。积极乐观的态度可以使得生活上的贫穷变为精神上的富有。

读书的快乐

书是智慧的写真。作者的经验与阅历，都在这小小的一方天地里被罗列，每个人都是它的受益者。书海中寻得宝贝，捧回家中，再泡一壶清茶，和着微风细雨或温暖阳光来阅读，是多么的惬意与舒爽！

读书真的乐趣无穷，但是，并非所有书都有这种能耐，只有经典的书才能让我们体会欢乐。

怎样与书中的快乐邂逅？

经常去书店走走：百货公司可以少逛，精品店也可以少去，风月场所最好别去，书店却值得经常光顾。按照个人的阅读兴趣，挑选钟爱的书籍，爱不释手，一口气读罢，茅塞顿开。

保证持久的阅读习惯：去年读历史学的书，今年读社会学的书，明年读哲学书等等。等读完这一门学问里最值得一读的十本或十几本经典，你想不渊博都难。

要带着愉快的心情阅读：不要把读书当成一种痛苦任务，不要只把读书当成换取学位或者其他的工具。放轻松吧，"书中自有黄金屋，书中自有颜如玉"。书中有什么，还要看读者的眼睛和头脑能发现什么，不必强加给自己一些条条框框，千万别勉强。

◆ 心灵感悟

书是智慧的源泉。邂逅经典好书，你就会很惬意、很快乐。

点点滴滴的欢笑 ❤❤

小美和阿伦结婚已经6年了。小美现在是一个全职的家庭主妇，不会有人想到她曾经是个十分优秀的商场经理。

小美常常会感到失落，她问自己：这几年在家里操劳，她究竟得到了什么？一座花园别墅，一辆小汽车，还是一个可爱的孩子？生活给她的馈赠就这么微薄吗？小美怎么都想不明白。

有一天，小美在清理橱柜时突然发现了一盒陈旧的录像带，她十分好奇，于是将录像带放进放映机。

屏幕上出现了小美抱着一大束玫瑰站在房门口灿烂地笑着。原来，那是小美4年前第一次收获自己种植的玫瑰。她为了这些玫瑰，每天辛勤地除草、松土、灭虫，终于有了收获，当时那种喜悦的心情真的无法比拟。

接着，屏幕上又出现了小美的儿子贝贝小时候的样子，他瞪着一双大眼睛，手指头含在嘴里，飞快地朝镜头爬过来，一边爬一边嘴里还在呢喃："妈妈，妈妈。"看着贝贝可爱的样子，小美幸福地笑了。

看完录像带，小美已感动得满眼泪花。原来这6年里，她获得了这么多欢笑和快乐。

◆心灵感悟

生活给你的馈赠，并不总是以物质的形式出现。那些欢笑、那些泪水、那些幸福与哀愁，哪一样不是生活的恩赐呢？

奉献的回报 ❤❤

很多年前，在一个小渔村里，一个勇敢的少年让全世界的人们懂得了无私奉献的报偿。

全村都以打鱼为生，为了应对突发海难，村里组织了自愿紧急救援队。

一个漆黑的夜晚，海面上狂风怒吼，乌云翻滚。一条渔船被巨浪掀翻，船上所有人员的生命都面临着巨大的危险。情况紧急，他们发出了求救信号。救援队的船长火速召集队员，乘着划艇，冲入了波涛汹涌的大海。一个小时之后，救援队的划艇终于乘风破浪，向岸边驶来。村民们欢呼着跑上前去迎接。队长却告诉大家，由于救援艇不够大，不能够搭载所有的遇难人员，为了不使救援船翻覆，无奈留下了其中的一个人。刚刚安下心来的村民，又陷入了慌乱与不安之中。这时，队长开始组织下一队自愿救援者去搭救那个被留下来的人。

16岁的琼斯自告奋勇地报了名，但他的母亲连忙抓住他的胳膊，颤抖着说："琼斯，你还是不要去了。你知道，你的父亲10年前就丧生于海难，而你的哥哥保罗也出海3个星期了，可现在连一点消息也没有。孩子，现在你是妈妈唯一的依靠了！我求求你不要去冒这个险！"琼斯心头一酸，泪水已经涌上眼眶，但他没有让眼泪流下。

"妈妈，我必须去！"他的态度十分坚定，"妈妈，这是我必须要做的，我有这个义务。妈妈，你想想，如果每个人都因为这样那样的情况而推卸责任，那会有怎样的结果。只要有人需要救援，我们就必须全力以赴地去履行我们的职责！"琼斯紧紧地拥吻着母亲，随后义无反顾地登上了救援队的划艇，消失在茫茫的黑暗中。

10分钟、20分钟……1个小时过去了。这一个小时对于琼斯的母亲来说，真是太漫长了。她忧心忡忡，焦急地等待着。终于，救援船再次出现在人们的视野中。琼斯正站在船头向岸上眺望。救援队长向琼斯高声喊道："琼斯，你找到那最后一个人了吗？”

琼斯兴奋地大喊："队长，我们找到他了。您转告我的妈妈，他就是我的哥哥——保罗！"

这就是人生给予我们意想不到的报偿。

◆ 心灵感悟

当人们真心付出爱时，生活永远不会辜负他。因为爱的本身就是一种回报。

父亲的磨蹭

儿子和父亲一起劳作，一起把蔬菜运到城里去卖。

这天，父子两人又要运菜去城里了。早晨，两人很早就开始起程。儿子想快点赶路，好在第二天的早晨到达城里，这样蔬菜也可以卖一个好价钱。于是，他就不停地催赶马车。

"儿子，不着急，慢点走。"父亲说。"可是要想蔬菜卖得好，就要赶好时机。"儿子不同意父亲的观点。父亲没有接话，躺在车上休息起来。儿子加紧赶路。

几个小时后，父亲醒了。对儿子说："你姑姑家住这里，我们好久没有见面了，进去说句话吧。"

儿子很不高兴，父亲却说："好不容易来到了家门口，怎么着也要见一面。"儿子没办法，只好等着。老人们在一起聊开了……

儿子气鼓鼓地终于等到老人聊完，那已经是一个小时后的事情了。这次，父亲驾车了。走在岔路口上，父亲向右拐了。

儿子皱皱眉头："应该左边近吧？"

"右边风景好。"父亲说。

"咱们要赶时间的。"儿子生气了，说话有点冲。

"生命在于享受，看看风景多好，不必急于一时。"父亲不以为意。

到了黄昏，他们走到了一条小河边，岸边都是美丽的小花，父亲决定在这里宿营。

儿子气坏了："你怎么能这样？我们是出来挣钱的。以后我再也不跟你一起出来了。"

父亲说："孩子，享受生活更重要。"

天刚放亮，儿子就叫父亲起来赶路。走了不久，就碰到一个人，他的车陷在沟里了。

"我们应该去帮他一下。"父亲跳下了车。

"我们没有时间了。"儿子生气极了。

"要知道你也有遇到困难的时候。"

终于把那辆车弄上了路，太阳已经很高了。突然，一道强光闪过，紧接着是巨大的轰隆声。

父亲摇摇头："好像城里下雨了。"

"都是您，如果按我说的做，咱们的菜都卖完了。"儿子还在生气。

"放松些……这样才能长寿。"父亲微笑着说。

终于走到了山顶，他们遥望城里。很久，两人都没有说话。最后，儿子对父亲说："爸，看来你说得很对。"

两人转头回家了，没有去那个叫广岛的城市。

◆ 心灵感悟

在人生之路上，行程不必太紧，给自己一些思考喘息的机会，感受一下生命的赐予。

很多年以前，有一个知名的年轻艺术家决定要创造出一幅充满着神的喜悦、发出永恒的和平之光的伟大画像。因此，他就上路寻找这个人去了。

艺术家为了寻找他的目标，走过一村又一村，翻过一山又一山。最后他在一个山间碰到了一个牧羊人。牧羊人有一双明亮的眼睛、带着天国韵味的面孔和表情，只看一眼就足够使人相信神是在他身上。艺术家邀请这个牧羊人做他的模特。他为牧羊人仔细地画了一张画像。这张画像被印制了数百份，发售状况格外良好。那位牧羊人也因此而得到不菲的报酬。

多年以后，这位艺术家又决定画一张罪恶化身的画像。经验告诉他，"撒旦"也同样存在于茫茫人海中。

于是他开始寻找一个像撒旦的人。这个人必须带有地狱之火一样的邪恶，罪恶、丑陋和残酷都要在他身上体现。艺术家最后在监狱里碰到一个犯人，他的眼睛里很容易就可以看出地狱的形象。艺术家决定画他。

当艺术家完成画像时，那个被链条拴住的犯人哭了。艺术家迷惑地问他："我的朋友，是什么使你哭泣？难道是这些图画扰乱了你？"

犯人回答说："我就是几年前你在山里碰到的那个牧羊人。我从天堂坠入到了地狱，从神降为撒旦，我是为了我的堕落而哭泣。"

艺术家不敢相信自己的耳朵，忙问："怎么会是这个样子？在你身上究竟发生了什么？"

这个曾经天使一样的牧羊人说："我用那笔钱去花天酒地，挥霍完以后，为了满足抑制不住的欲望，只得去做坏事……最终被捕而锒铛入狱。"

高贵还是低贱，取决于人的生活态度。态度决定性格，性格决定命运。当你改变态度的同时，你的命运也正在悄然地发生改变。

钓翁之意不在鱼

宁静的小溪边坐着一位老渔翁，悠闲地叼着烟斗，观赏周围的风景。显然，他并不是纯粹来钓鱼的，老人历经沧桑的面容一派祥和。

有鱼在吃鱼饵，老人却似没看到一般。等鱼吃完饵，要游走，嘴里的钓钩带动了鱼竿，老人才动手拉竿，果然，钓上一条鲜活的鳟鱼。

此时，一个年轻人从下游走来，对老人说："唉！坐了4个小时，竟然没有任何收获。"

"年轻人啊，如果只是单纯为了得到鱼而来钓鱼，那没有收获就是浪费时间了。但是，你不觉得这周围的景色很漂亮吗？有松鼠蹦来跳去，有野鸭倏然飞来……这么美丽的自然风景，不也是收获吗？"

说着，老人开始收拾东西，指了指自己钓上来的鱼，对年轻人说："年轻人，你要是想要鱼，这几条你拿去吧。我到这里来，可不单纯为了这些鱼。"

小伙子听了老人的话，很惊奇，对老人道谢之后，笑了笑，离开了。只是在看到一朵漂亮的野花时，停下了脚步，欣赏半晌，走了。

◆ 心灵感悟

钓翁之意不在鱼，在乎山水之间。不妨停下手中的工作，找个山清水秀的地方，呼吸几口新鲜的空气，闻一闻芳香的野花。

丢弃的彩票 ❤❤

从前有一个乞丐，将乞讨来的钱尽量积存起一部分去买彩券。他将彩券藏在自己那根打狗棍的秘密夹层里，每日与它形影不离。

有一次，他时来运转了，买的彩券居然中了头奖。他从此就不再是落魄困顿的乞丐了，他将过上受人尊敬的日子。他高兴得夜不能寐，迫不及待等着领奖日的到来。

第二天一大早他便起来了，高兴地想着自己从此不用乞讨度日，不用看人的脸色，不用再怕恶犬穷追；可以买房子，买车子，吃佳肴美味，穿金戴银，还能娶一位漂亮的姑娘。他被兴奋冲昏了头，发誓从此不再接触自己这些丑陋的东西。他把所有的东西都扔到了河里去，让湍急的河水将它们永远带离这个世界。只剩下打狗棍了，他心想马上就要买新车，这家伙再也用不上了，于是一高兴把打狗棍也扔进了河里。随后，他急匆匆地去领奖，到了领奖点才发现彩券还在打狗棍的秘密夹层里呢！糟糕！打狗棍呢？天啊！早就随着河水漂得无影无踪了。刹那间，他疯狂地捶胸顿足、悔恨不已，但已经晚了。

◆ 心灵感悟

笑到最后，才笑得最好。不要因为一时的得志而得意忘形，乐极生悲就是这个道理。

宁静致远 ♥♥

一位商人，事业有成，家庭美满。然而，虽然拥有与日俱增的财富，却总有一种莫名的恐惧时常侵扰着他，让他不能享受美好的生活，让他时时忧郁不堪、心情烦躁。

一日，一位画家朋友送了他一幅画。

画上画着一挂雨后山中的瀑布，颇有万马奔腾的气势：湍急的水流猛烈冲击着陡峭山石，仿佛可以听到瀑布不断传来的轰鸣声。

在瀑布半腰处，有一处突兀横立的枯枝不断地晃动着，而枯枝树梢上却凌空悬着一个鸟巢，一双幼小的雏鸟在鸟巢中安详地闭着双眼，安静地睡着，鸟仿若不觉瀑布巨雷般的声响。

商人静静地看着那幅画，顿有所悟：在尘世喧嚷的百忙中，偶然间丢开一切，悠然遐想，心中便似有一道灵光闪烁，这就是再忙也可以"偷"得的一点静趣。

◆ 心灵感悟

淡泊看待身边的一切，保持一份宁静致远的心境，你的心灵就会得到洗礼和升华。

轻看荣誉 ♥♥

居里夫人曾经获得各种奖金10次、奖章16枚、名誉头衔117个，甚至曾两度荣获诺贝尔奖，然而她自己却对此毫不在意。

一天，一位朋友到居里夫人家做客，朋友吃惊地发现居里夫人的小女儿正在玩英国皇家学会刚刚颁给居里夫人的金质奖章，忙问："居里夫人，你怎么能把代表着极高荣誉的英国皇家学会奖章给孩子玩呢？"居里夫人轻轻地笑着说："我是想让孩子从小就知道，荣誉就像玩具，只能玩玩而已，绝不能够永远守着它，否则将一事无成。"

1921年居里夫人访问美国时，曾收到过美国妇女为了表示崇拜之情而捐赠给她的1克镭。要知道1克镭的价值在百万美元以上。虽然她是镭的母亲——发明者和所有者，但她买不起如此昂贵的镭。

赠送仪式举行之前，居里夫人看到《赠送证明书》上写着"赠给居里夫人"的字样，她的脸上露出不悦之色。她声明："这个证书还需要修改，我不能接受这1克镭成为我的私人财产，美国人民赠送给我的这1克镭永远属于科学。"

主办者在惊愕的同时，从心底由衷地佩服这位伟大科学家的高尚人品，于是马上请来一位律师，将证书修改。居里夫人看到修改之后的证书才郑重地在上面签了字。

◆ 心灵感悟

荣誉得之不易，我们应该珍惜，但不可一味地沉湎其中。荣誉只是昨天的成就，沉湎其中便会停滞不前。只有不断积极进取，把荣誉当成前进的动力，我们才能取得更大的成就。

正确的利益观 ❤

朱志成和朋友阿广一起去应聘同一家公司的人事经理职位。公司老总觉得他们都很不错，各方面条件旗鼓相当，在难以取舍的情况下就决定将他们二人一起留下来试用三天，然后再做选择。

第一天，老总就给他俩下达了到人才市场设点、招聘一名人事主管的任务，最先完成任务的就被录用。

这天，朱志成面试了许多前来应聘的求职者，但这些应聘者不是学历太低就是能力太差。他本着宁缺毋滥的原则，一个都没录用，无功而返。然而令他吃惊的是，阿广则很快就录用了一个被他淘汰的求职者。

他不能够理解其中的奥妙，便问道："如此平庸之才你怎么能录用？"阿广则神秘地对他说出了自己的想法："从公司利益来讲，我应该招一个能力强的，但这样一来，我所面临的威胁就大了。因为他时时都有超越甚至取代我的可能；但如果找一个相对平庸一些的人，我就可以无后顾之忧稳坐现在的职位……"

朱志成听了阿广的一番话，暗暗惊叹他的精明，心里暗叹，自己怎么也无法与他竞争了！

到了公司以后，阿广把他招来的人介绍给了老总；朱志成则对自己的空手而归向老总表示了抱歉，并将没有录取到人是因为没有合适的人选这一理由如实相告。

出人意料的是，老总当即宣布朱志成被录取了！阿广连同他招聘的那个人都被舍弃了。

入职那天，老总在和朱志成进行了一番长谈之后拿出一个特制的布娃娃，说："请你将它打开。"朱志成疑惑地打开布娃娃，发现它的肚子里还有一个小一点的布娃娃；打开小的，里面还有一个更小的。如此下去，在最小的布娃娃肚里放着一张老总的亲笔字条："作为人事经理，你要录用比你强的人，我们的公司才能发展壮大；如果你老是录用比你差的职员，那么公司就会和这布娃娃的状况一样，越来越小，最后成了'侏儒'企业。"

朱志成的疑惑解开了，他终于明白了"精明"的阿广为什么会落选。

正确的利益取舍使得朱志成在竞争中获胜，他的利益观也获得了老总的肯定，最终被公司委以人事经理的重任。

　　在对他人不吝惜赞扬的时候，也要对自己充满自信。能够在与他人正面竞争的同时也不断增强自己实力的人，才是真正的强者。

人生的作业

　　作家高汉武曾写过这样一个故事：

　　在一次毕业20周年的同学联谊会上，同学们的现状各不相同。有的人境遇不错；有的人却活得很糟糕；有的人则原地踏步。在联谊会上，大家用专车接来了一直还住在乡间的年过古稀、头发全白了的班主任。

　　聚会的现场是仿照原来教室的模样布置的。同学们都按20年前的座次坐好，并把老师请到了预先设置好的讲台上。

　　同学们在讲话中都首先感谢老师的栽培。班主任听了一直不语，直到聚会接近尾声，才缓缓地站了起来，说："我今天来收作业了。你们还记得最后一课吗？"

　　毕业前的一天，天气晴朗，老师将全班同学带到了操场上，对大家说："这是最后一课了。我布置一个作业，说难不难，说易不易。就是请大家绕这500米操场跑两圈，并记下各自的时间、速度，以及感受。"说完就径自离去。

　　老师在讲台上对大家慢慢地回忆道："我离开操场以后，就在走廊上观察你们每个人的完成情况。现在，时隔20年，我对大家的成绩点评一下。有4人跑完了两圈，成绩在15分20秒之内；1人扭伤了脚；1人因为太快还摔倒了；有15人跑过1圈后便觉得没意思，就停了下来在跑道外聊天；还有的人嫌这是个无足轻重的作业就没有起步。"

　　大家在惊诧老师如此清晰的记忆的同时也仿佛看到了老师昔日

的风采，纷纷鼓掌。

等到掌声落下，老师又开口说道："我送各位4句话：其一，成功的机会只降临在那些有准备的人身上；其二，不捡身边的小蘑菇的人，就捡不到大蘑菇；其三，不但跑得快，还要跑得稳；其四，能在起点开始并不一定能在终点结束。你们现在都只有36岁左右，还不到对老师说感谢的时候。请多品评各自人生的作业。"

教室里顿时静了下来，大家都深深地回味着老师的一席话。

◆ 心灵感悟

参加人生的长跑比赛时，要保持不疾不徐、不放弃、不半途而废的姿态，还要把握自己的实力，才有机会赢得这场比赛。

放下包袱轻装前进

利奥是著名的影星，他以胖著名。

1936年，在演出时，他的心脏出了毛病，人们把他送到汤普森急救中心。医生竭尽全力也没能挽回他的性命。生命即将结束，利奥的最后一句话是："身躯如此庞大，但生命却只需要一颗小小的心脏！"

利奥的这句话让当时的院长哈森很有感触，为了提醒人们关注自己的体重，他在医院的大楼上刻下了利奥的遗言。

1983年，石油大亨默尔也因心脏问题住进了医院。战争使他的公司陷入了困境，他不停地跑来跑去从中斡旋，终于病发。

他简直把汤普森医院当成了自己的一个工作间。他包下了整整一层楼，还增加了几部电话和几台传真机，不停地工作着。当时有报纸这样写：

汤普森——美洲石油中心。

默尔的手术很完美。只用了几个月的时间，他就康复了。出院之后，他没有回到自己的工作岗位上去，而是去了他多年前就买下的乡村别墅。

1988年，默尔参加汤普森医院百年庆典的时候，有记者问他为何不再管理公司。他没有说话，只是微笑着指了指医院大楼上的那行字。

默尔在自己的传记里曾这样说：富裕和肥胖一样，都超过了自己的需要。

◆ 心灵感悟

对健康的生命而言，任何多余的东西都是负担。

受益一生的忠告 ❤❤

多年相亲相爱，终于要走进结婚的礼堂了。

黛甜蜜地最后一次检查自己的妆容，这时候，婆婆来了。她把一个软耳塞放在黛的手中，然后郑重其事地对黛说："现在你听好，我要给你一个终生受益的忠告：要想婚姻美满幸福，有些话要假装听不到。"黛有些迷惑不解，婆婆这是什么意思？

婚后不久，黛明白了老人的苦心。那是她跟丈夫第一次意见分歧，两人大吵起来。盛怒之下的双方，说话都没有经过大脑，很多伤人的语言冲口而出。事后，黛反思：婆婆说得对，对于人们在生气时说的不经大脑的话，要假装没有听到，而不是针锋相对，相互伤害。

婆婆的话，不仅让黛婚姻幸福，还让她在工作中跟同事相处融洽。她时常对自己说，生气、愤怒……一切坏情绪对事情毫无帮助，只能让人变得丑陋。人们在不能控制自己的情绪时都会不经意说出伤人的话，这时候，最好的反应就是塞上耳朵——亲爱的，我听不到你说什么……

宽容他人，即善待自己。

境由心生

本来，那天我是快乐的。我去首饰店为我的未婚妻选择一款结婚时佩带的项链。我把包放在柜台上，开始挑选项链。这时，进来一位男士，也站在我身边的柜台选择首饰。我礼貌地将我的包移动了一下位置，目的是让他更好地挑选。但他却并不领情，竟然恶狠狠地瞪了我一眼，凶狠地说："我不是贼！"搞得我莫名其妙，没有了挑选的心思，准备回家。一路上，我觉得心烦，车那么多，开得真慢，红灯也多，每次都要等；行人很多，走得也慢。心情不好的我竟然抢道了。而此时一辆大卡车正冲我开来，我恍恍惚惚不知道该怎么躲闪，心想：完了，这下完蛋了。然而大卡车突然急刹车，停在离我一步之遥的地方。司机探出头，黝黑的面孔，带着宽容的笑容，给了我一个先行的手势。我有些木然地回了一个不太自然的微笑，快速驶过。等我再回头，大卡车已经走远了，我的心情，一下子明朗起来。

莫名其妙的人给了我莫名其妙的烦躁，看什么都不对，瞅什么都不顺利，甚至精神恍惚；而大卡车司机的一个宽容微笑消除了我的所有坏心情。

有了快乐的心情，才听得到鸟儿的歌唱——世界没有改变，改变的是心情。

付出的快乐 ❤❤

池水和溪水在一座山上做了几十年的邻居。

溪水每天愉快地唱着歌，为山下的万物输送生命的琼浆；而池水则终日闷闷不乐、无所事事，好像装了一肚子委屈似的。

一个夏天的傍晚，溪水对池水说："你和我一起为万物输送水分如何？"

池水脸色阴沉地回答说："你认为所有的人都像你那么傻啊？将水分送给别人，我岂不是要变小了？我劝你还是像我这样生活吧！"

溪水荡起一朵朵浪花，愉快地对池水说："忙碌会让生活变得充实，而给予会让人生充满幸福。不瞒你说，正因为我每天为万物送去清凉的水分，所以我才过得如此快乐。"

池水轻蔑地说："别傻了，你终年奔波，哪儿有我过得舒服？何况送出去的东西永远都收不回来了，我看还是多占有一些比较明智。"

就这样，溪水每天忙忙碌碌地为花草树木输送清凉的甘露，而池水依旧死气沉沉地想着自己永远想不完的心事。这一年，天气大旱，池水和溪水都要干涸了。

回想起自己的一生，溪水露出了满足的笑容；而池水呢？它的大脑一片空白，其实它很久以前就已死去了。

◆ 心灵感悟

忙碌使人充实，付出使人愉快，这是生活教给我们的真谛。一个不懂得生活的人，生活对他来说是毫无意义的，即使生命存在，也犹如行尸走肉一般。

真谛

有个国王想要在全国范围内寻找一位真正的画家，于是，悬赏大笔奖金，只为获得一幅能够代表内心宁静的画。

很多作品被送进宫来，画面的内容和体裁很多，形形色色，有画森林的，有画湖泊的，有画儿童的……国王认真地看完了所有的作品，最后选择了两幅比较出色的。

第一幅，画面上是清晨的湖边，氤氲的雾气，袅袅升起，空中有朵朵白云，翠绿的树上有不知名的小鸟在唱歌。湖边站着一对年轻的情侣，互相依偎着，望着远方，脸上写满了对未来的憧憬与向往。

第二幅，画面上是一座古怪嶙峋的高山，山上天空阴云密布，几乎可以看见闪电和暴风雨的影子，看来一场风暴是不可避免的。可仔细一看，山脚下的岩石堆旁居然有一位年老的垂钓者，穿着蓑衣，戴着草帽，神情专注，丝毫不为外界环境所影响。

国王把一等奖颁给了第二幅画的作者。面对大多数人的不解，国王的解释是：真正的宁静，不一定是外界环境的宁静，在一定程度上，更多取决于一个人的内心是否宁静。

众人恍然大悟。

◆ 心灵感悟

大隐隐于市，小隐隐于野，宠辱不惊笑看人生，才是豁达宁静的最高境界。

有能力就做一点慈善事业

米勒德·富勒是一个普通的美国人，像所有人一样，他为了自己的梦想不断奋斗着。他希望凭借自己的双手，创造出大量的财富。到了30岁时，米勒德·富勒已经积累了百万资产，他并没有满足，他希望自己成为千万富翁。当然，他也有这个资本，他有一幢豪宅，一间湖上小木屋，2000英亩地产，以及快艇和豪华汽车。

但是，与他的财富成反比，他的健康和家庭却向着相反的反向发展。

一天在办公室里，富勒心脏病又犯了，而他的妻子正准备和他离婚。在经历过死亡的威胁后，富勒突然明白自己对财富的追求已经耗费了他真正值得珍惜的东西。他赶紧打电话给妻子，要求跟她见面。妻子看到他苍老的样子，不禁与他抱头痛哭。自此以后，富勒决定换一个追求，将那些生意与物质排在了健康和家庭的后面。

他卖掉了大部分的公司、房子和游艇，并把这些钱捐给了慈善机构。他以前的朋友都认为他疯了，但富勒却感觉自己从未如此开心过。

然后，富勒和妻子开始了一项伟大的事业——为许多无家可归的贫民修建"人类乐园"。他们的想法非常简单："能够为每个困乏的穷人，修建一个简单、体面，并且能支付得起的地方用来休息。"

许多名人知道富勒的行为后，都跑过来支持他。富勒曾经的梦想是创造1000万美元的家产，但现在他的目标是为1000万人，甚至更多人建设家园。富勒曾为财富所困，几乎成为财富的奴隶，差点儿被财富夺走他的妻子和健康。而现在，他是财富的主人，他和妻子自愿放弃了自己的财产，而去为人类的幸福工作。他自认是世界上最富有的人。

◆ 心灵感悟

　　从为自己创造财富到为别人创造财富，这不仅仅是观念上的转变，它所创造的也不仅仅是心灵上的富有和满足。

她拿起蛋糕闻了一下："嗯，真香！"可惜有份文件上司急用，先去复印，两分钟搞定，就可以享用这美味的蛋糕了。带着甜蜜的心情去复印文件，仅仅两分钟，回来后，却发现一只蚂蚁正在享用她的美味蛋糕。她气愤极了，用叉子把蚂蚁挑出来，问道："你这只可恶的小蚂蚁，为什么偷吃我的蛋糕？"

蚂蚁舔舔自己身上的蛋糕屑，说："我饿了，正好有这么香甜的蛋糕放在这儿，我自然不能放过了。我吃得很少的，你别那么小气，给我一些碎屑就够了。"

她更生气了："你只是一只小蚂蚁，怎么配吃这么好的东西？有剩饭剩菜就很不错了，你竟然妄想跟我分食？"

蚂蚁说："虽然我的生命微小，但我有自己的人格，我不要过那种卑微的生活。即使上天不公，我也要抗争，所以我来到了这里。虽然危险，但我活得开心。"

听了蚂蚁的话，她心中一动："你不怕万一适应不了，生活会更糟糕吗？"

"还没做，就开始害怕，那有什么用？人生有很多选择，条条道路通罗马，生命中充满了各种可能。"

她沉默了。很久以来，她都有自己的目标，却一直顾虑太多，不敢付诸于行动，怕情况更糟。

看看神气的小蚂蚁，她有了决定，把蛋糕朝蚂蚁一推："感谢你，这个蛋糕送你了。"

蚂蚁摇摇头，拒绝了："尝过味道就好，我还要去试别的东西呢。"

她，设定新的人生路线，整装待发。

胆小的人，注定失去生命中的美丽与精彩。

神奇的体重器 ❤️

候机室里，一男子正在等飞机。时间还早，他决定先溜达一会儿。看，那是什么？一个奇怪的体重器！上面的海报竟然写了这样一句话：

只要一块钱，就能知道你的体重和未来！

人都有好奇心。他走近去观察它有什么特别的地方，但发现跟一般的体重器没什么两样。抱着好玩的心理，他站了上去，投了一枚硬币。

打字的声音传来，几秒钟之后，一张卡片出来了。他拿起一看：

姓名：严希。体重：65公斤。正在等待晚上9点飞往伦敦的飞机。

"没道理！"他不信，一定有人捣鬼。他决定也要戏弄一下那个人。于是，看看周围没有人注意他，就悄悄地走进旁边的女装店。不一会儿，一个容貌俏丽的"女子"走了出来，径直走向体重器。

片刻之后，机器里吐出一张卡片。"女子"拿起一看，呆住了：

姓名：严希。体重：65公斤。你等的9点钟的飞机已经飞走了！

◆ 心灵感悟

实现目标的过程中，会横出许多枝节。要记住：永远知道自己是干什么的，永远不要被干扰影响了视线。

没说话的人

很久以前，有4个老道，在山上修行。

一天，道行高一点的说："今天我们来练'不说话修炼'。"大家同意。但是必须有一个人来负责看着烛光。于是，道行最浅的小道士接受了这项工作。

几个时辰过去了，大家都盘腿打坐，闭目修行，没有人说话。又过了很久，室内弥漫着异样的味道，道行浅的小道士睁眼一看，不好了，原来风将烛台吹倒了，已经在桌子的一角开始燃烧。于是，忍不住大喊一声："不好，要着火了！"

其他3个打坐的道士睁开眼，没有救火，其中一个反而斥责小道士："不是不让说话吗？不知道我们在做什么修炼吗？"这时，另外一个却大声呵斥到："你怎么也说话了，太不像话了！"

这时，道行最深的那个道士缓缓地开口说："呵呵，只有我没说话吧！"

◆ 心灵感悟

不要被呆板的规划束缚住，要懂得灵活变通。

决斗

那时候，我们年少无知，因为一点小事，我跟朋友起了争执。愤怒之火熊熊燃烧，我们决定去一个荒凉的地方决斗，免得有人跑来打扰。这一架我们打得酣畅淋漓，最后两人再也没有力气动一下手脚了。伤口在不停地流血，可我们都动不了。

很快，天要黑了，再不回去我们今天就要露宿荒野了，这对受伤的我们来说可不是什么好事。

我们必须互相帮助，给对方包扎伤口，然后相互支撑着回去。

两人狼狈地相互搀扶着行走，心中的愤怒慢慢消失，友爱之情重新回归。两人对视，看到对方狼狈的样子，都龇牙咧嘴地笑了。心中，友谊之花绽放。

◆ 心灵感悟

有什么非要斗个你死我活呢？最聪明的做法是放宽心胸，把仇人转化为自己的朋友。

我只能给你一半

很久很久以前，两个国家在打仗。

激战过后，甲国胜利了。一个甲国士兵坐下来休息，他打开水壶准备喝水。突然，远处响起了呻吟声，那是一个乙国士兵，看样子他受了重伤。此时，他正看着甲国士兵的水壶，眼里满是渴望。

甲国士兵走过去："看来你很渴。"他把水壶凑到伤者嘴边，但那个乙国士兵竟然用匕首朝他刺来。幸好乙国士兵已经受了重伤，没有什么力气了，只是在甲国士兵的手上划了一道口子。

甲国士兵瞪了乙国士兵一眼："你这个不知好歹的家伙，本来我打算把所有的水都给你喝的。哼，现在，我只能给你一半了。"

后来，甲国的王听说了这件事，就问士兵："那家伙如此对你，你当时为什么不把他杀掉？"士兵耸耸肩，说："他已经受重伤了，没有战斗能力了，我不能杀这样一个人。"

◆ 心灵感悟

在别人忘恩负义之后，仍有饶恕之心，这是第二次饶恕，更是伟大的情操。

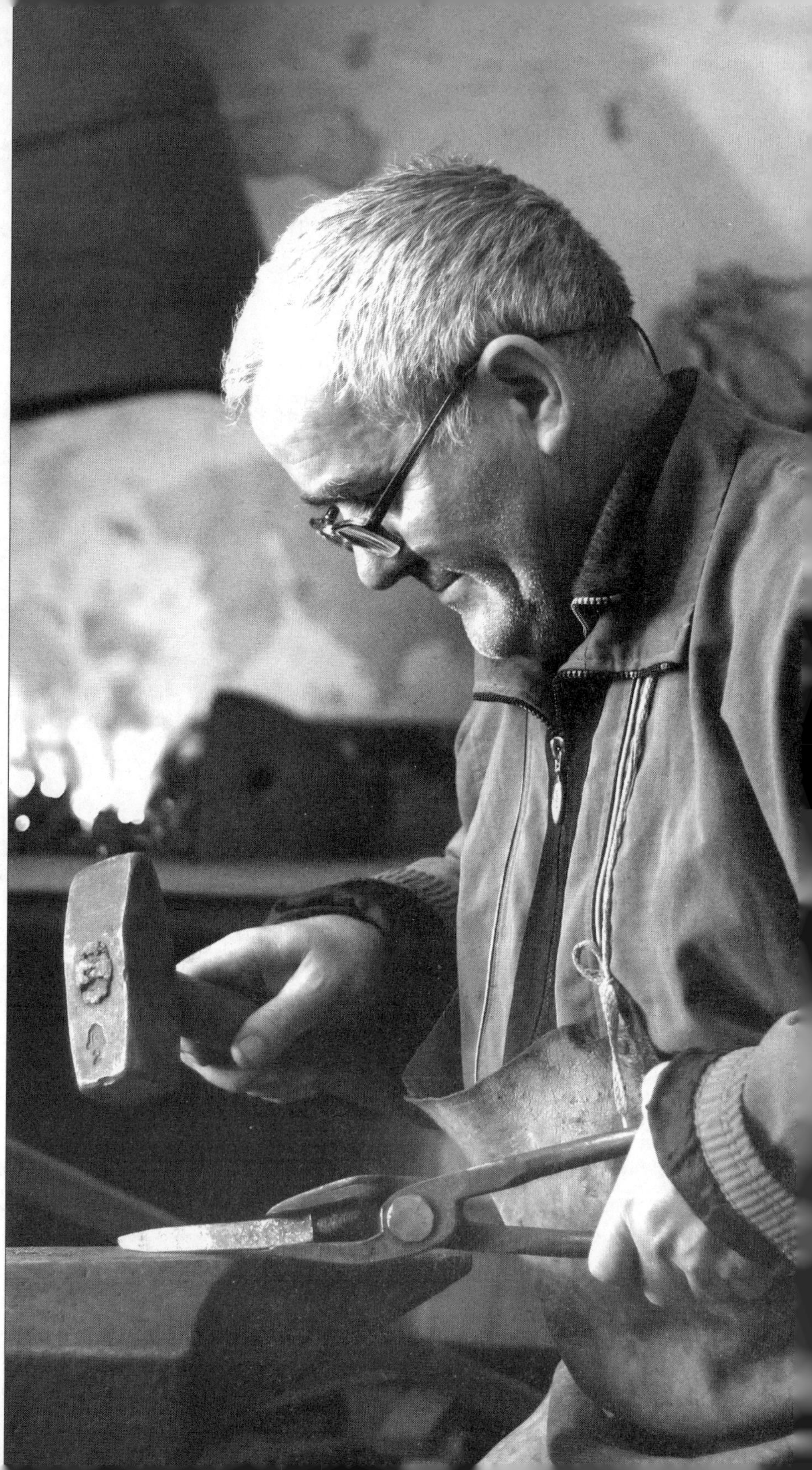

下篇

最鼓舞人的励志故事

■ 我们的生命虽然短暂而且渺小，但是伟大的一切都由人的手所造成。人生在世，意识到自己的这种崇高的任务，那就是他的无上的快乐。

——屠格涅夫

Volume 2

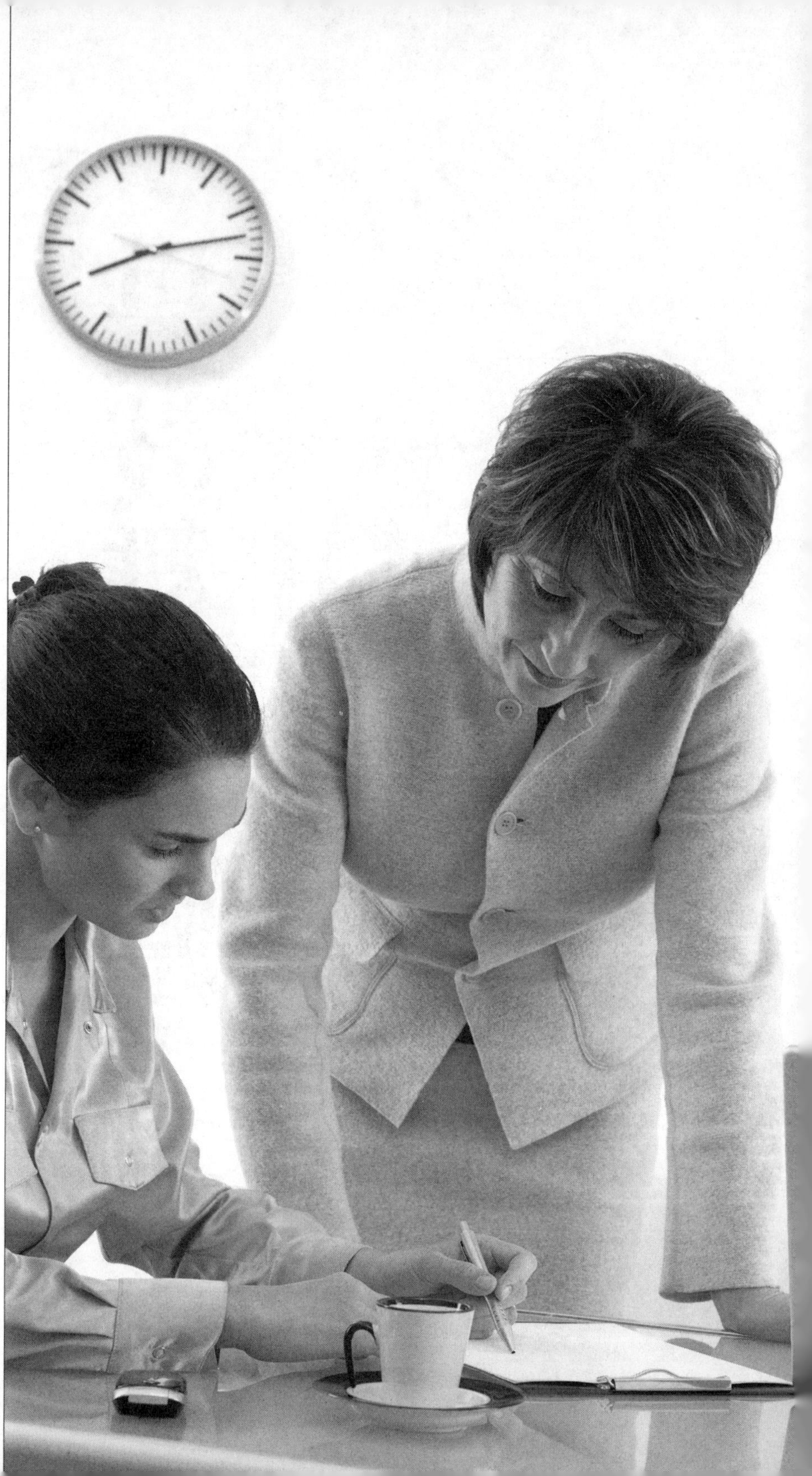

第六辑 Chapter 6

读懂人情做对事

■ 笨蛋的心在嘴巴上，聪明人的嘴巴在他的心上。

——本杰明·富兰克林

你会打篮球吗 ❤❤

台湾青年苏子豪在美国读书期间，和3个美国青年一起完成了学校交给他们的系统研发工作。系统研发完成后，厂商和老师都很满意。子豪的心里也很高兴，这段时间，作为系统研发的组长，他负的责任最多，付出的心血也最多。

学校给大家的打分出来了：子豪4分，另外3名美国人布莱恩、杰夫、米娅各5分。子豪很生气，他决定跟老师谈谈。他觉得打分很不公平。老师告诉他，组员认为子豪作为组长没做什么贡献。子豪听了，更不服气了。他告诉老师，那个系统几乎是他一个人弄出来的，还说布莱恩不愿参加开会，杰夫写的程序几乎不能用，米娅除了帮忙叫夜宵之外几乎什么都没做……老师却说布莱恩告诉他，自己不愿意去开会是因为子豪每次开会都不听他的，所以他认为没必要再参加开会；而杰夫认为，自己写的程序子豪总是拿去修改后再用，是对他的不尊重；至于米娅，在4人团队中起了调解员的作用，使成员之间的矛盾不至于激化，因此贡献也是很大的。

子豪还是不服气，竟然开始怀疑老师有种族歧视倾向。

老师忽然问子豪："你会打篮球吗？"没等子豪回过神来，他接着说，"子豪你在台湾长大，大考、小考、联考，最终考进大学，是竞争的胜利者。但这像打棒球，球飞过来了，靠自己去接住它，是'个人秀'。但出了联考大门，进了大学，就像打篮球。要像篮球队员那样，靠队友间的配合得分。这方面，著名篮球明星乔丹就做得很好。他球艺过人，但更重要的是他与队友之间良好的默契，使他赢得了众人的称赞，值得学习。"

听了老师的一席话，子豪触动很大，从此之后改正了自己不讲团队协作的缺点。

　　进入社会之后，成功不再靠单打独斗，而靠团队。一个人要想创立自己的团队，首先要当一个富有团队精神的人，这样，天地才会广阔，事业才会做大。所以，摆脱你的"联考"思维吧，转到篮球场上来。

找来梯子 ❤❤

　　高高大大的大李、身材适中的小夏和长得较为矮小的小李在一家公司的招聘会上共同竞争营销经理的职务。今天，他们来参加最后一轮考核。

　　他们被带到一个苹果园里，老总亲自主持今天的考核。规定是这样的：每人一棵树，谁摘的苹果多，谁就胜出。

　　比赛开始了。大李、小夏、小李每人选中一棵苹果树，动手摘起苹果来。

　　只见大李利用身高的优势，左一个、右一个，不一会儿就把身上的小篓子装满了。

　　小夏身材适中，干脆爬到树上，骑在树杈上，一手抱着树干，一手一个又一个地采摘着，收获也不少。

　　只有小李因为比较矮小，一个苹果也够不着，脸上露出了焦急的神色。"得借个梯子来。"小李想。在征得老总同意后，他飞快地往守园子的大爷那里跑去。一到大爷面前，小李先向大爷弯腰行个礼，然后说："大爷，我们在这园里摘苹果，我想向您借把梯子，行吗？"刚才老总领着小李他们进来时，只有小李向大爷问过好，给大爷留下了很好的印象。这时候大爷认出他来了，同意把梯子借给小李用。

　　借助梯子的作用，小李很快地摘下了不少的苹果。而大李呢，当他把手够得着的苹果摘完后，在树杈高处的苹果却摘不到了。小夏则是把周围的苹果摘完了，比较细的树枝他却不敢上去，也摘不到苹果了。他们这才赶忙去找梯子，可是唯一的梯子已经让小李借走了，现在哪儿还有梯子的影子。当他们两人空手跑回来时，老总宣布，今天的比赛结束，并当场决定聘请小李为销售部经理。因为小李面对困难，能迅速找到解决办法，打开局面。这就是他胜出的重要原因。大李、小夏自然是输得心服口服。

◆ 心灵感悟

　　许多有成就的人都有一个"过人之处"——具有很强的"梯子意识"，善于找"梯子"，并主动搭"梯子"。有这种"梯子意识"，就可以培养起调动一切资源为我所用的能力。所以，当我们使出浑身气力，埋头赶路的时候，别忘了时常抬头看看周围的风景，看有没有可以助你一臂之力的"梯子"。

为什么当伞兵

　　美国最高统帅魏摩尔将军在越战时，有一次检阅他的伞兵部队。检阅仪式过后，将军接见了他们中的佼佼者。

　　将军对年轻伞兵们的表演赞不绝口，在了解了他们的生活和学习情况后，又向他们询问体验和感受。

　　第一位伞兵胸脯一挺，扬起那张因兴奋而涨红的脸说："我爱跳伞。"

　　第二位伞兵是名高个子的一等兵。他两腿一并，做了个立正的姿势，大声地报告："跳伞是我生命中最重要的体验。"将军望着他们斗志昂扬的模样，不禁频频点头。

　　轮到第三位伞兵回答了，他的回答令所有的人吃了一惊：

"我不爱跳伞。"

魏摩尔将军摸摸这个看起来还是个孩子的伞兵的头，问："为什么不爱跳伞，还选择当伞兵呢？"

这个满脸孩子气的伞兵认真地回答："我希望跟热爱跳伞的人一起，他们可以改变我。"

◆ 心灵感悟

和什么样的人相处，久而久之，你就会变得跟他相似。作为一个追求成功的人，有什么理由不和成功的人交友呢？成功的人往往也是富有的人。尽力地去聆听他们的谈论，吸收他们的正确观点，培养起他们身上的优秀品质，寻求他们的帮助，有一天你也会变成和他们一样的人：成功且富有。

我需要你的帮助

甘道夫年轻时是一位保险推销员。有一次，他在拜访一位极负盛名的书商时，被书商家里数量可观的奖杯和徽章吸引住了。"您是怎么得到这些奖杯和徽章的？"甘道夫忍不住询问道。

"那是因为我获得了美国最佳书商的称号。"

"您是怎么获得这个称号的？"

"我说了一句神奇的格言。"

"神奇的格言？"甘道夫瞪大了好奇的眼睛。

"那就是真诚地向客户说'我需要您的帮助'。通常这时，别人都会被打动，没有人会拒绝。"

"您需要的帮助是什么？"

"3个名字！3个他能告诉我的好朋友的名字。"

书商向客户索要的这3个名字其实就是3个被推荐名单。不过，甘道夫还是不太明白：为什么这个数是3，却不是6、9或者更多呢？后来，有位心理学家告诉他："3"是人们习惯性的思考方式。而且，很少有人的好朋友能超过3个。

◆ 心灵感悟

当你用低姿态诚恳地求助时，上帝一定会看到你需要的并不是现成的成功，而是获得成功的机会。有了机会，把握住它，现实的成功就来了。

当好不懂行的评论家

他对音乐很外行，用他自己的话讲叫做缺五音，少六律。

谁能相信就是这样一个人，居然是一家国家级音乐刊物的总编辑，全国有名的音乐评论家。他是怎么当好这不懂行的评论家的？带着这个疑问，我访问了他。他向我讲述了自己的亲身经历：

我大学毕业后，被分配到一家报社当新闻记者。有一天，大嗓门的周姨喊："小叶，主任叫你去一趟。"我忙放下手中还没写好的一篇文章，到了编辑部主任办公室。打过招呼后，主任示意我坐下，对我说："今天晚上有一场很重要的音乐会，社里要派人参加。可不巧的是，音乐评论员小王生病住院了，现在还在接受治疗，去不了啦。因此，社里决定暂时由你代替小王去参加音乐会，并写出一篇评论员文章，明天见报。"

我不是学音乐的，也没写过音乐评论员文章，这不是赶鸭子上架吗？写砸了怎么办？我只得告诉主任我的顾虑。没想到主任还是坚持说："没事，没事，有困难可以想办法克服嘛。你文化水平高，脑袋瓜子聪明，肯定会写好的。好啦，就这么定了。"

我也不知自己当时是怎么离开主任办公室的。

晚上的音乐会上，我痛苦地坐在剧场中，脑子里想的全都是：稿子！稿子！演出结束了，我站起来后突然想到了一个主意。我立即冲到后台，找到了首席小提琴手，把自己的工作目的、现在的困难毫不隐瞒地和盘托出，请求她的帮助。我说，自己相信她一定会帮助我这个外行的音乐评论员的。小提琴手一直耐心地听我把话说完，之后向我谈了很多有关这次演出的十分专业的评价。

第二天，我写的稿子发表了。谢天谢地，反映很好。圈内人士甚至惊呼一名音乐评论新星横空出世了。后来，报社领导就让我担任专职的音乐记者。虽然我还是不懂行，但因为有了第一次的经验，我和音乐人交上了朋友，并坦诚求助。再加上自己不断地苦练内功，几年后，我逐渐地被大家认可，以致最后坐到现在的这个位置上。

◆ 心灵感悟

人生一世，总有自己力所不能及的时候，你不可能万事不求人。在处于困境的时候，只要你把自己的困难坦诚地告诉别人，并诚心地向他人求助，被求助者一般都不会袖手旁观。有了他的帮助，你的问题也许能得以顺利地解决。

善用"求名"心理

卡耐基是美国著名的钢铁大王，这是众所周知的；而他善用"求名"心理，也是很有名的。

小时候的卡耐基家境贫寒。跟着父母来美国定居时，因为交不起学费，卡耐基辍学在家。那时，别人送来的一只母兔下了一窝小兔子。满笼的小兔子活蹦乱跳十分可爱，但它们每天吃的食物却使卡耐基十分操心。他已经没钱买胡萝卜给兔子吃了。小小年纪的卡耐基想出了一个办法——请周围的小朋友参观他的小兔子，让他们"零距离"地亲近这些小精灵。小朋友们都兴奋地围在兔笼周围，这个摸摸兔子的耳朵，那个拉拉兔子的尾巴，高兴得又蹦又跳。这时，卡耐基告诉他们，谁愿意认养小兔子，这只小兔子就用他的名字命名。一会儿，一窝小兔子全被认养了。小兔子有了名字，它们的饲料也不成问题了。这就是卡耐基童年时对"求名"心理的实际应用。人人爱护珍惜自己的名字，而卡耐基从中得到了实际利益。

长大后的卡耐基从职员做起，经过艰苦奋斗成为一家公司的老板。

做生意就会有竞争，但有一次卡耐基的公司和布尔门的铁路公司为竞标太平洋铁路公司的合约而竞相压价、恶性竞争的事，让他想到，这样只会两败俱伤，他便向布尔门伸出手，表达了尽释前嫌、合作奋进的愿望。

卡耐基的高姿态让布尔门欣赏，但在合作上却并不热情。经过了解，原来布尔门对合作后新公司的名字很在意，这可是事关"谁是老大"的问题。于是，卡耐基主动提出叫"布尔门卧车公司"。布尔门一阵惊喜，就是说，他是新公司"老大"。于是，强强终于联手，演出了一场精彩的"双赢"大戏。

这又是卡耐基"求名"心理的一次成功应用。

◆ 心灵感悟

求名，是人的天性。有些人愿意资助探险队员到南极探险，因为那些冰山将用他们的名字命名；另一些人则愿意花钱上镜，在广大观众面前露一露脸。所以，在记住别人名字的基础上，想一想，有没有办法挖掘出名字里面蕴藏的无限宝藏？

没有一个不重要的 🖤

二次大战后的日本，一家食品公司受经济危机的影响，就要撑不下去了。

有一天早晨，经理把裁员的决定通知了大家。

经理找名列其中的人谈话。

清洁工不接受被裁员的决定。悲愤地说："我们很重要，由于我们的辛勤劳动，才有了清洁优美、健康有序的工作环境，你们才能全心全意地投入工作。"

司机也不接受这个决定，他说："我们很重要，是我们司机把这么多产品迅速运往各地市场的。"

仓管员也不同意被裁员，他们说："我们很重要，是我们保管着这些食品，才没有被流浪街头的乞丐们偷光。"

听了他们的话，经理也觉得他们每个人都很重要，决定不再单纯依靠裁员来挽救这个厂。不久，经理意识到重新制定管理策略才是首要的。他在一块大匾上写上"我很重要"4个大字，挂在厂里最显眼的地方。

从此，"我很重要"这4个字天天陪伴着大家，大家都认为自己很重要，认为领导也是很重视他们的，都自觉努力地把工作做好。正是凭着这种认真负责的敬业精神，公司快速发展。一年后，公司已经成为日本最有名的企业之一了。

◆ 心灵感悟

克里姆林宫内曾有位尽职尽责的老清洁工，她说："我的工作和叶利钦的工作差不多，叶利钦是在收拾俄罗斯，我是在收拾克里姆林宫。每个人都在做好自己的事。"能力有大小，职位有高低，但人人心中都有自己的一份尊严，都渴望得到尊重。满足它，你就会得到百倍的回报。

帮就帮个好忙

老王在北京的一家研究所工作。夏季的一天，他到西南的某一城市出差，办完公事返京。

去火车站进候车室到安检处时，有一位老太太提着旅行袋，背着大跨包，拧着大包袱，拖着行李箱，非常费力地朝行李安检处挪着。

她把求助的目光投向老王，说道："请您帮我把行李放到安检处，好吗"？老王二话没说，帮这位老太太办完行李的安检。

老太太又说："您能再帮我把行李搬到候车室吗？"老王没吭气，帮她把行李都提到候车室。

当老太太得知老王也到北京且同车厢时，就要求老王一路上都得帮她。老王心中虽有些不快，但转念一想：老太太一个人出门也挺不容易的，还是好人做到底吧。

上车时，老太太将大部分行李交给老王扛。在车上，老太太一会儿要老王灌水，一会儿要老王洗手巾，一会儿要老王购物打盒饭。老王默默地听由老太太的使唤，他认为"送佛送到西，帮人帮到底"，不但没怨言，还悉心照顾她。

终点站到了，没想到来车站接老太太的竟是老王同单位的老张。他听了老太太的话，对老王十分感激，本来在工作中还对老王有点意见，这会儿全都烟消云散了。从此以后，他们在工作中相互支持，互相帮助，共同攻关，工作年年都有成果。

◆ 心灵感悟

哲学家说："世界是由无数个偶然构成的。"人生在世，谁能不求人？对他人偶然的一次全力帮助，也许可以给你带来意外的收获。站在他人的角度，好事做到底，帮忙就帮个好忙。

握好一次手 ♥

玛丽当推销员那会儿，被销售经理鼓舞人心的讲话打动了。会议结束后，她排队等了3个多小时，注意到经理只是机械地摇摇手，眼睛看向别处。他大概是看看队伍有多长。经理可能是累了，但是自己为了要和他握一握手而等了3个小时，也很累啊。

玛丽的感觉就是自己的自尊心受到了伤害。她暗暗发誓：如果有那么一天，她一定要握好每一次手，绝不能像经理今天这个样子。

有了这样的信念，她努力地工作，不断地握化妆品专家的手，握美容顾问的手。她终于由一个化妆品的门外汉成了这行业的专家，创建了自己的公司。她终于成功了，在赢得极高声望的同时，也赢得了那种握手的机会。

她总是提醒自己不要忘记自己当年的"待遇"，公正地对待每一个人。常常有数百人等着和她握手，每次都要持续好几个小时。但她和每一个人握手时都是全神贯注的，眼睛看着对方，不时说些亲热话，不会因为任何事情分散自己的注意力。

这样的握手，向成千上百个人传递着这样一个信息：他们是玛丽眼中的重要人物，玛丽觉得他们都是世界上最重要的人。玛丽的公司也因此成了全世界最重要的公司之一。

◆ 心灵感悟

不论一个人多么渺小，他都希望成为别人眼里的"重要人物"，受重视，被尊重。在待人接物中，也没有什么比漫不经心更能伤害人心的了。既然你牺牲时间去接待他，就要接待好，而不是产生反效果。

心灵鸡汤全集

最鼓舞人的励志故事 第六辑 读懂人情做对事

303

关键在于攻心 ❤❤

　　某公司财务科的女孩子们说,月末她们最忙了,许多报表要做出来,常常要加班到很晚。她们的科长是位女性。女科长到了这一天,总忘不了买一大束鲜花来,亲手把那美丽的鲜花放在每张桌子上。女孩子们把花插进花瓶里,放在面前,深深地吸一口气,摊开报表忙碌起来。这束鲜花让姑娘们提前一个小时完成报表,错误率下降10%。

　　另外,上海有这么家公司,每到下午3点,员工们都会离开办公间,到一间宽大的休息室里。休息室的落地窗下,摆着一圈椅子,放着轻音乐,两个慈眉善目的阿姨,站在一个不锈钢餐柜边上。餐柜里面摆放着三明治、面包、咖啡,还有绿豆粥、红茶、冰淇淋。每人取一份,在落地窗前找个位置坐下来。他们听着音乐,品着美味,看着窗外的美景,这哪里是在工作,倒像是在休闲!

　　仅仅31人的这家公司,每年却能创造3000万的财富。

　　工厂里的一条生产线停了,因为发生了故障。检修人员满头大汗,忙了半天,也查不到故障原因,看来只好请技术员了。

　　技术员请了婚假,今天是他蜜月的第6天。

　　车间主任说:"那怎么行,他正在度蜜月呢。"

　　没办法,再查。一直到半夜,故障才找到。度完蜜月的技术员听说此事,感动极了。后来,当这位车间主任成为这家工厂的总经理时,那位技术员成为了总工程师。别的公司出再多钱也没能"挖"走他。

◆ **心灵感悟**

　　人心是一笔无形资产,是一笔不可忽视的巨大财富。对于个人成功而言,经营人心能带给你最多的回报。

战国时期，一位酷爱下棋的将军会随时随地找人杀两盘，就是在两军对垒的战场上也不例外。

一次，在率军前往边界、与入侵敌军作战的路上，他听说镇上有一小店店主的棋下得很好，便前往，想杀他两盘。

店主问明了将军的来意，望了望将军，取下棋盘说："我与人下棋，从来都是执黑，老将不动，今天就破例了。"

第一局，将军执红棋，先手出击，攻势凌厉，杀得店主无力招架。将军旗开得胜。

第二局，战成平局。

第三局，将军想取胜，却找不到机会，结果又战成了平局，只好先奔赴前线。

将军带兵打败敌人后，路过这个小镇时，又去找店主对弈。店主知道将军打了胜仗，很是高兴，就说："上次我破了例，这次不动'将'了。请将军先下。"

首局，将军开动脑筋，左冲右杀。谁知，店主稳中蕴动，猛招频出。结果将军输了。

第二局，将军以守代攻，结果又输了。

第三局，将军迭进绝招，还是输了。

将军向店主请教："上次你主动走将，战成一负二和；这次您不动老将，却连胜三局，这是为什么？"

店主笑道："上次和您对弈时，您要上前线打仗。我下棋就不可挫伤你的锐气。眼下大军凯旋，我胜您是要您务必戒骄戒躁啊！"

将军深受启发，向店主道谢后，从此战无不胜。

贬低太多了，会打压掉士气；赞美太多了，又会让人忘乎所以。但凡成功者，总会施展两面手法：面对挑战时，激发别人的信心和斗志；取得成功时，打掉他们的傲气和不可一世。

当心邻近影响

波特是主人家养的小狗，波特的妈妈是一只白色的北京犬，爸爸是一只高贵的吉娃娃，所以波特是个混血儿。波特也为自己的出身感到骄傲，因此挺清高的。

主人去旅游了，委托波特管家，并将波特的办公室安排在约翰的隔壁。

现在，波特就是大管家了。它更觉得自己了不起了，整天昂头挺胸，这边走走，那边看看，它考虑的是如何好好完成主人交给的任务。

它觉得最头痛的是约翰。约翰是一只大笨猪，它又懒又不讲卫生。每当波特从约翰身边走过，总是被约翰身上的臭味熏得要吐出来。约翰的办公室从来不打扫，办公用品也是到处乱扔。波特对约翰大声地喊道："约翰，你再不打扫卫生，再不洗澡，我就对你不客气啦！"

"是的，管家。"约翰顺从地答道。

但是，约翰仍旧不洗澡，不收拾办公室。波特只好叉着腰，指着约翰的鼻子大声说："你再不洗澡，我就要惩罚你啦！"

"是的，管家。"约翰恭敬地答道。

波特等了很久也没见约翰洗澡，约翰一拖再拖。到后来，波特竟然和约翰一起去喝酒，喝到半夜才回来，波特居然也没有洗澡。再往后，波特竟然闻不到约翰身上的臭气了。

　　"出淤泥而不染"的人太少了，大多数还是逃不出"近朱者赤，近墨者黑"的围陷。希望你能是个例外。

完美的胜利 ❤️

　　老鼠在上帝身边待久了，听说凡间的动物经常互相争斗，很想去看个究竟。它向上帝请求到凡间做一只普通的动物。

　　上帝对老鼠说："你想到凡间去我不反对，但咱们必须有个约定：下凡做动物时，你必须战胜它们中最强大的动物——大象，才能回到我身边来。否则，你就永远只能留在动物界了。"

　　老鼠想："我在上帝身边见过那么多的世面，而它无非只是凡间的一头大象而已，没什么了不起的。"于是爽快地答应了上帝的条件。就这样，它来到了动物界做了一只老鼠。

　　老鼠在大地上晃悠，亲眼目睹了动物们为生存而互相残杀、弱肉强食的现象，大为震惊。这危机四伏的世界它一天也不愿意待下去了。回想起那终身享受优厚待遇的天上世界，它后悔了，决定尽快回到上帝身旁。它到处寻找大象，准备决斗，并下定决心要战胜大象。当它第一回见到大象时，立刻被吓懵了。大象向它走来，犹如泰山压顶；大象离它而去，又似排山倒海。老鼠急忙躲闪，惊魂未定：它悔，悔不该当初这么轻率地向上帝承诺；它恨，恨自己为什么在上帝身边那么久，却没学到真本领；它痛，痛心自己放着幸福日子不过，却来这里担惊受怕。

　　痛定思痛，必须面对现实。

　　它跟踪大象许多日子，分析了敌我双方的情况：与大象决战，对手那么的强大，自己这么的弱小，正面作战必死无疑，必须迂回作战，攻其死穴，从大象的鼻子钻进去，用自己的身躯堵住大象的气管，使它无法呼吸，就能战胜大象。

作战计划制订后，老鼠开始行动了。它埋伏在树枝上，趁大象吃树枝时钻进大象的鼻子里，并快速向大象的气管钻去。大象顿时觉得奇痒难忍，猛地打了个喷嚏。老鼠只觉得天旋地转，被射到高空后摔到地上，一阵钻心的疼痛，半天都没缓过气来。

大象心想：我与小老鼠无冤无仇，你竟然来偷袭我，你这损人不利己的家伙，真可恶。

从此，大象一见到老鼠就用大脚踩，用鼻子含沙子射它。老鼠见到大象总是躲得远远的。

谁曾想，这天大象不小心落入了猎人设下的猎网中，它耗尽了力气也无法挣脱那张网。大象越来越虚弱了。这时，老鼠刚好路过撞见了，机会难得，老鼠立即调整了策略，想在大象的几个要害部位咬开几道口子，这样它很快就会没命的。如此就能战胜大象了。

正当老鼠要采取行动时，它看到了大象可怜的样子，顿时产生了恻隐之心，不忍心再伤害大象了，于是开始了营救行动。

不知努力了多久，也不知老鼠的牙齿咬断了几根、磨短了几根，那张巨网终于被咬出了一个大洞，大象也尽最后的力气配合着行动。终于，大象从网中挣脱出来。

从此，大象与老鼠结为好朋友。它们在互相帮助中不断增长着友情。

不久，上帝派使者来向老鼠祝贺，请它重返上帝身边。

老鼠说："我没战胜大象，我无法战胜大象。"

使者说："你将对手变成了朋友，这才是最完美的胜利。"

◆ **心灵感悟**

要成功就一定要学会做人。但是，实际生活中每个人都是争强好胜的，怕主动退步丢了面子。其实，这一步退出的是个人的魅力和精神，谁先退一步谁就赢得了尊重。从另一个角度说，成功的道路上多一个敌人不如多一个朋友，与其敌对，不如将他们变成共同奋斗的朋友。

和睦相处的秘诀 💕

　　南山寺的住持一早就下山了，他要到对面山上的青云寺讨教和睦相处的秘诀。

　　南山寺里的和尚经常吵嘴，他们互相指责对方，互不相让。住持调解了几次，收效都不大。

　　青云寺的和尚各个满面笑容，天天和睦相处的情况，令南山寺的住持羡慕极了，他要亲自找出这奥妙所在。

　　青云寺很快就到了。迎面来了一个小和尚，南山寺的住持就向他说明了自己的来意。"你们是用什么办法让庙里和谐愉快的呢？"住持问。

　　"我们常做错事。"小和尚脱口而出。

　　南山寺住持更迷惑了。

　　这时，一个和尚急匆匆地从外面回来，脚下一滑，跌在地上。旁边的和尚把他扶起来，诚恳地说："对不起，是我把地拖得太湿，害你摔倒了。"站在另一边的和尚也赶紧说："不，是我的错，我没提醒你小心点。"摔跤的和尚谁也没埋怨，跟他们说："不，是我的错，是我自己太不小心了。"

　　南山寺的住持看着他们离去的背影，一拍脑袋，笑了。他终于明白青云寺和尚和睦相处的秘诀了。

◆ 心灵感悟

　　自责既是一种对他人的道歉，也是一种自我心灵的解脱，它既可以化暴戾为祥和，也会使人真诚相待。逃避责任只会引起人与人之间无谓的争吵，使得隔阂加深。

输的究竟是谁

　　有个国王很爱下象棋，没事的时候，他常和大臣们杀几盘。他还叫人到处打探，只要是高手，就招进宫里过几招。

　　每个和国王下棋的人都明白，和国王下棋，只有输，不能赢。伴君如伴虎，和国王下棋可要把握好：不能出手太厉害。国王输得太多，就会觉得没面子。国王如果恼羞成怒的话，恐怕会给自己惹来杀身之祸。但如果让棋太多，使国王轻轻松松赢了，他又会怀疑你是在愚弄他，也会大发雷霆。多年来，国王下棋从没输过。他听到的都是赞美声，称他是全国第一的象棋高手。国王自己也认为自己棋艺高超，全国没有一个人能赢他。

　　有一天，国王扮成教书先生的模样微服私访。正当他大摇大摆地走在街上时，突然看见在一家酒楼门口的树荫下，有一群人围在一起，不知在干什么。于是，国王挤过去看了个究竟。原来，是一群人看一位少女和一个青年男子下棋。那少女一手抱着一只小花猫，另一只手掂着棋子，不一会儿就把那青年男子杀得落花流水。国王也来了兴致，提出要和那少女下几盘。少女歪着脑袋，从口袋中摸出一个香梨说："我输了，这只梨归你；你输了的话，给我什么呀？"国王从身上掏出一个做工考究的小袋子放在桌子上，说："我输了的话，这袋里的东西就归你。"

　　少女抱着花猫，和国王下起棋来。没想到，国王很快就输了个一败涂地。国王不服气，又和少女下了一盘。结果还是输了。国王直夸少女棋艺高超，无人可比。

　　少女却说，她爸爸下得比她还好，还被招到宫中去和国王下过棋。

国王更惊奇了，心中暗想：那就是说少女的爸爸和自己下过棋。于是赶忙问："谁输了？"

少女说："当然是我爸爸输了，他是为了让国王高兴，故意输的。"

国王一下子明白自己在宫中为什么"打败天下无敌手"了。他把袋子给了少女，一句话不说就走了。少女看见小袋子里装的全是银子，忙追上去，把袋子还给了国王。她还是把国王当成教书先生了。

国王回到宫中，沉思良久。他从下棋这件事上醒悟过来，成了一代明君。他的国家也越来越强盛了。

◆ 心灵感悟

太过顺利的表面，往往掩盖了事情的真相。要想让别人把真相告诉你，首先要端正态度：让他们不怕你，不担心冒犯了你会受到惩罚。这样，你才能看清事实，对人、对己、对事都有个清醒的认识。

结果不同

星期天早上，吃过早点，妻子和丈夫要去逛商场。

妻子想起自己的生日快到了，心想，丈夫今年会送给自己什么礼物呢？可别是花、时装之类的。她希望丈夫这次送她一枚钻戒。

于是她说："哎！过几天是我的生日了，你送什么生日礼物给我啊？"

丈夫说："你想要我买什么礼物给你呢？"

"我要钻戒！"妻子拍着手说。

"什么？"

"今年你不要再买什么花、衣服的送我了。花虽然漂亮，可是很快就会凋谢的；衣服我也有很多了。我就想要钻戒。"

"钻戒以后再买吧，我带你去吃烛光晚宴，多浪漫。"

"我就是想要钻戒！我们公司的女孩子都有钻戒了，就我没有，真没面子。"妻子越说越气，"你是不舍得为我花钱，你根本就不爱我！"

丈夫也生气了，于是两人吵了起来。他们都觉得自己是对的，是对方没道理，后来干脆谁也不理谁，商场也没逛成。

另一对夫妻吃过晚饭后坐在厅里聊天。丈夫对妻子说："后天就是你的生日了，想让我送你什么呢？"

妻子心里暗想，要是颗钻戒就好了。但她没这么说，反而拉过丈夫的手贴在自己脸上，深情地说："你每年都送我生日礼物，今年就不要再送了。"

"为什么？"丈夫不解地问道。

"以后也别再送了。"妻子温柔地说。

丈夫很吃惊，忙坐直身子，问："为什么？"

妻子说："我们现在还不宽裕，很多地方还要花钱，我们要节约一点，把钱存起来。过几年，等经济情况好些的时候，你再给我买一枚小些的钻戒好吗？"说完，往丈夫身上一靠，一副小鸟依人的模样。

"我明白了。"丈夫说。

结果，生日那天，她还是得到了那枚丈夫买给她的钻戒。

◆ 心灵感悟

第一例中的妻子先是否定了以前的生日礼物，接着又用别人丈夫送钻戒的事伤自己丈夫的自尊，最后又否定夫妻感情——能讨到礼物才怪呢！第二例中的妻子就聪明多了，她先说不要礼物，最后才把目标说出，让丈夫"忍不住"提前送给她一份惊喜。可见，目的能否达到，全看沟通是否双赢。

给对方一个台阶 🖤

大卫像是意大利艺术家米开朗琪罗最伟大的作品。世人将之奉为经典之作。但是，这里还有一个小插曲，不一定每个人都知道。

大卫像刚雕刻好时，主管的官员来了。他装模作样地左瞧瞧右看看，然后摇摇头。米开朗琪罗问："哪里不合适吗？""鼻子太大了。"那位官员说。

"是吗，让我看看。"米开朗琪罗站在雕像前端详了一番，大声说，"是啊，鼻子的确有点大。不过不要紧，我马上修改一下。"说完，他抓起凿刀和榔头，爬上架子，拉开架势干起来。

随着丁丁当当的敲击声，上面掉下许多大理石粉，落在官员身上。官员闪到一边去了。

过了一会儿，雕像修好了。米开朗琪罗爬下架子，恭敬地向那位官员说："您看看，现在行吗？"

官员看了看，满意地说："嗯，行，就该这样才对。"

官员走后，米开朗琪罗先去洗了手。其实，他根本没有改动原来的雕像。为了给对方一个台阶下，所以他偷偷抓了一小块大理石和一小把石粉到上面，假装修改而已。

米开朗琪罗此举真是聪明。他如果坚持自己的看法而跟官员硬争，那结果就不好了。

◆ 心灵感悟

在沟通的过程中，许多事情是抽象的。它不是一斤、一两，有个标准可以遵循，而通常是凭感觉。所以，"感觉"在沟通中非常重要，当你主动让一步，对方的感觉好了，问题也就能得到解决。

　　爱美是人的天性，但真正的美丽却很难得。所以人们赞美美丽、恭维美丽，但恭维得很有水平就难得了。有些经典的赞美给人们留下了深刻的印象，觉得它本身就耐人回味，所以流传至今。

　　德文希尔女公爵貌若天仙，是个著名的大美人。有一天，她去参加一个社交活动。当她从马车上下来时，遇到了一个清道夫。清道夫正要点烟斗，抬头看见了女公爵。"真美啊！"他心里惊叹道。他停下点火的手大声喊道："您的眼睛可以点燃烟斗。"用现在的话就是说眼睛"放电"。女公爵很中意清道夫的赞美，她觉得没有比这句话再妙的了。此后，再听到人们对她的赞美，女公爵都觉得平淡无奇了。

　　丰特奈尔是一位很有名气的科学家兼文学家，是法国作家伏尔泰的好朋友。他97岁时还很风趣，喜欢说笑。有一次，他去参加社交活动。在集会上，他注意到一位女子年轻美丽。丰特奈尔走到年轻女子的身边，吻了那女子伸过来的手，对女子的美貌大加赞赏后才转身离开。过了一小会儿，丰特奈尔再次路过，却目不斜视，看都不看她一眼。那女子觉得不可思议，就叫住了丰特奈尔，问："你刚才对我那么殷勤，而现在却像不认识我一样，请告诉我是怎么回事。"丰特奈尔一脸认真，不紧不慢地说："我要是再看你一眼，恐怕就走不过去了。"虽然没有直接赞美，话却说得非常高明。

　　当年，丘吉尔的母亲帮丘吉尔父亲拉选票时，遭到了工人的拒绝。工人斩钉截铁地说："我不会投票给一个到了晚餐时间才起来的懒家伙。"夫人赶忙向工人解释，那是误传，根本没这回事。看见夫人着急的样子，工人觉得夫人有种不同寻常的美，他转而兴奋地叫道："哇！要是您是我妻子，我根本就不起床了。"这是工人的幽默，也是对她由衷地赞美。在场的人都笑了。

◆ 心灵感悟

　　<u>普通的赞美就像平凡的礼物一样，别人接受后转瞬就会忘记。因为它缺少与受赞美者之间的个性联结，自然也达不到想要的结果，甚至被别人认为你是随口说说。既然赞美，就花一点心思，赞美到点子上，让他久久难忘，还时不时地向别人炫耀你对他的评价。</u>

巧妙提醒 🖤

　　福特博士家附近住着一位富有的老妇人。老妇人很爱自己动手烤蛋糕，她经常叫自己的仆人送她亲手烤制好的蛋糕给博士品尝。博士接受她的礼物，但从不给仆人任何报酬。

　　一天，博士正在看书，那位仆人又来了。他几步就到博士面前，把一个点心盒扔在书桌上，大声说："我的主人说这个给你。"

　　福特博士抬起头，摘下眼镜，站起来说："孩子，送东西不是这么个送法。来，坐在我的位子上，看我是怎么送的。以后也学我这个样子做。"

　　那个仆人坐了下来。福特博士走到门外，轻轻地敲了敲门，问："可以进来么？"仆人答："请进。"博士进来后，走到桌边，说："先生，我的女主人问候您，并请您收下这盒蛋糕。"仆人回答说："谢谢你。请向你的主人致谢，感谢她的关心。另外，这两个先令是送给你本人的。"

　　博士笑了。从那以后，他再没忘记给那仆人小费。

用别人能够会意的方式提出批评，才能促使他主动改正。

如何摘下天上的月亮 ♥♥

小公主生病了，国王急得没办法。公主说，只要给她月亮，她的病就会好。

小公主要月亮，国王召集大臣想摘月亮的办法，但是没有一个想法是可行的。大臣们纷纷描述了"摘月"的难度。第一位大臣说："月亮在十万八千里之外，比一个湖还大，是奶酪做的。"第二个大臣说："月亮有20万里远，比海大，是冰淇淋做的。"第三个大臣说："是25万里远，又大又圆，像球，挂在天上没人能拿下。"

国王没办法，只好向皇后诉苦。皇后认真地听了事情的经过后，告诉国王，即使那几个大臣那样想是对的，也应该弄清楚小公主是怎么想的。弄清楚小公主心中的月亮是什么样的，肯定有助于事情的解决。

国王赶紧去问小公主："月亮有多大？"小公主说："比一片树叶还小。因为一片树叶就可以遮住月亮了。"

"月亮有多远？"国王问。

"没有窗外的树高。"公主说。

"月亮是什么做的呢？"国王接着问道。

"是金子。"公主肯定地回答。

国王立即找人用黄金打了一个小月亮，用红绳穿上，送给小公主。小公主将"月亮"挂在自己的脖子上，别提多高兴了，病也好了。

问题又来了，国王怕晚上公主看到天上的月亮露了馅，就叫来那些大臣们，商量怎样才能让公主看不到月亮。第一个大臣说："天一黑就不让公主出来。"第二个大臣说："把公主的屋子用个大罩子罩上。"第三个大臣说："用把大伞把皇宫的花园遮住。"这些点子都不行。没办法，国王又来找皇后，把自己的难题告诉她，想请她想办法帮忙解决。皇后说，当时谁都没办法摘月亮，是小公主自己解决了这个难题。现在这个难题也只有问公主了。国王问了小公主这个问题。小公主听了说："这很简单啊，就像指甲剪了还会长。树枝剪掉了还会再长一样，月亮也会再长出来呀。"

你看，这么多人想不出来的问题，小公主一句话就解决了。

◆ **心灵感悟**

我们总是主观地去看待别人的问题，主观地试图为别人解决困难。殊不知在别人心中，我们所谓的问题根本不像我们以为的那样，甚至根本不存在，我们只是庸人自扰而已。由此，说服对手有一个法宝——先向他要答案。

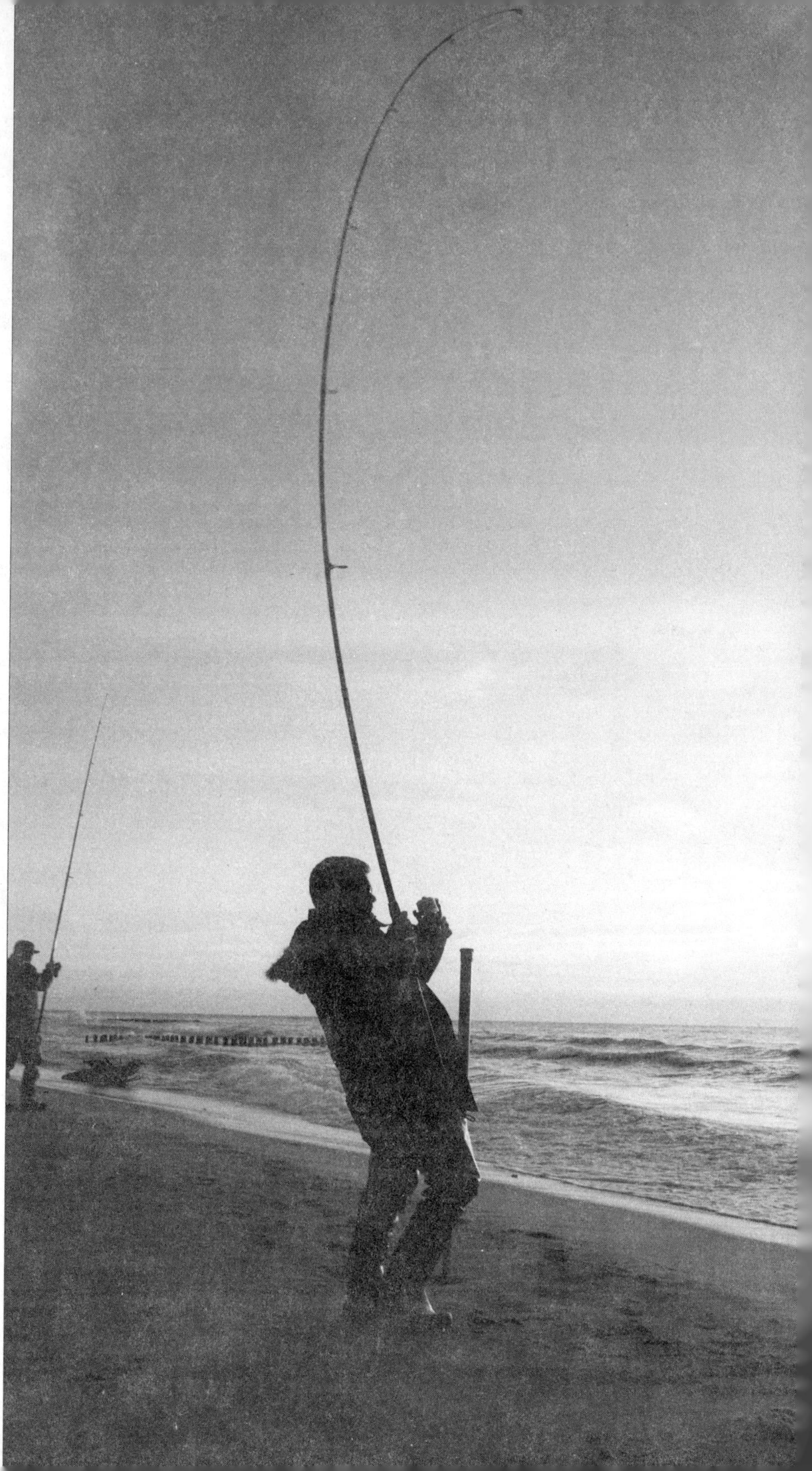

抓住每一个机会

利用良机对常人来说从来都是一个秘密，这也正是高人一筹者的力量所在。

——培根

眼光短浅不得

4年前，导师的两位学生来访。他们都是找导师咨询就业问题的。他们都很聪明，成绩都很优秀，有着相似的兴趣和爱好。他们面对许多工作机会，还没做出选择。当时，导师想起自己的一位朋友不久前创办了一家小公司，正委托导师帮忙推荐一个合适的人选做助理。于是，导师就把朋友的情况告诉了两位学生，建议他们去试试看。

叫约翰的同学先去应征。面谈结束后，他打电话给导师，用一种不屑的口气说："您的朋友太小气了，开出的薪水只有400美元，我没干。我到另一家公司去了，月薪600美元，现在已经上班了。"

后去应征的学生叫唐克。面谈后，他欣然接受了400美元的月薪，并把自己的决定告诉了导师。导师问唐克："这么低的薪水，你会不会觉得太吃亏了？"

唐克说："我也希望薪水能高些。但是，我觉得您的朋友是个很不错的人。在他身边工作能学到很多东西，薪水低些也是值得的。从长远来看，这是一个很有前途的工作。"

那是4年前的事了。当时约翰在另一家公司的年薪是7200美元，目前，他的年收入也只是8750美元；唐克在导师的朋友的小公司最初的薪水只有4800美元，现在的固定年薪是20万美元，还不算红利。

这两个人怎么会存在这么大的差异呢？显然约翰眼光短浅，只顾眼前的赚钱机会；而唐克则先考虑在工作中能多学到东西是第一位的。他选择了能多学到东西的工作，所以唐克成功了。

◆ 心灵感悟

眼光短浅不得，不要放过任何一个提高、丰富自己的机会。虽然这样会一时看不到成果，但仁终究会因此而成长。

不嫌弃一块泥土 ❤❤

世界著名画家达·芬奇前半生命运坎坷，一直怀才不遇。他总是默默无闻，像是没这个人存在似的。

30多岁时，满怀抱负的他来到米兰，求助于一位公爵，希望能得到一些机会。

过了几年，公爵在达·芬奇的一再请求下，同意达·芬奇为圣玛利亚修道院的饭厅画装饰画。

这是一件很简单的画作，一个普通画工就能完成。但是，达·芬奇却在这幅画的创作上倾注了极大的热情。创作期间，他日夜站在脚手架上，直到天黑了也不愿下来，有时甚至一连三四天站在画前一动不动。

500年后，这幅名为《最后的晚餐》的壁画的盛名仿佛告诉我们：巨人，如果不嫌弃一块泥土，他就能使它变成黄金。

◆ 心灵感悟

如果想让别人承认你，首先得有崭露才华的机会。哪怕那个机会再小、再不起眼，只要抓住了，你的光芒就会从中折射出来，接下来的命运也会被改写。

每个人手中的那块金子 ❤❤

从前，上帝被一个老实的农夫感动了。这个农夫的生活贫寒，却对未来充满了理想，每天辛勤地劳动，希望奇迹能够发生，自己能过上好日子。于是，上帝就通过自己的力量帮了农夫一把——在农夫下地劳动的时候，上帝悄悄地将一块闪闪发光的金子放在了他家的灶台上。发现了金子的农夫欣喜若狂，因为他知道现在有了金子，只要他继续努力，很快就能过上好生活。他把金子拿在手中看了又看，摸了又摸。突然，一个念头闪进了他的脑海：为什么偏偏是我莫名其妙地得到了这金子，凭什么我就能有这样的好运？难道这金子是假的？或者这本来就是个圈套？为此，农夫天天冥思苦想，惶惶不可终日。

后来，村里的懒汉——一个嫉妒农夫凭空得到金子的人告诉他：金子比较软，要用牙咬。咬得动的才是真金。

就这样，这块金子就被农夫咬了又咬。农夫只有看到金子上那深深的牙印时，心中的石头才能落地。仿佛那牙印是宣告金块真实性的身份证一样。没过多久，金子就被他反复的试咬给弄断了。农夫只好将金子送去金店重新打造。这当然不是什么难事，不到一刻钟的工夫，伙计就将熠熠生辉的金子还给了他。

回家的路上，农夫不停地打量着手中的金子，心里不禁疑云重重：伙计不会是将我的金子掉包了吧？或者是把金子切去了一块吧？要不然他怎么能那么快就把金子打好，还只收了那么少的钱？越是这样想，他就越觉得金子不对劲儿。好在狠狠地咬了一口以后，金子上又留下了农夫深深的牙印。但到了第2天，农夫又不安起来，于是他又在金子上咬了一口。第3天、第4天……就这样，他将金子咬得遍体鳞伤。

看见了这一切的上帝问金子："在他家里你过得怎么样？"

金子向上帝哭诉："我的心都碎了！虽然我能为这个老实人带来幸福的生活，可是他就是不相信自己获得了这样的机会，进而也就不相信周围的一切。他怀疑地咬着我的身体，其实是在咬我的心哪。我再也没法忍受了，请您将我收回去吧。"

"你回到我身边吧，这样就不用再受苦了。至于这农夫，既然他自己都不相信能过上美好的生活，那就只好让他继续过原来的生活了。"上帝不无遗憾地做了决定。

这天夜里，农夫照例在睡前咬了一口金子。不过，就在这个夜里，上帝将金子从他的枕边拿走了。

农夫第二天醒来时发现枕边没有了金子的踪影，取而代之的是一块石头。他望着石头发了好一阵子呆，不过，马上就好起来了。"跟我想的一样。"农夫自言自语道，"金子真的不属于我，这果然是个圈套。"

平静下来的农夫继续在田里辛勤地耕作，等待着过上好日子的那一天。

◆ 心灵感悟

<u>好运来了，不相信自己的好运气，即使上帝也拿你没办法。你活该过背运的生活。</u>

缘于两三个小铁钉

圣诞节快到了，上帝决定在人间选中一名幸运儿，帮这名幸运儿实现自己的愿望。这次，他选中了孟菲斯街头一对靠拾破烂为生的孪生兄弟。上帝决定让他们富有起来。原因很简单——兄弟俩对发财的追求太执著了。甚至他们的每一个梦都与发财有关。上帝正是被这种执著打动了。

平安夜，当祝福的歌声响起时，兄俩仍旧从家里出发，沿街一人一边向着同一个方向行进去捡拾破烂。也许是平安夜的缘故，街上一个行人也没有。更叫人沮丧的是除了稀稀拉拉东一个西一个地躺在冷冰冰的地上的小铁钉之外，连平日里最常见的碎纸片，这会儿似乎都被人有意藏了起来。

"这条街被上帝大扫除了一次吧？"老二郁郁寡欢地嘀咕着。

"不是还有这么多铁钉吗？"老大不停地弯腰拾起那些散落的铁钉，唯恐落下哪一个。

老二撇了撇嘴，心里暗想：几个破铁钉能值多少钱。这时，老大的兜子已经被铁钉装得满满的了。

当他们来到街角，发现一块巨大的告示上赫然写着：本店急收×寸长的旧铁钉，一元一枚。

看着老大用一兜铁钉换回了一大笔钱，老二真是追悔莫及。当他再想回去捡时，却连铁钉的影子都寻不见了。他无限懊恼地向店主诉苦道："其实，我是看到了那些铁钉的。可是，这么小的铁钉太不起眼了，我觉得根本没有必要捡。我压根儿就没想到它竟然会这么值钱。如果早点看到你的告示，我早就将它们全都捡起来了。"

白胡子店主笑了笑，对老二语重心长地说："孩子，并不是上帝没有给你发财的机会，而是你自己不善积累啊。小小铁钉看似一文不值，可到了关键时刻却是价值连城啊。不善积累的孩子，是发不了财的。"

这位白胡子店主是谁，我想大家应该已经猜到了吧。

◆ **心灵感悟**

这是一个故事，也不仅是一个故事。希望想要成就一番大业的人，千万不要忽视了学习、工作。生活中那些"并不起眼"、"看似一文不值"的"小铁钉"，关键时刻，它也许还真的价值连城哩。

给自己一片悬崖

一位在澳大利亚留学的中国学生，为了能维持基本的生活，骑着自行车沿着环澳公路寻找工作。在这个艰难的求职过程中，他帮人家洗碗、割草、收庄稼、修剪草坪、放羊……只要能给他一口饭吃，他就会让疲惫的脚步停下来。

有一天，他在唐人街一家餐馆打工的时候，意外地在报纸上看到一家澳洲电讯公司的招聘需求。这个职位很吸引他，但是这位留学生担心自己的英语口语很不地道并且专业也不对口。为了避免这些不利因素，他选择了一个不被人重视的职位——线路监控员。经过精心的准备，他过关斩将，终于要得到这份年薪3.5万澳元的职位了，但令人意想不到的事情发生了。招聘主管问："你有车吗？你会开车吗？这份工作对于没车的人来说寸步难行。"这下可难为了留学生，他刚刚来澳洲不久，怎么可能有车？经过短暂的思考后，他为了争取到这份收入不菲的工作，爽快地答道："有！会！"主管说："那好，4天后你开车直接来公司报到吧。"

虽然获得了这个职位，留学生心里还是惴惴不安，因为他要在4天之内买车、学车，这简直就是天方夜谭。但是为了生存，他也管不了那么多了，并决心为此一搏。他从华人朋友那里借了一些钱，从二手车市场买了一辆价格不是很高的"甲壳虫"。第一天，他找会开车的朋友教他简单的驾驶技术；第二天，他找到一块空旷的草坪练习刚刚学会的简单技术；第三天，他歪歪扭扭地开车上路；第四天，他就胆大地开着车去公司上班了。到今天为止，他已经坐到这家公司的业务主管了。

这位留学生的胆量着实令人佩服，而他的专业水平已经无人问晓。假若当时他不能挑战自己，而是给自己留一条退路的话，那么他就不会拥有今天的成就。

◆ 心灵感悟

挑战总不是孤立的，它总是蕴藏着机遇。当你想改变生活时，不妨给自己一片没有退路的悬崖。从某种意义上说，你也是给了自己一个向生命高地冲锋的机会。

记忆
经典丛书

记忆经典丛书编委会　编著

心灵鸡汤全集

中国青年出版社

下篇 最鼓舞人的励志故事

第七辑 **抓住每一个机会** / 329

去别处寻找肥肉 / 330

关键时刻一句话 / 331

是千里马，还得学会叫 / 332

诚信的回报 / 333

好运缘何降临7次 / 334

洛克菲勒的发迹史 / 335

弥补疏漏创新收 / 337

水里捡到的钱 / 338

情报无价 / 339

提倡幻想 / 340

发现偶然，发财不偶然 / 341

把废地变成宝藏 / 342

赢的是大胆 / 344

抢占先机 / 345

第八辑 **思路决定出路** / 347

飞起来的智慧 / 348

简单办法 / 349

不要挣钱，要想法赚钱 / 349

转个弯去想 / 350

只需要省一滴 / 351

每一分钱里的内涵 / 352

餐巾上的大舞台 / 353

选择比努力重要 / 354

一根绳子，两种命运 / 355

节省花费的妙法 / 357

利用规律去赢 / 358

成熟是干出来的 / 359

稳稳的财路 / 360

丢下芝麻捡到西瓜 / 361

第四册目录

亿万富翁拼的是什么 / 362

4枚钉子的考验 / 363

3种结局 / 365

一个句号的损失 / 366

把持住自己的立场 / 366

大错是怎样铸成的 / 367

自己拿主意 / 369

"质"远远比"量"重要 / 370

让你败阵的恶习 / 371

每日自省 / 372

一诺值千金 / 373

点铁成金石 / 374

别被一根绳子杀死 / 376

想成功的人请举手 / 377

安逸是一把双刃剑 / 378

第九辑 抱怨不如行动 / 381

抱怨不如行动 / 382

勇于行动 / 383

从失败中起步 / 385

忧愁不如行动 / 386

用脑子解决问题 / 387

光环背后的积累 / 388

缚紧不如放松 / 389

想到就做 / 390

行动还是退却 / 392

人生的反射 / 394

活在当下 / 395

目标要切实可行 / 396

大海的谦卑 / 398

成功并不难 / 399

等,不是办法 / 400

发财始于励志 / 402

突破思维定势 / 404

机遇在于把握 / 405

潜能无限 / 407

急中生智 / 408

先买张彩票 / 409

负起责任 / 410

空想不如实干 / 412

砍树还是修枝 / 413

你敢走独木桥吗 / 414

如何得到100万 / 415

成功的一半靠行动 / 416

改掉恶习 / 417

排解怒气 / 418

人生杀手 / 419

走自己的路 / 420

抱怨惹祸 / 422

多些阳光 / 423

善待逆境 / 424

淘汰昨天的自己 / 425

再来一次 / 426

在竞争中成长 / 428

跳出失败 / 429

气度决定高度 / 430

赢家的姿态 / 432

适时调整思路 / 433

没有任何借口 / 434

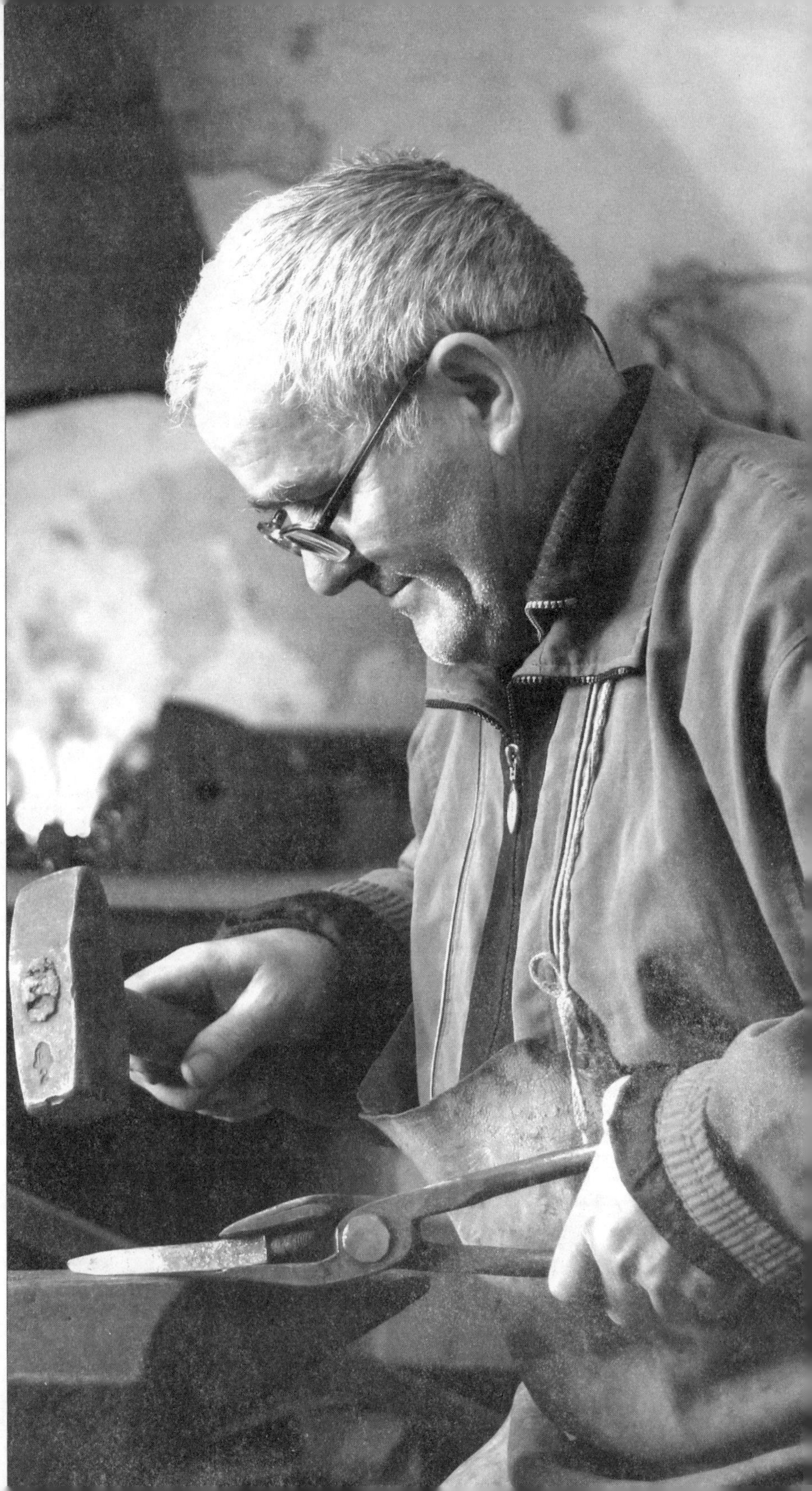

下篇

最鼓舞人的励志故事

Volume 2

> ■ 我们的生命虽然短暂而且渺小，但是伟大的一切都由人的手所造成。人生在世，意识到自己的这种崇高的任务，那就是他的无上的快乐。
>
> ——屠格涅夫

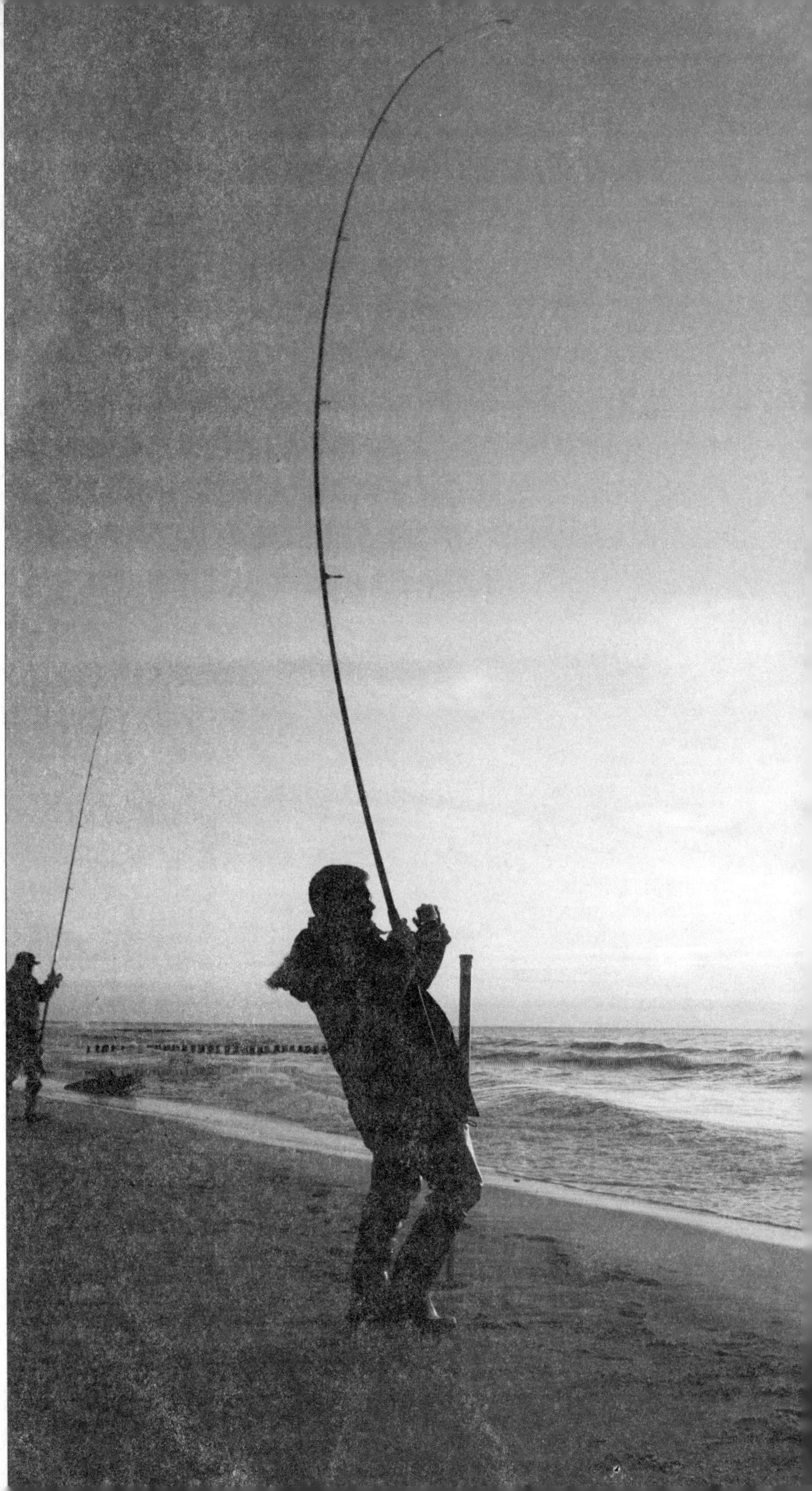

抓住每一个机会

利用良机对常人来说从来都是一个秘密；这也正是高人一筹者的力量所在。

——培根

去别处寻找肥肉 🍃

晴朗的午后，一个男人在树下吃饭，他把骨头扔在地上。一会儿，骨头就被蚂蚁群占领了。他觉得可笑：蚂蚁拖回去骨头做什么用？虽然骨头没有任何肉，但是它们忙得热火朝天，全然不理会周围有什么情况，只专注于搬运骨头。他为蚂蚁的执著感动，为了给它们提供美味的午餐，他从碗里夹了块肥肉扔在地上作为奖励送给它们。

即便他扔下了这块又大又香的肥肉，但蚂蚁们的全神贯注已经完全不知道周围发生的任何事情，还执著于那块没有肉的大骨头，这块大肥肉就这样被它们忽略了。它们兴奋地又拉又拽这块"宝"，黑乎乎的一片，但似乎这样的庞大队伍也未能拖动这个大骨头。

这个男人饶有兴致地想了解最终肥肉能到谁口中。

突然间，从远处匆匆忙忙地跑来了一只蚂蚁。它看见兄弟们在热火朝天地搬着骨头，它也想尽一份力量，可谁也没理会它的存在。它想方设法地加入队伍中，可谁也没让它搭上手。气急败坏之下，它向坚硬的骨头冲了过去，但还是被兄弟们无情地挤了出来。

这只蚂蚁很难过，在想尽办法帮助大家的过程中，没有人接受它。它很失落，围着兄弟们转了好久才终于离开了。它为了生存，一路上东张西望，像是在为自己寻找食物。当它走了很久很久，忽然一转身，发现了这块肥肉，它拼命地向肥肉爬来。

男人兴致勃勃地观察着这只小蚂蚁，看它是否能抬走这块肥肉。此时，它的小触角机灵地碰碰肥肉的一侧，它先是愣了一下，用嘴猛地咬了一口后，拼命地拖着肉挪动。当兄弟们还在奋力争抢那一个没有肉的骨头时，这只小蚂蚁已经靠自己的智慧在别处交到了好运。

有时，大众趋之若鹜的事情未必有多大价值；鲜有人竞争的地方，机会往往更多。适当的时候，我们不妨离开人群，像那只小蚂蚁一样，去寻找没人抢夺的肥肉。

关键时刻一句话 ♥♥

16岁那年，佛瑞迪已经是个懂事并且十分独立的孩子了。当暑假到来的时候，他决定自己出去找工作，靠自己的劳动挣零花钱，不再向自己的父亲伸手。

经过一番仔细寻找，他终于在大量的招聘广告中找到了一个自己觉得合适的工作，当他按照地址在指定的时间赶到面试地点时，已排在了第19位。在他之前，已经有了18位求职者在等待。

佛瑞迪觉得十分沮丧，因为他知道排得这么长，几乎已经没有得到职位的可能了。所以，他必须想个办法引起老板的注意才行。这可难不倒佛瑞迪，只见他来到秘书小姐身前，将一张折得整整齐齐的小纸条恭恭敬敬地递给她。

"您好，秘书小姐，因为这十分重要，所以请您务必将这张纸条尽快交给老板。"佛瑞迪说。

秘书小姐显然被眼前这位浑身上下散发着高级职员自信气质的小伙子说服了。她没有拒绝，而是微笑着接过了纸条。在扫了一眼纸条上的内容后，秘书小姐露出了会心的笑容。她立刻来到老板身边，将纸条交给了他。老板打开纸条后，立刻大笑起来。因为他被纸条里那句话的睿智和幽默深深地折服了——那句话是这样的："先生，我排在队伍的第19位，在您看到我之前，请不要做决定。"

佛瑞迪如愿得到了那份工作。

如果佛瑞迪不递上那个纸条，不说那一句话，他会埋没在平常的队伍中，甚至老板在面试到他之前就可能已确定了人选。但是，一个举动就使他占据了有利地位，想不被好运撞上都难。

是千里马，还得学会叫

在奥地利皇家歌剧院欣赏歌剧的听众们，对首席歌唱家、我们的同胞黑海涛的成功表演赞赏不已。据我所知，这位来自祖国的首席歌唱家原先就读于北京音乐学院。当时，大家都以为这位来自陕北山区的学生毕业后，大概会到一所中学当一名音乐教师。

有一次，世界著名男高音歌唱家帕瓦罗蒂到北京访问时，顺便去了一趟北京音乐学院。黑海涛觉得机会来了，然而自己却根本无法接近歌王。因为歌王的到来，许多有背景的人都想让歌王听听自己子女的歌唱。学院的教室里，帕瓦罗蒂正耐着性子听着歌。这时，黑海涛在窗外引高歌起来，唱的是名曲《今夜无人入睡》，听起来有些像帕瓦罗蒂。歌王也听到了窗外的歌声。他像伯乐听到千里马的叫声一样，激动地高声喊着："这个学生的声音像我，他叫什么名字？我要见他。我要收他做我的学生。"黑海涛在窗外吼的那一嗓子，成功地把自己推荐了出去，这位歌王还亲自为黑海涛联系出国深造的事宜。虽然因种种原因他最终没能拿到签证，但1998年，另一个机会却出现了，正在奥地利学习的黑海涛写信给歌王，表示想参加在意大利举行的世界声乐大赛。歌王亲自写信给意大利总统，使黑海涛得以成行，并在那次世界声乐比赛中获得了好成绩。黑海涛成功地走向了世界。黑海涛的成功首先是成功地推销了自己，应了那句老话：是千里马，还得会叫。

在注重宣传推广的时代，酒香也怕巷子深；你不帮自己推销，就没有人帮你推销。这个故事中的奇迹说明：你是千里马，你还得学会叫。

诚信的回报

19世纪末的一天，伦敦正在进行一场演出。在演出进行的过程中，有一位歌手唱了两句后，嗓子就发不出声音了。台下的观众乱成一团。

观众们纷纷起哄，嚷嚷着要退票。这下可急坏了剧场的老板，为了应对这突发状况，只好找人救场，谁知不幸的是根本找不到合适的人选。就在这时，有一个5岁的小男孩儿勇敢地站了出来。

"老板，让我试试，行吗？"

老板看着小男孩儿坚定的眼神，况且也没有合适的人选，最后决定让他上去试试看。小男孩儿没让老板失望，他在台上从容地边唱边跳，把观众们逗得捧腹大笑。当他唱了一半的时候，很多观众纷纷向台上扔硬币。小男孩儿用滑稽的动作拾起地上的硬币，歌唱得更加带劲儿。在观众的热烈欢呼声中，他接连唱了很多首歌曲。

好几年光阴转眼溜走，法国著名的丑角明星——马塞林与一个儿童剧团同台表演。马塞林的节目中需要有一个扮演猫的演员配合，但他的知名度太高以至很多演员担心表演过程中出差错，所以为节目本身选演员增加了困难。就在众多优秀演员都不敢胜任这个角色的时候，还是那个可爱的小男孩儿毫不犹豫地站了出来。所有的人都为他的这一举动揪着心，但出乎意料的是，他和马塞林的配合可谓天衣无缝。

在现实生活中，我们渴望一展才华的机会，早日找到人生的梦想舞台。然而，当机会来临的时候，我们常常会顾及这样或那样的问题，犹豫不决，踌躇不前，以至于错失了一个又一个实现梦想的机会，最终落得一连串的遗憾。有时候，可能我们什么都不缺，唯独缺少大声说一句"让我试试"的勇气。

好运缘何降临7次

我被这样一个小故事感动着：

有个男孩叫哈利。在经济萧条时期，贫困的阴影笼罩着整个小镇。钱更难赚了，哈利的爸爸妈妈每天天不亮就出门，天黑才回家。即使这样，一天的所得也不能填饱一家4口人的肚子。哈利想：父母那么辛苦，弟弟又小，自己该想办法帮助家里。打定主意他就偷偷跑到镇上，想去碰碰运气。碰巧有家店铺想招一个小店员，可一下有7个小男孩都想得到这份工作。老板和孩子们商量，用做游戏的方法来决定孩子的去留。孩子们同意了。游戏很简单，每人有10个小石子，朝2米远的容器中投掷，谁投中的石子数量多，谁就胜出。但这很困难，因为容器口很小。直到天黑前，也没一人投中，店主只好约孩子们第二天再来。

第二天早上，有4个孩子没来，自动放弃了比赛。只有哈利和另外两个男孩来了。比赛接着进行，前两位只有一个男孩投中了一粒石子。轮到哈利了，只见他走到跟前站定，对准目标，把手中的石子一颗一颗地朝里掷去，他一共投中7颗，哈利胜出。店主和另外两个男孩都觉得不可思议：能投中，全靠运气，而好运为何降临哈利身上7次？店主满脸笑容地问："你能告诉我为什么吗？"

哈利认真地说："虽然这很困难，投中几乎全靠运气，但为了赢得这次比赛，我一晚上都在练习投掷，因为我需要这份工作。"

◆ 心灵感悟

　　不要盲目羡慕别人的好运，要知道运气总是青睐爱下苦工、事前多做准备的人。你想赢吗？那就从踏踏实实的背后苦练开始吧。

洛克菲勒的发迹史

　　美国石油大亨洛克菲勒的发迹和致富，一直是个谜。洛克菲勒生在贫民窟、长在贫民窟。他争强好胜，也常常逃学。洛克菲勒从小就展现出他发现财富的非凡眼光。

　　有一天，他看到路边有一辆人家不要的玩具车，就把玩具车拖回家，费了好大劲儿把玩具车修好了。小伙伴们都想玩一玩。洛克菲勒同意了，但要求每人交0.5美分。这样，洛克菲勒一个星期收到的钱就可以买一辆崭新的玩具车了。洛克菲勒的老师说，可惜这孩子是穷人家的孩子，如果是富人的孩子，将来会成为一个出色的商人。但现在对他来说，已是不可能的了，能成为街头小贩就不错了。

　　洛克菲勒中学毕业后，真的当了一名小商贩。他卖过很多东西，并经营得很好。他已经是贫民窟同龄人中的佼佼者了。当然，老师的预言并没全对，靠一批丝绸起家，洛克菲勒一跃成为商人。

　　那批丝绸是从日本运来的，足有一吨多重。在运输途中被染料浸染了。卖，卖不掉，扔，又没地方扔。日本人准备回去时把它扔到海里去。凑巧，洛克菲勒去港口地下酒吧喝酒，听到日本海员和酒吧服务生议论那些令人讨厌的丝绸，感到是个赚钱的好机会。第二天，洛克菲勒找到船长，表示可以帮他们处理那些没用的丝绸。船长马上同意了。洛克菲勒没花一分钱，就用卡车把被浸染过的丝绸拉走了。他用这些丝绸做成迷彩服装、迷彩领带和迷彩帽子，赚了10万美元。

洛克菲勒用这10万美元买下了郊外的地皮。地皮的主人拿到10万美元之后，心里还笑他傻。想不到一年后，市政府宣布在郊外建环城公路。不久，这块地皮升值了150倍。一位富商要用两千万美元买这块地皮建别墅，洛克菲勒没卖。他笑着告诉富商，他觉得这块地皮还会增值更多。果然3年后，那块地卖了2500万美元。他的同行对他如何获得这些信息怎么也想不通，他们还怀疑他和市政府的官员有来往。但调查结果是，洛克菲勒没有一位市政府的朋友。

洛克菲勒77岁去世。临死前，他甚至发布了一条消息："我将去天堂，愿意给失去亲人的人带口信，每人收费100美元。"这则看似荒唐的消息，又让他赚了10万美元。

他的遗嘱也很特别，他让秘书登了一则广告："我是一个绅士，愿意和一位有教养的女士同卧一个墓穴。"结果，一个贵妇人出了5万美元和他一起长眠。

◆ 心灵感悟

洛克菲勒的发迹和致富，在许多人眼里一直是个谜。他那别出心裁的碑文也许概括了他不断在平凡中发现奇迹的传奇一生。这也许也能帮助不少人解开他的发迹和致富之谜："我们身边并不缺少财富，而是缺少发现财富的眼光。""世界富族"沃尔顿家族的名言则与这如出一辙，说的是："如果连身边的财富也发现不了，也许你一切都完了。"

弥补疏漏创新收

加藤信三是日本狮王牙刷公司的员工。他虽然是个小职员，却很热爱这份工作。昨天，他在公司加班，很晚才回家。虽然有些困，他还是坚持早早地起床，并赶快洗脸刷牙，准备赶去上班。突然，他看到牙刷上有血，再一看是牙齿被刷出血来了。加藤信三的火气一下子就上来了：身为公司员工，使用公司的牙刷刷牙，却把牙齿刷出了血，而且是好几次了。他越想越生气，什么也没吃就去上班了。

到了公司后，渐渐冷静下来的加藤信三在办公室跟同事们谈到早上刷牙刷出血的事。他和同事们分析了牙齿出血的原因，一致认为应该在公司生产的牙刷上找原因。最后，他们提出了改变刷毛质地、改造牙刷造型、重新设计刷毛排列等几种改进方案。

加藤先是通过实验来验证方案的可行性，并希望从中找到最佳的解决方法。在一连串枯燥无味的实验中，加藤发现了一个不容易注意到的细节：在放大镜下可以看到，牙刷毛的顶端全部呈锐利的直角。难怪牙齿会被牙刷刷出血来。

针对这个问题，加藤提出改变刷毛的切割方式、把平头都弄成圆头的方案。加藤和同事慎重地把成熟的方案提交给公司，公司立即投入人力物力，把牙刷毛的顶端都改成了圆头。

改进后的狮王牌牙刷很受顾客欢迎，公司的利润也成倍增长。加藤也因对公司的突出贡献晋升为主任。后来，他成了公司的董事长。

◆ 心灵感悟

帮别人解决令其头疼的难题就是赚钱的途径之一。也许加藤信三的发现有点偶然，但你可以本着这个思路，调查人们需要什么，然后满足这种需要，捞到手的就会是大把大把的钞票。

水里捡到的钱 ❤❤

美国的基姆·瑞德先生是干沉船寻宝工作的。工作虽然稳定，但收入却不理想。他想要换工作，又不知做什么更好。所以，他一直过着平凡的日子。

一次偶然的机会，他去了一次高尔夫球场。只见打球者双手握着球杆，一个漂亮的挥杆动作。只可惜用劲儿太大了，高尔夫球掉进了湖水中。这时，他眼睛一亮，心里便有了打算。他找来潜水服穿上，潜入湖底。哇！湖底竟然是白茫茫的一片。东一堆、西一堆的，足足有上万只高尔夫球。这些球看上去跟新的一样。他找到球场经理，把情况跟经理说了。经理当场决定以每只10美分收购这些球。他马上行动，第一天就捞上了2000多只球，卖给了球场经理。收入相当不错，抵得上他一周的薪水。干到后来，他改变了做法。他雇人把他每天从湖中捞出的球洗净、喷漆、包装，按新球的半价出售，收益更好。

别的人知道这件事后，很快就传开了。其他的潜水员也做起了这项工作，而且加入这一行的潜水员越来越多。瑞德又改变做法，干脆以每只8美分的价钱向他们收购旧球。他设在奥兰多的公司每天都会收到8万到10万个旧高尔夫球。他的旧高尔夫球回收利用使公司一年的总收入已达到800多万美元。有人称他是从水里捡到了钱。

◆ **心灵感悟**

不要盲目羡慕有些人的钱财来得真容易，那是因为他们有想法。有许多"宝贝"，可能从你眼皮底下溜走了你也不知道。因此，要刻意地训练自己的商业眼光，对司空见惯的事物从商业角度剖析一遍，说不定就能发现新财富。

情报无价 ❦

当今时代是信息时代，信息就是金钱。有一家生产潜望镜的公司，捕捉到了有价值的信息，狠狠地赚了一笔。情报的价值真是巨大的。

1981年，英国王储查尔斯和戴安娜在伦敦举行了隆重的世纪婚礼，整个婚礼耗资10亿英镑。皇家的婚礼举世瞩目，英国各家报纸都把这个盛典当做热门新闻加以报道。这家生产潜望镜的公司看了报纸的报道，获取了这条有价值的情报，抓住这个千载难逢的有利时机，做了一笔大生意。

婚礼当天，从各地赶来观看盛典的观众约近百万。在盛典开始之时，大量的观众把白金汉宫到保罗教堂挤得满满的。后面的观众挤来挤去也无法看清盛典的场面，个个急得像热锅上的蚂蚁。"要是有潜望镜就好了。"他们想。

这时，他们发现了卖潜望镜的人。一问一英镑一只，真是不错，于是赶忙掏出钱买了。这可真是太及时了，有了潜望镜，他们又可以看清楚盛典了。不一会儿工夫，街道两旁的数百个用硬纸板配上镜片做成的简易潜望镜就被一抢而空。

◆ 心灵感悟

信息时代，情报的价值不言而喻。靠情报起家的人，投资很小，收益却巨大。关键是你肯花时间浏览、阅读、分析、研究公开的信息，把其中有价值的"情报"挑出来，由此节省大量金钱，获得良好效益。

提倡幻想 ❤❤

好莱坞在越战期间，曾举办过一场募捐晚会。但是，有碍于当时民众们极为强烈的反战情绪，募捐晚会气氛紧张，最终不欢而散，唯一的收入是可怜的1美元。卡塞尔，这位在晚会上筹得这1美元的人却因此成名。他是苏富比拍卖行的拍卖师，通过让大家选出一位漂亮姑娘，并拍卖这位姑娘的吻的方法，他筹到了这唯一的1美元。后来，美国的各家报纸都在好莱坞把这1美元寄往越南的时候对此事进行了重点报道。

对于这种行为，许多人只当做是笑料，但这位天才拍卖师却被德国的一家猎头公司看中。卡塞尔寄钱的行为无疑是对战争的巨大讥讽，正因为如此，他们坚信卡塞尔就是一台会赚钱的机器。于是，公司建议一家正在走向衰落的名为奥格斯堡的啤酒厂重金聘请他为顾问。

卡塞尔于1972年移民德国，被奥格斯堡啤酒厂聘请为顾问。啤酒厂在他的领导下不断创新，开发出独具特色的美容啤酒和沐浴用啤酒。奥格斯堡啤酒厂也因此迅速成为全球销量最大的厂商。

当然，还有更令人津津乐道的：那是在1990年德国政府拆除柏林墙的过程中，卡塞尔以顾问的身份主持。最令人佩服的是，柏林墙每一块砖都被他变成了价值连城的收藏品，这昂贵的"砖头"进入了全世界200多万个家庭和公司，突破了历史上城墙售价的世界纪录。

◆ 心灵感悟

有一些喜欢幻想的人，对任何事情都喜欢提出一些看上去不合逻辑的奇思妙想，他们的想法常常被当做笑料传播。不过，就在大家的笑声中，他们却获得了成功。所以，千万不要轻视和嘲笑你身边那些敢于幻想的人，说不定哪一天，他的异想天开会变成摇钱树，让所有的人惊得目瞪口呆。从另一方面说，你也应该着力提高自己的"幻想"能力。

发现偶然，发财不偶然

　　乔利·贝朗家里实在太穷了。13岁那年，他独自离开家，想找点事做，以贴补家用。可是找了几家工厂，人家都说他太小了，不肯雇用他。一直过了几年，他才打听到一个贵族家庭要招收一名帮工。他知道这一消息后，找到这家的贵妇人，苦苦哀求他们收下他。贵妇人留下他当了一名小杂工。小小的年纪，在贵妇人家里，他每天要干12个小时以上。洗衣、拖地、洗菜、杀鱼、杀鸡、洗厕所，几乎所有脏活累活都让他干。而贵妇人给他的工资连一只鸡也买不到，但他还是尽心尽力地干着。毕竟，这些辛辛苦苦赚来的钱可以帮帮家里，养活自己贫穷的家。

　　就是这样的艰苦日子，也还是有意外发生。一天半夜，刚睡下的乔利被贵妇人叫了起来。她要乔利为她把衣服熨好，因为那是她第二天赴一个约会要穿的。贝利睡眼朦胧地把贵妇人的衣服接过来，强打精神干起来。因为实在是太困了，他不小心碰倒了煤油灯。虽然他赶快扶起了煤油灯，但已经来不及了，贵妇人的衣服上沾上了煤油。

　　贵妇人大发雷霆。骂够了，她还叫乔利赔她的衣服并且一年不给乔利工钱。乔利虽然不甘心，但也没有办法，只好答应了。贵妇人将衣服丢给了乔利，气呼呼地走了。

　　这件衣服归乔利了。衣服上沾了煤油，是脏了一点，但如果送给母亲，她穿起来一定很好看。不过一年没有工钱乔利还是暗自伤心，也怕母亲伤心。他把贵妇人的衣服挂在自己看得见的地方，让自己记住这个教训，别再犯错。

一天，他突然发现那件衣服上的污渍消除了。是煤油！煤油将污渍消除了。乔利在煤油里加了一些其他化学原料，反复试验，终于研制出了干洗剂。

一年后，他离开了贵妇人家。在多方努力之后，乔利自己开了一间干洗店。这就是世界上第一家干洗店。乔利的生意很好，他不停地研究，不断完善。几年间，他便成了世界瞩目的干洗大王，干洗店也遍布了世界的每个角落。我们享受着干洗剂带给我们便利的同时，请记住他的名字——乔利·贝朗。

◆ 心灵感悟

乔利发现干洗法是偶然的，可是他能够把该方法扩大利用，转变成商业经营，这就不是偶然。他的头脑中有经营的天赋，也敢于去创业尝试，于是他发财了。有很多人，也发现了一些东西，可是发现了就发现了，并没有善加利用，带来利益。

把废地变成宝藏

美国有一位学者，他担任一所著名学院的院长。院长继承了一大片荒地。这块土地非常贫瘠，山上没有像样的树，也没有矿产或是有价值的附属物。他从来没有在这块土地上得到利益，反而还要往上倒贴钱，因为他还要交土地税。他一直觉得这块地是他的负担，可也想不到用什么办法改变这种状况。

后来，州政府的一条公路通过他的土地，一个开车路过这里的人很认真地观察了这块贫瘠的土地。开车人发现这块地位于山顶，可以欣赏四周连绵几公里长的美景，而且土地上还长满了一小层松树及其他树苗。

这个人找到院长，提出要买他这块荒地。院长马上答应了，他以每亩10美元的价格卖出了这块50亩的荒地。开车人在靠近公路的地方，盖了一栋木造房屋，房屋的样子很独特，并附有一间餐厅；餐厅很大，在附近又建了一处加油站；又在公路沿线建了十几间单人木头房屋，以每人每晚3美元的价格出租给游客。这一切使他在第一年就挣了15万美元。

第二年，他又建了50栋木屋，每栋木屋有3间房间。他把房子出租给城里人作为避暑别墅，租金每季度150美元。这些木屋的木料是他土地上长的，不用花他一分钱。

在离这些木屋不到5公里远的地方，这个人又买下占地150亩的一处荒废的农场，每亩25美元。卖主对这个价格很满意。这个人马上建了一座100米长的水坝，把一条小溪的水引进一个占地15亩的湖泊，在湖中放养了许多鱼。然后，他把这个农场以建房子的价格卖给那些想在湖边避暑的人。只有一个夏季，他就挣了25万美元。

谁能想到这个有远见及想象力的人，从未受到过"正规"的教育。

那位以500美元价格出售50亩"没有价值"的土地的学院院长说："我们大部分人会认为那个人没有知识，但他把他的眼光和50亩地混合在一起之后，所获得的年收益，却超过我们靠所谓教育方式所赚取的5年的总收入。"

◆ 心灵感悟

在发财道路上，独特的眼光比知识更重要。虽然总体上来说受过良好教育的人比没受教育的人赚的钱多，但企业史上也不乏许多学历不高的经营天才。教育往往会教给人一种正统的思维，让它缺乏发散力，这对经营反而不利。

赢的是大胆 ♥♥

　　1945年春天，美国费城的一位农场主皮特要在当地最大的报纸上刊登有关他农场的报道。记者得到这一消息，以为皮特的生意做得很好。但当他来到农场时，却吃惊不小。原来，皮特干什么都没有目标也没有方向。开始皮特听人说加工牛奶是个赚钱的行业，也没多考虑，花了500万美元买了机器和设备，什么也没做出来，损失严重。皮特现在是走投无路，请求记者帮忙，找一个合作者与他一起生产牛奶。记者没同意。

　　人们认为皮特做事很草率，像开玩笑一样。可是谁也没想到，皮特又想生产氨基酸。皮特听说加工牛奶的机器可以生产氨基酸，于是又不顾风险转向了氨基酸的生产。其实，对于生产氨基酸，皮特是个门外汉，但他还是为此再次贷款200万美元。

　　不出人们所料，皮特再次失败了，他的农场也垮了下来。正在大家为皮特叹息时，有个商人表示要和皮特合作。他要皮特以一半的利润为代价，帮着皮特推销产品。但如果推销不出去，皮特也要付给这个商人相应的报酬。

　　"这显然是不合理的，是个骗局。"很多人这样告诫皮特。可皮特却同意和他合作。这次记者将皮特的鲁莽行为报道了出去。大家都笑皮特胆子太大了，也为皮特的前景担忧。

　　谁也没想到，皮特时来运转了。他的产品很热门，短短3年，皮特成了亿万富翁，成了美国最大的氨基酸厂商。后来，皮特又转向了房地产开发。他的第一笔生意就是建设老年公寓。大家都认为皮特赚不了钱，可是5年后，正赶上美国老龄化高峰。皮特的老年公寓很受欢迎，价格猛涨，不但让皮特狠狠赚了一把，还使他成了最走红的房地产经营商。

　　皮特说的一句名言就是："别人是因为干什么都懂而发财，我是因为什么都不懂而成名。"

什么都不懂的人，顾虑少，会抓住宝贵机会。他们的共同之处就是大胆。

◆ 心灵感悟

<u>发财需要一些胆识，因为但凡天下大事，必须要有胆量才能做得起，撑得住。研究表明，许多的能人、精明人，为了成就事业，长年学习和要去掌握的都是围绕着如何提高胆识的学问。由此得出了一个结论：胆量，往往才是承受生活中一切艰辛、做成一切事业的根基。</u>

抢占先机 ❤

某电视台的益智抢答节目经过3个月的激烈角逐和一轮又一轮的残酷淘汰，今晚终于诞生了总冠军。一脸自信的他成功登顶。

主持人请他向观众们透露自己的秘诀时，他幽默地说："我的手快。"

大家都很奇怪，为什么他不说是自己脑子快？于是，要他解释。

很简单，无论是否想通了题目，我都会抢先按钮。因为我可以一边按钮一边想。另外，加上主持人叫我作答时可能迟疑的一小段时间，我往往利用这些时间就能想出答案。

"其实，我的对手想得并不比我慢，只是按钮的速度不如我快——当他想到才按时，已经迟了。只有抢到了'答'的机会，才有可能赢。"

◆ 心灵感悟

<u>机会就像一扇迅速旋转的转门，当那个空当转到你面前时，你必须迅速挤进去。</u>

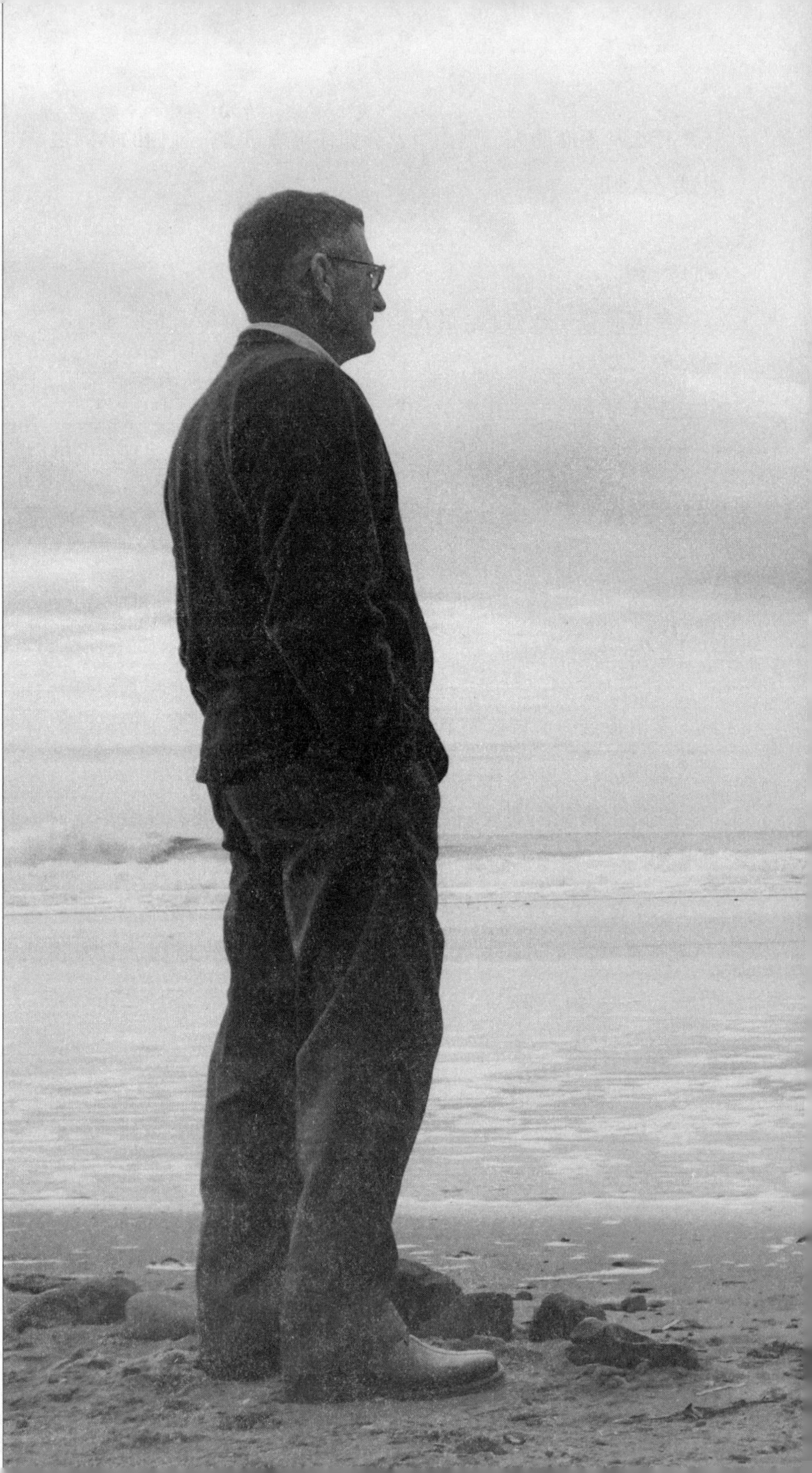

思路决定出路

你能不能观察到眼前的现象，不仅仅取决于你的肉眼，还要取决于你用什么样的思维。思维决定你到底能观察到什么。

——爱因斯坦

飞起来的智慧 ♥

　　一家大型洗涤用品公司最近有点烦：因为有一名顾客在商场里买到了一块他们生产的空壳香皂。觉得自己合法权益受到侵害的顾客一怒之下把商场告上了法庭。商场又找到他们公司。原本公司生产的香皂很好卖，但现在销售量却直线下降，要赶快找到解决的办法。

　　他们把包装好的产品全都拆开检查，统计出空壳率为在1‰。为避免再次发生"空壳事件"，公司一咬牙花费了数十万美元购回一台X光机，用来透视"漏网之鱼"。这才成功杜绝了此类事情的发生，为公司赢回了声誉。

　　另一家小型公司生产的香皂也有类似的"空壳问题"。但他们买不起X光机，其他办法一时又想不起来。董事长真是烦透了，一个人到郊外散心。这时，一阵风吹来，董事长受到了启发。他马上让人买回一台大功率的电扇，对着成品香皂猛吹。这样，没装进肥皂的空壳就被吹出了流水线。就这样，一台风扇取代了昂贵的X光机，解决了空壳问题，保住了公司声誉。有人称这是飞起来的智慧。

◆ 心灵感悟

　　数学题求解过程中，可以运用不同的运算，有的复杂有的简单；工作中的问题也一样，可以找到不同的解决办法，有的困难有的容易。智慧可以帮你把容易的方法找出来，达到同样的结果，却更省钱、省时、省力。

简单办法 💕

多年来，美国犹他州弗纳尔镇的居民一直希望能在自己的镇上拥有一座砖砌的银行。这也将是小镇上的第一家银行。1916年，这个愿望眼看就要实现了，镇长做好了所有的准备工作：买好了地，请人画好了图纸，工人也请好了。眼看就可以建银行了，但是有一件事却让镇长非常头疼，那就是盖银行所需要用的砖。按常规，这些砖需要从盐湖城用火车运过来，每磅要收2.5美元运费。如果用这个价格运完整个银行需要用的全部的砖，那造价就太昂贵了。这是小镇目前的财力根本没办法承受的。

正在镇长和小镇居民一筹莫展之际，有一位商人想出了一个初听上去很愚蠢但实际上相当奇妙的主意——邮寄砖头。用这个办法来运砖头比用火车运便宜一半。其实，用的是同一班火车来搬运，但邮递和货运的价格却相差甚远。过了几周，装着砖头的包裹被一车车地运来，每个包裹装7块砖的重量正好不超重。没过多久，工人们就用这些邮寄来的砖头建起了小镇上第一家银行。大家都非常高兴，为邮寄砖头这个奇思妙想感到骄傲。

◆ 心灵感悟

用一种方法达不到目标，用另一种方法就完全可能。所以，不要轻易地否定一件事，想一想有没有别的可行的办法。

不要挣钱，要想法赚钱 💕

经济大萧条时期，美国很多零售商店维持不下去，纷纷裁员。售货员波特也失业了。他刚工作不久，没有什么积蓄，因此得赶快找个工作，以维持生计。波特想起他以前在一起当营业员的朋友说过的一个故事：现在，我们喝的可口可乐是瓶装的很方便。但在这之前，人们要喝可口可乐，只有到备有饮水机的商店里，由店员从饮水机中装出一杯，很不方便。于是，有人想到，把可口可乐装成一小瓶一小瓶的，那样卖起来就方便多了。他把这个"创意"向可口可乐公司做了说明，并提出用"创意"入股，从中获取相应的报酬。他们成交了。瓶装可口可乐很成功，尽管那报酬的比例仅为销售额的1%，但这个创意使他成了百万富翁。

波特从故事中大受启发，他想到汽车加油也是必须将车开到加油站，由工作人员从大罐中将汽油抽到汽车油箱里。是不是也可以像可口可乐一样，做瓶装汽油呢？那样的话，驾驶员在要加油时，只要将车停下来，把油倒进油箱就行了。按照这个思路，他成立了一个公司，做起了瓶装汽油的生意。因为瓶子容易破，他又改成用罐装。由于这个创意很受欢迎，波特成为了千万富翁。

◆心灵感悟

　　"赚钱"和"挣钱"不是一回事，它们是完全不同的两种概念："挣钱"是你直接靠出售时间与劳动换取薪酬；"赚钱"则是用想法创造另一种经营状态，让你付出得最少，获取得最多。在职业生涯中，要想法走出"挣钱"的怪圈，走到"赚钱"的道路上来。

转个弯去想

　　很久以前，大英图书馆老馆因为年久失修需要迁址。图书馆乔迁之喜本来是件好事，但这时却遇到了一个难题，那就是怎么把老馆的书搬到新馆去。按预算，整个搬书任务需要花费掉350万英镑。如果资金充足的话，这也不是什么难事，叫上搬家公司就行了，但恰恰现在图书馆资金短缺。怎么用现有的资金把书搬到新馆去呢？这个问题难倒了馆长。

正在馆长发愁的时候，有一个馆员找到馆长，说他有办法只花150万英镑就把任务完成。馆长听了非常高兴，赶忙让馆员说出办法。馆员卖起了关子，说："我的这个点子可不是白给的，我有一个条件。"馆长着急地说："什么条件，快说。""如果把150万全花完了，那就算了；但如果还有剩余的，希望图书馆把剩下的钱给我。"

馆长很痛快地答应了他。馆员要求馆长跟他签合同保证他能拿到剩余的钱。合同签了不久，按照馆员的办法，书很快地搬到了新馆。而花的钱却连150万英镑的零头都不到。

原来，这个办法是在报纸上登出一条消息："从今天起，大英图书馆免费、无限量向市民借阅图书。要求只有一个：就是请市民从老馆借书，阅读完后还到新馆。"

◆ 心灵感悟

最聪明的人并不是样样都会做的人，而是有一个想法可以驱动别人去做的人。由此，你的大脑只需把可以调用的资源筛选一遍，找出最适用的那些，来解决难题。

只需要省一滴 🖤

在美国某石油公司里有这样一份工作，就是巡视并确认石油罐盖有没有自动焊接好。这个工作很简单，就连小孩子都可以完成。从事这份工作的是一位年轻人。

这份工作是这样的：石油罐在输送带上移动至旋转台上，焊接剂自动滴下，沿盖子回转一周，工序就算结束。工序虽然简单但是需要每天重复好几百次。这让年轻人觉得无聊至极，越来越厌烦。他真想换份有意思的工作，但是又不知道自己还能干什么。有一天，他注意到罐子旋转一周，焊接剂要滴39滴，焊接工作才算结束。这是他以前没有留意到的。他想：能不能在这个过程中有所改进，少滴一两滴焊接剂呢？这不是可以节省成本吗？

从那以后，他开始潜心钻研改进焊接机。起初，他研制出"37滴型"焊接机。但是这款焊接机还是存在一定的问题，那就是用它焊接出来的石油罐有时会漏油。这点问题并没有难倒他。他继续研究，终于研制出了"38滴型"焊接机。这款机器就很完美了，它很好地解决了"37滴型"焊接机漏油的问题，受到了公司老总的青睐。虽然这款机器比原来的机器只节约一滴焊接剂，但是这样仍然能为公司每年节约5亿美元。

这位青年就是后来大名鼎鼎的石油大王约翰·D.洛克菲勒。

◆ 心灵感悟

人生的改变总是从小方面开始的。"改良焊接机"改变了洛克菲勒的人生。他成功的关键就在于注意到普通人忽略掉的平凡小事，见别人所未见，做别人所不能做，从而走在别人前面一步，在竞争中取胜。

每一分钱里的内涵

有一天，两个不同身份的人——赌徒和农夫，进入了同一家餐馆。他们分别挑了一张桌子坐下。

赌徒非常大方地点了一大桌菜，其中包括这里最贵的红酒和一只烤全羊。没过多久，赌徒一瓶酒已经下肚，而烤全羊只吃了一半，桌上丰盛的菜肴只动了几筷子，很多菜居然一口未吃。

此时的赌徒已经撑得走不动了。随后，他拿出几个金币扔到了服务员的盘子里，也没等着服务员找钱就大摇大摆地离开了。尽管服务员要为他找钱，但他却很大方地说不要了。

农夫看了菜单后慎重地点了一菜一汤一碗米饭。他享受着这份美味，菜吃得干干净净，汤也喝光了，最后只剩下几粒米饭。农夫把仅剩的几粒米饭倒进菜盘子里，盘子里唯一的一点剩菜汤被米饭粒完全吸收了。农夫香喷喷地把这几粒米都吃光了。付完账后，他还向服务员喊道："小姐，还差2分钱没给我呢。"

苏格拉底和他的学生看到这一幕后深深记在了心里。

学生们齐声说："这个农夫实在是太小气了，2分钱还要斤斤计较，那位先生多么大方啊。"

苏格拉底说："农夫的钱是血汗钱，那个赌徒的钱里有什么？"

◆ 心灵感悟

赚钱是很辛苦，应该回报自己。可是，没有计划的花钱，就等于让无谓的人分享你的收入。

餐巾上的大舞台

像所有的画家一样，艾戈尔从法国来到德国，追寻着自己的梦想。也像所有未成名的画家一样，艾戈尔几年来一直过着食不果腹的日子。多年的执著没有换来世人的认可，艾戈尔终于意识到自己必须换个方向努力。

在德国，艾戈尔发现一个规律：德国人家庭观念很重，大部分的家庭都会尽力做到全家在一起聚餐。而且，为了营造温馨的用餐气氛，尽管食物简单，场面却非常讲究。这其中晚餐尤为重要。德国人崇尚艺术，吃饭的时候也不例外，连他们的餐巾纸都具有艺术气息。他们会按照不同的天气、当天的幸运色和不同的节日来选择餐巾纸。比如：喝中国茶，就喜欢选用带有中国茶具和中国图案的餐巾纸；要是喝咖啡，就会选择以巧克力豆为图案的餐巾纸。由于德国人有这样的爱好，这些艺术餐巾纸非常畅销，一般一包都能卖到4至5欧元。

为了让自己的事业更上一层楼，艾戈尔开始寻找新的方向。他创立了一家餐巾纸设计公司，在自己的设计作品中加入了法国人的浪漫色彩，并运用德国人的严谨来管理企业。一年过去了，艾戈尔在艺术餐巾纸业内已经美名远扬。如今，他正考虑怎样继续自己当画家的梦想，还考虑着要建立一间博物馆，向世人展示自己的优秀作品。

◆ 心灵感悟

在实现成功目标的努力中，很多时候，除了顽强拼搏和不懈奋进外，更需要正确的方法。一味蛮干，只低头拉车，不抬头看路，也许永远到不了自己的目的地。

选择比努力重要

从前，有一位青年很想干出一番大事业，但也辛辛苦苦好多年却仍然一事无成。他想，不能再这样浪费青春了，就去向一位智者请教。

智者把正在砍柴的3个弟子叫来，让他们带这位年轻人到五里山去打一担自己觉得最满意的柴。3个弟子答应完师父后就带着年轻人向五里山奔去。

回来的时候，只见年轻人扛着两捆柴，步履蹒跚，气喘吁吁。大弟子一人前面担着8捆柴，二弟子两手空空、步履轻盈地跟着。这时，只见江面上传来歌声，原来是小弟子坐着木筏，木筏上带着8捆柴。

智者问他们："你们对自己的表现满意吗？"年轻人说："大师，我刚开始本来砍了6捆柴，但是扛到一半路的时候我就累得走不动了，不得不扔了两捆。又坚持了一会儿，还是不行，结果又扔掉了两捆。最后，我只扛回了两捆柴。大师，我已经尽力了。但是，我想我还能再改进一下方法，所以我想再去砍一次柴。"

这时，大弟子说话了："我和师弟各砍了两捆柴，把它们一前一后地挂在扁担上，跟在施主后面。我们俩轮流换着担柴，不觉得累。后来，我们又把施主丢弃的4捆柴挑了回来。"

小弟子也说话了："我个子矮，力气小，挑柴是弱项，所以我想到了走水路……

智者用赞赏的眼光看着弟子们，然后对年轻人说："做事情最重要的是选对方法。方法得当，往往就可以达到事半功倍的结果。"

◆ 心灵感悟

目标可以是一个，走的方法却可以不同。在实现目标前，不要一头扎进去，而是想想采用哪种走法更好。不同的走法决定你在竞争中的优劣，也给你带来截然不同的结果。

一根绳子，两种命运 ♥

从前，有一家猎户住在山上。父亲是一位经验丰富的老猎手，每次出去打猎都能收获满满，靠着打猎养活他的两个儿子。但，有一天不幸发生了事故：老猎户出去打猎，突然遇上暴雨。他挑着猎物，正急忙往家赶，不小心脚下一滑，跌落到了山崖下面。

两个儿子闻讯把父亲抬回了家，父亲已经奄奄一息。临终前，父亲交给两个儿子一人一根绳子，断断续续地说："这个留给你们俩，一人一根……"两个儿子还没明白父亲的用意，父亲就咽了气。

安葬完父亲，兄弟二人子承父业，过上了打猎的生活。可能是经验不足的缘故，二人打猎虽然很辛苦，但是收获甚少，日子也过得紧紧巴巴。

弟弟想不能再这么下去，就找到哥哥，说："我们要不干点别的吧？"

哥哥摇摇头说："我们的父亲是靠打猎为生，我们的爷爷也是靠打猎为生，到我们这里怎么能丢掉祖宗传下来的基业呢？"

弟弟听完哥哥的话，拿起父亲留给他的绳子就往屋外走。他先是砍柴，然后用绳子背着柴到山外去卖。在卖柴的过程中他发现，山里的野花很受城里人的喜欢，就想到可以把山上的野花采来背到城里去卖。他果然这么去做了，不到几年就攒够了盖房的钱。

哥哥仍然以打猎为生，艰难地度日。他整日愁眉苦脸，唉声叹气。最后，看着墙上挂着的父亲留给他的绳子，就拿下来用它上了吊。

◆ **心灵感悟**

给你一根绳子，你当如何？

节省花费的妙法

　　一位英俊潇洒的男士走进伦敦的一家银行，彬彬有礼地跟贷款人员说道："小姐，我需要办理贷款业务。"

　　"请问您用什么进行抵押？"小姐礼貌地问道。

　　"一套市区的豪华别墅房契、一辆劳斯莱斯的车钥匙、价值500万英镑的有价证券。"男士一一陈述出来。

　　小姐听得目瞪口呆，立刻找来了经理，心想，这位大客户得贷款多少啊？经理闻讯赶来，问："先生，请问您打算贷款多少金额呢？"

　　男士缓缓地说道："2英镑。半年后我将2英镑和利息如数奉还。"

　　经理和小姐傻了眼，不过还是将抵押品收下，办妥手续后，将车开进银行的地下车库，随后将有价证券和房契证明锁到保险柜里。

　　半年过去了，这位男士再次回到银行，将2英镑连同利息48.8英镑一同还清，并取走了贵重的抵押物品。小姐疑惑地看着这位男士说道："先生，和您合作很愉快，但我们一直奇怪一件事情，您出差的这半年，我们调查了一下您的情况，其实您是个富翁。我们更加不理解的是，您这么富有，为何来贷款，而且只借2英镑呢？"

　　这位男士露出笑容说："小姐，请你告诉我，有哪儿能为我提供这么廉价的保管服务呢？而且只花这么少的48.8英镑？"

◆ 心灵感悟

　　只要你动脑，总能省下花费来。在经营中，有多少投入是必要的，有多少是不必要的？如果达到的目的是同样的，那就选择花费少的那种。

利用规律去赢 💕

在一个国家里有两个很有名的木匠。他们的手艺各有千秋，难分伯仲。

一天，国王想到一个主意：他想让两位木匠进行一次雕刻比赛，获胜者将获得"全国第一木匠"的封号。国王立即命令手下的大臣筹备比赛。不久，比赛开始了。这次比赛历时3天，最后看谁刻的老鼠最像就获胜。优胜者可以得到国王的册封和丰厚的奖品。

比赛过程中，两位选手都全力以赴。到第3天的下午，两人都把作品交给了国王。国王立刻召集各位大臣一起来做评审。两位选手的作品相差甚远。第一位木匠的老鼠十分逼真，不注意还以为是真的；而第二位木匠的作品则比较牵强，只是有老鼠的神态。

国王和大臣觉得很容易分出胜负，大家一致认为第一个木匠获胜。这时，第二个木匠觉得不公平，要求重新进行评判："我希望能让猫来评判，因为没有什么比猫更了解老鼠的了。"

国王同意了他的要求，就找人带来了猫，让猫来决定哪只老鼠更像真的。令人奇怪的是猫一下就扑到了那只不太像的老鼠身上又咬又啃……而另一只则被冷落了。看见这种情况，国王不得不更改结果，把"全国第一木匠"的封号给了第二个木匠。

过了几天，国王依然感到很纳闷，就把第二位木匠找来，问："为什么猫这么喜欢你刻的老鼠呢？"

木匠说："陛下，我的奥秘就是我是用鱼骨刻的老鼠。"

◆ 心灵感悟

社会上的竞赛不是运动场上的竞赛，它不需要你的技巧最好，而需要你的做法最接近人性，由此别人才愿意接受。这便是

心灵鸡汤全集 —— 最鼓舞人的励志故事 —— 第八辑 思路决定出路

社会的逻辑。按照这个逻辑做事，你才能更容易成功。从中也可以看出，光苦练技巧不够，还要迎合征服目标的口味。

成熟是干出来的

1983年，有一位英国学生考入了美国的哈佛大学。这个学生名叫科莱特。他的同桌是一位年仅18岁的美国小伙子。第二年，上大二的美国小伙子对科莱特说："咱们一起去开发BIT财务软件吧，现在这种软件在美国很有市场。但开发这个软件需要投入大量的时间和精力，那样我们必须退学。"

科莱特一想到要退学，就开始打退堂鼓，想想自己从那么遥远的地方来到美国，而且能上哈佛大学，这可是千载难逢的机会，多少人梦寐以求而又难以实现的愿望。另外，他觉得自己的知识还不够，要开发一套自己还不太了解的软件心里实在没底。因此他婉言谢绝了那位小伙子的邀请。

自那以后，科莱特努力学习，10年后获得了BIT专业博士后的学位，而那位美国小伙子的已经成为了美国的第二富豪，拥有的个人资产达到了65亿美元。

两年以后，科莱特觉得开发BIT软件的时机已经成熟，但他当年的同桌已经抛弃了BIT，开始研发EIP财务软件。这套软件系统比BIT快了1500倍，并风靡全球。就在同年，这位小伙子已经成为全球首富，他的名字叫比尔·盖茨。

当年谁也想不到盖茨的退学竟会成就他的一番大事业。

◆ 心灵感悟

条件成熟了做事才容易成功。可是，你不能坐在那儿，被动地等着条件成熟，那样做无异于"守株待兔"。条件就是狡猾的兔子，它有多少种可能自己撞到树上呢？所以，条件不成熟，那就多做努力，促使它成熟。

稳稳的财路

有一位从来不向银行贷款、也从不向职工筹集资金的民营企业家。每当他的工厂资金紧缺的时候，他会通过停工或者减少产量的方法来缓解危机。很多人都不理解他为什么要用这样的方式来面对危机。其实，他的企业只要向银行贷款，银行就会将大量的资金注入到他的企业中。但是，他始终坚持不向银行贷款，哪怕是1分钱，他也要坚守内心的底线。

有一次和他聊天的时候，我把疑问告诉了他。于是，他向我说起了自己年轻时的一个故事：

在他很年轻的时候，村委会为了丰富村民们的文化生活会放映电影。当时前来观看的村民很多，把会场围得水泄不通，个头矮小的他根本无法看到电影。而这时，电影已经开演有一段时间了。他焦急地想着办法。突然，他发现黑暗中有一垛由砖叠起来的墙。他没有多想，上手就扒开了一块砖头，结果发现这砖垒得很不结实。于是，他不停地将砖头层层扒下来，最终在地上垒起了一个高高的平台。他得意洋洋地站在那块垫脚石上欣赏电影。很快，电影结束了，人们纷纷散去。当拥挤的人潮涌过那道墙时，不幸的事情发生了——只听"轰"的一声，那垛墙在人们的重压下倒塌了。尽管人们都没有受伤，但一位不幸的孤寡老人从此没有了自己的家。

讲到这儿，企业家心情异常沉重："我之所以不贷款就是因为这件事。贷款就像是一块垫脚石，我们将它垒得越高，站在上面的危险性就越大，同时也可能给其他人带来更大的伤害。我现在希望的就是能踏踏实实、平平稳稳地站在地上。这样我才能安心。"

在经济变化莫测的时代，像他这样保守的企业家普遍被认为是不可能成就一番大事业的。这么多年，许许多多的企业在起起伏伏中经历盛衰。他的企业却成了当地无所不知的企业，凭借的就是一直保持着的平稳状态。当其他大老板都坐着高档轿车出席商务场合的时候，他坐的依然是那辆普通桑塔纳。每到傍晚时刻，他还和老百姓一样，拎着菜篮子进出菜市场。

令人称奇的是，很多刚毕业的大学生就算工资比较低，也愿意到他的工厂工作。按他们自己的话说就是这样的工资拿着有盼头。

◆ 心灵感悟

负债是有学问的。虽然负债可以帮你运用一些好机会，实现扩大经营，但财商高的人绝不会把自己放在债务的风口浪尖上，因为市场一旦有波动，你就会摔得很惨——深陷债务的泥潭，翻都翻不得身。

丢下芝麻捡到西瓜

在商海打拼了大半生，我总是想起小时候父亲给我讲的"饼卷饼"的故事。故事说的是以前有个又懒又馋的女人，有一天，她做了5张饼。吃饭时，她丈夫拿起一张饼吃了起来。她为了多吃多占，就挑了两张大些的饼，卷在了一起，说："我来个饼卷饼。"接着，大口地吃起来，眼睛还不住地盯着另外的两张饼。丈夫因为只有一张饼，很快就吃完了，他从容地拿起剩下的两张饼，卷了起来，说："我也来个饼卷饼。"得意地吃起来。妻子吃了两张饼就没有了，丈夫还是比她多吃了一张饼。

我明白，每块饼代表一份利益，丈夫吃得多，那么他占的利益自然比妻子多。在商海中也同样，要想成功，不能只看眼前的利益，否则就会失去更大的利益。而要像那个做丈夫的，先放弃眼前的利益，才能获得长远的利益，这就是"丢下芝麻捡到西瓜"的道理。我从中受益不少。

◆ 心灵感悟

目标一定要长远，而不能短浅。很多人之所以不能取得大成功，是因为他们只看重眼前的利益。被眼前利益攫住了、迷惑了双眼，以致让大的收益从身边溜去。

亿万富翁拼的是什么 💕

教授在咨询课上给同学们讲了这样两个故事：

第一则故事：香港的警犬标价10万元，而德国的标价却是100万元。这让前来买警犬的警察十分困惑。出于好奇，警察想用一包海洛因试试到底它们之间有何区别。他先让两条警犬分别闻了闻海洛因，然后将海洛因藏了起来。卖家把两条警犬同时放出，没过一会儿，它们同时找到了海洛因。

买主疑惑地说："这10万和100万之间的差距也不是很大嘛。"卖警犬的人听后，便建议道："您再试一试吧。"这次依然是藏海洛因，但与前面不同的是，在途中多了一只母狗。此时，两条警犬同时被放出，区别也就显现出来了：香港警犬因为看到了那只母狗，前进的速度越来越慢，最后只顾着接近母狗并与之亲热了；而德国的警犬全然不理会周围有何诱惑，直接奔向海洛因的藏放处。

因此，两条警犬的差别远不是10万和100万这么简单，它们有本质的区别：当确立了目标后，就要能够抵挡住诱惑，直奔目标，顺利并漂亮地完成好任务；而不能抵挡诱惑的，就会被周围的事物所影响，从而降低效率，最终无法完成目标。

第二则故事：假设你每年年底存款1.4万元，并将它用于投资——股票和房地产，从而获得平均每年20%的投资回报率，那么经过10年，你的存款就会增长到36万元。

接着，老师问："你们知道如果存40年后会是多少吗？"同学们七嘴八舌地说出自己的想法，猜得最多的也不过300万元。老师带着大家一步步计算，得出的结果竟然是1.0281亿元。

现场鸦雀无声。

如果我们想成功，就要在确立了目标后，坚持到底。我们大部分人能坚持10年就已经是很不容易的事了，更何况要坚持40年，这岂不是更加困难？但奇迹就是这样创造出来的。最后，老师得出总结：每个人都有可能成为亿万富翁。不过，我们要做的是在确立目标后，抵御住各种诱惑，心无旁骛。其实，不论我们是办企业，还是做生意，哪怕仅仅是存钱，比拼的都是耐心和毅力。谁能坚持住，而且坚持到极限，谁就能成为亿万富翁。

◆ 心灵感悟

这是最简单，又久经时间验证的事实。如果你打算成为亿万富翁，那就多观察他们，培养起他们身上的品质，运用他们的思维方式。即使由于种种障碍，你最后成不了亿万富翁，但你还是有机会成为百万富翁的。

4枚钉子的考验

鞋匠老了，有一天他把自己的3位徒弟叫到面前，语重心长地对他们说："我已经将补鞋这门本领全部传授给你们了，你们学得也很努力。现在我已经再没有什么可以教的了，你们也学艺已精。从今天起，你们该出去闯荡了。"

徒弟们显然心中仍有不舍，但师傅心意已绝。他只对徒弟们交代了一句："补鞋底只能用4枚钉子。"之后就让他们出发了。带着对师傅那句嘱咐的疑惑，3个年轻人在一座大城市扎下根来。他们依靠着不相上下的手艺，过上了丰衣足食的生活。可那疑惑始终困扰着他们。

日子一天天过去，大徒弟已经发现用4枚钉子总不能使鞋底完全修复，可师命难违，他只能受着良心的谴责。最终，苦于无法找到折中的办法，大徒弟不再补鞋而是回乡下种地去了。

二徒弟也发现了同样的问题。但他却觉得，让鞋坏了的人来第二次才修好鞋，让自己挣到双倍的钱，正是师傅说出那句嘱咐的初衷。于是，他继续只用4枚钉子补鞋。聪明的三徒弟自然也发现了这个秘密。同时，他也发现其实只要多钉一枚钉子就能一次性把鞋补好。冥思苦想后，他决定加上那枚钉子。这样不仅能节省顾客的时间和金钱，更重要的是换来自己良心上的安慰。

就这样，数月之后，人们发现了两个鞋匠的不同，纷纷奔向三师弟的店铺。由于经营惨淡，二徒弟的铺子最终被迫关门了。

转眼几十年过去了，当年的三师弟现在也成了一名老鞋匠了。在兢兢业业地补了一辈子鞋后，他终于悟出了那句嘱咐的真意：要创新，同时心中不能有贪念，否则只能被社会淘汰。

◆ 心灵感悟

前人的成果是他经验的总结，环境变了，条件变了，如果你应用起来不太合适，那就按照自己的需要去修改，而不是被其束缚了手脚，不敢越雷池一步；或者是抱守着前人的告诫，却怀着渔利的目的。上述两种做法都会让你在现实的生存竞争中被踢出局。

3种结局

它们是一同出生的3只小鸟，也是一同飞出鸟巢打拼天下的同伴。

3只小鸟奋力地向上飞呀，飞呀，很快飞到了山顶。一只小鸟落在枝头，欢呼起来："看啊，青山绿水都被我们踩在脚下，山间的所有动物，连百兽之王老虎都只能羡慕地仰望我们。这里真是太棒了，能够在这儿生活，我们都应该知足了。"可另外两只小鸟却不这么想，它们失望地对它说："我们还想到更高的地方去看看。既然你已经觉得满足，那你就留下来吧。"

两只小鸟奋力地向上飞呀，飞呀，很快又飞到了云端。有一只小鸟被眼前色彩斑斓的美景迷住了："太了不起了，这是白云的上头啊，连天空都向我们低头了。能够生活在这样的地方，我们都应该知足了。"

可另一只小鸟却不这么想，它难过地对它说："你看看太阳，光芒万丈的太阳才是我的目标啊。看来，我只能独自前行了。"说完它奋力地向着太阳飞呀，飞呀，很快消失在耀眼的光辉中。

后来，住在枝头的成了麻雀，睡在云间的成了大雁，奔向太阳的成了雄鹰。

◆ 心灵感悟

有一种说法是：把目标设定得高一点，努努力、跳跳脚也许就达到了；如果把目标设定得低了，有可能这个低的也达不到。可见，文中的结局并不偶然，在当初做出选择时就决定了。

一个句号的损失 ❤❤

底特律的一位汽车生产厂老板收到了一封来自匹兹堡钢铁厂的电报:"10吨优质钢材,每吨3500美元,贵不贵?买不买?"

底特律的老板想用每吨3000美元的价格将这批钢材买下,于是回电:"不。太贵!"

可是,粗心的他将那个至关重要的句号漏掉了。结果,电文变成了:"不太贵!"就这样,他损失了5000美元。

◆ 心灵感悟

粗心的危害是巨大的,马马虎虎、敷衍了事,足以让一个百万富翁很快倾家荡产;相反,做事认真,会让一个人的成功之路少许多波折。

把持住自己的立场 ❤❤

蒂姆是华盛顿大学的一名普通大四学生。在1995年8月,域名注册开始收费以前,他为自己注册了一个"cool.com"的域名。朋友们不明白与网络毫不相干的蒂姆为什么要费尽周折去注册这样一个俗不可耐的域名。他们甚至嘲笑他思维不正常。

可到了1996年,情况却有了变化——平均每周就会有两个想要cool.com这个域名的电话找到蒂姆,其中居然还有一个是航空公司打来的。当时,蒂姆只想交齐学费和住宿费,他甚至一度想以一万美元的价格将域名卖掉,但最终没有成交。嘲笑蒂姆太傻,没能挣到一万美元的言论再次袭来。不过,后来的事实证明,蒂姆当时幸好没卖——一家著名的消费品生产商通过纽约的一位律师,用300万美元现金买下了蒂姆的域名。

不再有人嘲笑蒂姆，因为人们开始嘲笑公司：300万？用300万买来了7个字母和一个圆点组成的8字符号，这太荒唐了！可是后来，这家公司让这个域名的价格升到3800万美元。

事实是，在嘲笑中，一个从一文不值到价值数千万的过程完成了。

◆ 心灵感悟

思维开阔的人走在别人的前列，所做的事往往别人不明白。坚持自己的立场，不要多解释，也不要因为别人的嘲笑而改变主意，因为真正有价值的东西，会在时间的流逝中体现出来，嘲笑也不能阻止它升值。

大错是怎样铸成的

只有一个救生电台在海面上有节奏地发着求救信号。赶到这儿的救援人员呆呆地望着平静的海面——"环大西洋"号货轮沉没了，带着船上的21名船员一起沉没了。究竟当时在这片海况极好的区域发生了什么？是什么让这条如此先进的货轮沉没？为什么船员们无一幸免？最后，在电台的下面有人发现了一个密封的瓶子，里面的一张纸条上这样写着：

一水威廉：4月23日，为了能在晚上给妻子写信，我在布鲁斯班港偷偷上岸买了盏台灯。

二水比利：他买台灯时我看见了，但是我只说了句"这个台灯底座轻，船晃时小心别让它倒下来"，并没有阻止。

三副斯科特：4月23日下午起锚离港，我发现救生筏释放器失灵了，没有多想就把筏子绑在支架上了。

二管轮汤姆斯：离港前我检查消防设备时发现水手区的消防

龙头锈死了。不过，再有几天就到目的地了，到时候再换比现在换方便。

二水马克：我用铁丝将坏了的水手区舱门绑牢了。

船长路易斯：起航时太忙了，我忘了看甲板和轮机舱的安全检查报告。

机匠帕克：4月25日下午，威廉和舒尔茨的房间里的消防探头连续报警。我和瓦尔特进去检查，没有发现火苗。所以，我们判定是探头误报警，于是拆掉交给西蒙斯，要求换新的。

大轮管西蒙斯：确实是这样，但我先忙其他事去了。

服务生怀特：4月25日17点，我到威廉的房间，发现他不在。于是，我打开了台灯看书等他。

机电长恩里克：4月25日18点，莫名其妙跳闸了。也难怪，这几天老这样，将闸合上就是了。

三轮管艾伦：空气不太好，在确认厨房没有问题后，轮机舱将通风口打开了。

管事米歇尔：18点半，我将所有不在岗的人叫到厨房帮忙，因为晚上有聚餐。

最后是船长潦草而绝望的字：

21点，威廉和舒尔茨的房间已经被烧穿了，一切糟糕极了，我们打不开水手舱的门，拧不开消防龙头，我们根本没有办法控制火势，连救生筏也放不下来。完了，一切都完了。我们每个人都犯了一点小错，却酿成了船毁人亡的大错。

现在，这封记载了当年"环大西洋"号海轮沉船事故的原因的信，已经被刻在一块高5米、宽2米的石头上，立在巴西海顺远洋运输公司门前，永远警醒着后人。

◆ 心灵感悟

哲学上有一个观点：事物都是联系的、发展的。所以，人们应该用联系的、发展的观点看问题。这儿犯了一个错误，那儿犯了一个错误，随着时间的推移，对整体就会造成毁灭性的破坏。其实，当初的错误并不大，只需要一点细心和认真就可以避免，可是常人偏偏喜欢选择粗心和大意。

自己拿主意

在加拿大渥太华郊外的一个奶牛场里，慈祥的父亲正在倾听着上小学的女儿的哭诉。

"呜呜呜……爸爸，苏珊说我长得丑，特别是跑步的时候样子很蠢……"女儿伤心地说。

父亲似乎并不关心女儿的话题，唐突地冒了句："我能举起'大山'！"大山是农场里块头最大的奶牛。

正在哭泣的女儿没明白父亲想要表达什么意思，觉得很惊奇，于是不解地问道："您说什么？"

"我能举起'大山'！"父亲语气肯定地表示。

"大山"至少有半吨重，父亲就是力气再大也不可能将它举起来啊。女儿抬头看了看远处正在悠闲吃草的"大山"，又望了望微笑着看着自己的父亲，忘记了哭泣。

这时，父亲露出了满意的笑容："你肯定不相信吧？所以你也别信苏珊的话，因为有些人说的并不是事实。"

就这样，父亲在不知不觉中将"不要太在意别人说什么，要自己拿主意"的道理告诉了女孩。这个女孩就是著名女演员索尼亚·斯米茨。

当她已是一位颇有名气的演员时才刚二十四五岁。有一次，经济人因为天气和观众数量少等原因阻止她参加一个集会，并要求她把时间花在一些大型活动上，以增加名气。然而，自己拿了主意的索尼亚却执意要去。原因很简单，她已经在报纸上做了承诺："我一定要兑现诺言。"结果，集会那天虽然天上下着雨，但有了索尼亚的会场气氛异常热烈，她也因此得到了观众的喜爱和拥戴，挣足了人气和名气。当然，她后来能红遍全球，也是得益于自己拿了离开加拿大到美国发展的主意。

◆ 心灵感悟

人有一个习惯：太在意别人说什么，太容易被别人影响。记住一句话：你的人生是你自己的，谁也不能代替你去，干吗还要让别人左右你的大脑呢？成功者无一例外，他们喜欢自己拿主意，这并不是一意孤行，而是忠于自己，相信自己。人生路漫漫，很多时候你必须自己拿主意。

"质"远远比"量"重要

小马是出版社里新来的大学生。他真的是个热心肠，当同事们求助于他时，他都会毫不犹豫地一口答应下来。"办书号啊？来，让我来。""找责编？小事一桩，交给我就行了。""跑印刷厂？行行行，东西放这儿，一会儿我一起送过去。"

就这样还不满足，心高志远的小马一心想在出版社业内尽快站稳脚跟，更快地在出版社的员工中脱颖而出。为此，他甚至找到社长毛遂自荐："对于工作，我能……我想……我还要做……"因为他认定要想快成功，必须多做事。可是，问题也随之而来。过多的任务使他体力透支。没过几个月，小马就只能每天带着双"熊猫眼"来上班了。

到了年底，出版社公布了年终考核成绩。小马是公认的"大忙人"，但也是考核成绩最低的人。原因很简单：他的每项工作都做得有头无尾，效果一塌糊涂。

◆ 心灵感悟

　　10个60分和6个100分截然不同：前者会被看做刚刚及格，后者却会被看成优秀的学生。所以，成功的道路上，用同样的气力，宁可把分内的义务先尽完，而不是什么事都做了，却什么事也没做好。如此，不但对不起自己，更对不起你身旁的人。

让你败阵的恶习

　　王浩是班里的尖子生，大学期间没少拿奖学金。更难能可贵的是，学生会、社团组织都留下了他俊朗活跃的身影。

　　临近毕业时，一家外资企业到学校招聘，各项待遇都极为优厚。这自然引起了很多高素质人才的兴趣。学历、外语、身高、相貌都很出众的王浩从众多的竞争者中脱颖而出，过五关斩六将，杀入最后一轮：总经理面试。

　　王浩当然认为自己对于这个职位已经十拿九稳了，这轮面试只不过是走走过场罢了。

　　一见面，总经理就表现出对他极大的热情。在一阵寒暄之后，总经理的手机响了。"很抱歉，能等我一会儿吗？我有一点儿急事，要出去几分钟。"

　　王浩点了点头，总经理就离开了办公室。王浩一人坐在偌大的办公室里，踌躇满志，得意非凡。他闲不住，就围着总经理的大老板桌看，只见上面文件一摞，信一摞，资料一摞。他好奇地看看这一摞，又翻翻那一摞，仿佛自己已经成为了总经理。

　　15分钟后，总经理回来了。不等王浩张口，他就说了句："面试已经结束了。"

"可是，您一直都不在啊？我还没有和您详细谈呢。"

总经理笑了笑："让你单独在办公室里的时候就是对你的面试。很遗憾，你没有被录取，因为那些爱乱翻别人东西的人本公司从来不录用。"

◆ 心灵感悟

一些看似无关紧要的恶习，关键时刻可能杀死你；而你自己还没意识到这竟是一种恶习呢。所以，平时要对道德准则和礼仪习俗有所了解，以免被恶习杀死了还不知道自己错在哪里。

每日自省

富兰克林是美国建国时期的伟人，深受国民的尊敬和爱戴。他从小就养成了一个习惯，那就是每天在睡觉之前，都要把一天里所发生的事情重新回忆一遍。

作为伟人的富兰克林发现自己的13个不足，其中3项是：为琐事烦恼、总和别人争论、经常浪费时间。明智的富兰克林很快就发现，他要有所成就，就必须减少这一类错误。所以，他不断地想办法去逐个克服困难。经过一段时间的摸索，他想出了一个好方法。那就是用一个星期的时间来克服自己的一项不足，并且用笔记本记录下每天的收获。在克服自己某项不足后，他就会找出另一项不足，再用一周时间去征服它。在两年多的时间里，富兰克林用自己坚强的意志，坚持每周攻克一个坏习惯。最终，他成为了美国历史上最受欢迎和尊敬的伟人。

◆ 心灵感悟

改掉坏习惯之前，先得认清它们。此时，反省就是最有力的武器。你应该每天检视自己的缺点，与之进行坚持不懈的斗争，直至把恶习全部克服。

一诺值千金 ❤❤

百事可乐公司的总裁卡尔·威勒欧普在下班前接到了来自市长办公室的电话。电话那头克利夫市长向他发出了诚挚的邀请，希望他能出席自己的家庭晚宴。

"市长，十分抱歉！今天晚上我已经答应了女儿陪她过生日。我不想做一个失约的父亲。"他毫不犹豫又不失礼貌地拒绝了市长的盛情。

在市中心新开业的游乐园里，卡尔带着新买的礼物与妻子一道全身心地陪伴着女儿，开心地享受着这个愉快的节日。为了不被人打扰，卡尔和妻子甚至关掉了手机。

然而，助理急冲冲地赶来，向卡尔小声汇报了一个重要情况——有一位对公司非常重要的客户，他很想在这个晚上见卡尔一面。

"不行啊，今天晚上的时间是属于我女儿的，我已经承诺过了。" 卡尔看着刚刚吹灭蜡烛、正准备切分蛋糕的女儿，露出了为难的神色。

"这位客户只是短暂在此地停留，此前确实没有约定。不过，他对公司来说太重要了……"助理解释道。

"不用说了，今天晚上的时间完全属于我亲爱的女儿。因为我已经承诺过了。请你接待一下客户，转达我真诚的歉意，并和他预约好时间，我到时会亲自登门拜访。"卡尔并没有丝毫犹豫。他放弃了与这位突然造访的重要客户见面的机会，留下来全心全意地陪伴正在兴头上的女儿。

可是，这位客户对公司来说实在是太重要了，助理不得不硬着头皮提醒自己的老板，希望老板能回心转意："卡尔先生，您是不是先去……"但卡尔仍打算全身心地陪伴女儿，开心地享受着这个愉快的节日。

女儿也十分理解父亲的苦衷，不希望自己耽误了父亲的工作，也催促父亲去见客户。

然而，卡尔却打消了助理继续劝说的念头，坚定地留了下来。原因很简单："我已经说过了，我不想做一个失约的父亲。今天晚上，市长的宴请和客户的约见确实都很重要，但我一个月前向女儿许下的承诺更重要，谁都不能改变我做出的承诺。"

第二天一早，卡尔就亲自向那位客户致电道歉。出人意料的是，客户向他发出了由衷地赞叹："我为能和您合作而感到自豪。我现在明白百事可乐公司兴旺发达的真正原因了。我要感谢您，是您的行动让我真切地记住了什么叫做一诺千金。"

再后来，这位客户成为了百事最为重要的合作伙伴和卡尔最为亲密的朋友，即使在公司遭遇经营最大困难时，也不曾动摇过彼此的信任。

◆ 心灵感悟

许诺在一时，践约却要永远，这是伟人和凡人都需恪守的原则。但是有许多人，总喜欢"许愿"，却从来不"还愿"，这样的人必然陷入信用危机，让人轻易不敢与之打交道，事业也做不大。

点铁成金石 ❤❤

亚历山大帝王图书馆，由于火灾使馆内所藏图书被焚烧殆尽。只有一本不是很贵重的书得以幸免。有一个落魄的穷人用了几个铜板，买下这本书。书并不是很贵重的那种，但里面却藏着一样非常神秘的东西——薄薄的一片牛皮纸，上面记载着点铁成金石的秘密。所谓点铁成金，就是用一块小石头就能将任何金属变成纯金。小纸片上写着，这块石头就在黑海边，但小石头在外观上和其他石头没有两样，唯一不同的是这块奇石摸起来是温的，而普通的石头摸起来是冰的。

这位穷人凑足了一些钱，就开始到海边寻找点铁成金石了。他开始不断地寻找，在此过程中他养成了一种习惯，就是把捡起来的冰凉的石头往海里扔。因为这样他才不会重复捡到已经摸过的石头，而无法辨认真正的奇石。3年过去了，他还是没有找到那块奇石，但是他没有气馁，继续寻找，一直往海里扔石头。

这一天，他捡起一块石头，一摸是温的。心中的狂喜向他袭来——终于找到了。可不到一秒钟的工夫，他又被强烈的失望击倒——他仍然随手扔向海里。因为他已经养成了扔石头的习惯。由于扔石头的动作习以为常，所以当他意识到石头是温的那一瞬间，就想也没想地把石头扔进了大海，再也寻不见了。

◆ 心灵感悟

英国教育家洛克说："习惯一旦养成之后，使用不着借助记忆，很容易、很自然地就能发生作用了。"事实确实是这样的。就拿那个穷人来说，他多少年风餐露宿，苦苦寻觅，为的就是找到那块点铁成金石。可是当他找到后，他却随手扔到了海里。不是他不想要那块奇石，而是往海里扔石头的习惯性动作迫使他做出了令人遗憾不已的蠢事。他多年的点铁成金梦，也像肥皂泡一样顷刻破灭了。我们应该深刻认识它的警示意义：要拥有美好人生，必须养成一种好的习惯，让它服务于我们。

别被一根绳子杀死 💕

骆驼是人们在撒哈拉沙漠上最主要的交通工具。驯化骆驼理所当然成了撒哈拉养骆驼人家的拿手技能。

养骆驼的人总在骆驼出生后不久就把一根红线缠裹的鲜艳木桩深深地嵌在地上，以此来拴住骆驼。当然，骆驼不会屈服于一根小小的木桩。它用尽一切力量拽绳子，左突右窜，就想把那根小木桩从地上拔起，但总是以失败告终。

3天后，骆驼因精疲力竭而屈服了。接着，养骆驼人把木桩上捆着的红绳拆下来，人坐在木桩上，用手轻松地拉住骆驼的绳子，不住地来回走动。不甘受人摆布的骆驼又不停地拽着绳子，4只蹄子都折腾出血来了，但拉缰绳的人却依然泰然自若。最后，拉缰绳的人换成了一名个头相对于骆驼而言非常瘦小的孩子，骆驼又开始新一轮的挣扎，当然最后还是以失败而告终。

骆驼最终被彻底驯服了，从这时候起，主人拿着一根拴骆驼的小木棍，就可以随意控制骆驼。小木棍随便往地上一插，骆驼便围着木棍转来转去，再也不想与小木棍斗争了。

当沙漠风暴突然来临时，一些驼队的主人为了防止骆驼失踪，往往迅速往地上插入小木棍，把许多头骆驼都拴到一根小木棒上。但当驼队主人被风暴卷走后，这些骆驼就失去了为它们拔去小木棍的人。它们就这样守在原地，一天、两天……最后直到它们都活活饿死了，也不曾尝试去挣脱小木棍。

◆ 心灵感悟

与其说骆驼是死于缺少食物，不如说是死于经验和习惯。有经验是好事，但经验也会成为一种束缚。所以，不要盲目地推崇"经验第一"。在特定的环境下，人们容易养成一些习惯，以适应生存。但环境变了，习惯就不适用了，必须拿出破除习惯的勇气，闯出一条新路。

想成功的人请举手

　　白宫的撰稿人是一个十分特殊的群体。在某种程度上，他们就是国家形象的代表。这是由于美国的大部分施政文件和领导人的演讲稿都是由他们起草、修改、润色完成的。也正因如此，选拔撰稿人的程序十分严格，内部也按资历分成森严的等级。

　　布罗斯却似乎是个异类。当22岁的他第一次进入白宫时，引起了同事们一阵不小的骚动。不仅因为他那一头在西装革履的同事中格外扎眼的红发，更因为他那种在沉稳保守的白宫中格外特立独行的性格。

　　初来乍到的他便向上司陈述自己的意见，尽管这都是他从自己的实践中获得的经验，但童话中的情节没有出现——布罗斯独到的见解不但没有得到上司的认同，甚至还招致了同事们的冷嘲热讽。他在朋友的劝解下收敛了起来，慢慢变得少言寡语。可是在心灵深处，布罗斯却始终没有放弃希望。

　　前国务卿鲍威尔于2005年辞职以后，白宫撰稿人一时惶惶不可终日。因为大家都深知一朝天子一朝臣的道理，谁也不敢说自己一定能留在白宫。

　　没过多久，新一任国务卿赖斯果然召集大家开会。令人意想不到的是，赖斯明确表示自己不裁员，只是想听听众人对撰稿的意见。

　　吃了定心丸的撰稿人又恢复了保守沉默的本性，不再作声。会议室变得异常沉寂，甚至有人打起了瞌睡。赖斯极为失望，就在她想结束这无聊的会议之际，有人高高地举起了手。众人定睛一看，随即哄堂大笑——又是这个红头发的叛逆少年。这一回，不知道他又会有什么惊人之举。

作为整个会场里唯一主动发言的人，布罗斯在国务卿面前略显慌乱而拘谨地陈述完自己的意见。虽然只有很少一部分点子有创意，但布罗斯还是给赖斯留下了深刻的印象。

"帮我注意一下这个红头发的孩子。"会后，赖斯对自己的助手交代道。

没过多久，布罗斯便从众多的撰稿人中脱颖而出，并且很快成为了赖斯的唯一撰稿人。一篇篇天才的文章展现着他独到的见解，这样的才华连星工场都自叹不如。

现在，作为白宫最年轻的高级顾问，他已成为白宫高层必不可少的成员，也是赖斯身边不可或缺的得力助手。

◆ 心灵感悟

这个世界并不缺少机会，缺少的只是抓住机会的决心。阻碍我们成功的往往不是没人给我们机会，而是我们没有让机会发现自己的胆量。我们之所以与成功无缘，便是太在乎他人的看法，在机会面前犹豫不决。想成功的人请举手！在机会未来临时，我们可以恐惧、退缩、茫然无措；可当机会到来的刹那，我们必须鼓足勇气、战胜恐惧，把自己的手高高举起。没人给我们机会，我们就要自己创造机会。

安逸是一把双刃剑

什么样的国家是天堂般的国家？能描述一下你心中理想的国家吗？人们的一切费用政府全包，单零花钱每年每人就有35万美元。生活环境优美，大家无需工作，住在现代化电器一应俱全的家里，驾驶着豪华越野车或高速快艇外出。以最精致考究的西餐或罐头为食，雇佣外国佣人，等等。这样的国家，一定是每个人都向往的理想国度。

那什么样的国家是地狱般的国家呢？那里的人民平均寿命是全世界最短的，全国只有1.3%的人有幸能活到60岁。高血压、心脏病、脑中风或者是糖尿病困扰着每一个人，发病率高居世界之最。这样的国家，一定是每个人都避之唯恐不及的。

如果我告诉你，这天堂和地狱其实是同一个国家，你会是什么反映？不必惊讶，这就是瑙鲁，一个依靠输出其取之不尽的鸟粪资源、一年能有高达9万多美元纯收入的南太平洋岛国。

孟子的那句"生于忧患，死于安乐"也许是对天堂般的瑙鲁成为疾病最多、人均寿命最短的国家最好的诠释。安逸谋杀的不单是事业，还有生命！

◆ **心灵感悟**

人都一个坏习惯：贪图安逸，追求享受。由此，西方人提出一个经典的建议：像对待玩乐一样对待工作，像对待工作一样对待玩乐。什么意思呢？玩乐的时候，你总是劲头十足的，就要拿出这份劲头去工作；工作的时候，你总是不太乐意的，就要拿出这份态度去对待玩乐。由此，你的成就会取得，人生也充实得多。

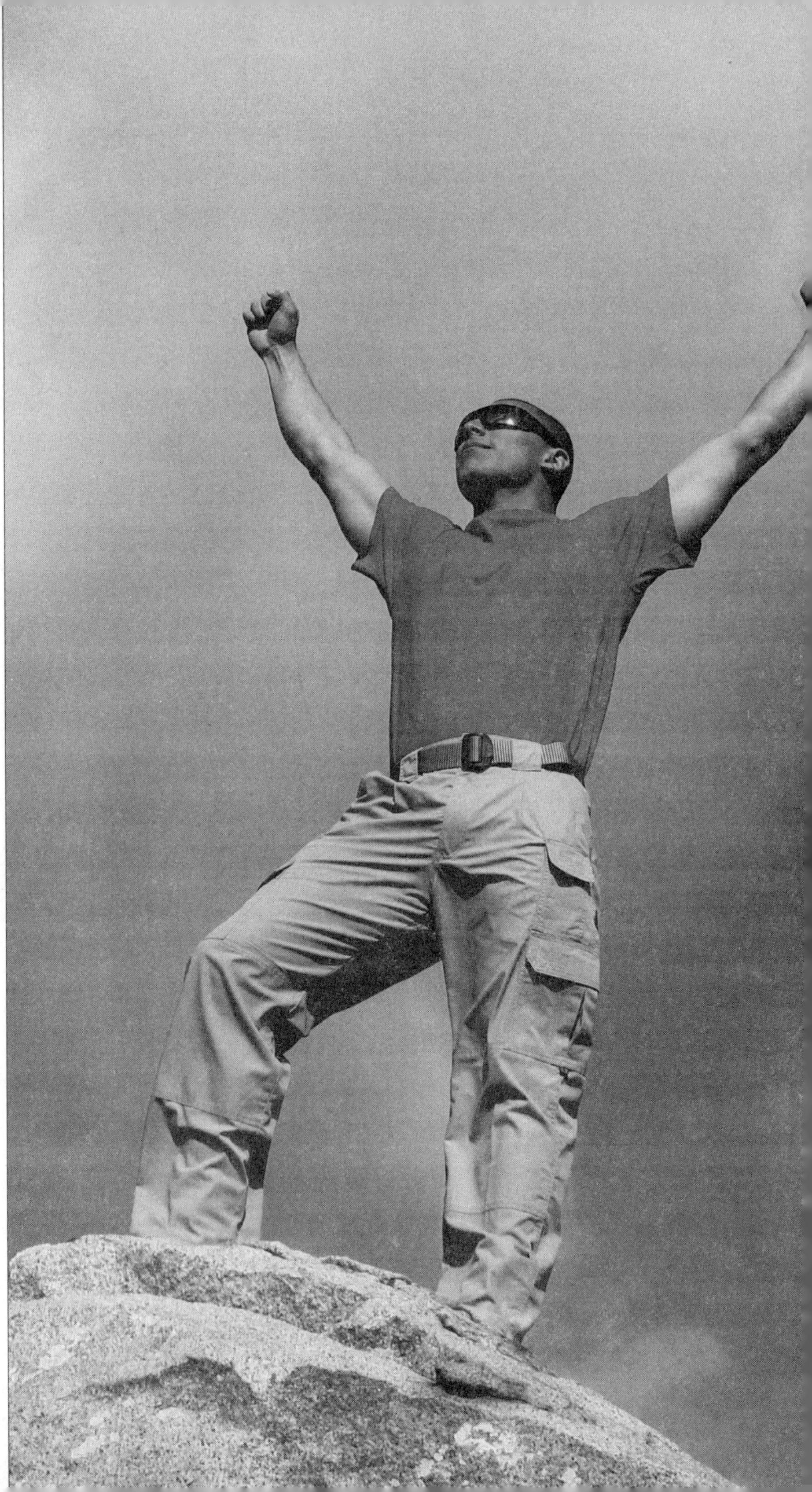

抱怨不如行动

■ 真正的幸事往往以苦痛、丧失和失望的面目出现，只要我们有耐心，就能看到柳暗花明。

——约瑟夫·爱迪逊

抱怨不如行动 💕

　　一个寺院里有个特别的规矩：每到年底，寺里的和尚都要对住持说两个心里最想说的字。第一年年底，住持问新和尚最想说什么，答曰："床硬。"第二年年底，住持又问新和尚最想说什么，答曰："食劣。"而第三年的时候，新和尚竟然没有等住持问话就说出了"告辞"二字。住持望着新和尚的背影说："心中有魔，难成正果。"

　　住持所说的"魔"，就是新和尚心里无休无止的抱怨。像新和尚这样的人在现实生活中有很多，他们总是怨气冲天，牢骚满腹。他们从来感觉不到社会和别人为他的生活所做的贡献。这种心里只有抱怨的人，不会有所成就。

　　一个人的态度决定他的选择，而选择决定他的人生。因此永远不要带着抱怨的情绪去面对生活，即使生活给予你的是艰难与困苦。改变人生的态度，你就一样可以将它们踩在脚下，提升自我。抱怨并不能改变一个人的命运，只能使人更加颓废；抱怨只会繁衍过去的不幸，加重人的负面心情和不满情绪。抱怨已不止是人性的迷茫，更是人性的溃疡。不要抱怨太多，不要盲目地去羡慕别人，"与其临渊羡鱼，不如退而结网"，放下抱怨开始行动，耕耘好自己的一方田地。

　　经常抱怨的人缺少一颗感恩之心，他们不会看到生活慷慨的赐予。因为不愿付诸行动，不努力去改变现状，于是没完没了的抱怨便出现了。生命的意义在于相互依存，每一样事物都会依存于其他一些事物上。人自从有生命起，便沉浸在恩惠的海洋里。父母的养育之恩、师长的教诲之情、爱人的关爱之心以及他人的无私奉献，都在强有力地支撑着我们的生命。

　　如果一个人怀有一颗感恩之心，他就会感谢大自然的福佑，感谢父母的养育，感谢社会的安定，感谢衣食饱暖，感谢花草鱼虫，甚至感谢苦难逆境。因为真正促使自己成功的，不是平坦的顺境，而是那些常常可以置自己于困境的打击、挫折和对立面。

常怀感恩之心，就会使得人们把这些感恩化做积极行动。人与人、与自然和社会的关系就会变得更加和谐、更加亲切，我们自身也会因为这种感恩之心而变得愉快和健康起来。感恩之心是滋润生命的营养素，它使我们的生活充满芳香和阳光。感恩之心教会我们：要行动不要抱怨。长期的抱怨情绪，只会使自己迷失前进的方向，使自己处于烦躁而消极的状态。事物不可能以某一个人的意志为转移，任何一种环境总是由人去适应和改造它。

成功者深知一个道理：环境是由人来改变的，一事当前要相信自己。用行动去战胜困难，远胜过无休止的抱怨。与其抱怨着浪费生命，还不如踏实地挥洒汗水。

◆ 心灵感悟

心怀感恩而积极行动的人是最快乐的。因为懂得感恩的人会微笑地面对逆境，会勇敢地踏上征途，会努力地创造财富，会慷慨地回赠他人。

勇于行动 🖤

平常生活中，有的人的确很讨女孩喜欢，其实这也算一种行动能力。在行动前，他们不会考虑"求爱是否可能遭拒绝"之类的问题。越是没有经验的人，越想着种种借口拖延。但是，天底下哪能找到无数次可以求爱的机会呢？一旦错过时机，再问对方"能交朋友吗？"肯定会被拒之门外。

遇到危险时，行动能力弱的人，总是想给自己的行动找理由。大体看来，编造很多理由拖延行动的人，往往潜意识里有掩饰自己弱于行动这一缺点的倾向，他的思维里可以找到一大堆的懒汉逻辑。他们从没想过如何摆脱危机和困境，只一厢情愿等着他人来救，但却没想到，这样下去的结果是耗尽精力甚至空等一生。

当人生陷入坎坷的境地时，只要能有行动，哪怕仅仅迈出一两步，就有可能胜利。"是去做呢还是不去做？"如果在为这样的事情犹豫，那不如立刻着手行动。

也许在采取行动前，很多人都有犹豫或烦恼的时间，原因是他们在为行动寻找正当的理由。假如真迈出了步子，甚至没思索就开始去做了，的确要有很大的勇气。害怕失败是人所共有的心理，"假如当初没做过这件事……"这种后悔的想法谁都不想再有。

因此，事前总在寻找行动理由，来解释"这件事必须做"，有时也很有必要。但是，假如每件事都去找理由，那么行动能力将变得很弱。真正有行动能力的人，没有任何理由，就可以迅速地采取行动。他们不是在理论成立之后才行动，而是在行动的过程当中再思考"我为何想这么做"。理由一般在行动后才产生和形成。行动能力弱的大学生，在求职前的第一个想法是"今天要干些什么呢？"；行动能力强的就会想"今天要去公司咨询了，应该换上件西服"。

就算事先没有想好到公司去，西服也应该穿上再说。因为家里人都看着呢，也就感觉再呆在家中不好。不管怎样，先走出家门，或者就会想到一些适合穿上西服干的事情来，例如到大学的就业科去一趟。这样便形成一种强迫自己前进的力量，真正的行动能力就是这样形成的。假如真正有了行动能力，那就没有什么未知的障碍、比如说"悬崖"之类的东西阻碍行动的脚步了。

◆ 心灵感悟

我国古代的大圣人孔子，在教导子路这样行动能力过强的人时，告诉他应该三思而后行；在教导冉雍这样行动能力弱的人时，就当众鼓励他说，想到了就应该赶紧去做。这其实就是在培养冉雍的行动能力。

从失败中起步 💕

失败是人生之旅的重要关卡。遭遇过、战胜过多少困难是衡量一个人事业辉煌与否、成就大小的标准。

成功者之所以成功，就在于他们敢于向前，不在意前进中一时的得失成败。他们总希望把最后的成功当做自己最得意的东西。成功者善于把失败转变为成功，因为他们能从失败中吸取教训，从退路中找到出路。

"不得意才是大得意的转机"各种各样的困难、障碍在我们的生活中无处不在。但只要自信、自强，就能够无限地挖掘和发挥自己的潜能，从而勇敢地、愉快地面对和解决这些难题。

世上没有常胜的将军，失败的原因无非是自己还有缺陷。因此，要想克服困难，越过关卡，我们应尽量完善自己，把自己完善到足以让人接受、使人认同的程度。

每天都是一个新的开始，我们无需把过去的悲伤、痛苦带到今天来。忘掉过去那所有令你苦恼、悲伤或失败的事吧，新的一天已经开始。用"今天"的勇气重新站起来，重新开始。

不管过去与将来，我们必须把握的是今天。挺起胸膛，坚强勇敢地面对生活。

成功者的生活态度是，勇敢地闯过一道道难关。

◆ 心灵感悟

完善自己，大胆地挑战，困难总会被打败。

忧愁不如行动 ❤❤

琼斯是《明星报》的记者。对于毕业后能得到这样的一份工作，琼斯十分知足。

他第一次接受的重要任务就是去采访大法官布兰代斯。但是，他没有半点欣喜，倒是愁眉不展。原因很简单：琼斯觉得自己只是一名初出茅庐、乳臭未干的新人，又在一家非主流的报社工作，大法官布兰代斯肯定不会轻易接受自己的采访。

得知他的苦恼后，同事马布里拍着他的肩膀安慰道："我明白，这就好像在阴冷的房间里担忧屋外炽烈的阳光一样。说起来，最可行的方法就是打开门，走出去。"说着，马布里拿起电话，开始联系大法官。没多久，他就联系上了大法官的秘书。马布里单刀直入地说："我叫琼斯，是《明星报》的记者，希望采访布兰代斯先生。请问今天他是否能接见我？"

琼斯听着，心中一惊。马布里向他做了个俏皮的鬼脸，对着听筒说道："好的，今天下午2点15分。谢谢您，我会准时到的。"

"嘿，伙计。"马布里打了个响指，欢快地说，"直截了当地说出你的要求，不就行了吗？马上准备吧，别误了下午的采访。"

琼斯心中的石头落地，他若有所思。

几年过去了，褪去青涩的琼斯已成长为《明星报》的当家记者。但那次采访他始终铭记在心："我从此学会了简洁明了地说出自己的要求。这种开门见山的办法虽然不易，但真的很管用。再说，既然第一次我已经做了，那第二次就简单多了。"

◆ 心灵感悟

有时人善于把困难在想象中放大一百倍。事实上，走出了第一步，你就会发现那些麻烦与困难只是自己在吓唬自己。

用脑子解决问题 ♥

戴高乐曾经说过："困难，特别吸引坚强的人。因为只有在拥抱困难时，才会真正认识自己。"这句话一点也没错。

一个小男孩在报上看到招聘启事，正好是适合他的工作。第二天早上，他便兴高采烈地应聘去了。当他准时到达招聘单位后，发现已有20个男孩在那里应聘了。

如果换作别人早就打退堂鼓了。但是，这个小男孩却相信自己有足够的智慧来解决这个难题。他想到了一个绝妙的方法。

他拿出一张纸，写了几行字，走到负责招聘的女秘书面前，很有礼貌地说："小姐，这张便条是给老板的，请你转交给他，这件事很重要。谢谢你！"

小男孩看起来神情愉悦，文质彬彬，给秘书留下了深刻的印象。秘书将这张便条交给了老板，因为这个小男孩太特别了，他有一股强有力的吸引力，令人难以忘记。

老板打开纸条看了一眼，笑着交还给秘书。她看了上面的两行字也笑了起来，上面是这样写的："先生，我是排在第21号的男孩。请不要在见到我之前做出任何决定。"

他能在最短的时间内，抓住问题的核心，然后全力解决它，并尽力做好。无论在什么地方，像小男孩这样会思考的人一定会有所作为。

实际上，在一生中有很多需要解决的问题，只要认真地进行思考，解决问题的方法其实不难找到。

◆ 心灵感悟

面对困难认真思考、积极进取、永不退却，是成功解决问题的关键。

光环背后的积累 ❤❤

在隔洋相望的日本和美国，20世纪初叶，有两位正为自己的人生奋斗的青年。

美国人的生活很潦倒。他整天窝在阴暗的地下室里，对着墙上画有数百万根K线的图纸静静地思考——这些K线都是他一根一根地画下来再贴到墙上去的。有些时候对着一张K线图，他甚至能呆呆地盯上几个小时。由于没有客户挣不到薪金，这个美国人大多数时候只能依靠来自朋友的接济度日。即便这样，他仍希望从那些杂乱无章的数据中总结出规律性的理论来。为此，他甚至把有史以来美国证券市场所有的信息全部搜集到了一起。

相对而言，日本人的情况要好一些。他把每个月的奖金和工资的1/3积攒起来，存进银行。即便因此会造成手头拮据，甚至需要借钱度过下半个月的时间，他仍雷打不动地照存不误。

两个年轻人就这样在各自的世界里坚持了整整6年。

在这两千多个日日夜夜里，美国人不懈地研究着证券市场的走势与政策、数学，甚至是与形象学的关系；日本人也默默积攒了5万美元。

6年后，这个叫威廉·江恩的美国人发现了预测证券市场走势的最重要的方法——控制时间因素。他创建了自己的经济公司，成就了华尔街依靠研究理论而白手起家的神话。以自己的理论为指导，江恩在其金融投资生涯中赚取了5亿美元，并被誉为"波浪理论"的创始人。

几乎在同一时间，那个叫藤田田的日本人建立了第一家麦当劳，成为了日本麦当劳连锁公司的掌门人。而藤田田创业所需的100万美元贷款，是由一名被他积累财富的经历打动的银行家提供的。

江恩的钻研、藤田田的勤俭，是它们各自发家的法宝。无论这两件法宝怎样不同，它们的核心是一致的——在坚持不懈地努力中创造和积累成功所需的条件是成就大业的唯一途径。

◆ 心灵感悟

　　鲜花是灿烂的，掌声是动听的，光环是迷人的。可是，有谁看到它们背后那一点一滴平凡不起眼的积累？许多人志大才疏，看到的只是成功人士功成名就时的辉煌，却忽略了他们在此之前所进行的艰苦卓绝的努力——没有这些实实在在的努力，辉煌永远不会到来。

缚紧不如放松 ❤❤

　　有一位太太，她有享用不完的金钱，先生也对她百依百顺。在外人看来，她是幸福的，但她仍觉得很苦。朋友问她："你还有什么不满意的呢？"

　　她说："你不知道啊！我很痛苦，因为他对我用情不专"。

　　朋友劝道："不要太强求，感情如同一个皮球，愈硬碰，它反弹得就愈高。"

　　她问："那我该怎么办呢？"

　　朋友回答道："你这么痛苦，是因为你爱得太狭窄了，感情成了一条绳子，缚得他对你敬而远之。你应该放宽尺度，用柔和的感情来宽容他，不要把占有欲、威力施加在你对他的感情上，否则他会表面对你又顺又爱，但内心却是又烦又畏。人的感情就像是烘炉，只要你多给他宽大的爱，满足他的感情，再冷再硬的心也会被融化……"

　　心灵是一扇窗，打开它，阳光才能照射进来，空气才能飘散进来。心窗打开了，心灵的空间也就豁然开朗，对于一些事情也能看得更透彻了。

打开心灵的窗户，心才会变得通达，心灵的视觉才会更加清晰。人与人之间只有敞开心扉，才能相互理解，产生共鸣。

想到就做 ❤️

面临社会上的许多问题，我们需要尽快做出决断。决断就是拿思路、做选择。决断前供你选择的路有很多条，而一旦决定之后，就只留下你选的那一条了。决断前什么情况都有可能发生，决断后可能性就少到了只有一种。

做决断要有魄力，要有智慧。魄力源自眼力，能弄懂看清才敢拿主意；智慧源自内心，能把握全局才好做决定。

没看清就草草决断，是鲁莽；没把握好全局就决断，是轻率。苦果的根源，正在于鲁莽和轻率之下做出的决断。

没做决断前，应该把各个层面、角度都分析到；决断后，注意力需要专一，照原定计划的方向执行下去，不该再犹豫不决，失去方向感。

想到就做，行动能力就会大大加强。没及时行动，后患无穷。

想到了不去解决，决断了还犹豫，懊悔就不会离你远去。不要等到花钱来买教训和经验。古人说："三思而后行。"说的就是考虑好了，就要采取行动。

一旦过了40岁，人对于时间的感觉就会发生很大变化。在欢歌笑语中，日月流逝，岁月不再，时间一再加速。这时，也许你才会懂，供你掌握的时间已经不多了；也许你才会懂，还有那么多事情没做好，很多事情根本没时间去做；也许你才会懂，年幼时想快快长大，但一过40岁，一心想的只是赶快做事情！

时间上的紧迫感，也许会带来成功。

想赶快做事情的紧迫感，是一种冲动，是一种保持生命活力的必要动力。

冲动意味着一种平衡的打破。譬如，一颗石子掉进了池塘，涟漪一圈又一圈，冲动有点像这涟漪；小鸟扑翅飞向天空，树枝一下又一下颤抖，冲动就像这颤抖；下棋时，本该下棋不语真君子，可是你不但说了，还想捋起袖子比试比试，这就是冲动。没有一点冲动，生命有如行尸走肉。

在生命被逼到没有退路时，只有横下一条心，准备那惊天动地的背水一战！背水一战是生还的唯一希望，不然就只能坐以待毙。背水一战是一种特例，是极其特殊情况下的唯一选择。这种从生存欲望之中迸发出来的能量极其强大。这种选择体现了人的生命意志所具有的强大潜力，是人在面临各种选择时求生欲望的大爆发。

转机，出现在背水一战时。

奇迹，出现在背水一战时。

在绝望的孤壁发现希望的光线透了进来；不可能的事偏偏发生；只有死路却出现求生的坦途……比较来比较去，关键时刻的背水一战，也许是最好的选择！

没有什么顾虑了，反而什么都顾全了；什么都不想了，反而产生了最好的心态；什么都舍弃了，结果初衷保留得最全。

不过，在背水一战之后，再回顾前事，可能心里会很后怕……

◆ 心灵感悟

背水一战的士兵是不可以主动选择的，这是他们在主帅的安排下，面临绝境时的被动选择。一般来说，如果没有坚强的心理品质，主动选择背水一战往往会败得很惨。军事上有过很多的例子。所以请不要随便尝试背水一战。

行动还是退却 ❤❤

　　美国富豪克里蒙·斯通，是美国联合保险公司的董事长，他发掘出自己最有价值的人生个性特质是"有积极的人生观"。作为生于1902年的老前辈，他童年时代住在芝加哥南区。因为要去餐馆叫卖报纸，结果经常遭到餐馆老板的粗暴驱赶，但他还是再三溜回去卖。很多顾客看在眼里，生了恻隐之心，于是都劝老板宽容一下，不要再踢他出去。这样，他才得以忍着伤痛，卖掉不少报纸。这件事刺痛了他，他开始思考：这件事中，自己哪些做得比较好？哪些还需要改正？特殊情况下该怎么做呢？

　　在这以后，他经常问自己这几个问题。斯通父亲去世后，母亲对他有很深的影响。那几年，他父母靠给别人缝衣服积蓄了一点钱财，到斯通十多岁时，母亲把这笔钱全部投资保险业，在底特律开了一个较小的经纪社，专门为伤损保险公司推销意外保险和健康保险。斯通在16岁时就开始向母亲学习推销技术。当母亲告诉他在进了一栋大楼该如何做之后，便留下斯通一人离去。处于青春期的斯通可能很爱面子，涌上心头的又是当年卖报纸时遭受的痛苦，所以面对大楼，他心里空虚得很。

　　好胜的他没有退却，在腿脚发抖中，他开始默念定好的座右铭：一旦你做了，如果既没什么损失，反而收获很大，那就立马去做，亲自动手！他飞快地行动起来，以当年溜回去的勇气壮胆走进了大楼，走访了所有办公室，结果虽然只有两人买了他的保险，但是推销经验却增加了不少。在4年的训练和激励后，他取得的成功是惊人的。他认为：面对艰难困苦，始终以坚决和乐观的态度去面对，得到的益处是无穷的！销售的成功，决定性因素不在于顾客，而在于推销员自身。只有从主观上才能找到问题的原因和解决办法。后来他专门前往纽约州进行推销，结果证明了他的主张有合理的地方。

　　大恐慌最厉害的时期，他推销的伤损保险成交份数竟然与最盛旺的时期没两样。他敏感地注意到了繁荣期未被重视的推销态度和方式问题。为此他专门举行关于PMA的推销讲座，用了一年半的时间，巡游全美，同遇有困难的推销员沟通，探讨其中的问题，推广他的推销术。

1938年，身价已逾百万的斯通开始组建自己的保险公司。恰好当时的宾西法尼亚伤损公司停业破产，斯通对它的潜在价值十分看好，因为这个公司拥有35个州的营业执照。他直接联系这家公司的所有者，也就是商业信托公司的负责人，说："我要买下你的保险公司。""好主意，160万美元，你带了这么多钱来吗？""暂时没有，但我完全可以借到所有的钱。""向谁借呢？""向你们借。"在几次针锋相对的交锋过后，商业信托公司愿意把公司卖给他。

没多久，斯通的公司发展成跨国公司。到1970年时销售达2.13亿美元，手下的PMA推销员达5000名，有20人成为百万富翁。

后来，斯通又投资了很多其他行业，取得的成功相当巨大。当老年的斯通回望一生走过的足迹时，他发现让他走向辉煌顶点的重要因素是积极进取的人生态度。他的母亲自幼就教给了他；在他童年卖报时这一点得到进一步发展。

当人们想要突出自己的个性特质时，常常会盲从权威、舆论以及功利等种种外在因素，反而忽视了自己和环境的长久需要，忽略了人与生俱来的天性基调，也忽略了生活自身。以致我们在万分努力过后，得到了成功的蜜罐却依然无法品尝到甜蜜的滋味；在我们勉强迈出第一步之后，又为第二步发愁，结果所谓的发展变成了一种遥远无期的敷衍，甚至沦为一种对人性的戕残。

所以，时常检视自己的个性塑造是十分必要的。放宽眼界，用长远的眼光看自己塑造的品格，看看哪些东西有如清风和阳光一般，是你的发展所必要的。成功的个性选择，会让你的每一步都在为那个终极的目标奠基铺路，会让你生活的道路越走越宽阔。

在制订自己人生的职业规划时，有一点很重要，那就是要结合自己的内在禀赋，因为这一点会关系到职业规划的最终成败。

人生的反射

彼特和父亲在山中漫步。

突然间彼特不小心摔倒了，疼痛难忍地叫了一声："啊……呦……"令他奇怪的是，一个声音重复着他的声音："啊……呦……"

"你是谁？"彼特疑惑地问道。此时山中传来的答案是"你是谁？"

"胆小鬼！"他愤怒地吼道。结果答案仍是"胆小鬼"

彼特好奇地问父亲："这到底是怎么了？"

父亲拍拍儿子的脑袋，说："儿子，你仔细听噢。"

父亲大喊一声："我钦佩你！"此时另一个声音传回来："我钦佩你！"

用相同的方法，父亲再次吼道："你是最棒的！"山谷传来："你是最棒的！"

彼特更加疑惑不解。

父亲意味深长地向彼特解释道："一般这种现象人们把它称做回音，但这实际上折射出人生的哲理。你的所作所为，最后都会反作用到你的身上，生命就是简单地反射着我们做的每一件事。"

◆ 心灵感悟

力的作用是相互的，你打它一拳，它就会硌得你手疼。生命，就是这种力的循环系统，你做的每一件事，都会反射到你身上。这种关系可以套用在所有事上：你什么都不做，就会没有任何收获；你做了，生命便会响应你做过的每一件事情。

活在当下 ❤

好高骛远的作家往往会说："我最烦恼的事情是，日子如流水飞快奔驰，但灵感从不愿光顾我的大脑，所以至今仍然没有写出一点像样的东西。写作需要很强的创造性，要有很多灵感才可以，只有这样才能尽兴写下去。"

也许这说出了部分真理，写作的确要有创造力。一个畅销书作家的秘诀是，"我有许多作品被预约，等到有灵感再写，那肯定是行不通的。唯有想办法使自己的笔尖和纸面摩擦。可以定下心来先坐好，拿铅笔在纸上乱画，有什么想法就把它画到纸上，要彻底放松，手预先活动开，不需要多久，甚至不知不觉，灵感就会源源而来，无穷无尽。"

"以后"、"明天"、"下个礼拜"、"将来到了什么时候"以及"总有一天"，其实就是"永远也完成不了"的代名词。有很多很好的梦想实现不了，只是因为我们在本来应该说"立即、马上"的时候，却说"等一会儿，一定去做"。

这里有另外一个例子用于说明拖延的态度所带来的巨大危害。

一对年轻夫妇，约翰每个月的收入是1000美元，开销差不多也是1000美元，收支相抵。夫妻俩都想减省开支，但是一直没有开始。因为一些自找的理由使他们无法开始，比如"薪金涨了之后立即存钱"、"在还清分期付款之后……"、"在挺过这次大支开后就……"。

结果，还是太太瑞恩不想再这么过下去。她对约翰说："你认真考虑一下，到底想不想存钱呢？"约翰说："当然得存钱啊，可是……"瑞恩说："别再可是可是的了，有存钱这个想法都好几年了，到现在却存不了一分钱。今天我看到一个广告说，只要每个月存下100元，15年后就可以存下18000元，还可以得到6600元的利息。你想储蓄的话，就把薪水的十分之一存起来吧，不能够花掉，就算靠面包和牛奶过到月底。只要能下决心这么做，将来一定可以有那么多储蓄的。"

结果，头几个月他们的确过得有点苦，束紧腰带才留出这笔预算，但习惯后他们另有感受：存钱和花钱一样快乐。

假如想干什么都能"现在"就去做，那么一生将完成很多事情；而总想着"将来总有一天"或"将来那个时候"，这样肯定终身无所事事。

◆ 心灵感悟

看准了就去做，这样可以把原本因为拖延的习惯而遗留下来的许多隐患消除掉，此外还可以把事情成功的机会增加百分之五十。

目标要切实可行 💕

詹姆斯是哈佛大学的教授，他认为：老幻想着靠偶然的机会一举成功，甚至坐等好运气自动降临，这些都不太现实；只有目标现实可行，再加以身体力行，梦想才有可能转变为现实。但是也应该有心理准备，因为人与人之间的不理解，所以一个人做什么计划，总会有人说："不现实嘛。"也许，你的计划对他人来说，的确是不现实的，但他们不了解你，也不清楚你将如何努力。所以当你把计划再三权衡后，觉得完全可行，且制订了完备的计划，那就放胆去做吧，何必在乎别人的说三道四。

不过，别天真到以为只要努力就可以成功。就像一个节奏感很差的人，却梦想着成为名歌剧家，就算一生访遍名师，由于现实条件极端缺乏，遭受失败是必然的。

要想成功，必然先得确定目标，孜孜不倦向目标努力才能成功。不过如果目标本身不切实际，就算能获得一时成功，但终归失败，甚至终生受挫，永远在原地踏步不前。

想要成功就必须具备这样的信念：把目标设定好，做好详实的规划，并以书面形式记录下来，放在随时可见的地方，用以鼓舞自己的斗志，以便时时朝目标进发。或许，制订好的目标暂时遭遇失败，但此时仍然不能气馁，对目标进行再三反省，找到失败的根源后，仍然继续奋勇向前。那么，这样的人，可以说他必定是会成功的，任何阻力都不能束缚住他。

有的人失败，最可能的原因在于目标太空、太大。自古至今，从没有能一步登天的好事。捕捉成功，有如蜘蛛织网，虽然最后只有一个网眼能捉住昆虫，但蜘蛛总在不停地织网，因为它始终无法确定哪个网眼可能捉到虫子。很明显，想成功，也得学习蜘蛛织网的精神，打牢基础，纵横层面都要兼顾到，形成一个坚固巨大的网，这样目标就无处可遁。

有一个教书匠，每一学期都有一个授课目标，其中涵盖着很多主题。他不会幻想着用一堂课把所有内容全部传授完，也不会揠苗助长地来加快授课进度。为达到总的教学目标，他知道制订一个计划表是必须的。他把教学单元详细到每月和每周。这样，教学便有规可循，有矩可蹈。

每个人都应该试着把目标细分，甚至具体到每月、每周、每天。这样做唯一的难度在于坚持，但相信，当你较少的目标顺利实施之后，对其他步骤就会更有信心。

在你活力十足时，就应该试着去做难度更大、任务更繁重的事；在活力不足时，就做些简单、轻松的事吧。但是让我们动心的好事情，还是立即去做比较好，因为那个时候是最有成功欲的时候，事情在自己内心没有太多杂念的时候最容易成功。这样持续努力下去，终有一天，你会不经意间发现，自己已经站在了事业的顶峰。

◆ 心灵感悟

在精疲力竭的时候，精神更容易沮丧。这时，你应该放轻松，如果没地方可去，那么与其闷在家里，不如在床上或地毯上照着光盘做瑜珈，一轮动作做下来，浑身舒畅无比，入睡也可以睡得很香甜。一觉醒来，你会发现自己重新变得信心百倍了。再采取行动的话，也就不会感到那么困难了。

大海的谦卑

曾有一位年轻人，自以为才华盖世，总梦想着成功。但数载光阴逝去，他想得到的东西却迟迟不来。沮丧充满了他的内心，以致对工作没有一点兴趣。直到那天他碰到一位老渔夫。年轻人十分羡慕老渔夫从容安详的生活，以致失口问道："老人家，你每天愿意打多少鱼啊？"

老人说："嗨，孩子，打多少鱼并不是重点，关键在于不空手回去，每天捕到一点儿就可以了。"

年轻人受到触动，他凝视着大海，想了解老人家对大海的感觉，于是说："老人家，大海是人类的好母亲，他哺育了那么多生灵。"

老人反问道："年轻人，你知道海为什么称得上伟大吗？"

年轻人被问得一时失语。

老人悠然地说："海容万物百川，关键在于它谦逊低下。"

年轻人一听，若有所悟。回去后，他开始踏实工作，原来挑剔的毛病不再犯过。

因为年轻的缘故，气盛的我们经常谈论理想和抱负，但理想至上时，对于现状可能会禁不住埋怨：工作不理想、领导不赏识、旁门左道的丑陋现实太多、受限制太大、才华无用武之地……现实的一切，和理想似乎差得很远，而未来遥遥无期。也许，现实并没有臆想的那么坏，而是因为预先被沮丧的情绪和悲观的想法埋没了慧眼，所以陷入困境以致不能自拔。

固然，目标、理想、抱负都有待于将来实现，但我们所能把握的只有现在。每个重大目标的实现只有在小目标一个个兑现后才有可能。所以集中精力专注于当前的工作，正是在为理想铺路。

◆ 心灵感悟

做好在道义上你应该做好的，不要老想着理想的空中花园。中国的《增广贤文》里有句古话："但行好事，莫问前程。"意思就是只要现在做的是善事、好事，那么就没必要问将来的结果。

成功并不难 ♥

1965年，在剑桥大学主修心理学的学生中，有一位韩国人。他经常去学校的咖啡厅或茶座喝下午茶，顺便听成功人士聊天。这些人聊天时的幽默风趣、举重若轻以及把成功看得顺理成章的态度感染了他。时间久了，他有一种感觉：他被国内的很多成功人士骗了。在韩国，当时许多成功人士把创业夸得十分艰难，以致许多正处于创业阶段的人知难而退。他认为这些成功人士其实是在吓唬人。

作为心理学的学生，他认为研究韩国成功人士的心态，是一个很有价值的课题。1970年，他写了一篇《成功并不像你想象得那么难》的毕业论文，提交给现代经济心理学的创始人——布雷登教授。布雷登读后，喜悦之情溢于言表。他说这是个新发现，这种现象在东方普遍存在，也可能在世界各地存在，但从没有人研究过这个问题。韩国学生很高兴，他写信给他的剑桥校友朴正熙——当时的韩国总统。他在信中说："我不敢说我的论文对你有多大助益，但我敢肯定它比你的任何政令都更具震撼力。"

许多人读到这篇文章后，受到极大鼓舞，韩国经济开始腾飞。因为这篇文章是站在一个崭新的角度上来叙说的。成功与"劳其筋骨，饿其体肤"、"三更灯火五更鸡"、"头悬梁，锥刺股"没有必然关系。只要你对某一事业感兴趣，长久坚持，成功必然到来。因为上天赋予你时间和智慧，足够去完成某些事情。不用说，这位青年后来也成功了，他坐上了韩国泛业汽车公司的总裁宝座。

◆ 心灵感悟

孟子说："居天下之广居，立天下之正位，行天下之大道。"假如真能做到这样，那么就不用担心这担心那，也不用愁精力不够。你能这样做，上天一定会给你最优厚的待遇的，直到你完成你应该完成的使命为止。

等，不是办法

一个人每天向一位神仙烧一柱香，求神仙保佑他光宗耀祖。神仙被他的诚意感动了，有一天现身告诉他，很快会有好事发生在他身上，他有机会发一笔很大的财，并获得极其荣耀的地位，还有一位漂亮贤惠的女子将成为他的妻子。

这个人欢喜极了，他用很长的时间等待着这个幸运时刻的到来，但是什么事都没发生。

这个人穷困地过完了他的一生，最后孤独地死去。直到他去了天宫，又遇到那位神仙。他对神仙说："你曾说过我的命里注定有一大笔财富，有荣耀的社会地位，还会娶到一位漂亮的妻子。我等了一辈子，但什么都没发生过。"

神仙说："你记错了，不是我给你，而是预先告诉你，你自己的命运会有这些，但后来因为你自己的行为，把命运给改变了，让那些都成了幻影。"

这个人迷惑了，问："为什么命里有的还会发生改变呢？"

神仙回答说："你总该看过《了凡四训》，听说过这句话吧，'命好心不好，福报变祸兆。'你可曾记得，你有一个好点子，但却迟迟没有行动，因为害怕失败所以不敢尝试。"

这个人点点头说记得。神仙又继续说："这个好点子被另外一个人发现了，并毫不犹豫地做了，结果他变成了全国的首富，那个人你应该知道是谁。另外，你应该还记得，有一次城里突发一次大地震，房舍倒了一大半，数千人被困在倒塌的房子里面，你本来有机会救活至少一百条人命的，但是你却害怕小偷会趁你不在家时来打劫。就是这个借口，使近五十个人死于饥寒困苦，而这些人命里本该是由你去救活的。"这个人听了悔恨地流下了眼泪。

神仙继续说："你还记得你喜欢的一个女孩吗？她有着一头乌黑发亮的头发，你曾被她吸引得神魂颠倒。因为你从来没这么喜欢过一个女人，而且之后也没有再碰到过这样的女人。但是你却胆怯地认为，她不可能喜欢你的，更不要说愿意和你结婚了。就是因为害怕被拒绝，让她和你擦肩而过。"

这个人使劲地点头，抑止不住的眼泪把地都打湿了。

其实，我们每天都被无数的机会包围着，其中也包括爱的机会。但是大多数人都像故事里的人一样，没有及时把握机会，改善自己的人生。但是，相比故事中的人，我们占了一个很大的优势，那就是我们还活着。只要从现在开始勇于抓住机会，那么就能改变自己的命运。

你是否经常想到一些很有意义的事情，但始终没有勇气去做呢？如果是，那么试着立刻抓住机会吧，你将会拥有焕然一新的人生。

发财始于励志

富勒的父母家有7个兄弟姐妹，他的黑人父亲在路易安纳州做佃户。自5岁开始富勒就能做些力所能及的工作了；到9岁时就开始赶骡子。对于处在那种环境的佃户来说，这没什么奇怪的，每个孩子都这样，很早就开始承受生活的磨难。

富勒的母亲有过人的见识，她始终认为，过着快乐并且衣食无忧的生活是每个佃户理所当然的事情，她常说："我们这么贫穷是不应该的，不要说贫穷是上帝的旨意。我们现在的确很穷，但不能怨天尤人。这是因为你的爸爸从来没想过要发财，家里没有一个人有远大志向。"这句话深深地印在富勒的心中，以致改变了他的一生。

富勒从此一门心思要进入上流社会，努力追求财富。当他认准推销东西是最快的致富捷径后，便沿街去推销肥皂。12年后，他得知一家供货公司将要被拍卖，保守价位是15万美元。他登门谈判的结果是，他用积攒的2.5万美元当做订金，在10天内筹足余款12.5万美元。合同规定，假如在约定的时间内仍然没有交足余款，那么订金将被没收。

富勒工作尽职尽责，很受客户称赞。现在当他需要别人帮助的时候，朋友、信托公司以及投资集团都愿意借钱给他。到第十天晚上，他一共借到11.5万美元，还需要再借1万美元。

富勒回忆起当时的情形："我想了所有可能的办法，时间已经不早了，房子里面漆黑一团，我跪下来祈祷，请求上帝指引，在限定的时间内借到1万美元。随后，我开车沿着芝加哥的第61街向前走，那时已是深夜11点钟了。越过几个十字路口，我终于发现一家承包商的办公室还亮着灯。"

富勒信步走了进去，承包商正埋头办公，但因为延时加班，神情极度困倦。富勒以前和他打过数次交道，他鼓足勇气。

"你想一下子就赚1000美元吗？"富勒问得单刀直入。

承包商点点头："想，当然想。"

"借给我1万美元，我会多加你1000美元利息。"富勒简明地告诉那个承包商，并且把投资的来龙去脉说了个一清二楚。

承包商把1万美元的支票给了富勒。富勒走出办公室，第二天接手那家供货公司。利润滚滚而来，他又陆续收购了7家公司：4家专门经营化妆品，1家制作袜子，1家经营建筑，1家经营报纸。

富勒说："我很清楚我的需求是什么，但苦于不知怎么做。后来用心研读《圣经》，还有种种励志书籍，希望从中获得智慧。"他经常说："有3本书影响了我的一生：《圣经》、《思考与致富》和《时代的秘密》。"

◆ 心灵感悟

作为一个中国人，如果想发财，可以精读《论语》和《孟子》，然后再精读《了凡四训》和《太上感应篇》。这些书里面有你要找的发财致富的秘诀。

纽约里仁满区有一所穷人学校，创办于经济大萧条时期，创办人是贝纳特牧师。1983年，捷克籍法学博士普热罗夫发现，半个世纪以来，从这个学校出来的学生创下了犯罪率最低的纪录。

他想在美国多居住一段时间，于是写信给纽约市市长布隆伯格，要求得到一笔市长基金，以便为这一课题展开深入调查。当时布隆伯格正受到选民责备，原因就在于纽约市的犯罪率居高不下，所以他立即答应了，提供给他15万美元的经费。

以这笔钱为基金，普热罗夫展开了长期的调查活动。上至80岁的老人，下至7岁的学童；上至贝纳特牧师的亲属，下至在校教师。凡是在这所学校有过学习和工作经历的人，他都会尽力打听到他们的住址或信箱，并邮去一份调查表，主题是：圣·贝纳特学院教会了你什么？

整整6年，他获得了3756份答案，其中74%的人都回答说，他们弄懂了铅笔的N种用途。

普热罗夫的本来目的，并不在于得出有意义的调查结论，而在于借此拖延在美国居住的时间。但是，这一批有着惊人相同答案的答卷使他决定就这个问题进行研究，就算报告一出来被立刻赶回捷克也甘心。

普热罗夫第一个采访了纽约最大的一家皮货商店老板。老板说："没错，贝纳特学院教会了我们一支铅笔有N种用途。入学之初，第一篇作文就以这个为题。本来，我们都认为铅笔只有一种用途，用于写字。谁知道铅笔不仅能写字，也可用于做尺子画线，或者用做礼品以表友爱；也可卖做商品获取利润；铅笔的芯磨成粉可做润滑粉，演出时可用于化妆；削的木屑可做成装饰画；一支铅笔切成相等段可做成一副象棋，也可当玩具的轮子；在干渴的野外，可抽出笔芯当吸管吸石缝里的水；遇到不轨之徒时，铅笔可用以自卫……换言之，一支铅笔的用途无限，任何一种用途足以维持我们的生存。例如我自己，原来是个电车司机，后来失业了。现在的我，你知道的，是皮货商。"

普热罗夫后来又采访了学生，他们无论贵贱，都有职业，并且一律乐观。而且所有人，都可以讲出铅笔的至少20种用途。

普热罗夫为这一调查结果兴奋不已，主动放弃了在美国作律师的想法，匆匆赶往国内。现在，他已是捷克最大的网络公司的总裁。2000年的平安夜，他发了一封电子邮件给纽约市政厅，题目是《醒着的世界及它的休眠状态》，以报答前任市长。

◆ 心灵感悟

人都有懒惰的习性，表现在思想上就是思维定势。在人生的路上，本来有数条路可供选择，但在他眼里，就变成只有几条路，甚至是一条路——有的甚至是条死路；本来作用无限的东西，在他看来就变得只有那么几种甚至一种，世界和人生在他眼里变得异常枯燥和简陋，使他感觉不到世界的丰富多彩和人生的千姿百态。悲哉！

机遇在于把握 ♥

冬天的街头，大卫徘徊在一个礼品店门外。他心仪女孩的生日就快到了。他多想送她一件礼物，把自己的暗恋之情表露出来啊！好久，大卫终于鼓足勇气，迈进了那家精美的小店。

"买个青草娃娃吧，价钱不贵，两元钱。"店主是位中年妇女，她迎面走来，提给他一篮子的青草娃娃：它们用花布和橡皮筋扎着，活像一个个娃娃，眼睛黑黑的，嘴巴红红的，可爱极了。

"只要每天浇一点儿水，半个月后，种子就会发芽、长叶。

叶是肝青色的，女孩子都喜欢这个。"店主仿佛一眼就看穿了大卫的心思，使劲儿怂恿他买。

大卫拿出攒了许久的钱，数了两张给她。

到宿舍后，大卫小心翼翼地把青草娃娃放在窗台上。他每天准时给它浇水，并虔诚地祈祷：快点发芽吧，多长几片青叶给她看。

女孩生日那天，一大堆追求者排着队给她送礼物：生日蛋糕、高档时装、芬芳的鲜花……

大卫也来了，但他空着两只手，因为青草娃娃还没发芽。她望着他，满怀期待，希望大卫能当众表白，这样，她就可以幸福地挽起他的手臂，婉拒他人的追求。

但是，面对这一大堆奢华的礼物，大卫突然有一种强烈的自卑感。他怎么也坐不住了，在晚会还没结束时，他就匆匆告辞。他没看到她幽怨的眼神，只顾自个儿的心灰意冷，再也没给青草娃娃浇过一次水。

寒假到了，大卫收拾东西准备回家，不经意间发现窗台上的青草娃娃竟然披上了绿衣！他提着青草娃娃，跑去找她。

大卫甚至来不及等车和坐电梯，像长了翅膀似的跑到了她的宿舍。眼前的一切让他呆了，宿舍空无一人！好心的老师告知，学校前天放假后，她和男朋友一块儿走了。

大卫的心一下子变得空了，浓浓的爱意在瞬间随风飘逝。为什么会这样？大卫痛不欲生，早知如此，当初何不在生日那天就把它送出去，这时的爱情或许也如同这幼苗一样枝繁叶茂了。

◆ 心灵感悟

机不可失，时不再来。机遇到来之时，要认识它，好好把握它。如果等不到机遇，那么就勇敢地去创造机遇吧，机遇总是属于勇于开拓的人。坐等机遇的懒汉，与其说是以逸待劳，不如说是守株待兔。

潜能无限 🍒

美国第26届总统西奥多·罗斯福在8岁那年，五官糟糕透顶，牙齿参差不齐又极其丑陋，而且神情畏首畏尾，任谁看了都发笑。每次被教师喊起来背书时，他显得十分局促，紧张得都不敢呼吸，两腿直发抖，嘴唇颤动，说话都不成句，没人能听懂；背完后坐下时，好像全身都瘫痪了似的。然而他绝不允许自己变得懦弱无能。当其他孩子在操场上嬉笑、跳跃、跑步，他也勇敢参加，从不示弱。甚至，他也能游泳、骑马、赛球、竞走，有时还能得到名次，跻身于业余运动员之列。他还常常向坚定勇敢的孩子看齐，和他们一起体验冒险的乐趣。和任何人相处，他都坚持用亲密和善的态度，以克服他那内向的心理。由于深谙与人相处之道，他的心胸渐渐变得开阔起来，与别人相处得也更融洽了。

在进大学前，他把运动和学习变得有规律，以便增进健康。体魄的强健，使他原本懦弱的性格得到很大改变。以致他渐渐喜欢利用假期去亚历山大草原上追逐野牛，去洛杉矶捕熊，到非洲捉狮子，展现出勇士般的豪爽。这时谁还敢想象他那小学时经常被别人嘲笑的经历？

◆ 心灵感悟

每个人都是一座大宝藏，里面有无穷无尽的潜力值得去挖掘。每个人做最好的自己时，他和圣人相差不太远。每个人都可以成为圣贤，每个人都可以成为英雄，只要他的行为符合仁义之道。

急中生智

　　露西小姐是位律师，在美国享有盛名，但她曾被老律师杰克先生捉弄过一次。但恰恰就是那次捉弄，使得露西小姐名扬全美。

　　事情的起因是这样的：有一位小故娘名叫丹妮，有一次她被"全国汽车公司"生产的一辆卡车撞倒。司机在踩急刹车时，丹妮被卡车卷入车下，盆骨被碾碎，四肢也被迫截断。事后丹妮记不清事故发生的瞬间是自己不小心从冰上跌到车下，还是被卡车卷入车下。杰克先生作为公司的代理律师，就靠丹妮的懵懂，推翻了当时几名目击者的证词，以致丹妮没有得到应有的赔偿。

　　在绝望之中，丹妮请求露西小姐援助她。露西通过严密的调查掌握了一个确切的证据：在几年来该公司汽车产品发生的15起事故中，都有一个相同的原因，那就是统一生产的制动系统出现一个致命的毛病——急刹车后，车子就会往后打转，受害者因此被卷入车底。

　　露西对杰克说："卡车制动装置有问题，你们隐瞒了这个事实。我希望你们赔偿200万美元给那位姑娘，否则，我们将会提出控告。"

　　杰克狡猾地说："好吧，但明天我必须去伦敦一趟，一个星期才会回来。那时我们好好研究这个问题，再做安排。"

　　7天讨夫了，杰克没露面。露西感觉有点不太对劲，但又不清楚到底是什么，当她的目光停留在日历上时，露西才突然明白，诉讼时效到期了。露西满怀怒气给杰克打电话，杰克在电话里幸灾乐祸地说："小姐，诉讼时效今天过期了，没有人再能告我们了！希望你下次变聪明一点！"

　　露西差点因此疯掉，她问秘书："备好这份案卷需要多长时间？"

　　秘书回答："至少得三四个小时。现在已经是下午一点钟，就算用最快的速度草拟一份文件，交到一家律师事务所，再由他们草拟新文件交到法院，恐怕也赶不及了。"

"时间！时间！可恶的时间！"露西着急地在房间里踱步。突然，一道灵光在她脑海闪现："全国汽车公司"在全美都有分公司，何不把起诉地点移到西边去呢？毕竟隔一个时区就多争取一个小时啊！

坐落在太平洋上的夏威夷位于西十区，距离纽约整整相差五个小时！很好，就到夏威夷起诉他！

这样，露西扳回了关键的几个小时，她搬出雄辩的事实，用催人泪下的语言，使陪审团的男男女女们全部被感动了。陪审团一致判定：露西胜诉！"全国汽车公司"赔偿丹妮6万美元损失费。

◆ 心灵感悟

失败者找借口，成功者找方法。有些方法，在特定的情况下才能被激发出来，比如上文那种特殊的情况。这种绝处逢生的灵感虽然有如天启，但如果没有前面认真的准备，恐怕也于事无补。

先买张彩票

有位瘦弱的男子每逢星期二、星期五都会去教堂祈祷，希望仁慈的主让他中一次彩票。

又一个星期二，这位瘦弱的男子拖着沉重的步子，跪倒在地，对着圣坛祷告："万能的主啊，求您让我中一次彩票吧。我一定不会忘记报答您的！"

有一天，他又来了，看上去更瘦了。他跪倒尘埃说："无所不能的主啊，请您千万让我中一次彩票吧。只要您发一次善心，我就能改变现在贫困的处境了。我发誓终生侍奉您，做您最忠实的仆人……"

他还在不停地念叨着。忽然，一个声音从圣坛上空传来："我总能听到你的祈求，可是，你也该买张彩票啊！"

◆ 心灵感悟

光有梦想是不够的，要想成功，你必须有为自己的理想追求到底的决心，并且马上行动！

负起责任 ♥♥

汤尼刚大学毕业，分配在离家很远的公司。每天清晨7时，公司有专车在特定地方接送她和同事。

有一天汤尼睡过了头，她匆匆忙忙跑到候车的地方时，已经迟了五分钟，班车已走了。马路空荡荡的，汤尼感到十分怅然，心中一阵沮丧。

就在汤尼悔恨时，不经意间发现一辆蓝色轿车，就停在不远处的大楼下。她认出那就是上司的车，同事曾经指给她看过。汤尼朝那辆车走去，犹豫了一会儿还是打开车门坐了进去。

司机是位老员工，为上司开车多年，看上去显得慈祥又温和。他在反光镜中观察了她很久，完全明白她的处境，但还是温和地说："你不应该坐这车。"

"我的运气还不错。"汤尼说。

就在这时，她的上司挟着公文包走了过来。汤尼等上司坐好后，才说："班车已经走了，我想搭你的车子。"汤尼说得轻松随意，因为她认为这本来就合情合理。

上司微微愣了一下，立即说："不行，你没资格。请你下去。"语气的坚决和严厉伤了她的自尊，因为从小就没人这么跟她说过这种话，也没人告诉过她，坐这种车是需要身份的。照往常，她会摔车门，然后拂袖而去。但在那一刻，汤尼犹豫了，理智让她明白这么做的后果是什么，何况她还很看重这份工作呢。一向有小姐脾气的她这时显得低声下气，她的语气变得像在乞求："我会迟到的。"

"那是你个人的事。"上司的语气冰冷得没有回旋余地。

汤尼望着司机，以眼光向他求乞，但司机却视而不见地看着前方。

3个人就这样僵持了一会儿。令汤尼目瞪口呆的是，年迈的上司打开车门走了出去，在寒风中，拦下一辆出租车走了。汤尼难过得哭了。

老司机叹了一口气说："他这个人，对自己、对别人都这么严格。时间一长，你就会清楚的。他其实也是为你着想。"接着老司机又讲了他自己的故事：那时公司还处于创业阶段，有一次他迟到了，结果这位上司一分钟也没等，并拒绝听任何解释。从那之后，他再也没迟到过。

汤尼拭去了泪水，把老司机的话默记于心。当出租车停在公司大门前时，上班的钟点刚好到达。汤尼双手合掌，以表达这无可言喻的感动和骄傲。

经过这一次，汤尼心理成熟了很多。

◆ **心灵感悟**

一人做事一人当。每个人都应该对自己负有完全的责任。本该自己承担的责任让别人去背负是不应该的。很难想象一个对自己都不负责的人，他能对别人负起怎样的责任。孔子有一句影响很深的话，"修身持家治国平天下"。由此可见修身是最重要、最基本的，它其实也就包含了对自己负责这一层意思。

空想不如实干 ♥

上世纪70年代，在美国加州萨德尔镇有一位年轻人名叫法兰克。他家境贫寒，因为上不起学，他只好选择去芝加哥寻找出路。法兰克走遍了繁华的芝加哥城，却未能找到一处容身的地方。绝望之余，他看到城市的街头有很多人以擦皮鞋为生，于是也买了把鞋刷为人擦皮鞋。就这样过了半年，法兰克虽付出了很多辛苦，但根本赚不到什么钱。

于是他将擦皮鞋积攒下来的钱租了一间小店，一边卖雪糕一边擦皮鞋。经营了一段时间以后，他发现雪糕生意明显比擦鞋强很多。怀着激动的心情，他在小店附近又开了一家小店，依然做雪糕生意。谁知道雪糕生意日渐兴隆，他索性放弃了擦鞋，专心做起了卖雪糕的生意。由于人手不够，他将父母接到城里帮他照顾小店，同时雇了两个帮工。就这样他算是正式经营起雪糕生意了。稳居美国雪糕市场领导地位的"天使冰王"就是这么起家的。如今"天使冰王"已经拥有全美70%的市场占有率，在全球60多个国家拥有超过4000多家专卖店。

巧合的是，有一位年轻人斯特福，他住在落基山脉附近的比灵斯，他与法兰克几乎同时来到芝加哥。斯特福的父亲——一位富有的农场主送儿子到芝加哥上大学，并供他读完了研究生课程。父亲殷切希望斯特福能成为一位比他强的大商人。法兰克在大街上给人擦皮鞋的同时，斯特福居住在芝加哥最豪华的酒店里进行市场调研。斯特福花掉了数十万元后，经过一年多的周密调查和精确分析，得出的结论是：卖雪糕能赚钱。与此同时，法兰克已经拥有了很多家雪糕专卖店。

这位农场主听到儿子的调查结果后，气得差点晕死过去。农场主压根没想到，读完研究生的儿子眼光居然浅薄到卖雪糕的程度上。父亲不甘心，又逼着儿子出去调研。但经过再次调研后，斯特福仍然觉得卖雪糕最赚钱。这样又一年过去了，农场主在斯特福的百般说服下终于同意儿子开雪糕连锁店。此时，法兰克的雪糕店已经遍布全美。

◆ 心灵感悟

成功不仅仅需要周密的计划，更需要通过一步一步的实践。所以说，付诸行动比空想计划更为重要。

砍树还是修枝 ❤❤

古时候，有一个人的职责是看守一座官家园林。

园子里长着一株毒树，长势非常茂盛，枝丫繁密，伸向四边，有如大伞。有很多游客喜欢园中景色，赏玩途中疲乏不堪时看到这棵树如此繁茂，就会留在这株毒树下休息纳凉，结果纷纷染上毒气，有的头痛欲裂，有的腰酸背痛，有的干脆一睡不醒。

守园人痛心疾首，最后终于发现使人病亡的根源就在于这颗毒树，于是决心砍倒毒树。

他找人制作了一把柄很长的斧子，以便远远地砍伐毒树。但奇怪的是，毒树被砍倒十多天后，又重新生根发芽，枝叶较以前更繁茂，而且花团锦簇，好看极了。

好多人不知底细，纷纷争抢着到这棵毒树下纳凉，结果顷刻间，便遭遇到危难。

守园人痛心疾首，一如既往地拿长柄斧头伐树。但一次又一次，毒树长得越来越好看，枝叶一次比一次更繁茂，毒性一次比一次更厉害。

守园人的族人、亲戚、妻子、儿女、仆人，都因为贪图在这棵毒树下休息纳凉，以致一个个病亡。最后只留下一个守园人。

他昼夜忧愁无限，最后决定背井离乡。

在路途中，他遇到一位老者，于是向老者倾诉他的不幸。

老者听了，毫不留情地说："你的不幸和痛苦，根源都在你自己！想截流就得筑高堤；想砍绝毒树，就得挖掉树根。每次你只弄掉些枝叶，就像在给它修剪枝叶一样，根本不能算砍树！你得赶紧挖掉毒树的根，不能让它再害人啊！"

◆ 心灵感悟

其实，不当的贪欲、不当的嗔恨、不当的愚痴，还有怠慢、失去信心等心理状态，都是阻碍我们走向安详人生的毒树。唯有时时反省自己、处处清明观照、时时舍弃这些不好的念头，我们的内心才会越来越健康，生命的品质才能得到彻底提升。

你敢走独木桥吗 ❤❤

一天，几个学生来向弗洛姆求教，想了解人的心态会对行为产生什么样的影响。

弗洛姆没有说话，而是把学生带到了一间黑黑的屋子里。在他的带领下，学生们很快就走到了房间的对面。这时候，弗洛姆打开了一盏小灯，灯光暗淡。学生们发现刚才自己走的是一座窄窄的木板桥，桥下面是深深的水池，池子里各种毒蛇在不停地蠕动着，他们一时吓呆了。

弗洛德等学生们平静一下心情，问道："现在你们看到了，还有谁愿意再走一遍吗？"

学生们面面相觑，半晌，沉默不语。

最后，终于有3名学生犹豫不决地站了出来。第一个学生小心翼翼，每走一步都掂量半天；第二个学生颤抖着身子挪到小木桥上，身子不住地发抖，好不容易走到半途，就再也走不动了；第3个学生竟然趴在木板桥上，闭着眼睛小心地爬了过去。

弗洛姆没有说话，打开了其他几盏灯，房间里一下子明亮起来。这时候，大家发现小木桥下有安全网。刚才因为光线暗淡，学生们心里紧张，竟然没有人看出来。弗洛姆又问："现在，你们谁愿意再走一遍这座桥？"

没人回答。

"难道你们都不愿意？"弗洛姆问。

"这张安全网质量如何？"有学生声音颤抖着问。

弗洛姆笑了："现在你们该知道答案了吧？其实这座桥你们第一遍走得很顺利，等发现了桥下的毒蛇，你们的心理发生了变化，开始慌乱、害怕，于是，你们的行为也随之变了。"

◆ 心灵感悟

选定目标勇往直前，忘记困难，忽略险恶，专注于走好脚下的路，你就会更快地达到目标。

如何得到100万 ❤️

有一天，一个年轻人向自己的校长提出了几点改进大学教育体制弊端的建议，但是校长却没有采纳。于是，年轻人下定决心自己当校长，开办一所大学以消除这些弊端。

可在当时，开办大学至少要100万美元。一个学生怎么会有这么多钱呢？等到毕业之后再挣显然太不现实。就这样，他开始冥思苦想怎样得到这100万。同学们都认为他疯了——只是坐在宿舍里就想得到100万？可年轻人却毫不在意，因为一个计划已经在他的心中明朗起来。

他将自己第二天准备举行一场演讲会的消息通知了报社，并请他们宣传，演讲的主题叫《假如我有100万》。

演讲会果然吸引了许多工商业名流。面对到场的嘉宾，年轻人发表了激动人心的演讲，真诚地表达了自己的构想。

在如雷的掌声中，菲利浦·亚默先生站起身子："年轻人，你的想法好极了。我相信你一定能兑现自己的诺言。我决定投资100万。"

得到100万的年轻人名叫冈索勒斯，是深受后人敬仰的哲学家、教育家。他用这笔钱创办的学校，就是著名的伊利诺理工学院的前身——亚默理工学院。

◆ 心灵感悟

当你的目标非常明确和坚定时，当你非常非常渴望实现它时，你就能想出办法来实现它。在实现的过程中，你还可以调动外部的资源为己所用，从而使目标不再遥远。

成功的一半靠行动

有一个小男孩出生在里约热内卢的一个贫民窟里，从小他就非常喜欢踢足球。由于家庭贫困，他只能踢破布团、踢饮料罐，甚至踢在垃圾堆里捡到的椰子壳。但他仍然乐此不疲地踢着，在街角、在任何一块可以找到的空地上踢着。

直到有一天，一位足球教练发现了他，当时他正在一个干涸的水塘里踢猪膀胱。教练觉得小男孩踢得很有模样，于是主动送了一个足球给他。终于得到了属于自己的足球，小男孩踢得更起劲了！没过多久，他已经能将足球踢入远处任意的一只水桶里了。

平安夜快到了，妈妈对小男孩说："让我们为恩人祈祷吧，尽管我们无以为报。"

小男孩在同妈妈做完祷告后，要了一只铲子，来到一处别墅前的花园里，开始挖坑。他想靠自己的力量送教练一样礼物。

当他快挖好时，教练出来了。看到小男孩挥汗如雨的样子，教练忙问原因。

"教练，祝您圣诞节快乐！我没有钱为您买礼物，但我愿意为您挖一个圣诞树的树坑。"小男孩的言语中充满了真诚。

教练一把搂住小男孩，眼中噙着泪花："你才是珍贵的圣诞礼物。孩子，明天到我的训练场来吧！"

3年后，在第六届世界杯上，17岁的小男孩为巴西队第一次捧得了金杯，他的名字叫贝利。

◆ 心灵感悟

只要你想，你就成功了一半，另外一半要靠你的行动。

改掉恶习 💕

伏尔泰是法国19世纪著名哲学家，以倔强和不检点为人称道。但他有个坏习惯，对世人的讥讽常常不留情面，以致取笑他人成了一个坏习惯，一不小心，他就会得罪人。

1717年，伏尔泰嘲笑摄政王奥尔良公爵，结果被罚蹲了11个月的巴士底狱。

在刑满释放后，伏尔泰终于明白这个人不能冒犯，于是便一改以往的态度，前去谒见以感谢他的宽宏大量和不计前嫌。就伏尔泰的性格来说，这无疑是破天荒之举。

摄政王也很敬畏伏尔泰的影响力，很想借此与他和解，尽释前嫌。在十分友好的氛围中，他们两人都说了许多溢美之辞和自责的话，双方皆大欢喜。到此，聚会算是十分完美了。

但在聚会的尾声，伏尔泰站起来表示又一次感谢："陛下，有一件事我真该谢谢你，那就是因为你助人为乐的品格，使我长时间免除了食宿之忧。"

这话一出，奥尔良公爵愣住了，好好的聚会结果还是提起了这些大煞风景的事，算什么事呀？

伏尔泰知道说糟了，赶紧补救说："在向你表示敬意时，我是在说以后你不用再来为我操心啦。"

公爵愣了半晌，啼笑皆非。

后来，有人对伏尔泰说："当时谈得好好的，为什么后来又来一段画蛇添足呢？"

"你问我，我问谁去？江山易改，本性难移啊。"伏尔泰狠狠地说。

◆ 心灵感悟

江山易改，本性难移。改变一个人固有的不良性格的确要花很大功夫。孔子在教育学生时，就很注重纠正学生的不良性格。子路好勇过人，但是谋略不够，孔子就教导他遇事三思。结果子路果然改正了不少，据说子路在一次正义战斗中受伤很重，他把衣冠整理端正，然后拿着兵器站着死去，以致敌军将领都敬他如神。

排解怒气

阿美是我中学时的一名同学，不但人长得漂亮，而且聪明能干，就是脾气不太好。

有一次，阿美因一些生活琐事和丈夫发生了争执，丈夫一时生气动手打了阿美一个耳光。一直被丈夫捧在手心里的阿美哪受过这样的气？她一怒之下，急火攻心，竟然晕倒在地。后经医生抢救，阿美的命总算保住了，但却落下了严重的后遗症，不但丧失了说话能力，而且腿脚发软，根本无法下地行走。事后，阿美和丈夫都非常后悔，但灾祸已经酿成，后悔又能如何呢？

中国有句俗语："气大伤身后悔迟。"现代医学也认为，人在发怒时，容易引发消化系统功能紊乱、血压升高、心绞痛、心律失常等多种疾病，严重者还会造成突然死亡。

既然发怒对人体十分有害，那么是不是应该将怒火压在心底呢？

有关专家认为，积贮在心中的怒气就如同一枚定时炸弹，若不及时加以处理，一旦爆发，就会酿成大祸。一旦心中有了怒气，正确的处理方法是及时疏导，适度释放。可找一两位好友散步或聊天，将心中的不满坦率地讲出来；可借助唱歌、打球、跑步、爬山等方式将怒气发泄出来。实在不行，也可找心理医生寻求帮助。

总之，一定要记住：怒气伤身不划算，及时疏导是关键。拥有一颗包容、乐观的心，是消除怒气、保持身心健康的最佳途径。

◆ 心灵感悟

生活中总会有一些不如意的事，如果我们斤斤计较，因一些琐事而气坏了身体，实在是得不偿失。及时地发泄心中的怒气，让自己拥有一颗宽容的心，才能保持身心健康，让生命充满活力。

人生杀手 ❤

有位心理学博士曾做过这样一个实验：他用手紧紧抓住一只小白鼠，不管这只小白鼠怎么挣扎，他就是不松手。过了很长一段时间后，小白鼠不再挣扎了，几乎是一动不动地呆在博士手中。这时，博士将这只小白鼠放入一个温水槽里，它立刻就沉下去淹死了，甚至没有挣扎一下。博士又将另外一只小白鼠直接放入温水槽中，小白鼠很快就从温水槽中游了出来，脱离了危险。

同样的两只小白鼠，一只被活活地淹死了，而另一只却成功脱险。这是为什么呢？

实验得出这样一个结论：第一只小白鼠在博士手中挣扎了许久，但都没有摆脱"困境"，它认为自己无论如何都无法活命了，因此也就放弃了生存的希望，不再采取任何"毫无意义"的行动了。而第二只小白鼠没有这样的经历，它在遇到危险的时候，怀着生的希望，本能地努力挣扎，最终成功脱险。

这个实验让我们明白了这样一个道理：绝望是人生的第一杀手。无论处在何等艰难的境地，只要心中还有希望，只要努力去争取，总有一天会摆脱困境的；而悲观绝望，放弃努力，只会使情况变得更糟。

◆ 心灵感悟

希望是人生最明亮的一盏灯，它照亮我们的心灵，给我们以无穷的勇气。只要希望之灯不灭，我们就能走出失败和绝望，迎来新的曙光。

走自己的路

一个很有绘画天赋的小和尚花了三年工夫画了一幅《荷花图》。众人看了连连称妙，就连几位很有名气的大画家都赞叹不已。小和尚非常得意，便拿去让自己的师父慧能禅师欣赏。

慧能禅师仔细看了一会儿后，大笑数声，一言不发地走了。

小和尚怔在那里，心里很是纳闷，不知道师父为何发笑。

当天晚上，小和尚躺在床上，辗转反侧难以入睡，心里还在想着白天发生的事，师父笑什么呢？难道他笑我画得不够好？可是，众人都连连称赞啊！这是为什么呢？……

第二天一大早，一夜没合眼的小和尚再次拿着《荷花图》去让慧能禅师欣赏。

慧能禅师仍像昨天那样仔细看了一会儿后，大笑数声，一言不发地走了。

小和尚更加纳闷了。

接下来的几天，小和尚几乎夜夜失眠，心里一直在捉摸慧能禅师发笑的原因。

半个月后，眼眶发黑的小和尚又一次拿着《荷花图》去找慧能禅师。一见面，小和尚便"扑通"一声跪在地上，伤心地对禅师说："这幅《荷花图》画得实在太糟了，我想当着师父的面将它毁掉。"说完就要去撕《荷花图》。

慧能禅师阻止了他，轻轻地叹了一口气说："枉你修行了几年，竟连一个小丑都比不上。小丑尚且不怕人笑，而你却怕成这样！"

小和尚听了豁然开朗。

在现实生活中，我们常常会被他人的意见或看法所左右，甚至会因别人的评价而改变自己原本正确的主张。其实，这是一个很大的误区。

不错，在有些问题上，我们多听听别人的看法或建议是有益的，它可以帮助我们更准确地做出判断。但无论什么时候都不要忘了，最终拿主意的还得是自己。

走自己的路，坚持自己正确的主张，这才是明智的选择。

◆ 心灵感悟

生活是纷纷扰扰的，难得有风平浪静的时候。如果我们过于在乎别人的看法，就会在不知不觉中丧失自我，迷失前进的方向。

曾在报纸上看到过这样一则报道：

广东某地一位姓李的酒店老板，一天因服务员小梅手脚不利索而辱骂并动手打了她。

小梅气愤不过，向自己的男友阿强诉苦。阿强为替女友报仇，当晚便约了几位朋友悄悄地在酒店里放了一把火，想借机吓唬吓唬李老板，没想到竟将李老板五岁的儿子活活烧死在屋中。最后，阿强受到了法律的严惩；而李老板也因中年丧子而备受打击，精神几近崩溃。

试想，如果李老板在处理问题的时候能稍微克制一些，也许就不会动手打骂小梅；如果阿强在得知女友受辱后，能用理智一些的办法来处理问题，也许后面的悲剧就不会发生。

然而在盛怒之下，又有几个人能真正理智地处理问题呢？

在现实生活中，因一时气愤或一时冲动而酿成大祸的人还有许多，虽然事后有许多人对自己的行为感到后悔，但又有什么用呢？

正如古人所说："恼怒是惹祸的根。"不管在什么时候，我们都应克制自己，千万别让恼怒蒙蔽了我们的双眼，千万别因一时的冲动而种下祸根。

◆ 心灵感悟

恼怒毫无益处，只会伤人伤己，如果不加控制，甚至会引来更大的灾难。在结局已定时，不妨去思考如何去挽回，不要一味的埋怨。

多些阳光 🖤

一大早，阿强就不顺利。闹钟不知道怎么回事，居然罢工，等他睁开眼睛，已经很晚了。准备喝点咖啡，却将喝咖啡的杯子弄碎了。他开始惶恐不安：一大早的倒霉事件，会不会是什么不良的预兆呢？

到了公司，他还在想着早上的闹钟和弄碎的杯子。会议室里，大家激烈地讨论着最新的企划方案。他懵懵懂懂地听着，却什么都没听进去，心里就想着，闹钟怎么不响了呢？杯子怎么就碎了呢？中午的时候，领导让他总结和整理方案，他一个字都没写出来。面对领导的质问，他无法说出合适的理由，总不能说是因为闹钟和杯子吧。于是他更加断定今天是黄道黑日，一切不顺，就推掉了同事的邀请，自己一个人去餐厅吃饭。远远地看见了安娜，他一直暗恋和倾慕的女孩。他刹那间忘了早上的不快，端着餐盘走过去，没想到，竟然被旁边的凳子绊到，摔了个四脚朝天，非常尴尬。眼瞅着安娜带着讥笑离开，他更加郁闷和愤怒，早上的闹钟和杯子就是预示。悻悻地回到办公室，做什么都提不起精神，索性打开电脑看看自己股票的走势，他发现，大盘在上升，自己的股票却在下跌！关掉电脑，看窗外的世界，天灰蒙蒙的，云也无精打采。终于熬到了下班，他匆匆往家赶，连妈妈打给自己的电话都没听见。到家后，座机正疯狂地响着，接起来，听到了妈妈生气的声音："为什么不接手机？前几天让你买的药怎么还没邮过来？……"一通质问之后，妈妈终于挂断了电话。阿强长舒了一口气，一屁股坐在沙发上，竟被早上丢到沙发上的闹钟扎到了屁股。准备打开音响听听音乐，却发现开关的旋钮竟然坏掉了……

阿强气急败坏，欲哭无泪，今天真是一个倒霉的日子，万事不顺，诸事不宜！

是吗？因为那个罢工的闹钟？那个碎掉的杯子？还是自己丧失了信心？

◆ **心灵感悟**

一件小事，弄得一天不开心——这是消极的心理暗示在捉弄你，让你无法快乐，丧失对生活的信心。不如把它改换成积极的心理暗示，多给自己一些阳光，多想一些好事，这肯定会让你的人生大不一样。

善待逆境

很多人认为环境决定了他们的人生位置；然而恰恰相反，我们的境况是由我们自己决定的。

著名物理学家普朗克在研究量子理论的时候，两个女儿先后死于难产，妻子去世，儿子又不幸在战争中牺牲。普朗克痛不欲生，但他决定从痛苦中解脱出来，加倍努力工作来转移自己内心的巨大悲痛。重心的转换不但使他减少了痛苦，还促使他静下心来埋头工作，最终发现了基本量子，获得诺贝尔奖。家庭的不幸，促使普朗克化悲痛为力量，为人类做出了巨大的贡献。

摇摆不定，不知所措，这是人的致命弱点。这种弱点，能破坏一个人对自己的信心，动摇自己的决心。

一个能够在事情不顺利时含笑的人，比一个遇到困难就垂头丧气的人更具有胜利的资本。一个人能到达什么高度，完全由自己的态度决定。我们要拷问自己的灵魂：我最想得到什么？然后尽可能完整地把想要的人生目标实现。解除一直捆绑着灵魂的绳索；消除那些"但我从未……"的念头；抛开所有"但它从来不曾发生过……"的念头。不要把"如何"和"什么"混淆在一起。只要能够顺利地实现你想象中的世界就为之更加努力。

加利福尼亚大学人类行为实验室的科学家们曾经研究发现：获取成功不仅影响一个人现在的生活质量，而且会改变他对未来的生活态度。一个人对未来生活的态度以及个人的未来意识，对他应付未来各种形势的能力有着重大的影响。生活步调越来越快，环境也会加快变化，未来的种种可能也许很快就会来到我们眼前。当然，还要避免有些人因为自己规划的未来太过于遥远，从而使希望变成了逃避现实的幻想。

有些人的预见过于浅显，以至于这些人不停地惊呼世界变化之快，沮丧之时却不去做任何努力；而适应能力强的人总能恰到好处地随环境而改变自己，在需要做出最后决定前就研究和估计了各种可能性，然后制订出各种方案和措施以便应对变化。这些人往往更容易获得成功。

◆ 心灵感悟

伟人与凡人的差距就在于对待逆境的态度。能够在逆境中练就钢筋铁骨的人，也必定会赢得一片属于自己的广阔天地。

淘汰昨天的自己 💕

曾在一本书上看到过这样一个小故事：在非洲大草原上生活着狮子和羚羊。每天清晨，狮子从睡梦中醒来，它想的第一件事就是：要想得到今天的美餐，就必须比跑得最快的羚羊还要快，否则，我就要挨饿。此时羚羊也从睡梦中醒来，它想的第一件事却是：一定要跑得比昨天更快，否则，就会被狮子追上吃掉的。于是，在广袤无垠的草原上，无时无刻不在上演着惊心动魄的殊死搏斗，优胜劣汰的自然法则在这里得到了淋漓尽致的体现。

事实上，在竞争日益激烈的现代社会里，这种生死攸关的竞赛每天都在进行。

三年前，约翰是某公司赫赫有名的业务骨干，因为销售业绩突出被提拔为销售经理。此后，陪客户吃饭便成了他每天的主要工作。转眼，三年过去了，约翰除了酒量提高不少外，其他方面几乎没有任何长进。一天，他被总经理告知，他的职务将由一位经验更丰富、能力更强的新员工代替；如果他愿意的话，可以留下来做销售员。可是约翰自己心里明白，除了喝酒，他已经什么都不会了。于是，他不得不黯然离开了公司。

淘汰昨天的自己，今天比昨天做得更好。只有这样，才有可能击败对手，得到今天的面包。

◆ 心灵感悟

昨天你也许已经做得很好了，但今天你必须做得更好，因为你的对手也在不断进步。如果你不主动淘汰昨天的自己，今天就可能被别人淘汰掉。

再来一次

经过一周的焦急等待，斯密斯先生终于接到了恩莱公司的面试通知。

面试那天，斯密斯换上了一套得体的黑西服，又精心地将自己打扮了一番，准时出现在恩莱公司总经理的办公室前。

等秘书小姐向总经理通报之后，斯密斯静了静心，轻轻地敲了两下门。

"你是斯密斯先生吗？"屋里传出总经理的询问声。

"是的，我是斯密斯。经理先生，很高兴见到你！"斯密斯慢慢地推开门，昂首走了进去。

"很抱歉，先生！麻烦你再敲一次门好吗？"总经理端坐在沙发转椅上，表情冷淡地对斯密斯说。

斯密斯感到有些疑惑，但他并没有多想，而是关上门，重新敲了两下，然后推开门走了进去。

"经理先生，您好！我是斯密斯。"

没想到，总经理依然表情冷漠地对他说："斯密斯先生，请你再来一次。"

斯密斯再次关上门，重新敲门，又一次踏进房间。

"经理先生，这样可以吗？"

"不！"经理依然淡淡地说，"抱歉，你还得再来一次。"

就这样，当斯密斯第九次退出总经理的办公室时，他开始有些恼火，心想：进门打招呼哪有这么多规矩？这分明是故意刁难人嘛。

想到这里，斯密斯恼怒地转过身去打算离开。可刚走了几步，他又停了下来："不行，我不能像个懦夫那样逃走。即使经理不打算录用我，我也得听到他当面对我说。"

于是，斯密斯平复了一下情绪，第十次敲响了总经理办公室的门。这次他没有被拒绝，他得到了经理赞许的目光和"明天请准时来上班"的通知。

原来，恩莱公司此次打算招聘一名推销员。而一名优秀的推销员，不仅要有丰富的知识，还必须具备良好的心理素质，尤其是要有足够的耐心和坚定的毅力。

斯密斯先生无论如何也没有想到，正是他的耐心和坚持帮他叩开了一扇成功之门。

◆ 心灵感悟

不要轻易地说放弃。黎明前通常是最黑暗的时刻，也许你再努力一下，就会迎来胜利的曙光。

在竞争中成长

在法国南部的小镇上，住着一个叫西蒙的年轻人，他每天都忙忙碌碌地经营着一间不大不小的杂货铺。你可别小看这间杂货铺，它是西蒙的爷爷传下来的，到如今也有近百年的历史了。

西蒙是个不错的小伙子，他买卖公道，信誉很好。他的杂货铺对于镇上的人来说，就像手足一样不可缺少。

有一天，镇上来了一个外乡人，他笑嘻嘻地来到杂货铺里对西蒙说，他想买下这间铺子，请西蒙出个价。西蒙一听有些生气："这怎么行？这可不是一间普通的铺子啊！这是祖上传下来的遗产，这是我自己的事业，将来我还打算把它传给自己的儿子呢！"

外乡人耸耸肩，笑嘻嘻地对西蒙说："那很抱歉，先生！既然你不愿意卖就算了。但我必须告诉你，我已经在你的对面买下了一幢空房子，不久，一间更大、更漂亮、价格更便宜的杂货铺就要开张了。那时你可就没什么生意了！"

第二天一大早，西蒙便看见对面的店开始装修了。工人们敲敲打打、出出进进，弄得西蒙的心都要碎了！他想到不久后惨淡的生意，想到杂货铺的前途，真是恨透了那个外乡人。

几天后，对面的新店开张了。镇上的人纷纷前去看热闹，只有西蒙一个人闷闷不乐地在自己的杂货铺里想心事。

这时，西蒙的妻子娜娅走进了铺子，轻声对西蒙说："你巴不得对面那间房子起火对不对？"

"是的，我巴不得它被大火烧个精光！"西蒙咬牙切齿地说。

"烧了也没用，那个外乡人照样会在镇子上开铺子。"

"那你说我该怎么办呢？"

"你该去向他表示祝贺。"

"祝贺什么？祝贺他的铺子被大火烧了？"

"大家都说你是个厚道人，可现在怎么变得如此糊涂呢？你应该去祝贺他新店开业，大吉大利。"

"娜娅，你脑筋没出什么问题吧？"可话虽这么说，西蒙还是决定过去瞧瞧。

西蒙跟着人群走进对面新开张的铺子里，大声地对那个外乡人说："外乡老兄，开业大吉啊！祝你给全镇的人带来更大的方便！"

他的话音刚落，全镇的人便欢呼着把他举了起来。那个外乡人也愉快地走过来和西蒙拥抱，两个生意人从此成了好朋友。

后来，两个杂货铺的生意都很兴隆，小镇也一天天变大了。

◆ 心灵感悟

竞争是一把双刃剑，可以使人更强大，也可以使人走向毁灭。只有掌握好竞争的尺度，互惠互利，共同发展，才能取得双赢的效果。

跳出失败 🖤

聪明的人绝不会在失败里悲伤，而是想方设法去弥补不足，从头再来。

每个人走向成功的道路，都是历经万千磨难、都是在一次次跌倒之后才找到成功之路的。成功者之所以成功，就在于他们不为失败而哭泣，而是从中总结教训，勇敢地从头再来，再接再厉。

可很多人失败之后，一直生活在失败的阴影中，一蹶不振。他们也做总结，但只限于总结曾经失败的事情："我当初要是不那么做就好了，要是一开始我如何做就不会失败了……"却不敢迈出既然已经失败、那就从头再来这一步。

这些人，失败后总是两手空空，还会产生、增加惧怕的精神负担。你要记住，不要惧怕失败。失败了，总结教训，从头再来，相信总有一天，灿烂的阳光会照耀到你。

西方有句谚语：不要为打翻了的牛奶而哭泣。牛奶被打翻了，悲伤、哭泣都无济于事。只要以后不再打翻牛奶、不再犯同样的错误，打翻一杯牛奶也是值得的。

"我在这儿已做了20年，"一位员工抱怨他没有升职，"我比他们多了20年的经验。"

"不对，"老板说，"你只有一年的经验，你从自己的错误中没学到任何东西，你仍在犯你第一年刚做时的错误。"

不能从失败中学到教训是悲哀的！即使是一些小小的错误，你都应从中学到些什么。

"我们浪费了太多的时间，"一位年轻的助手对爱迪生说，"我们已经试了2万次了，仍然没找到可以做白炽灯丝的物质！"

"不！"爱迪生回答说，"我们的工作已经有了重大的进展。至少我们已知道有2万种不能当白炽灯丝的东西。"

正是这种精神，使得爱迪生终于找到了钨丝，发明了电灯，改变了历史。

◆ 心灵感悟

一个聪明的人绝不会在失败中悲伤，而是积极地去吸取教训。成功和失败，关键是看能不能认识到自己的不足，并加以更正。

气度决定高度 ♥♥

小时候，华盛顿便是个很有抱负的孩子，他立志做一名气度非凡的"绅士"。因此，他每天放学后的第一件事便是抄写"绅士法则"，其中包括：举止文雅，不说脏话，不在饭桌上剔牙等等。

1754年，已升为上校的华盛顿率部下到亚历山大市驻防。当时正值弗吉尼亚州议会选举议员，华盛顿便积极地参加竞选。

在一次竞选会议上，有个名叫威廉·佩恩的反对者和华盛顿展开了激烈的辩论。华盛顿一时失言，说了句侮辱佩恩的话。怒不可遏的佩恩便挥起手杖将华盛顿打倒在地。会场上一片哗然。这时，华盛顿的部下闻讯赶来，怒气冲冲地要和佩恩拼命。华盛顿却阻止了他们，并命令部下退回营地休息，让他自己来处理这件事。

第二天上午，佩恩接到华盛顿派人送来的一张请柬，约他下午三点钟在当地的一家酒店会面。佩恩自然而然地以为，一定是华盛顿怒气难平来向自己挑战了，看来一场恶斗在所难免了。

下午，佩恩准时来到酒店，然而出乎意料的是，等待他的既不是手枪，也不是利剑，而是美酒。华盛顿笑容可掬地站起身来迎接佩恩，诚恳地对他说："佩恩先生，昨天的不快的确是由我引起的，而你已采取行动挽回了面子。如果你认为那样已经足够了，请饮下这杯美酒，让我们做个朋友吧！"

就这样，一件不愉快的事情被圆满解决了。从此以后，威廉·佩恩成了华盛顿亲密的朋友和坚定的支持者。

◆ 心灵感悟

竹子之所以比芦苇高贵，是因为它能够在凛冽的风霜中依旧苍翠俨然。气度决定高度。你的心有多大，你的世界就有多大。

赢家的姿态

弗兰克在法国乡下的一家福利院里长大，没受过什么正规的教育，相貌平平，身材矮小，说话一紧张就结结巴巴的。他觉得自己糟糕极了，简直就是一个毫无用处的可怜虫。因为怕被拒绝，他连最普通的工作都没去应聘过。现在他已经35岁了，还是一无所有。

弗兰克决定用死亡来结束自己的痛苦，于是准备去向他唯一的朋友魏尔伦道别。没想到魏尔伦却自己跑来了。

魏尔伦兴冲冲地对弗兰克说："听着，我有一个好消息要告诉你！"

"什么好消息？"弗兰克仍是一副无精打采的样子。

"几分钟前，我从广播中听到一则消息，说伟大的拿破仑曾经丢失过一个孙子，现在差不多有三十多岁了，而且广播员描述的相貌特征简直和你一模一样！"

弗兰克顿时来了精神："难道我真是拿破仑的后代？"他想起了拿破仑在历史上留下的丰功伟绩，想起了人们对他的尊敬和崇拜，甚至联想到拿破仑以矮小的身躯指挥千军万马的情景……他感到拿破仑的鲜血在自己同样矮小的身躯里流淌，浑身充满了力量。他觉得自己即使不能像爷爷那样名垂千古，也一定会干出一番大事业来。

第二天，弗兰克收拾妥当，满怀信心地到一家公司应聘。他流利、自信的话语深深打动了公司的主管，虽然他没有什么工作经验，但仍被破格录用。

20多年以后，弗兰克已经拥有了属于自己的公司。虽然后来证实他并不是拿破仑的孙子，但这对他来说已经不重要了。

自卑自怜只会使人变得更加软弱，自暴自弃只会让人一步步走向堕落。无论在什么时候，只要我们勇敢地摆出赢家的姿态，从心底接纳自己、欣赏自己、相信自己，就一定能开拓出属于自己的一片天地。

适时调整思路 ❤❤

某公司打算招聘一名区域经理，于是便安排了3次考试。

第一次考试，小李以98分的成绩名列第一；而小王的成绩是95分，排在第二。

第二次考试的试卷刚一发下来，应聘的人员马上大声吵嚷起来，原来这次考试的试题和第一次的试题一样。刚开始，小李还认为是发错了试卷。但监考人员却强调说："试卷绝对没有发错，请各位认真答题。"虽然不明白公司为什么这么做，但小李还是自信地把笔一挥，用了很短的时间便将试卷填满了——答案和上次的一模一样。紧接着，其他应聘的人员也陆续答题完毕，纷纷交了卷。而小王却用不同的答案做了回答，直到考试结束才交卷。这次考试的结果是：小李的成绩仍是98分，位居第一；而小王的成绩是97分，排在第二。

第三次考试的情况和第二次差不多，试卷仍是一模一样。包括小李在内的绝大部分考生又将前两次的答案重复了一遍。只有小王考得最辛苦，他绞尽脑汁、冥思苦想，时而写写，时而停下来思考一会儿，直到考试结束时才将答卷交了上去。

第三次考试的结果是：小李和小王都得了98分，并列第一。

随后，公司公布了录用名单：小王被公司录用了。

小李一听傻眼了：怎么可能呢？我连续三次都考了98分，而小王只有最后一次考了98分，凭什么录用他而不录用我呢？

小李当即找到公司总经理，怒气冲冲地质问原因。

总经理意味深长地说："公司所处的环境在不断地变化着，如果公司的领导都像你那样用同一种思路、同一种办法去解决问题，那我们的公司很快就要倒闭了！"

小李顿时哑口无言，羞愧地走了。

◆ 心灵感悟

社会在发展，环境在改变，只有不断地转换观念、改变思路，才能跟上时代发展的步伐，适应社会发展的需要，让自己永远立于不败之地。

没有任何借口

休斯·查姆斯是国家收银机公司销售经理。公司在他任职期间曾有一段时间不太景气，这在很大程度上影响了公司销售人员的工作热情，收银机的销量直线下降。为此，销售部门决定召开一次全美各地销售员大会。这次大会由查姆斯主持。

查姆斯请销售员说明销量下降的原因。销售员一个个站起来讲述，有的说是因为商业不景气，有的说是由于资金缺少，有的则把滞销的原因归结为人们都希望等到总统大选揭晓以后再买东西。似乎每个人都有一段令人震惊的悲惨经历。

当第五个销售员正在说他完成推销任务的困难时，查姆斯先生猛地跳到一张桌子上，高举双手示意大家肃静。接着他说："现在请大家稍等十分钟，请允许我把我的皮鞋擦亮。"然后他叫一个在他身旁的工友给他擦鞋。

在场的销售员都很纳闷，用奇怪的眼神望着查姆斯。同时那位工友开始工作了。他很用心地擦着查姆斯先生的鞋子，一只擦完了擦另一只，动作非常娴熟，态度非常认真。擦完以后，查姆斯先生非常满意地对工友微笑了一下，并给了他一毛钱。然后他说："刚才大家都看到了，这位工友负责我们整个工厂及办公室内的擦鞋任务。在他之前干这个活儿的是一个小男孩儿，比他年纪大，公司给他的补贴是每周5元。同样让他负责全公司员工的擦鞋任务，可他却因为无法挣够生活费最终辞职。现在这位工友非但不要公司的补贴薪水，还可以存下一些钱。同样的工作对象和工作环境，两人的境遇却大不相同。现在我问大家一个问题：那个小男孩挣不到足够的生活费是谁的错？是他的错还是顾客的错？"推销员异口同声地回答："当然是小男孩自己的错。"

"大家说得很对。"查姆斯说，"其实推销收银机也是同样的道理，现在和一年前的工作区域、对象还有商业条件都是一样的，而你们的销售业绩却不如以前，这是谁的错呢？是你们的错，还是顾客的错？"

大家异口同声地回答："当然是我们的错！"查姆斯先生听到大家的回答很高兴，接着说："我很高兴你们能认识到自己的错误。其实你们不必理会公司财政危机的谣言，更不必因此影响到你们的工作积极性。我希望你们能继续回到你们的销售地区，一如既往满怀信心地销售收银机，保证在30天内每人完成5台收银机的销售量。大家有没有信心做到呢？"

大家都回答："有。"大家没有食言，销售业绩又恢复了。原来那些所谓的滞销原因其实都不存在。

◆ 心灵感悟

完成一项工作，全力以赴地去做，没有任何借口。如果你不成功，那就是你的错，只有你自己阻碍了你的成功。

记忆经典丛书

记忆经典丛书

记忆经典丛书编委会 编著

心灵鸡汤全集

中国青年出版社

下篇 最鼓舞人的励志故事

第十辑 突破心中的障碍 / 439

突破心障 / 440

征服自己 / 441

战胜痛苦 / 441

自信的动力 / 443

摒弃消极 / 444

幸福也是习惯 / 445

变出自由 / 446

寻找快乐 / 447

情势不利也要上 / 449

别在意他人的看法 / 450

打碎自卑的枷锁 / 451

别束缚思维 / 452

适时放弃 / 453

经验需要突破 / 454

将梦想进行到底 / 455

思想能够走多远 / 457

叩响成功的大门 / 458

别坚持错了 / 460

放低姿态 / 461

找到适合你的跑鞋 / 462

假如时光可以倒流 / 463

沙粒和珍珠 / 464

80美元周游世界 / 465

发挥优势 / 466

"不满"的礼物 / 468

快乐法则 / 469

心中的"绿灯" / 470

更上一层楼 / 472

冲破"心理牢笼" / 473

真的相信 / 474

第五册目录

一念之间 / 476

身价"自定" / 477

担心不起任何作用 / 478

明天照样会有报纸 / 479

挑战挫折 / 479

第十一辑 好命不如好
心态 / 483

落榜不等于死刑 / 484

沦落记 / 484

不倒的木桶 / 485

钢琴大师的学生 / 486

拿破仑的不幸 / 488

大胆地敲敲门 / 489

你用不着跑在任何人后面 / 490

谁敢走进黑洞 / 491

自卑曾经"叮"着她 / 491

毁在恐慌上 / 492

你真有信心吗 / 493

戏弄人生 / 494

爱拼才会赢 / 495

每个人都有特长 / 496

永远不翘尾巴 / 498

合适的种子 / 499

给天才一个展露机会 / 500

震撼一国的农夫 / 501

专注让你赚大钱 / 503

你会成为国王 / 504

拒绝接受 / 506

心态决定命运 / 506

当梦想中的你 / 508

打开心灵之门 / 509

挑战噩运 / 510

打破常规 / 511

希望击退了死神 / 512

勇敢面对挫折 / 513

"走"出奇迹 / 514

没有"随便" / 515

独一无二 / 516

改变态度 / 517

"复明"的药方 / 517

享受过程 / 518

站在顶端 / 519

缺憾之美 / 520

你最优秀 / 521

机会只有一次 / 522

生活如品茶 / 523

不同的看法 / 524

留一条路给别人 / 526

等待的幸福 / 527

沙漠繁星 / 528

爱这一"家" / 530

幸运车票 / 530

梦想曲线 / 532

脱鞋进舱 / 533

愿意吃亏 / 534

为梦想打工 / 535

后院的钻石 / 536

拾小海螺 / 538

锁定目标 / 539

结局可以"选择" / 540

六年外卖 / 541

分段妙法 / 542

做好一件事 / 543

敢于冒险 / 544

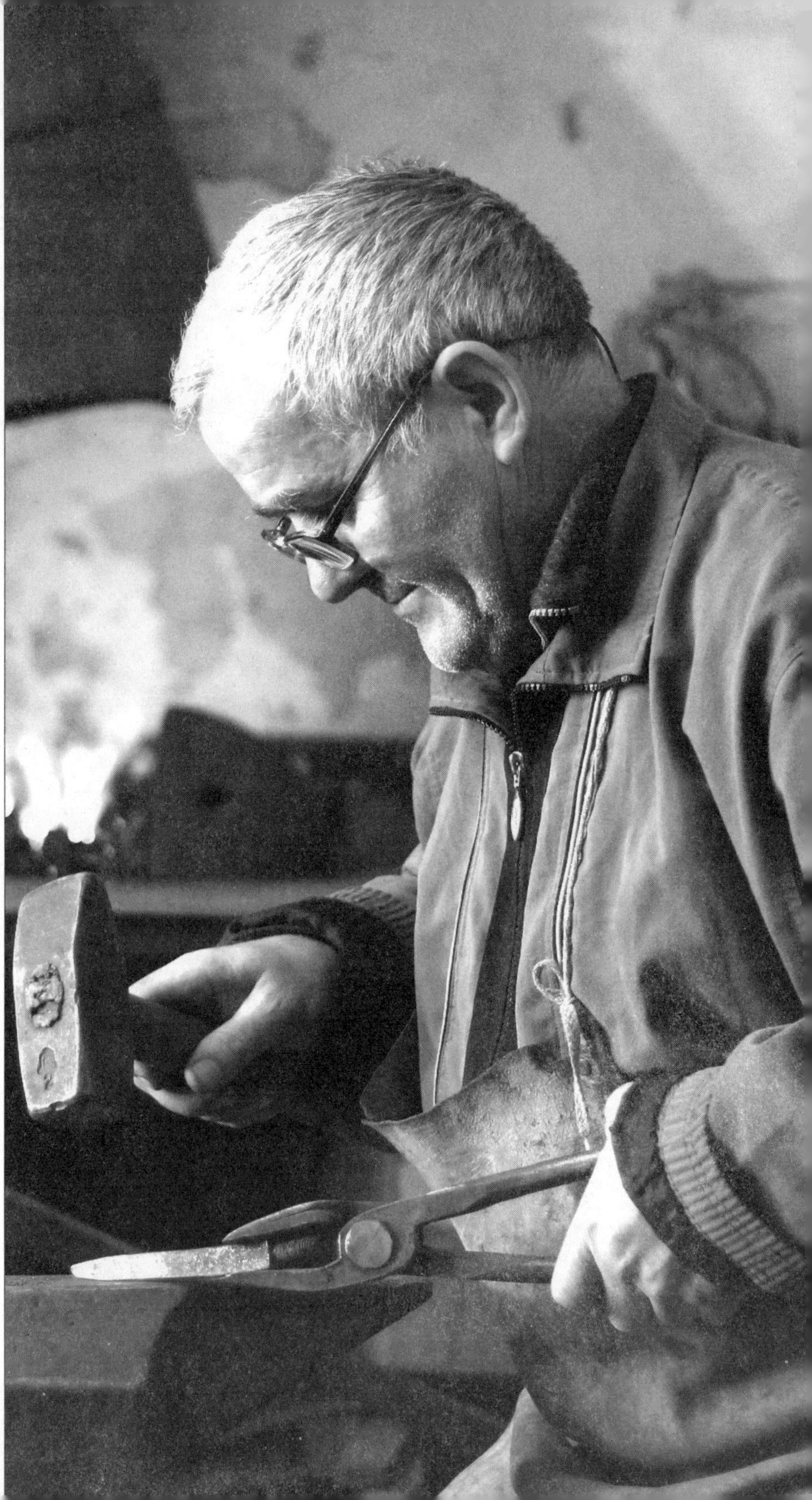

下篇

最鼓舞人的励志故事

■ 我们的生命虽然短暂而且渺小，但是伟大的一切都由人的手所造成。人生在世，意识到自己的这种崇高的任务，那就是他的无上的快乐。

——屠格涅夫

Volume 2

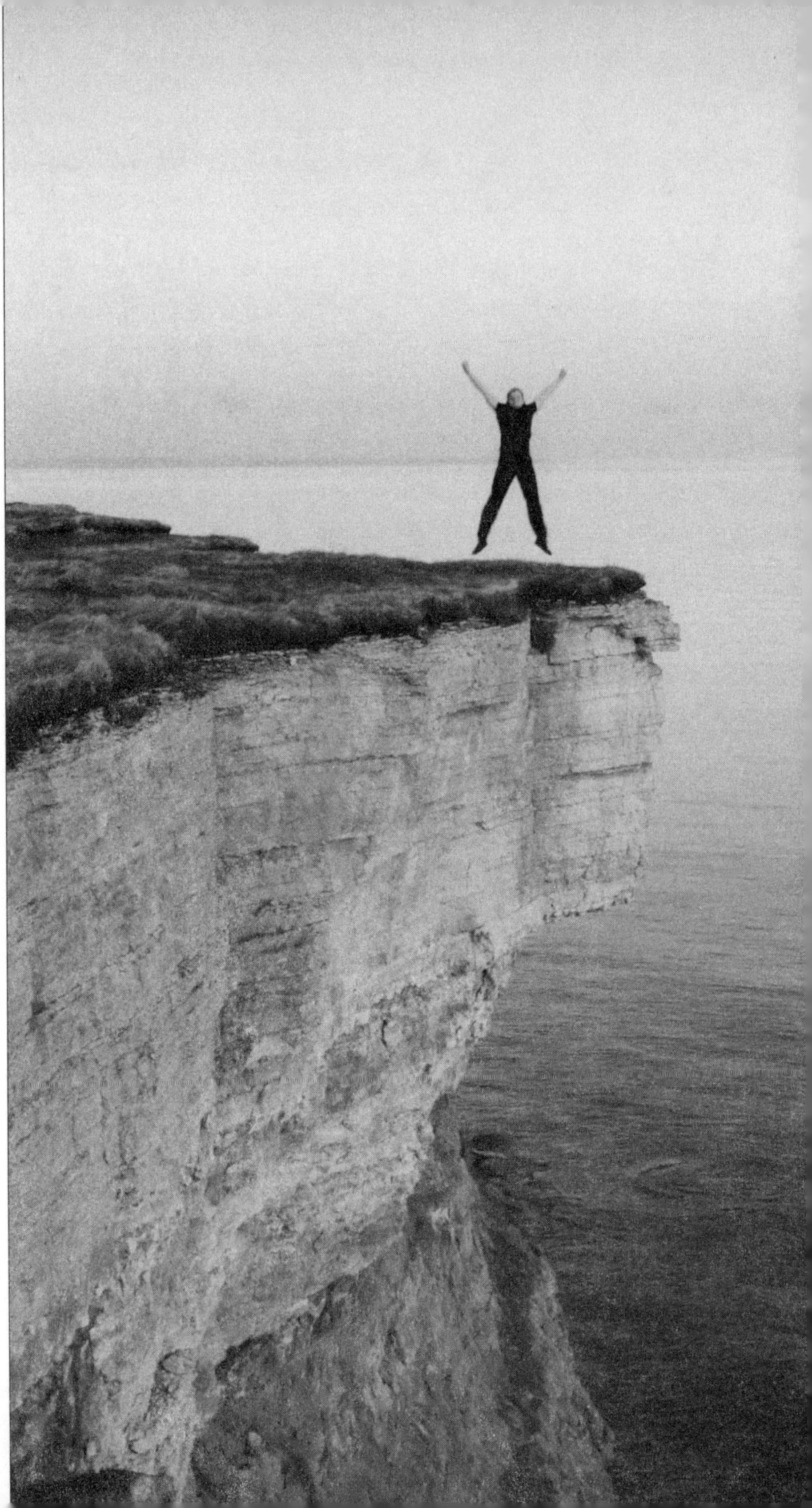

突破心中的障碍

无论你能做什么或者梦想自己能做什么，都要付诸行动。唯有在冒险犯难之中，魔法和力量无穷。

——歌德

突破心障 💕

"在每一次助跑前，我都会把自己的心先甩过横杆。"这是"撑杆跳沙皇"布勃卡的成功秘诀。

布勃卡曾经35次打破世界撑杆跳纪录，是有史以来最伟大的撑杆跳运动员。在总统亲自向他颁发国家勋章时，他微笑着向记者们透露了自己的秘诀。曾几何时，与其他运动员一样，布勃卡也经历了一段灰暗的岁月。尽管他比任何人都期待成功，但迎接他的却是一次又一次的失败。这一切仿佛巨石一般压在他的心头，让他喘不过气来。不堪重负的他甚至早早就动了退役的念头。

终于有一天，沮丧的布勃卡对教练说："教练，我真的不是练撑杆跳的料儿。无论怎么努力都是失败。我想放弃了！"

教练一脸的平静："上场时你在想什么？"

"当我清清楚楚地看到标杆，它就那样高高在上地悬着，我就会不由自主地害怕起来。"布勃卡说出了自己真实的感受。

"布勃卡！"教练突然大声喝到，"闭上你的眼睛，先把自己的心从横杆上甩过去。"

教练的断喝释放了布勃卡心中所有被压抑的潜能。这一回，他真的一越而过。

◆ 心灵感悟

人生的奋斗中，我们面前又何尝不是横亘着一道道难关。倘若我们心存疑虑、畏首畏尾，势必寸步难行、一事无成。只有坚定信念、鼓足勇气、突破心障，我们才能不断地超越自我，登上人生之巅。

征服自己 🍂

1975年5月，日本一位35岁的妇女登上高达8848米的珠穆朗玛峰，这是有史以来，第一位征服此峰的女性。

珠穆朗玛峰又称圣母峰，是世界第一高峰，在这名妇女之前，仅有7人曾征服此峰，可见它的高峻险恶，而一个弱女子，是靠着什么力量完成这样的壮举呢？根据她自己的说法，也没有什么秘诀，不过是锲而不舍的耐性而已。那些伟大的探险家在征服高山和大海的同时，恐怕也需要征服内心对茫茫前途的恐惧与怯懦吧！的确，克服心理上的障碍真比攻占一座城池还要难啊！人类最大的敌人往往是自己。人性中的暴戾、嫉恨、虚荣、自私、懦弱、骄傲等，都需要我们以极大的毅力去克服。同样，我们生活中的许多不良习惯，不当嗜好，有的足以戕害身体，有的足以导致灵性堕落，明知如此，却总会找些理由原谅自己，姑息自己。人生如战场，心理上先泄了气，认了输，这场仗还如何打得赢？

有这样一句话："伟人不是没有卑下的情操，只是永不为卑下的情操所屈服。"只要我们不屈不挠，痛下决心，必能超越自己，战胜自己。

◆ 心灵感悟

敢于向自己挑战的人，才是真正的勇士；能够征服自己的人，方足以顶立于天地之间。

战胜痛苦 🍂

许多人认为，对付坏心情的最好方法就是找个人倾诉一番，将心里的痛苦说出来，借助他人的安慰来缓解自己的痛苦。有时，这的确是个不错的方法。但假如他人的安慰并不能缓解您的痛苦，或者您根本就找不到合适的倾诉对象，又该怎么办呢？

科学家们已经解决了这一难题：他们提供了几种非药物的方法，可以帮助您战胜痛苦，使您从坏心情中解脱出来。

首先是运动。科学家们已经通过实验证实：耗氧运动是消除坏心情的最佳途径，它的作用可以与提高情绪的药物相媲美。例如，跑步、快走、骑自行车、游泳等等。这些耗氧运动可以增加心率、加速血液循环、改善人体对氧的利用，从而使人心情舒畅。其次是利用颜色。红色容易让人情绪激动，所以为了消除烦躁与愤怒，最好避免接触红色。黑色容易让人感觉压抑，所以心情忧郁的人最好不要穿黑色。为了缓解忧虑与紧张的情绪，最好选择中性的、比较柔和的颜色。这样可以起到镇定、平静的作用。医院以柔和的颜色为主色，就是这个道理。最后，也是最关键的一点就是，想法一定要积极。悲观消极的想法常常会加重忧郁的情绪，将人拖进痛苦的深渊。但如果能意识到这一点，用积极的想法给自己以心理暗示的话，心情就会慢慢好起来。比如在面对失败的时候，努力去想它积极的一面；当发生不幸的时候，在心里对自己说："这是对我的考验，我一定能挺过去的！"或者对自己提出展望未来的问题："既然不幸已经发生了，那我接下来该做些什么呢？"

当不幸降临的时候，当痛苦袭来的时刻，理智勇敢地正视它吧。只有这样，才能找到解决问题的有效办法，才能战胜痛苦，让自己的心情逐渐明朗起来。

◆ 心灵感悟

人生在世，意想不到的事情随时会发生。但无论如何，我们都不能自乱方寸，更不能在忧郁和痛苦中消沉，而要鼓起勇气，积极寻找战胜苦闷的方法，用乐观和智慧让心情重新亮起来！

自信的动力 ❤❤

亚伯拉罕·林肯是美国历史上最伟大的总统之一。但小时候，他却是个相貌丑陋、声音沙哑、说话结结巴巴的孩子。因为家境贫寒，他几乎没有受过什么正规的教育。

长大后，林肯开始独立谋生。他当过农场雇工、石匠，做过船夫。当时谁也不曾想到，就是这样一位毫无背景、生活贫困、再普通不过的年轻人，日后会成为美国历史上赫赫有名的大总统。

据说，在林肯竞选总统的一次大会选举中，有位记者提出了一个"刁钻"的问题："如果现在让你们自己投票来决定总统的人选，你们会将票投给谁？"全场一片肃静，公众都在静静地等待两位候选人精彩的回答。一分钟过后，另一位候选人说："我不想回答这个问题，也拒绝回答这个问题。谁能当选总统是由公众决定的。"而林肯却自信地向前跨了一步，大声说道："我会把这一票投给他——亚伯拉罕·林肯，现在只有他才最适合担任你们的领导人！"林肯的话音刚落，便迎来了一阵排山倒海般的掌声，人们被他的自信感染了，高喊着他的名字，将赞赏、信任的一票投给了他。

林肯成功了，他的自信将他推向了人生的巅峰。1860年，林肯成功当选为美国第十六任总统。他那沙哑的讲话声，也成了公众迷醉于他的一个重要因素。许多人甚至感慨地说："只要林肯总统那富有磁性的沙沙声响起，我的心就醉了！那简直是上帝的呼声啊！"

自信是一种无形的力量，它看不见、摸不着，但却力量巨大。自信的人将挫折当成一笔财富，将不幸当成一种考验；自信的人能够化不利为有利，变被动为主动；自信的人即使身处困境，也会自强不息，奋勇向前！

自信是人生最伟大的动力！

自信是远行的马达，是雄鹰的翅膀，它推动着我们在滔天巨浪中前进，引领着我们在疾风暴雨中翱翔。自信是获取成功不可或缺的重要因素，是人生最伟大的动力！

摒弃消极 ♥♥

丹麦作家安徒生有一则非常有名的童话故事叫《老头子总是不会错》，故事情节非常简单：

从前，在一个乡村里住着一对贫穷的老夫妇。他们日子虽然过得苦了点，但却仍旧很快乐。

有一天，他们想把家中唯一值点钱的一匹马拉到市场上去换点更有用的东西。于是，老头子便牵着马去赶集了。他先用马与别人交换了一头母牛，又用母牛交换了一只绵羊，再拿绵羊交换了一只肥鹅，又用肥鹅交换了一只母鸡，最后拿母鸡和别人交换了一口袋烂苹果。

后来，当他扛着一口袋烂苹果在一家小酒馆休息时，恰好遇上了两个英国人。老头子兴致勃勃地向他们谈起了自己赶集的经过。两个英国人听后捧腹大笑，他俩一致认为，老头子回家后准得挨老伴儿一顿揍。但老头子却说绝对不会。两个英国人决定用一袋金币和老头子打个赌。于是，他们便跟着老头子回了家。

到家后，老头子向老伴儿谈起了赶集的经过。老伴儿在旁边兴奋地听着。每听到老头子用一种东西交换了另一种东西时，她都兴奋地点点头，眼中充满了赞许，嘴里还不停地说着：

"太好了！我们有牛奶喝了！"

"太好了！羊奶的味道更好！"

"哦，真不错！鹅毛多漂亮啊！"

"哦，真好！我们能够吃到鸡蛋了！"

当老头子说最终换回来的是一口袋烂苹果时，她同样不愠不恼，而是愉快地说："今晚我们可以吃到美味的苹果馅饼了！"

结果自然不用说，两个英国人输掉了一袋金币。

这个故事让我们明白了这样一个道理：不要为已经失去的东西而懊悔，要乐观积极地面对生活。哪怕只剩下一口袋烂苹果，不是还可以拿来做苹果馅饼吗？

◆ 心灵感悟

摒弃悲观消极的思想，以乐观积极的态度面对人生。少一些抱怨，多一些宽容，用阳光一样的心情去点亮生活。只有这样，生活才会变得妙趣横生、美满幸福。

幸福也是习惯

在一个普通的船舱里，三个年轻人正挤在一起闲聊。

其中一个说："今天的天气真糟糕，让人透不过气来！"

另一个说："是啊，好像要下雨了。不知咱们乘坐的这条船是否安全。"

第三个人轻轻地叹了一口气说："要是我们有钱乘坐豪华轮船就好了，现在早到了，也不用在这里活受罪。"

说完，三人都陷入了沉默，各自想着自己的心事。

就在这时，一位老人满面春风地走了进来，他轻轻地哼唱着家乡的小调，一副幸福快乐的样子。

三个年轻人忍不住说："老人家，你刚刚碰到了什么愉快的事情吗？说出来让我们也高兴高兴。"

老人诧异地看着那三个年轻人说道："并没有发生什么特别

的事啊。但我真的觉得很愉快。"

过了一会儿，老人接着说："我早已把使自己觉得幸福这件事当成了一种习惯，就像每天都要刷牙、洗脸一样。所以我每天都很快乐。"

幸福既然成了一种习惯，那就真的无处不在了。

◆ 心灵感悟

记得有位名人曾经说过："困苦人的日子满是愁苦；心中欢畅者，则常享幸福的丰筵。"其实幸福就在自己的心中，把内心的幸福当成一种习惯的人，一生都会与快乐相伴。

变出自由

教室里，一位教授正在给来自各个企业的精英们上课。教授从包里拿出一只瓶子，这只瓶子口很小，随后教授又拿出一个气球，吹好了对大家说："谁能把这只气球装到瓶子里去？要求是不能把气球弄破。"

一位女士要上去试试，教授请她上台。只见这位女士小心翼翼地把气球挤压着，准备把它一点点地塞进瓶子里。尽管她很努力，但是最终还是没能完成任务。

教授问："谁还愿意来尝试？"大家都不作声。教授随后把气球拿起来，放掉了气，然后很轻松地塞进了瓶子里。然后在瓶子外面吹气，只见气球在瓶子里鼓了起来，充满了整个瓶子。这时教授扎紧气球，问题解决了。教授又在黑板上写了一个大大的"变"字，说道："当你遇到一个难题，可以用思维的改变来解决它。"

正当大家都很惊讶之际，教授又开始了第二个游戏。他从台下叫来一个戴眼镜的男士，让他用瓶子做5个动作。什么动作都可以，但每一个动作不能重复。

这位男士很快完成了5个动作。教授点点头，说："很好，接下来再做5个。"男士又做了5个动作。教授又说："好，再来5个。"

到第六轮，男士终于黔驴技穷了。

大家笑了。教授说："你们知道，要突破过去有多难吗？变很难，但是不变就无法生存。"大家若有所思地望着教授，然后相互对望。教授提出最后一个问题："我这里有一只开口很大的瓶子，谁能把它放进刚才那只装气球的瓶子里？"说着又从包里拿出一只瓶子。这时有一个男士走到讲台上，把那只大口瓶子扔到地上。瓶子碎了，变成了一堆玻璃碎片。这位男士把这些碎片装进了小口瓶子。

教授很开心，说："大家已经看到了改变的力量。打碎瓶子意味着完全地否定过去，这是改变的极限。彻底改变需要很大的决心，因为你要保证自己不会后悔。"

下课了，教授向大家道别。精英们则仍在回味教授说的话。他们觉得这堂课真的使他们受益匪浅。

◆ 心灵感悟

要想有创新，就要树立"变"的思维。每一次"变"，都是对以前做法的摒弃；经常变，会让你很费心伤神，但也会让你的眼光超越常人；彻底地变，则像蝴蝶破蛹，很痛苦，但也打开了崭新的境界。

寻找快乐 🖤

生活并不缺少快乐，而是缺少快乐的心灵和寻找快乐的眼睛。

有一天，我到一位朋友家做客。刚进门，她的小女儿便飞快地跑到我面前说："阿姨，阿姨，你知道雪儿发生什么事了吗？"雪儿是朋友家两个月前买的一只小猫。

"怎么啦？难道雪儿生病了？"我满怀同情地问。

"没有！你不知道吗？雪儿长大了，而且比以前更漂亮了！你快来看看！"说着，她愉快地拉起我的手来到雪儿的小房子前。

我那时已经无心看小猫了，只觉得心里满是羞愧。

可爱的小女孩从平凡的生活琐事中找到了幸福和快乐，而我找到的却是痛苦和忧伤。这是为什么呢？难道我的世界和她的世界真的不同吗？

其实，生活并没有什么不一样，只是我们对待生活的态度、看待生活的心情不同罢了。

也许你无法改变贫困的生活状况，也许你无法改变上司难看的脸色，也许你不能马上从病床上站起来，也许……但至少有一点你可以做到，那就是给自己换一种生活态度，自己换一种心情。

快乐是一种积极的人生态度。它不会被国王垄断，也不会从乞丐的身边溜走。一个富可敌国的贵族可能整日忧心忡忡、坐卧难安；一对家徒四壁的老夫妻却可以恩恩爱爱、其乐融融。

权利无法带来快乐，财富也无法买到快乐，快乐只能由自己的内心洋溢而出。

◆ 心灵感悟

快乐是一种积极的人生态度，它来自于我们的内心，左右着我们的生活。快乐无处不在，它隐藏在生活的各个角落里，等着一颗快乐的心去寻找。

情势不利也要上 🖤

被《亚洲之星》评为最有影响力的50位亚洲人之一的吴鹰是UT斯达康公司的中国区总裁。在谈起自己的留学生活时，他对1986年自己应聘做一位著名教授助教的经历一直津津乐道。

那是一个十分诱人的机会——既不影响学习，又收入丰厚，而且能接触到最新科技信息。这自然引来了多方高手的争先角逐！吴鹰好不容易通过了初选，接下来是更为严格和残酷的复试了。他和仅存的几名中国学生在取得复试资格的三十多名各国学生中显得很不起眼。毕竟，这是各国学术新锐之间的较量。就在考试前的几天，一个更为令人沮丧的消息传来——主考官曾在朝鲜战场上当过中国人的俘虏。这真是让人始料不及。这个消息就像一枚重磅炸弹，摧毁了所有中国学生的信心。他们纷纷放弃了："我才不想到时候让他为难我！""是啊！与其这样还不如多洗几个盘子来得实惠！""吴鹰，咱们别去自讨没趣了！"但吴鹰却坚持了下来。当他坐在主考官面前时，表现出的是一个来自东方文明古国学者的大气与从容。

结果出人意料，他打败所有的对手得到了这唯一的机会！他永远也忘不了主考官在公布结果后对他说的那一席话："鹰，我之所以录取你，是因为我很欣赏你的勇气！其实你在所有应试者中并不是最好的。但你不像你的那些同学，他们看起来很聪明，其实再愚蠢不过。你们是为我工作，只要能给我当好助手就行了，还扯几十年前的事干什么？"

原来，主考官当过志愿军的俘虏不假，但是中国士兵的善待却令他深深感动，一直到现在还念念不忘。

◆ 心灵感悟

许多人的脑子太复杂，总爱自作聪明，认为机遇总是属于那些最聪明、最优秀的人才。因此，他们往往还没有走到挑战的边缘，心理上就败下阵来。不如想得简单一些，尝试一下再说。

别在意他人的看法

达斯丁最近突然很想剃掉胡子，可是他又有些踌躇不定，因为他留胡子已经多年，突然剃掉怕会被同事和朋友们取笑。权衡再三，他终于找到了个折中办法：将原先的山羊胡变成八字胡。

星期一踏入办公室，同事们压根就没有发现达斯丁的变化，只是紧张地忙着工作。到了下午茶时间，仍没有人对达斯丁的形象改变做评价。快下班了，达斯丁忍不住了："凯丽，你觉得我的样子怎么样？"

"什么样子？"凯丽一惊。

"你没发现我今天有一点与以往不同吗？"达斯丁用力地努了努嘴。

直到这时，瞪大了眼睛的同事才发现达斯丁留着八字胡。

还有一位叫威尔斯的人与达斯丁的遭遇差不多。

威尔斯出生在一个大家庭中，每次吃饭都是祖孙三代几十口人分成几桌坐在大餐厅中。年幼的威尔斯生性顽皮。有一次，他突发奇想，决定跟大家开个玩笑。吃饭前，他藏进了一个不起眼的柜子里，准备让大家找不着自己，等到大家都开始着急时再跳出来。令他尴尬的是，整整一顿饭的时间里，大家竟然始终没有发现他的缺席。

当他失望地从柜子里钻出来时，大家已经酒足饭饱，纷纷离去了。饥肠辘辘的威尔斯只好吃些桌上的残羹剩饭了。

永远不要把自己看得太重要，否则你会大失所望。因为你并不是宇宙的中心，大家都在做自己的事情，你的苦心也许根本没有人注意。所以，还是把注意力放在所做的事情上吧，不要总惦记着别人怎么评价你。

打碎自卑的枷锁

珍妮今年十二岁了，她相貌平平、成绩一般，既不擅长唱歌跳舞，也不擅长打棒球。她没有几个朋友，因为她似乎不大愿意和人交往。

珍妮所在的学校里有许多漂亮的女孩，她们每天都会穿着五颜六色的衣服参加各种各样的活动。但珍妮除了上课之外，永远都是一个人躲在图书馆的角落里看书。班上的许多女孩都已收到了男孩们送来的"情书"，可珍妮却没有。看着那些因收到"情书"而羞得满脸通红的女孩，珍妮觉得自己的心都要碎了。她强迫自己不去想那些乱七八糟的事，将所有的心思都用在学习上，可她无论如何都做不到。

"难道我是被上帝遗忘的人吗？"珍妮曾不止一次地问自己。但回答她的只有自己伤心的眼泪。

圣诞节的前一天，邮递员给珍妮送来一份包装精美的礼物。她感到有些惊讶，自从父亲去世后，只有母亲会在节日前夕送自己礼物。可母亲的礼物早在两天前就已送到了呀？珍妮悄悄地躲进自己的小屋，小心翼翼地打开礼物，只见盒子里装着一个非常漂亮的笔记本，里面还夹着一张精美的小卡片，上面写着：你是一个与众不同的女孩，我喜欢你美丽的笑容。末尾没有署名。珍妮读了又读，看了又看，激动得心都要跳出来了。她急忙从抽屉里取出一面小镜子，害羞地冲着镜子笑了笑。她惊讶地发现：自己的笑容真的很美。从那以后，珍妮变得乐观了，自信了。无论做什么事，她的脸上始终洋溢着灿烂的笑容。她主动和同学们交朋友，主动和伙伴们出去游玩。大家也被珍妮的笑容感染了，慢慢喜欢上了这个阳光一般的女孩。多年以后，上大学的珍妮偶尔还会拿出那张卡片来看，有时她也会想：这张卡片到底是谁写的呢？也许她一辈子都不会想到，写这张卡片的竟然是自己的母亲——为了让女儿走出自卑的阴影，聪明的母亲送了女儿一份特殊的礼物。

但所有这一切都已不重要了，关键是这张小小的卡片打碎了自卑的枷锁，让一个女孩拥有了美丽的人生。

◆ 心灵感悟

自卑是冷酷的风暴，再美丽的花朵也会被它摧毁。当我们处于生命的低谷时，不要轻易地否定自己，不要让自卑吞噬了我们前进的勇气。要学会给自己鼓掌，给自己加油，让饱满的自信带领我们勇敢向前。

别束缚思维

修理工阿里在没事时，最喜欢拿一些类似"脑筋急转弯"的问题让人家猜。

今天他碰到了老熟人阿西莫夫。阿西莫夫从小就是那种智商很高的人，现在已是世界著名科普作家了。他今天要去找个朋友，正巧路过这里。"您好啊，博士，来坐会儿，我有个问题想考考您。"阿里叫住了阿西莫夫，把今天刚从别人那"贩"来的问题让阿西莫夫猜。博士笑着同意了，阿里就眉飞色舞地说了起来："你家有两只猫，一只大猫，一只小猫，你要在你家大门下面做专供两只猫出入的猫洞，你说该怎么挖？"博士脱口说："一个大洞，一个小洞；大猫走大洞，小猫走小洞。"阿里说："错！一个洞就够了，大猫能通过的洞，小猫也能通过。"

阿西莫夫笑着承认了自己的回答很愚蠢，他是被束缚住了思维，还是故意这样回答的，不得而知。

◆ 心灵感悟

智商再高的人也会犯错误，我们要比的不是智商，而是看问题的方式，不要让大脑僵固地思考，而是要跳出惯性的思维方式，找到崭新便捷的方法。

适时放弃 🖤

英国乡村的一个教堂里住着一位非常虔诚的神父。有一次，天降大雨，洪水泛滥，神父所在的教堂已经不安全了。周围的人都劝他赶快离开，可他还是固执地在教堂里祈祷。他相信上帝一定会救他。

过了不久，洪水冲进教堂，淹没了神父的膝盖。

这时，一个救生员驾着小船来到教堂门口，大声地对神父说："赶快上船吧！不然洪水会把你吞没的！"

然而神父却固执地说："不！我相信上帝会来救我的！"

又过了一会儿，洪水已经淹到神父的胸口了。神父只好勉强扶着教堂的柱子站立在水中。

这时，一名警察开着快艇来到教堂前面，着急地对神父喊道："快上来吧！不然你会被淹死的！"

但神父仍旧固执地说："不！我相信上帝会来救我的！"

又过了几分钟，洪水几乎将整个教堂都淹没了，神父只好爬上教堂的屋顶向上帝祈祷。

这时，一架直升机出现在教堂上空，飞行员丢下绳梯之后，冲着神父大叫："快上来吧！这是你最后的机会了，不然你马上就会被洪水淹死！"

但神父仍旧意志坚定地说："不！我相信上帝会来救我的！"他的话音刚落，便被洪水吞没了。

神父死后见到了上帝，他满怀委屈地对上帝说："我那么信任你，你为什么不来救我呢？"

没想到上帝却说："我一共派了3个人去救你：救生员、警察和飞行员。但都被你固执地拒绝了。"

在生活中，如果你一味地固执己见，而不懂得适时放弃，即使上帝也救不了你。

◆ 心灵感悟

执著和坚持是获得成功的重要因素，但执著并不意味着固执。不听他人的忠告而固执己见、不切实际地一意孤行，实际上是愚昧与无知的表现。而适时放弃，则是一种人生的大智慧。

经验需要突破 ❦

一艘轮船在海上触礁沉没了。只有9名船员拼尽全力游到一个小岛上保住了性命。

命虽然保住了，可找遍小岛，除了石头，他们找不到一点水。虽然岛的四周都是水，但那是海水，不能喝。肚子饿了可以忍一忍，可没水喝的时间可受不了。在太阳的暴晒下，每个人的嘴唇都干得暴起了皮，嗓子渴得要冒烟。等，只有等待。等待老天爷下雨，或有过往船只发现他们，将他们救出去。在一天天的等待中，8位船员一个接一个绝望地死去了。只剩下最后一名船员，他也已经虚脱了。他仰面躺在一块大石头上，又晕过去了。只见他从石头上滚入了海里。他醒过来时，在海水里呛了几口水。怎么海水是甜的？再喝一口，竟然还是甜的！他就靠着这甜水坚持到路过的船只把他救起。海水能喝的事传出去后，有人专门做了化验。原来地下有个泉眼，不断往上冒泉水，所以这里的海水是甜的。正是这泉水救了最后一个船员的命，而其他8名船员是被"海水不能喝"的经验给拴死了。

◆ 心灵感悟

　　谁都知道"海水是咸的"、"根本不能饮用"，这是基本常识，8名船员也因为这些常识渴死了。仔细想一下：是糟糕的环境害死了他们，还是"经验"把他们送进坟墓？斯蒂克说："敢于突破'经验'，常常会使你绝处逢生。"可见，要好好利用经验，而不是受它们的束缚。

将梦想进行到底

　　约翰是一名德高望重的大学老师，由于健康原因，他就要离开自己心爱的校园了。在离开之前，他决定给学生们上一堂重要的人生课。

　　那天，约翰精神矍铄地出现在教室里。他给每位同学都发了一张漂亮的信纸，让大家将自己最想做但又认为最不可能做到的事情写在信纸上。

　　海伦写道："我想像鱼儿那样在水里自由自在地游来游去，可我望见水池就心惊肉跳，头晕恶心，实在糟透了，恐怕一生都不可能游泳了。"

麦克写道："我最想成为一名出色的律师，但我很害羞，说话又结结巴巴的，恐怕永远不可能做到了。"

凯特写道："我最想做一名演员，但我相貌平平，缺乏幽默感。因此，这是不可能做到的。"

…………

学生们纷纷写下了自己最想做、但又认为最不可能做到的事情。

约翰先生也在自己的信纸上写道："我想十年后再回到学校，给我心爱的学生们上课，可医生告诉我，我只有三到五年的寿命了……"

写完后，约翰先生对大家说："现在我们来举行一个葬礼，将自己最想做但又认为最不可能做到的事情埋掉，从此不再想它，以免自寻烦恼。"

大家忧伤地看着约翰先生，脸上写满了不舍。也难怪，这是大家多年的心愿啊！尽管难以实现，但一旦要让自己彻底放弃，心中还真是难以割舍。

沉默了几分钟后，约翰先生语重心长地对大家说："徘徊犹豫只会浪费生命，如果你们难以割舍心中的梦想，那就将它进行到底吧！从现在起，将所有的不可能埋掉，一心只想实现梦想的方法和途径，我们十年后再见！"说完，约翰先生头也不回地走出了教室。

约翰先生离开了，但他的话却深深地印在了学生们的心里。

转眼十年过去了，约翰先生竟然奇迹般地活着，而海伦、麦克等人的梦想也已经实现。

◆ 心灵感悟

每个人的心里都有一粒美丽的种子，它的名字就叫"梦想"。但随着时间的推移，有的梦想变成了活生生的现实，而有的梦想却被这样或那样的"不可能"因素扼杀了。如果你真的珍惜自己的梦想，那就从现在起，将所有的"不可能"统统埋掉，勇敢地将梦想进行到底吧！

思想能够走多远 ❤❤

2003年，美国演艺界的著名硬汉阿诺德·施瓦辛格告别影坛，转而从政，并成功地当选为美国加州州长。

一个从贫民窟里走出来的穷小子是如何成功当选为加州州长的呢？

57年前，在美国的一个贫民窟里诞生了一个男婴，父母亲不经意地给他取了这个叫阿诺德·施瓦辛格的名字。

在贫民窟中跌打滚爬的他从小练就了坚强的性格，并有一颗怀有远大理想的心。当他长到17岁的时候，他就发誓长大后要当美国总统，并在日记中记录了当天的誓言。

如何实现这宏伟的抱负呢？年轻的施瓦辛格苦苦地思索，将所有的可能都做了反复的比较。他十分清楚自己唯一的资源是拥有一张十分迷人的酷脸和一副健壮的体魄。根据自己的特点，他拟定了达到目标的步骤：

第一步，锻炼好身体，练出阳刚之气，做电影明星；

第二步，成为名人后，娶位豪门千金，融入财团；

第三步，获得财团的支持，竞选州长；

第四步，创业绩，争知名度，做美国总统。

所有的步骤都必须不折不扣地实施。有了目的，有了计划，有了纲领后他开始步步为营地去实现自己的目标。

他见到著名的体操运动主席库尔后，相信练健美是强身健体的好途径，并以此为切入点，计划3年内成为世界上最结实的壮汉。接着，他开始了刻苦的锻炼。

3年后，凭借着发达的肌肉、一身雕塑般的体魄，他成功地成为"健美先生"，并囊括了欧洲、全球奥林匹克的"健美先生"称号。

22岁的他踏入了美国好莱坞。在好莱坞，他花费了10年，利用在体育方面的成就，一心去塑造坚强不屈、百折不挠的硬汉形象。终于，他在演艺界声名鹊起。当他的演艺事业如日中天时，他没有忘记自己的计划，找到了一位出生名门望族的女孩作女友。他们苦苦相恋了9年之后，女友的家庭终于接受了这位"黑脸庄稼汉"。他的女友就是赫赫有名的肯尼迪总统的侄女。

婚姻生活恩爱地过去了十几个春秋，太太为他生了4个孩子，建立了个"五好家庭"。同时，他也融入到了上流社会中，从而得到了各方面的支持并登上了加州州长的宝座。

他的经历让人们记住了这样一句话：思想有多远，我们就能走多远。

◆ 心灵感悟

人生就像一条没有尽头的漫漫长路，你能走多远，并不是问你的双脚，而是问你的心。不屈的思想与追求是你唯一的路灯，它能引领你走往想去的地方。

叩响成功的大门

听到剑桥大学为詹姆斯教授选拔科研助手的消息，整个学院都沸腾了。詹姆斯教授可是科学界的权威啊！能当他的助手，本身就是一种荣耀。

在预科班学习的汪涵听到这个消息更是激动不已，跟着詹姆斯教授从事科学研究是他多年的梦想。于是，他便到选拔委员会递交了一份个人简历，报了名。但就在考试的前一天，他意外地接到通知：预科班的学生没有资格参加考试。

汪涵一下子愣住了，他急忙赶到选拔委员会，希望能给自己一个参加考试的资格。但委员们却用嘲讽的语气对他说："实在是没有办法，谁让你是预科生呢！除非你得到詹姆斯教授本人的同意。"

汪涵有些犹豫了，他刚从香港来到英国，从未和詹姆斯教授见过面，根本不知道教授家住在哪里，即使找到了詹姆斯教授，他会理睬一个默默无闻的年轻人嘛？但为了心中多年的梦想，他还是决定试一试。

通过多方打听，汪涵终于找到了詹姆斯教授的家。他在门前徘徊了许久，最终鼓起勇气叩响了大门。

不一会儿，一位面色红润、须发皆白的老人打开了大门，他注视着汪涵说："我是詹姆斯，门没有锁，请你进来吧。"

汪涵迟疑地问："教授家的大门整天都不锁吗？"

詹姆斯教授笑着说："大白天锁门干吗？把客人锁在门外面，把自己锁在家里，我才不当这样的傻瓜呢！"说着，他就把汪涵领到了客厅。看着如此和善的教授，汪涵勇敢地说明了来意。教授拿起笔在一张便笺纸上写了一个证明，然后递给汪涵说："年轻人，明天带着这张纸条去考试吧。告诉那帮人，就说詹姆斯老头同意你参加考试。但能否通过，全凭你自己了。"

经过三场严格的考试，汪涵脱颖而出，出人意料地成了詹姆斯教授的助手。

◆ 心灵感悟

生活中有许多成功的大门其实是虚掩着的。它用紧闭的假相吓走懦夫，却愉快地为勇士敞开心扉。如果你有足够的勇气，如果你始终相信自己，那么，还犹豫什么？叩响它，成功的大门就会向你敞开。

别坚持错了

年轻的马克是一名穷困潦倒的落魄画家，他的作品一张也没卖出去过。但是，马克却不愿从事其他工作，除了画画，别的他什么也不干。因为一直固执地坚持着自己的理想，他连吃饭的钱都没有。好在有一位心地善良的老板，总让他在自己的餐厅赊钱吃饭，马克才得以继续生活。

有一次，正在用餐的马克突然找到了灵感，于是不由分说地操起随身携带的画笔，用番茄酱、酱油为颜料，在洁白的桌布上创作起来。

因为当时店里没有多少客人，所以老板也就没有阻止马克，而是在一旁专心致志地看他作画。

马克花了好一阵子，终于画完了。他感觉自己这辈子从来没有完成过这么完美的作品，不停地轻声称赞着："太棒了，我太兴奋了！"

"嘿，马克。"餐厅老板走上前来，"把这幅画给我吧，就当做你还清了所有欠下的饭钱，怎么样？"

"真的吗？你也觉得我的画值这个价钱？"马克又惊又喜，言语中充满了感激，"我总算找到知音了，我马上就要成功了！"

餐厅老板连连摇头："你不要误会，我买你的这幅画是为了时时刻刻警醒我的儿子。因为他也像你一样，成天做着当画家的梦，我希望他千万别落到你这样的下场。"

◆ 心灵感悟

成功需要坚持，前提是你坚持的是正确的方向。坚持错误的方向却始终不愿修正，只能把你引向失败。

放低姿态 ❤❤

有一位商人与他的朋友结伴而行来到了大西北,他们原来想在这里投资建设石板材的生产线。然而,经过周密的考察后,他们发现虽然这里有大好的矿产资源,但是市场前景却不容乐观。因为当地经济发展落后,要想说服居民购买价格昂贵的花岗岩作为装修材料是根本不可能的。

商人反复思考一段时间后,总结出"这里不适合发展"的结论。于是决定放弃当初的想法,重新回到东南沿海去找寻新的发展商机。

他的朋友却不同,相中了这片矿产资源丰富的大地,和当地有经验的村民合伙办起了轧石厂。这些石子主要提供给附近的居民建造房屋和铺路。

商人看到朋友执意要在这里办厂,真心地奉劝:"这不是赚钱之道啊!你现在就是在浪费时间和金钱!还不如到其他更好的地方寻找新的项目。一旦销路打通,用不了几年时间你就可以收回所有的投资,获得丰厚的回报了!"

朋友并没有听从商人的意见,仍然为建好轧石厂而努力工作着。

就这样过了几年,国家推出了西部大开发战略。此时,轧石厂也增添了一批新设备。在开发大西北这样浩大的基础建设工程中,他们生产的碎石成了抢手货。

商人听到这令人激动的消息后,急忙赶回大西北,找到当地的政府官员进行谈判,表示自己想在当地建设一家大型的轧石厂。令商人未曾想到的是,他的朋友已经与当地政府部门达成了合作意向并确定立项了。

如今,商人的朋友已经是一家大型建材公司的总裁,资产上亿元。谁也未曾想到这个轧石厂的小老板竟在如此短暂的时间内成为一家大型企业的老总。

如果当年他也像商人一样以高姿态离开这里而放弃这么大好的发展机会，那么他就不可能取得今天的非凡成就。

◆ 心灵感悟

一个人要想成功，以高姿态来要求，那么在这个竞争激烈的社会中，就很少能抓到成功的机遇。但如果换一种方式，以低姿态进入，就会发现隐藏着的希望像地底涌动的岩浆。

找到适合你的跑鞋

1980年，一名大学生被分配到了内地的一家仪器厂。在厂里，他被安排做一些发放工资和制作表格的工作。对他来说，这无疑是个非常清闲的活儿。那个时候，电脑是个昂贵、稀罕的物件，一般人都不敢碰。但他却天天守着厂里唯一的电脑，爱不释手。原因很简单，编程是他最大的爱好。他用了两个月的时间，编出了第一个工资管理软件，将自己从繁杂的表格制作中解脱了出来。从此，每个月他就只需要上一天班了。厂里的人都对他刮目相看，认为他是个天才。

更多的空闲时间让他能继续为自己的编程梦想耕耘。一次偶然的机会，他到深圳出差，回来之后就再也无法保持平静的心情了。他发现在编程方面自己大有可为。他明白如果放任自己在厂里混日子，那么满腹的才华注定将被湮没。他开始焦躁不安起来。可是，却没有人能理解他的想法，家人劝他不要异想天开，朋友则以为他疯了。为了不让他离开，厂里边想尽了办法，甚至言辞激烈地拒绝了他转户口和工作关系的要求。他内心痛苦地斗争着：留在厂里，下半生的生活就将衣食无忧，但也注定波澜不惊；而南下深圳，自己的才能就能大有用武之地，但前途难测，福祸难料。

顶着巨大的压力，经过几天的抉择，他毅然选择了离开仪器厂。即便被开除，也不能改变他的决定。

没过几年，这个叫求伯君的年轻人就凭着自己开发的软件创建了属于自己的公司。今天，这家叫"金山"的公司已是中国软件业的佼佼者，而求伯君也被业内称为"民族英雄"。

◆ 心灵感悟

买鞋子时一定要试一试，鞋子合脚你才能跑得快、跑得远。选择职业同样是在给自己挑鞋子，适合的领域才能让你取得更大的成功。在做出选择时，要拿出勇气，愿意付出代价——这样做，会给你的人生划上一道分水岭：把过去的安逸、稳定抛在身后，去开拓一片更广阔的天地。

假如时光可以倒流

法国里昂最著名的牧师名叫内德·兰塞姆，在这片土地上他拥有很高的威望，无论是穷人或者是富人都拥戴他。当地的居民几乎都会邀请兰塞姆聆听临终者的忏悔。他已经经历了1万多次临终者的忏悔。

在兰塞姆84岁的时候，已经衰老得无法再去帮助需要他的人。一天傍晚，一位老妇人敲开了他家的门，悲伤地说道："我丈夫快不行了，临终前他很想见见您。"兰塞姆为了不让这位老妇人失望，就在别人的搀扶下，赶到了临终者的床前。

临终者是位面包店的老板，现年74岁，年轻时曾和著名的音乐家卡拉扬一起学习吹小号。他告诉牧师自己很热爱音乐，当时吹小号的成绩远远超过了卡拉扬，同时得到了老师的高度认可，并且被认为在音乐方面一定会有出色的成就。世事难料，在20岁时，他迷上了赛马，把音乐抛在了脑后，否则他一定会成为一名出色的音乐家。现在他即将离世，一生的碌碌无为让他感到非常遗憾。他向兰塞姆忏悔道："到了另一个世界，如果能重新选择，我决不会再干出这种傻事。请上帝宽恕我吧！"兰塞姆尽力安抚着他，直到他离去。

后来，兰塞姆把他60多本日记编成了书，内容全是临终者的忏悔。可惜的是，在里昂大地震中，书被毁掉了。在兰塞姆位于圣保罗大教堂的墓碑上工工整整地刻着他的手迹：假如时光可以倒流，世界上将有一半的人可以成为伟人。

◆ 心灵感悟

可惜，时光是不可倒流的，每个人都走在通向衰老和死亡的单行线上。所以，"朝三暮四"愚弄的不是猴子，而是人——你频频地改变主意，今天想做这个，明天想做那个，结果把时间浪费掉了，成果却寥寥无几。在单行线走到尽头的时候，你又能怪谁呢？不如利用上天给你的才华，选准一件要做的事，把它做到底。

沙粒和珍珠

一个年轻人，总以为自己了不起，才华出众。可是大学毕业后，他东奔西走，就是找不到合适的工作。他很痛苦，觉得自己这样的人才得不到重用，满腹才华无法施展，这个社会真的没有什么值得留恋的了，就跑去海边，打算自杀。

正徘徊间，一位白胡子老人经过。老人问他怎么了。他说自己的才华不能得到施展，活着没意思……

老人弯腰捡起一粒沙子，给年轻人看了一眼，然后又扔了，要求年轻人把刚才那粒沙子找出来。

年轻人愣了一下，说："这怎么能找得到呢？"

老人没搭话，从自己兜里拿出一颗珍珠，扔在地上，问年轻人："你能把那颗珍珠找出来吗？"

年轻人笑了："这很容易。"

老人和蔼地看着年轻人，说："这下你清楚了吧？沙子之中找沙子，很难。但是沙子之中找珍珠，一眼就能识别。所以，要想别人认可你、重用你，就要把自己磨炼成一颗珍珠。"

年轻人低头沉思。

◆ **心灵感悟**

有时候，你必须知道自己是普通的沙粒，而不是价值连城的珍珠，然后积聚资本，努力成为一颗珍珠。

80美元周游世界

没有人相信罗伯特·克里斯托弗能用80美元周游世界。但这个乐观的美国人自己却不这么看。他首先在一张纸上罗列出了用80美元能做的准备：

一、请警察局开具一张自己的无犯罪纪录证明；

二、考取国际通行的驾驶执照，并且准备一张地图；

三、设法领到能让自己成为海员的文件；

四、加入YMCA组织；

五、同航空公司签订合约，为他们拍摄宣传照片，条件是免费搭机；

六、同一家集团公司签订合约，为他们采集途经国家和地区的土壤标本；

…………

就这样，用口袋里仅有的80美元，26岁的克里斯托弗完成了他环游世界的壮举。更重要的是，这是一段令人兴奋、令人回忆无限的旅程。下面是他记事本里的一些片断：

一、在加拿大的一个小镇上吃了一顿免费午餐，条件是为餐厅拍照；

二、在爱尔兰，买了4箱香烟用了4.8美元。从巴黎到维也纳，用了一箱香烟作付给司机的费用。从维也纳到瑞士，乘坐穿山列车，只用了4包香烟；

三、为伊拉克某货运公司的全体员工拍摄全家福，得以搭顺风车到达伊朗首都德黑兰；

四、向泰国某酒店的老板提供了西贡的地图资料，结果受到酒店最热情的接待；

…………

◆ 心灵感悟

还有比80美元环游世界更为荒诞的吗？没有。如果你不把这看成荒诞的事情，而是看做一个现实的目标，开动脑筋，你就可以把它实现。

发挥优势

朱德庸先生是台湾著名的漫画家。他的作品《涩女郎》、《双响炮》等在世界各地广泛传播，深受人们的喜爱和推崇。也许你根本想不到，就是这样一位天才的漫画家，小时候却是一名被许多老师和同学嘲笑的"差等生"。

在学校里，朱德庸似乎永远是那么"笨拙"，老师让背诗歌，他背了一遍又一遍却总是记不住；老师让默写生字，他永远写不对笔画；算术更是一团糟……因此，挨批受罚成了他的家常便饭。在十多年的求学生涯里，他被迫不断地转学、插班，甚至连上个补习班都惨遭劝退。朱德庸的父母为此伤透了脑筋，也吃了很多苦头。他们经常被叫到学校去，像做了错事的孩子那样听老师训话，还不得不带着小德庸到各个学校去看校长和老师的脸色，请求人家收下小德庸。但无论如何，小德庸仍是幸运的，他有一对开明的父母，他们从不给他施加任何压力，一直任他凭着自己的兴趣自由地发展。当父亲发现小德庸酷爱画画时，经常裁好白纸，整整齐齐地订起来给他做画本。朱德庸后来回忆说："如果我的父母也像学校老师那样逼我学习，那我肯定完了……每个人都有自己的天赋，但有些人的天赋被老师或父母的习惯意识扼杀了。"从这一点上来说，朱德庸无疑是幸运的。他的天赋没有被扼杀，最终发展成了他人生的亮点。

关于天赋，朱德庸有自己非常精彩的见解："我相信，人和动物是一样的，都有自己的天赋，比如老虎有锋利的牙齿；兔子有高超的奔跑、弹跳力，所以它们能在大自然中生存下来……人们都希望成为老虎，而这其中有很多只能是兔子。久而久之，就成了四不像。我们为什么放着很优秀的兔子不当，而一定要当很烂的老虎呢？"

的确，如果你是一只善于奔跑的"兔子"，就要发挥自己的天赋，勇敢地奔跑起来，而不要羡慕老虎那锋利的牙齿。要知道，金无足赤，人无完人。只有看到自己的长处，发挥自己的优势，才能在激烈的社会竞争中占有一席之地。

◆ 心灵感悟

　　每个人都有自身的优势，也有自身的不足，如果盲目地拿自己的短处和别人的长处去竞争，那是注定要失败的。只有利用自己的天赋，发挥自身的优势，才是明智之举。

"不满"的礼物 ❤❤

很久以前，西方一个大国的王后生了一个可爱的小王子。国王非常高兴，于是就大摆筵席，邀请天上的六大神仙前来做客。

第一个神仙到来的时候，将"英俊"作为礼物送给小王子，国王高兴地收下了。第二个神仙到来的时候，将"健康"作为礼物送给小王子，国王同样高兴地收下了。第三位神仙带来的礼物是"财富"，第四位神仙带来的礼物是"权力"，第五位神仙带来的礼物是"智慧"，国王愉快地一一收下了。第六位神仙到来的时候，也给小王子带来了礼物，那就是"不满"。国王一看大为生气，他恼怒地对第六位神仙说："我的儿子什么都不缺，他为什么还要不满呢？"于是，他拒绝接受第六位神仙的礼物，并将那位神仙赶走了。随着时间的流逝，小王子慢慢长大了，他英俊、健康、聪明，后来又继承了王位，拥有了至高无上的权力和数不清的财富，似乎真的什么也不缺了。

小王子继承王位后成了这个王国新的国王，他安于现状，不思进取，对自己拥有的一切非常满足，丝毫没有建功立业的雄心壮志。

眼看自己的王国一天天衰落下去、邻国一天天强大起来，年轻的国王依然无动于衷，他的心里只有满足，因此，看不到忧患，更不知进取。

终于有一天，这个逐渐弱小的国家被强大的邻国一举消灭了，年轻的国王也在战乱中被杀。

这时，老国王还没有死。面对亡国丧子的灾难，他幡然醒悟了："不满"这份礼物对儿子来说多么珍贵啊！正是由于儿子的

"自满"，才葬送了整个王国和性命。

◆ 心灵感悟

　　不满是前进的车轮，是社会进步的动力。因为心有不满，所以人类才会努力创造更加美好的生活。但不满并不意味着贪婪，贪得无厌的人只会把自己引向毁灭的深渊。

快乐法则 ❤

　　琼斯夫人身材娇小，干净利落，和善的面容中略带几分矜持。每天早晨，她都会在七点以前穿戴完毕，然后再花半个小时的时间来梳妆打扮。她的发型看上去总是那么时髦，面部的化妆也很精细完美。当八点钟的时候，她会准时走出家门。但她不是去上班，而是和丈夫一起去散步。她今年八十多岁了，双目也已失明。

　　今天，琼斯夫人像往常一样梳妆完毕，愉快地走出家门。但她不是和丈夫去散步，而是去一家养老院——她的丈夫在不久前因病去世了。

　　在养老院的大厅里等了数小时之后，工作人员告诉她，她的房间已经安排好了。琼斯夫人轻轻地点了点头，脸上露出了愉快的微笑。在去房间的路上，工作人员给她做了一番简单的介绍：她的房间大约15平方米，有一个小小的阳台，窗帘的颜色是淡蓝色的……

　　"噢，非常感谢！"琼斯夫人兴奋地说道，"我真的很喜欢！"脸上流露出的热情简直如同一个五岁的孩子得到了一盒美味的巧克力。

　　"可是夫人，您还没有看到房间呢！"

　　"这不重要。"她愉快地说道，"我喜欢不喜欢我的房间并不取决于那个房间是如何布置的，而是取决于我自己的想法。在没有见到它之前，我已经决定喜欢它了。"

也许是感到工作人员有些迷惑不解，她又补充道："对我来说，每一天都是上帝送来的珍贵礼物，我必须愉快地接受它。我给自己制订了5条简单易行的快乐法则：一、生活简单。二、多点给予。三、少点期盼。四、不存担忧。五、不留憎恨。这样我就能快乐地生活到去见上帝的那一天了！"

◆ 心灵感悟

不要认为快乐是高不可攀的，只要你简单地去生活，多点给予、少点期盼，脑中不存担忧、心中不留憎恨，那么你就会变成一个快乐的人。快乐其实就是这么简单。

心中的"绿灯"

人的一生都在向自己的理想不断前进，理想就像太阳一样引导人们像夸父一样不停地追寻。存在于每个人心中的理想之灯有时能照亮大地，有时只能温暖自己。只有伟大之人才能将其理想之光，既温暖自己又照耀他人。这盏理想之灯仿佛是人们心中的"绿灯"，指引人们朝着正确的方向奋力前进。

中等身材、貌不出众的达斯廷·霍夫曼的理想就是成为一名成功的演员。怀着远大的理想， 1967年霍夫曼开始了他的演艺生涯。1968年，他因在《毕业生》中扮演一个彷徨苦闷的大学生而一举成名。

凭借对理想的热爱，达斯廷·霍夫曼总是仔细揣摩每一个角色，最终以善于扮演各种不同类型的人物而得到观众的一致好评：像在《午夜牛郎》中扮演一个渴望美好生活的残疾青年；在

《稻草人》中扮演一个在社会底层挣扎的小人物；在《宝贝儿》中他还"男扮女装"过一回……达斯廷·霍夫曼最成功的作品是《克莱默夫妇》和《雨人》。《克莱默夫妇》（与梅里尔·斯特丽普合演）获得了奥斯卡最佳影片奖；而《雨人》（与汤姆·克鲁斯合演）则让他本人获得了最佳男演员奖。

三十年前，有一次，他为电影《毕业生》做宣传，碰巧音乐大师史达温斯基也在此接受访问。主持人问音乐大师："什么时候是你这一生中最感到骄傲的时刻？是一首新曲子的首度公演？还是得到大家的掌声和鲜花？"他的回答出人意料。"在我接受采访的这几个小时中，我一直在不断地在为我新曲中的一个音符苦思冥想，到底'1'还是'3'比较好？当我猛然间捕捉到这个音符的时候，就是我人生中最快乐骄傲的时候！"大师的话让他当场感动地掉下眼泪。

如同伟大的作曲家心无旁骛、孜孜不息地寻找一个最能感动自己的音符一样，从事任何职业的人，都必须认识到自己的潜能和自己所擅长的东西，确定最适合自己的发展方向。确定方向就是自己为自己寻找"绿灯"的过程，当绿灯开启，就意味着我们通向成功的道路已经铺就。虽然我们会遇到艰难险阻，但经过努力，我们终究会到达理想的巅峰。否则，如果你不积极地去开启自己生命的"绿灯"，就很可能会埋没了自己的才能，一生碌碌无为。失败不可怕，可怕的是不能正确认识自己，不能最大程度地发挥自己的才能。在这个竞争激烈的社会里，只有充分发挥个人的竞争优势，才会不错过任何一个机会的光临，最大程度地发挥自我优势，让心中的绿灯伴着你直达理想的国度。

◆ 心灵感悟

人生就是一个不断寻找绿灯的过程。也许我们会遇到无数的艰难险阻，但只要努力，我们一定能开启人生的绿灯，到达成功的彼岸。

更上一层楼 ❤❤

　　野田圣子是一个日本女孩，她年轻美丽，毕业后所做的第一份工作，就是在帝国酒店服侍白领丽人。

　　在酒店每年举行的新人受训期间，她被安排去清洗卫生间。从小娇生惯养的她从来没被要求干这种活，所以在第一次清洗马桶时，都快要呕吐了。

　　但野田圣子很清楚自己的处境，要成为白领丽人，这些粗活是第一道坎。所以她以坚强的毅力认真清洗卫生间，每次都把马桶擦得异常干净和光洁，她满以为做得无可挑剔了。但有一天发生的一件事情，使她身心受到前所未有的震撼。

　　那天，野田圣子清洗完卫生间后，决心到另一个卫生间比较一下。负责清洗工作的是一个蓝领清洁工。就表面看来，野田圣子丝毫看不出清洁工所做的工作有什么特殊之处。但清洗完这个卫生间后，当着野田圣子的面，清洁工从马桶里舀起一杯水，一扬脖子就"咕噜咕噜"喝了下去。野田圣子目瞪口呆，她不敢相信自己的眼睛，但一切真真切切发生在她的面前。

　　用这个事实，清洁工向野田圣子表明，她负责的卫生间是干净的，干净到马桶里的水可以喝下去。

　　野田圣子为自己的自满感到羞愧，和清洁工相比，她的清洁度差得远呢！她默默发誓说："如果连个卫生间都打扫不干净，那么就没有资格去担负社会的重要责任。假如让我一辈子打扫卫生间，那就做个打扫卫生间最顶尖的人。"

　　此后，野田圣子清洗卫生间异常认真。每次洗完马桶后，她也要从容地从里面舀一杯水，扬脖便喝下去。

　　喝马桶里的水这一经历，使野田圣子终身难忘，成为她为人处世的精神源泉，使她的人生境界一再提升。

　　后来，野田圣子担当了日本邮政大臣一职，成为当时最年轻的内阁成员，而且是唯一一位女性成员。

追求人生的完美，这是上天赋予每一个人的动力。但人性总是有一个缺点，那就是总以为目前自己做的已堪称完美，没办法再提高了。其实那是因为没有开阔眼界，没有见识过高人的原因。所以对于自足的人来说，当务之急是开阔眼界，见识高人。《中庸》说："行远必自迩，登高必自卑，此之谓也。"

冲破"心理牢笼"

有一个人觉得自己好像生病了，但他不想去医院检查，就自己去图书馆借了本医学手册。回家后，他翻开医学手册，认真地阅读起来。当他看到霍乱的内容时，他觉得自己患霍乱已经几个月了。他吓了一跳，整个人都呆住了。为了弄清楚自己还有什么病，他又继续往下读。书读完后，他发觉自己除了膝盖积水症外，似乎什么病都沾点边。

发觉到这一点后，他心里十分紧张。他甚至想："医学院的学生都不必再去医院学习了。他们直接对我进行诊断治疗，几乎都能够学到所有的临床诊治的知识。"

他想知道自己还能活多久，于是又按书里方法进行自我诊断：先动手找脉搏。他找了半天，也没找到自己的脉搏。好不容易找到了，测得的结果让他大吃一惊：每分钟跳一百四十次。然后，他又去找自己的心脏。不过这一次，无论他费了多少力气也没找到心脏的具体位置。他恐惧极了，不过他最后认为：心脏总是在它该在的地方，只是自己没找到罢了……

在去图书馆之前，他认为自己是个幸福的人。可是看完这本医学手册后，他认为自己的末日就要到了，他是一个浑身都有病的老头。他被自己营造的"心理牢笼"束缚住了。

最终他决心找医生帮忙。他一见到医生就嚷嚷道："我不说我没有哪些病。事实上，除了膝盖积水症外，我浑身都是病。"

医生为他做了详细的检查，然后开了一张处方。他拿过处方，赶紧往药店跑去，甚至来不及阅读上面的内容。药剂师接过他的处方，冷冷地说："先生，这里不是饭店。"他愣住了，拿回处方一看，原来上面写的是："煎牛排一份，啤酒一瓶，六小时一次。十英里路程，每天早上一次。"

他照此做了，后来一直健康地活着。

现实生活中，有不少人喜欢用自己不懂的事情塞满脑袋，把一些不相干的事与自己联系在一起，使自己失去理智的判断能力，最后囚禁了自己。

人的一生充满许多坎坷，许多愧疚，许多迷惘，许多无奈，稍不留神，就会被自己营造的"心狱"监禁。"心理牢笼"对人的健康危害极大，严重者会造成精神失常，甚至自杀。不过，这种"心理牢笼"并非是不可突破的，就像美国著名的心理学家威廉·詹姆斯说的："我们这一代人最大的发现是人能改变心态，从而改变自己的一生。"

◆ 心灵感悟

"心理牢笼"既然是自己营造的，自己就有冲出"心理牢笼"的本能。这种本能就是精神意志的力量，有了这种力量，什么样的"心理牢笼"都可以攻破。

真的相信 🖤

他是一位走钢丝的顶尖高手。有一次，他参加了一项极为惊险的演出。演出要求他从架在两座悬崖间的钢丝一端走到另一端，其间没有任何保险装置。

演出当天，两座山上挤满了观众，包括各方媒体、赞助商以及主办方领导和工作人员。高手终于出场了，只见他坚毅地注视着前方的山崖，手中握着平衡杆走上了钢丝。他轻盈地迈出步子。到了后来，他甚至小跑起来。当他到达对面的悬崖时，山谷间响彻了人们的欢呼声。

"我要再走一次。这次我不拿平衡杆，你们认为我能做到吗？"高手问在场的观众。

要掌握走钢丝时的平衡，靠的就是手中的这根平衡杆，许多演员甚至视其为生命。放弃平衡杆对钢丝杂技者而言就像放弃生命一样。因为急于知道结果，大家齐声高呼："能！你一定能，你是最棒的！"

高手真的放下了平衡杆，徒手走上了钢丝。仍是轻盈的步子，仍是小跑了一路，结果仍是顺利地到达。热烈的掌声再次响起，所有人都不禁欢呼起来："棒极了，真是不可思议！"

令人意外的是，高手对众人说："我还要再走一次。这次我要推着小独轮车过去，你们认为我能行吗？"在场的观众异口同声地高呼："能行！你一定能行！你是最棒的！"

高手果然接过助手推来的独轮车，走上了钢丝。人们仿佛都能听见自己紧张的心跳声。你猜怎么样？推着车的他比刚才还轻松地走过了钢丝，又成功了。

"太棒了！你做到了！你是世界第一！"山谷间全是众人发自内心的呼喊。

高手似乎意犹未尽，他抱起身边的一个孩子，对着在场所有的人说："这是我的女儿苏珊，我要用独轮车把她安全地送到钢丝的那一端。你们相信我能做到吗？"

所有人齐声高呼："相信！我们相信！你是最棒的！"

高手问："真的相信吗？"

"当然，绝对相信！"

"我再问一遍，你们是真的相信我吗？"

"是的！真真正正地相信！你是世界第一！"所有人再次齐声高呼。

"很好，如果这样，我就再走一遍。不过，我要放下苏珊，让另一个孩子来代替，有人愿意吗？"高手再次问到。

山谷中顿时鸦雀无声，没有一个人敢说愿意。

◆ **心灵感悟**

在现实工作中，许多人都会说：我相信我自己，我是最棒的！但当我们在喊这些口号时，我们是否真的相信自己？我们会不会一出门或遇到一点困难就忘记自己所喊的这句话呢？只有自己真的相信，才能让别人相信你。

一念之间 ❤

两个年轻人，在工作中遇到了烦恼，就一起去找大师，问道："大师，我们工作很不顺心，常常要比别人多干活，还要挨领导的骂。您说，我们是不是应该离开这家公司？"

大师闭目合十，半晌，说："一碗饭而已。"

这两人沉思半晌，似有所悟。回去后，一个人辞了职，回家伺弄田地去了；另一个人留下来继续工作。

很快，十年过去了。回家的专心种地，研究农作物品种，学习先进管理方式，最后成了农业方面的专家；另一个没走的，忍气吞声，潜心学习，最后受到重用，做了经理。

某天，两人相遇。

农业专家问经理："你没有听懂大师的意思吗？'一碗饭而已'，不就一碗饭吗？何必呆在公司里受气，哪里都能吃上饭，所以我就走了。你怎么没走呢？"

经理笑了："大师的意思是这样的吗？本来咱们就求'一碗饭而已'，何必跟领导计较，目的达到就成了。难道不是吗？"

两人不知道哪一个的理解是大师的意思，就去拜问大师。大师的胡子已经全白了，听了他们俩的诉说，半晌，答道："一念之间而已。"挥手，示意两人离开。

◆ 心灵感悟

一念之差，因人而异。每个人的人生不一样，所走的道路怎能相同？选准自己的人生之路。

身价"自定"

年轻人很困惑，同样一个人，人们对他的评价却截然不同。有人说他是天才，会有一番成就；有人骂他笨蛋，说他会一事无成。苦恼的他去请教禅师。

禅师问："那你觉得自己是什么样的人呢？"

年轻人摇摇头："我也不知道。"

"就像1斤大米，不同的人着眼点不同，它的价值也就不同。在主妇看来，它也就是三五碗米饭；在老农心中，它不过能卖1元多钱；而卖粽子的知道，做成粽子，它值3元钱；到了做饼干的那里，变成饼干，就是5元钱了；进了味精厂，提炼成味精，可就是8元钱了；而到了酿酒商那里，经过酝酿、加工，能卖40元钱。可是，1斤米还是1斤米。"闻言，年轻人豁然开朗。

一个人的真正价值，不在于外界怎么评估你，而在于自己能否开发自己。

担心不起任何作用 ♥

　　大卫的家住在美国加利福尼亚州。刚刚毕业，他就应征入伍。当大卫得知自己将要去最艰苦、最危险的海军陆战队服役时，整天忧心忡忡、悲观沮丧。大卫在加州大学当教授的爷爷见到大卫这副模样，便跟大卫说："担心不起任何作用！"并和大卫一起分析，"即使你到了最危险、最艰苦的海军陆战队，还有可能留在内勤部门；如果分配到外勤部门，还有可能留在美国本土；即便是分配到国外基地，还有可能被分配到友善的国家；如果不幸被分到海湾地区，也有可能留在总部；如果不是总部而是派往前线作战，那还有机会安全回来。"大卫说："那要是受伤了呢？而且是重伤呢？"爷爷回答说："只要能保全性命，也不必担心了。"大卫进一步说："那要是死了呢？"爷爷笑了笑说道："人都死了，还担心什么？"爷爷真像一位心理学家，他引导自己的孙子不要用消极的心态去猜想未知的事情，而要用乐观、积极的心态去对待它。

◆ 心灵感悟

　　问题来了，不要先入为主地用消极颓废、悲观沮丧的心态去猜想那未知的一切。因为好事中也蕴藏着坏事，坏事中又会有好机会，关键是我们以什么样的眼光、什么样的心态、什么样的视角去看待它。对那些乐观豁达、心态积极的人而言，坏事也不是那么纯粹的坏。

明天照样会有报纸 💕

一代电影大师伯格曼刚出道时，导演了电影《开往印度的船》。影片拍好后，他太相信自己的能力，妄自尊大，自认为这肯定是部成功的作品，大声叫嚣着："不准剪掉其中任何一尺！"并且，影片也不试映就首映了，结果出了大问题，糟透了。

伯格曼喝醉了，当他从大街的石凳上醒来，看到当天的报纸中对他导演的电影的评论时，大喊一声："这下我完了。"他恨不得在脚下找个洞钻进去。

在他最失意、最孤独的时候，他的一位朋友来到他身边。这位朋友说了一句令他永生难忘的话："明天照样会有报纸。"话虽幽默，但其中的深刻含义伯格曼是明白的，今天的评论将成为历史，只要吸取教训，不断学习、进步，拍出好的片子，明天的报纸就会有好的评论。

伯格曼从跌倒的地方爬了起来，以极大的热情学习着一切与电影有关的技术。他成了电影制作的专家，随心所欲地把自己的创作理念通过电影元素表现出来，最终成长为一代电影大师。

◆ 心灵感悟

人生在世，没有人能逃脱失败的经历，天才也不例外。只要你还没有踏进坟墓，就有机会东山再起，向世人证明你自己。

挑战挫折 💕

1996年2月，一家名叫网上网的公司以40万美金的注册资金成立。其主要业务是提供主机代管（Colocation）服务，此外，也做各大ISP的网络中心点（Hub）。1998年网上网开始有所起色，营业额达到1300万美元之多。虽然公司盈利不多，但是这种新的商业模式已经开始获得国际创投业者的关注。1998年10月，网上网股票顺利上市，最初的股价不过13美元，后来竟然翻番飞涨，最高时达到150多美元。1999年5月，甚至可以用一股换两股。1999年11月，网上网市值达57.8亿美元之多。

成功的背后究竟需要经历多少艰难，只有它的创立者李明宇能够深刻体会到。李明宇清楚地记得，网上网最悲惨的一次遭遇在是1997年12月9日，因为付不出5万美元的电话费，公司面临着被剪线的命运。可以借钱的老朋友，已借过无数遍，再也没脸开口了。李明宇想起几日前偶然碰到的大学时代吉他社朋友，便抱着试试看的心理打通了电话。对方虽然搞不太清楚网上网到底是做什么的，但因为经济条件不错，便允诺借给李明宇13万美元，这才使网上网有惊无险地渡过了难关。

网上网已经是李明宇的第四次创业，此前的挫折并没有让他丧失斗志。因为年届四十的他知道，如果再不成功，恐怕就再也没有机会了。

就读于台湾一所大学机电系的李明宇上学时像很多大学生一样普通，平常的时间都在社团弹吉他，好不容易以平均分62分的成绩勉强拿到了毕业证。毕业后，李明宇从事的不过是卖传真机、打印机之类简单的销售工作。后来一个偶然的机会使他进入当时只有二十几人的宏基电脑公司，一做就是8年。1985年，李明宇被派到美国开发海外市场。

当时正值三十而立的他，想到比尔·盖茨等人创业时不过二十多岁，心头便涌起一股"有为者亦若是"的创业热情。1986年，李明宇毅然离开宏基开始了自己闯荡硅谷的生涯，希望自己也可以做出一番大事业。然而现实是残酷的，李明宇发现创业并不像想象中那么容易。既没有金钱又没有关系，甚至连方向都没有的他顿时陷入了迷茫之中。

1991年，李明宇用小本钱创立了U-tron，做主机板及笔记本电脑买卖，但由于康柏降价，不久就赔光了。第二次创业，他决定做些不一样的东西。他觉得半导体产业前景极佳，于是打算做个视窗加速晶片，以改进视窗的效率。结果搞了半天，推出了硬线，却因为软线的问题又一次失败。

　　第三次创业，则是应以前在宏基的老上司易中和之邀，协助重整一家名为Ti-ara的小公司。这家公司的主力产品是区域网络软件及网络卡。就在重整即将完成之际，市场再度发生重大变化，不要说公司失败，李明宇本身的生活也到了崩溃的边缘。

　　此时的李明宇事业受挫，生活一团糟，并且面临婚姻失败的危险。他想起自己曾经向因癌症而卧病在床的父亲保证："不知道创业会不会成功，但不管怎样，失败了我一定会再起来。"就这样，李明宇凭借着自己不屈不挠的精神终于在第四次创业时取得了成功。

◆ 心灵感悟

　　挫折看似可怕，其实是"纸老虎"。当你如凤凰涅槃般在挫折中崛起时，也许就是你生命的再一次蜕变和升华。

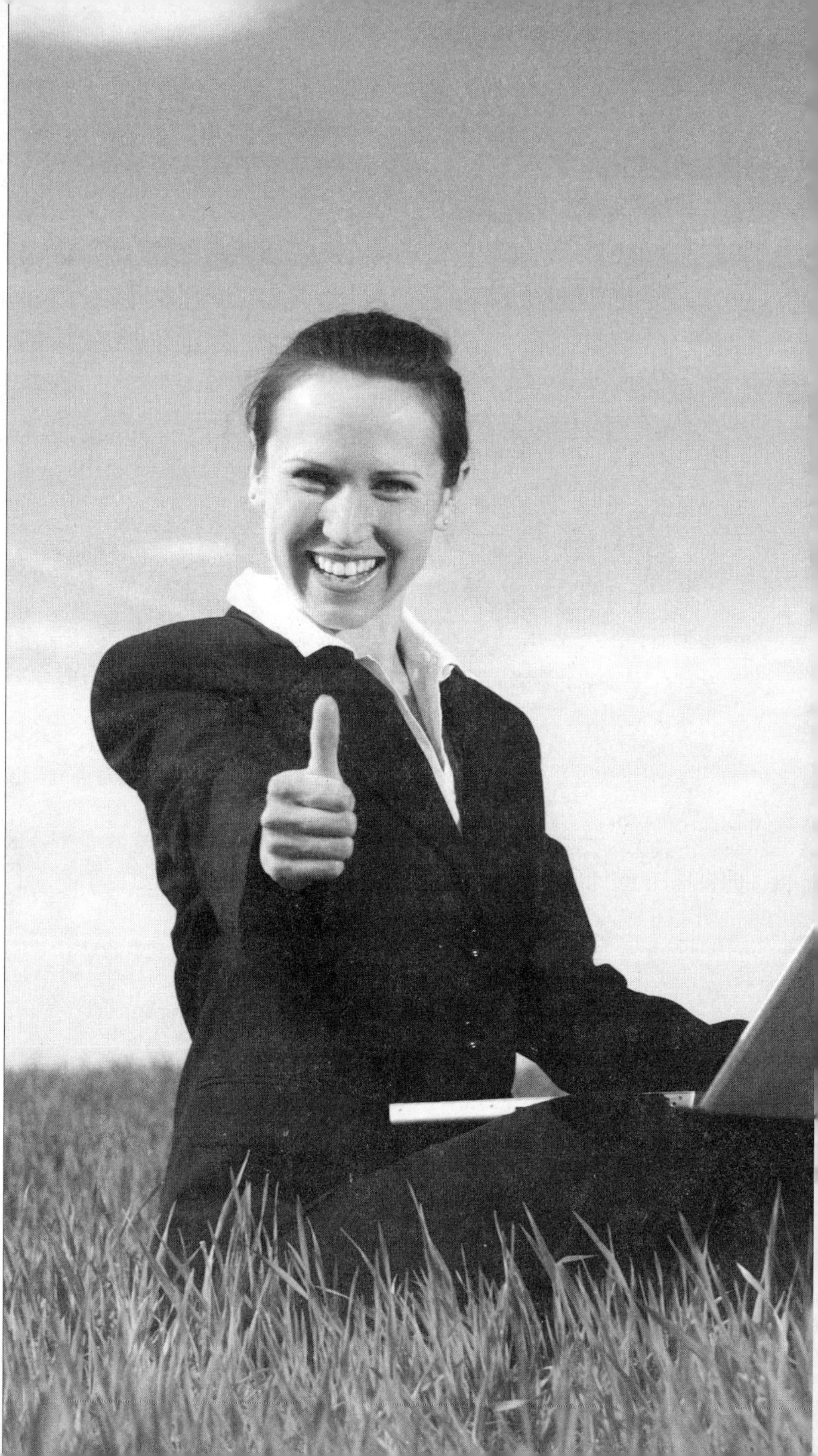

好命不如好心态

如果你有自己系鞋带的能力，你就有上天摘星的机会。

——格兰特纳

落榜不等于死刑 💕

曾经，与所有的莘莘学子一样，考上大学是他的美好梦想。至今，他仍然记得高考成绩公布那天父亲的叹息，母亲的泪水和自己的懊悔。毕竟，只差一点儿，梦想就能成真。迫于无奈，他只好来到北京打工。

几年下来，男孩努力了、奋斗了，也成长了。他不但摆脱了高考落榜的梦魇，还拥有了自己的企业，组建了美满的家庭。他的生活殷实而幸福。每当静下来的时候，他会问自己："高考落榜之后，是什么让我取得了现在的成就：是汗水？是上天的眷顾？还是别人的鼓励？"仿佛都是答案，又仿佛都不是。

后来，他终于慢慢明白了：能够让命运出现转机的，并不是什么了不起的豪言壮语或者什么博大精深的人生哲理。真正的核心是自己不断向前的决心！一步一步，不断向前，直至成功！

◆ 心灵感悟

在中国的教育制度下，有多少人落榜了？可落榜并不等于给人生判了死刑。给人生判死刑的是消沉、失落和一蹶不振，然后引向必然的失败命运。既然知道这是死路一条，何不转变思想、积极向上，给未来的命运开辟出一条通途大道呢？

沦落记 💕

这是一段令人感慨的重逢。英国路透社在1997年12月，刊登出了一张拍摄于伦敦穷人区的照片。这是一张查尔斯王子与街头游民的合影。照片中的游民叫克鲁伯·哈鲁多——查尔斯王子幼时的足球球友。

克鲁伯: "殿下, 我们曾经在同一所学校里上学。"

"什么时候?"查尔斯问。

"在山丘小屋的高等小学, 我们曾经都以取笑对方的大耳朵为乐啊! "

克鲁伯·哈鲁多生于名门望族, 受过良好的教育, 成年后从事文学创作, 曾经是位知名作家。"家世"和"学历"是上天赐予他的两把金钥匙, 他也借此打开了成功的大门。然而, 由于两次婚姻的失败, 克鲁伯开始酗酒, 逐渐变成了街头游民。是他的放纵, 而不是酒精或经济的萧条打败了克鲁伯。在人生的球场上, 当他的态度不再积极时, 就已经输掉了整场比赛。

◆ 心灵感悟

如果老天爷不曾给你显赫的家世和高等的教育, 那么, "态度"就是唯一能使你胜出的金钥匙。美国总统克林顿、演员施瓦辛格、掀起服装革命的科科·夏奈尔等全是穷孩子出身, 但他们都以百分之百的积极心态为人生创造了价值。

不倒的木桶

10岁的杰瑞在他父亲开办的葡萄酒厂里干着看守橡木桶的简单工作。他是个勤劳的孩子, 每天都会将一个个用抹布擦拭干净的橡木桶整齐地摆好。可是, 到了晚上, 风就会把排列整齐的木桶吹得东倒西歪, 使杰瑞一天的辛勤劳动化为乌有。于是, 他只好再次擦桶、摆桶。然而风仿佛是在故意为难他, 无情地将桶再次吹倒。杰瑞看到这情景委屈地哭了起来。

父亲将他搂入怀中, 说: "孩子, 眼泪无法解决问题, 征服困难只有靠我们自己想办法。"杰瑞不再哭泣, 而是开动脑筋，想起了办法。起初，他真的觉得束手无策。后来，杰瑞发现装了酒的橡木桶需要好几个大人才能被搬上卡车。如果橡木桶重了，不要说风，就是人都很难移动它们。

于是，杰瑞挑来一桶桶清水，将空空的橡木桶装满。尽管这样，他仍怀疑自己的方法是否真的能奏效。直到第二天，杰瑞看到了如卫兵一般整齐排列的橡木桶在朝阳绽放出的晨晖中向他微笑时才真正舒了一口气。

"木桶只有加重自己的重量，才能不被风吹倒。"杰瑞在父亲怀里自豪地宣布着自己的发现。

这次，父亲给了他一个赞许的吻。

◆ 心灵感悟

我们可能改变不了风、改变不了这个世界上的许多东西，但是我们可以改变自己，提高技能、成熟思想，由此稳稳地站在这个世界上，不被风雨吹倒打翻——这也是一个人不被打败的唯一办法。

钢琴大师的学生

孙毅走进钢琴练习室，一份崭新的乐谱映入眼帘，就摆在钢琴上。

"难度太高了……"只是草草一翻乐谱，他就已经打消了信心。整整3个月了！3个月里孙毅感到前所未有的力不从心，乐谱的难度成几何级数增长。新的指导教授仿佛有意在用这样的方式刁难他。他所有的激情、自信仿佛都被消耗光了！唯一能做的，只有强打起精神，练习、拼搏、奋战，用自己的十根手指和已疲惫不堪的心，就连指导教授的到来他都没注意到。

还记得授课的第一天，这位极负盛名的钢琴大师递给孙毅一份乐谱，一份高难度的乐谱。

"试试吧。"大师淡淡地说。

孙毅弹得漏洞百出，僵硬生涩，难度确实很高。

下课时，大师专门嘱咐他："回去多多练习！一定要熟练！"口气中带着不容置疑的权威。

就这样，接下来的一周，他不停地努力。令他没有想到的是，到了第二周，大师只字未提上星期的课，只是递给他一份更高难度的乐谱。"试试吧。"仍然是淡淡的语气。孙毅只得接受更加艰巨的挑战。

又是一周匆匆过去，更高难度的乐谱如期而至。相同的情形循环出现，孙毅觉得自己掉进了一个黑暗的回旋中：课堂上被新乐谱难倒，回家后拼命练习；接着回到课堂，再接过难上好几倍的乐谱，却怎么也看不到自己的进步。上一周的刻苦练习似乎起不到任何作用，琴声还是那样的生涩。他觉得自己在这黑暗的回旋中不停下沉，所有向上的努力都无济于事。今天，当大师又一次来到课堂时，孙毅终于再也承受不了了。他下定决心必须问明白3个月来为何自己总是受到这样的折磨。

没有任何回答，大师只是将最早的那份乐谱递了过去："试试吧。"仍然是淡淡的语气，只是大师眼中多了一份坚定。

接下来发生的事，连孙毅自己都不明白是怎么一回事。他居然可以将这首曲子诠释得这样动人，这样有表现力，仿佛身与心已完全融合成了一个雀跃的灵魂，他是在用灵魂演奏。在所有以往高难度的曲子中，他都找到了这种感觉。

弹奏完后，又惊又喜的孙毅怔怔地盯着大师，一句话也说不出来。

"也许，不停练习最早的乐谱，会让你找到最擅长表现的部分，但你就永远不会有现在的成绩了……"大师的语气仍是那样的淡定。

人，往往习惯于去做自己所熟悉、所擅长的领域。但如果我们愿意回首、细细检视，就会恍然大悟：看似紧锣密鼓的工作挑战，永无歇止、难度渐升的环境压力，不也在不知不觉间提高了我们的能力吗？因为，人，确实有无限的潜力！

拿破仑的不幸

拿破仑出生在一个败落的科西嘉贵族家庭。虽然穷困潦倒，但拿破仑还是被他极为高傲的父亲送进了一所贵族学校。在那里，拿破仑受尽了刁钻刻薄的讥讽。因为，学校里尽是些趋炎附势、极力夸耀自己富有、嘲笑贫困的学生。挖苦激怒了拿破仑，但他却只能隐忍不发，怒而不言，内心十分痛苦。

在写给父亲的信中，拿破仑愤愤道："这里的人不停地挖苦我，我真的不愿意再向任何人解释我的贫穷了！除了有钱，他们什么都比不上我，更不用说高尚的思想了！在这些穷得只剩下钱的人面前，我难道还要再压抑下去吗？"

父亲的回答很简单："没有钱，我们也必须坚持读下去。"

就这样，拿破仑在痛苦中煎熬了5年。但他的决心却随着每一次欺侮、每一声嘲笑、每一种轻慢的态度而增长。他发誓要超越他们并得到尊重。虽然这并不是件容易的事，但拿破仑已经有了自己的计划——他要把这些轻慢浮躁的家伙作为垫脚石，去摘取自己应得的知识能力、财富和地位。

入伍后的拿破仑没有和同伴一样沉迷于赌博和女色，而是刻苦攻读。他在为自己的理想默默地做着准备。虽然他的房间简陋不堪，虽然他的身体营养不良，虽然他的性格孤寂沉闷，但他却不曾放松对理想的追求。他自己画出科西嘉岛的地图，精准地标注出应当布防的位置，并精确地用数学方法计算出来，仿佛自己是个总司令。

因为勤奋，拿破仑得以在操练场上做一些工作。由于工作得卓有成效，他得到了进一步的提拔，从此平步青云开始进入权力中心。现在，那些曾经挖苦过他，排挤过他，嘲笑过他贫穷、呆板、死读书的家伙又再次涌来。不过，他们的态度都变得一样的谦卑，他们都希望成为他的朋友。

这是拿破仑不停工作而取得的成功？或者是天才本身带来的奇特变化？也许都不是，因为有一样东西的力量远远胜于勤奋和知识，那就是拿破仑心中超越揶揄过他的人的野心。

◆心灵感悟

有谁是完全幸运的呢？不要对你的不幸自怨自艾，把它看成是一剂良药吧——许多人之所以成为伟人，是由他们的不幸造成的。不幸可以教会你隐忍，教会你克服自己的缺憾，教会你生出热忱——闯出一番事业来，给他们看看！持着这种态度，你将来会感谢今日的"不幸"。

大胆地敲敲门 ❤❤

她是个迷茫的女孩，经历了诸多的挫折，却怎么也找不到通向成功的大门。

那次，她在美国旅游，参观旧金山市政厅时，信步来到了市长办公室的门口。不知为什么，她敲响了大门。出人意料的，里面走出了一位高大威猛的保镖，惊异地望着她，问："我有什么能帮您的吗？小姐。"她脑中一愣，一时无语。缓过神来，她对自己说，门都敲了，那总得看看里面吧。"我能拜访一下市长吗？"她对保镖说。保镖上下打量了她一阵，露出了微笑："当然。不过，请稍候。"接着，他通过可视电话向市长汇报了情况。没过多久，市长出来了，圆圆的脸上还带着和蔼的笑容，平易近人地与她聊天，甚至还合了影。在她的记忆中，从没有像那天一样开心的日子。

回国后，她收获了一条感悟：敲门就进去——她终于找到了通向成功的大门。她就是马嵘乔，中央电视台《说名牌》的美女主持人。

◆ 心灵感悟

长时间地坚持很重要，但接近终点时的片刻决断往往更为紧迫和珍贵。我们也许有长途跋涉的勇气，有长期吃苦的准备，但有时缺乏的正是敲门就进去的精神。

你用不着跑在任何人后面 🖤

历史上赢得奖金最多的赛车手名叫理查·派克。在称霸赛车界的20年中，他创造了无数后人无法打破的记录。当被问及成功原因时，理查·派克说起了他第一次参赛后发生的事。

"妈妈，我得了第二名，把其他33辆车远远甩在了身后！"

"你输了！"妈妈的语气毫不客气。

"但这是我第一次参加比赛啊，而且还超过了那么多车。"理查·派克感到委屈极了，母亲居然没有一点赞许的意思。

"记住，我的孩子，你用不着跑在任何人后面。"母亲的回答很简单。

理查·派克始终没有忘记当年母亲眼中的殷切期望："妈妈让我发现了成为第一的希望，并全力以赴，而不是为第二名沾沾自喜。"

母亲的教诲才是理查·派克成功的真正原因。

◆ 心灵感悟

第一是人们梦寐以求的，但这个世界上不可能所有的人都争得第一。可是，试想一下理查·派克如果连第一都不敢想、连自己都不相信，又得不到母亲深情的鼓舞，怎么能在后来称霸赛车界呢？

谁敢走进黑洞 ❤❤

从前，有一个军阀在处决死囚前都会让他们自己做选择：一枪毙命，还是进山崖前的那个黑洞。所有的死囚都不愿走进那个深不见底、阴森恐怖的山洞，宁愿选择一枪毙命。

有一回，军阀在酒过三巡后显得十分高兴。副官鼓足勇气问道："将军，请问那个山洞里到底藏着什么机关？"

"什么机关？哈哈……只要在山洞里一直向前走，过一两天，就能从山的另一头出去了。"军阀得意地说。

◆ 心灵感悟

人不是神，无法预测未来。可是，也不要把未来看得那么可怕，说不定它是另一重光明的境界呢！

自卑曾经"叮"着她 ❤❤

20年前，女孩是北京一所大学里普通的一员。

大学时光对她而言是阴霾的。她总是疑心同学们鄙视她的身材，因她的肥胖而在背地里嘲笑她。

由于疑心与自卑，她不敢穿裙子，不敢上体育课。到了最后，她几乎无法毕业——并非成绩不好，而是没有参加长跑达标测试。她不是在抗拒，而是害怕，害怕自己跑起来时愚笨的身体会遭到嘲笑。

尽管老师承诺只要跑了就算及格，但恐慌让女孩连向老师解释的勇气都没有，更别提上场测试了。茫然无措的她，只知道木讷地跟着老师。老师到哪儿她都跟着，连回家吃饭，她也跟着。最后老师无奈了，勉强给了她及格。

说来也许您不信，20年后，女孩成了一个著名的主持人。看着她在台上自信地出现时，观众们绝对想不到自卑曾经"叮"着她。

◆ 心灵感悟

非常优秀的人也曾经自卑过，你还认为自己的自卑是不可摆脱的吗？自卑其实是一种不相信自己的外在表现，只要你轻轻松松走出来，你会发现自己的自卑多么可笑——世界上没有一个人会和你一样在意自己。

毁在恐慌上 🖤

他就这么掉下来了。所有人，包括他自己都想不明白为什么会这样。

曾经，他是一位从未失手的高空钢丝杂技演员。许多人慕名而来，为的只是亲眼看看他的高超技艺和灵活身手。在一条离地五六米高、10米长的钢丝上，他做着各种惊险的腾跃翻转动作。那种从容与自如真是无人能及。而他所凭借的，仅仅是一双赤着的脚板和手中蓝白相间的木质平衡杆。

在一次去外地演出的路上，杂技团运道具的卡车出了事故，平衡杆折断了。因为他是团里的台柱子，领导十分重视，不惜重金找到了一根完全一样、他也用着顺手的木杆，甚至连颜色都与以前相同，漆成了蓝白相间的样式。

一切准备就绪，他终于可以登台演出了。观众的掌声响了起来，他平静了一下上场前微微兴奋的情绪，开始准备。他握住了每次都握的位置——左手握住左端第10个蓝块，右手握住右端第10个蓝块。这是他最舒服的手握距离。等等！这是怎么回事？不安与焦虑像一条冰冷的蛇爬上了他的后脊柱——两手之间的距离怎么比以往小？难道木棒被人截短了？谁会这么干啊？他努力平静着自己的心情，努力调整着两手间的位置，可是对于那"缩短"了的木杆，他已失去了信心。

观众已经等不及了，再找替代的木杆也没有时间了。他觉得所有人的目光都变成了刀子，将他逼上了钢丝。他再也没有了往日的从容与自如，恐慌占据了他的心，仿佛自己正赤脚踩在火绳之上，手心也沁出了汗。终于，在做一个腾跃动作时，他从钢丝上掉了下来，于是出现了文章开头的那一幕。

后来，经过细致的检查，事情终于水落石出。原来，一切只是因为油漆匠将蓝白色块都增加了1毫米。

◆ 心灵感悟

很多时候，人们的自信是受习惯思维的影响。事物的表面现象左右着我们的思维模式，并不一定是事物的本质发生了变化。木杆的长度没有变，但自信的距离改变了，就是这1毫米的变化，注定了成败。

你真有信心吗 ❤

神父被请来求雨，因为这个地方已经有整整10个月没有下过一滴雨了。大家都焦急地企盼着天降甘霖。

在周六早晨的大广场上，大家如约赶到求雨的神坛前。神父缓步登上神坛，用庄严的声音宣布："各位，我以主的名义宣布本次求雨祈祷会……结束。"

众人大哗："什么，会还没开呢！怎么就结束了？""对啊，害得我们从那么远的地方赶来。"

神父大声说："你们全都没有信心，怎么可能求来雨呢？"

众人齐声反诘："你凭什么说我们没信心？"

神父的眼光扫过众人："诸位看看，除了我，还有谁带了雨伞？"

◆ 心灵感悟

如果把每一次挑战都看做"求雨"的话，你带了自己的"雨伞"没有？

戏弄人生 ❤❤

杰克是一名喜欢创作的青年。他立志要像偶像山姆一样，成为大作家。在开始文学创作后，杰克发表了若干作品。追求成功的种子借着自信的雨露在他心中生根发芽，茁壮成长。杰克每天都告诉自己："我正在向目标前进，并确实取得进步。"

但一年后，杰克发现要赶超偶像山姆简直是痴人说梦。山姆是一位高产作家，随便翻开一份杂志，上面都有他的文章。山姆的文章就如同百灵鸟的歌声，幽婉动听而又富于变化。相比之下，杰克觉得自己就像一只会"嘎嘎"叫的鸭子。杰克开始怀疑自己的才气；怀疑自己是不是选错了路，甚至开始怨恨上天的不公，把所有的才能都赋予了山姆，而只给自己留下了平庸。他远离了创作，远离了所有成功的希望。

杰克已经成了老杰克，他现在是一名运输垃圾的司机。今天，老杰克去一家杂志社运滞销的旧杂志。在那些作为垃圾的杂志中，老杰克又看到了山姆的名字。他忽然很想知道这个使他奋斗，又使他沉沦的人现在究竟怎样了。于是，老杰克向杂志社的人打听山姆。

"山姆？哈哈……根本就没有这个人。杂志社把作者姓名不详的文章全都署名为山姆，其他杂志社也有这个习惯。所以，根本就不存在什么山姆……"

之后那人说了什么，老杰克已经听不清了。原来，让他失去了信心、失去了动力、破灭了理想、碌碌无为了一生的山姆居然根本不曾存在过！

◆ 心灵感悟

　　人总喜欢跟别人比，以至失去了自信，让对手来折磨自己，直到将自己击垮。待到有一天，你会明白，其实是自己击垮了自己，可是已经无法挽回了。为避免这一切发生，请走好脚下的每一步路，不要胡思乱想，也不要左观右望，而是专注于自己的事。

爱拼才会赢

女儿的男友第一次到家里做客，父亲在客厅里与他聊起天来。

"你平时踢球吗？"父亲问。

"我不爱踢球，大多数时间我都在看书、听音乐。"男友回答。

"那你喜欢赌马喽？"父亲接着问。

"我从不参与赌博。"男友说。

"电视里田径或是拳击比赛你喜欢看吗？"

"不喜欢，我对那么激烈的竞赛很反感。"

男友走后，女儿征求父亲的意见。

父亲说："我赞成你和他做朋友，但坚决反对你嫁给他。"

"为什么啊？"女儿眼中充满了诧异。

"人们养黄鹂鸟，如果想要它叫得动听，就必须把它带到茶馆与众多黄鹂鸟放在一起。听到同类此起彼伏的鸣叫，这只新鸟便会毫不示弱地高歌起来。"

"这又与我的男友有什么关系？"女儿更加诧异。

"黄鹂鸟的歌声动听，是因为养鸟人刺激了它竞争的天性。如果缺乏竞争，这只鸟就可能发不出任何叫声，终生喑哑。同样道理，经过交流，我发现你的这位男朋友不喜欢运动，甚至反感所有竞争性的活动。这样的男人，将来恐怕很难有所作为，因此我坚决不赞成你嫁给他。"

◆ 心灵感悟

太多人因为恐惧失败，而不愿意参与竞赛。透过文中的故事，我们可以了解到：原来竞赛的重点，并不在于胜负，而在于每一次投入都让自己从中成长。

每个人都有特长

乔治是个刻苦努力的孩子，但无论他怎么努力，还是觉得读书很吃力，功课也只能勉强及格。高中快要结束时，老师对他说："乔治，老师知道你是一个很刻苦的孩子，但你对学习可能真的不在行，再这样下去，你肯定自己能行吗？"

乔治流下了难过的泪水："我真的太笨。父母对我充满希望，我一定让他们失望极了！"

老师抚摸着他的脑袋："不是这样的，乔治，把头抬起来。"

乔治的眼中仍旧含着泪水。"每个人都有自己的特长，你也是如此。我们现在只是知道学习不是你的特长，但到底你的特长在哪儿得由你自己去寻找。只要努力了，父母就会为你而骄傲。"老师的话语让乔治感受到了无比的温暖。

之后，乔治不再上学。为了生活，他做了许多不同的工作：搬运工、服务员、投递员……直到后来，他爱上了修剪花草这份工作。乔治的园艺技术很精湛，园圃经过他的巧手修剪常常能得到许多赞誉。他也因此得到了"绿拇指"的称号。

有一次，乔治发现市政厅前有一片荒地，显得与周围环境格格不入。要将它变为美丽花园的念头闪过了乔治的脑海。他马上找到议员，提出了自己的想法。

"可是，我们没有这笔钱。"议员很无奈。

"不用钱，只要交给我就行。"乔治真诚地说。

议员几乎不敢相信会有这样的便宜事。他立刻帮乔治完成了各种审批手续。

乔治立刻动起手来。他将几株杨槐树苗栽在空地正中，接着精心地将朋友送给他的各式花卉种在树苗的周围。乔治的行动得到了人们的赞许。大家都来主动帮忙，他们或是除草，或是种花，或是提供树苗。不久以后，市政厅前便出现了一片美丽的花园。路人都忍不住停下脚步，欣赏那如烟的鲜花和茵茵的绿地。孩子们更是在其间嬉闹追逐，不愿离去。乔治因此成了城里的名人，大家都向他竖起了大拇指。

现在，学不会解析几何的乔治已经是一位著名的园艺家了。

◆ 心灵感悟

在马路上骑自行车，你完全可以骑出一条直线；可如果是在一根铁轨上，恐怕你骑不了几步就会跌下来，为什么？两个原因：一、你不是开火车；二、你选错了道路。其实，你不必为自己不能开火车而自卑，只要选对了道路，骑自行车也能到达终点。

永远不翘尾巴

间丘露薇是凤凰卫视的著名记者，因主动请缨远赴战火纷飞的阿富汗而一举成名。永远进取的心态，铸就了她今日的辉煌。

她并非毕业于热门专业，而是复旦大学哲学系的学生。离开大学后，她摆过地摊，倒过服装，在别人的公司里打过工。

当1995年移居香港时，间丘露薇幸运地加盟了凤凰卫视。但她必须从头开始在这个激烈竞争的社会里打拼。

不久，电视台的同事们就注意到了她——最早到办公室的是她，最晚离开的也是她，更不可思议的是她几乎从不打的，公交车成了她上班的唯一选择。对于这样的工作活力，同事们没有一个不佩服的。

2001年10月，当大家正为"谁愿意去阿富汗"犹豫时，她第一个将手举起。成功真的需要很多东西，最核心的总是永远进取的心态。

◆ 心灵感悟

工作中有一种心态是令人尊敬的，这种心态会让你对工作充满了激情和好奇；会让你做事时不吝惜精力；会让你勇往直前；会让你虚怀若谷……简言之，这就是责任心和敬业精神的体现。持有这种心态的人，定会开创出一片事业，成为职场的赢家。

合适的种子 ❤️

　　高中毕业时，女孩没考上大学，于是到当地的一所初中教书。可是，没过一周的时间，她就被学生轰下了讲台，狼狈不堪地回了家，原因是她解不出一道数学题。母亲听完她的哭诉，轻声道："教书这事，有人做得来，有人做不来，用不着这样伤心。也许有更合适你的事情做，再找找吧。"

　　后来，女孩与本村同乡去城里打工，结果同样糟糕。没几天的时间老板就把她轰了出来，原因是她的手脚太慢，一天只做出两件衣服，还不及别人的一半，质量也过不了关。母亲再次安慰女儿："裁衣这事，有人做得好，有人做不好。而且别人干了那么多年，你刚开始干，怎么能比得了？"说着，又为女儿收拾行李，准备送她去其他地方试试。

　　之后的几年女孩漂泊于几个城市，做过打字员，当过文秘，干过促销员。和以前的经历相同，她都没做多长时间就被轰走了。唯一不变的，是家中母亲慈祥的面容和贴心的安慰。

　　直到有一天，女孩当上了一所聋哑学校的辅导员。这一次，她终于找到了如鱼得水的感受，得到了学生的爱戴。她能与学生很好地交流，凭借的全是自己诚挚的爱心以及对哑语特殊的天赋。几年以后，她开办了属于自己的残疾人学校；又过了几年，她的残疾人用品连锁店开遍了祖国的各大城市。现在的她已经成为了一位女老板——一位同时拥有财富与爱心的女老板。

　　不过，有一个问题女孩始终不明白：在自己连连受挫完全失去自信时，母亲为什么对自己还抱有那么大的希望？年迈的母亲回答得很简单："每一块地总有适合它的种子——不要去埋怨地里长不出果实，要去寻找适合它的种子。"

　　答案原来如此浅显：有合适的种子，就会有属于它的一片收获。

故事中的母亲不是哲学家，可她那朴实的话语中蕴藏着很深的哲理，与现代人力资源开发的理念有异曲同工之妙：很多人之所以失败，不是因为别的，其最原始的、最初的原因就是他没有选准适合自己的领域……如果你做的是自己适合并擅长的事，会是这个样子吗？

给天才一个展露机会 ❤

年轻小伙子正在小酒吧里用心弹奏着钢琴。可以说他弹得很好，因为每晚都会有许多人专程前来欣赏他的演奏。

有一天，在弹过几首曲子以后，一位中年顾客发表了自己的意见："小伙子，你每天都弹奏这些曲子，我都快能倒背出来了。你能换个项目，给大家唱首歌吗？"许多人赞同中年顾客的提议，纷纷要求小伙子一展歌喉。

小伙子红着脸对大家说："真的不好意思，我从来没有学过唱歌，只会弹琴。更何况因为一直弹琴，我的歌声可能会很难听。"他的言语中充满了歉意。

"年轻人，也许在唱歌方面，你有自己都没发现的天赋呢？不试一试，你又怎么知道自己唱歌不行呢？"中年顾客接着鼓励道。为了避免扫大家的兴，酒吧经理也加入了鼓励者的行列。可小伙子却认定大家要他唱歌只是为了让他出丑，于是更加坚持说自己不会唱歌，只会弹琴。直到老板告诉他要么唱歌，要么走人后，他才憋红了脸，唱了一曲《蒙娜丽莎》。谁知不鸣则已，一鸣惊人，他充满了磁性的声音、韵味十足的唱腔迷倒了在场的每一个人。从此之后，小伙子不再只是弹奏钢琴，而是开始发掘自己的歌唱天赋。后来，这位名叫纳京高的年轻人成为了美国的爵士歌之王。

如果没有那次意外的一展歌喉，世界上就会失去一位著名的爵士乐手，却不见得会增加一名钢琴家。

◆ 心灵感悟

现实生活中，每个人从事的职业不一定是最适合自己的工作。但人们熟悉了一项工作后，就安守它，害怕改变，于是在时光的流逝中失去了真正的才华。这多么令人遗憾！不如开拓视野，多去尝试一下，或许你会在别的领域取得更大的成就。

震撼一国的农夫

在澳大利亚，每年都会举行一场全程875公里的超级马拉松。从悉尼到墨尔本的这段赛程因为要耗时令人恐怖的整整5天时间而被公认为世界上最漫长最严酷的马拉松赛。参赛的都是由"阿迪达斯"等世界知名运动装备武装起来的20多岁的世界级选手，他们通常都接受过专门训练。一般人连想想这段距离都会感到头晕目眩。

有一个名叫克里夫·杨的家伙，出现在了1983年的赛场上。一条工装裤，一双跑鞋，外面还套着层橡皮靴，再加上61岁的高龄，使克里夫·杨怎么看都像一位观众而非一名选手。直到他拿到"64号"号码牌，人们才恍然大悟——他是来参赛的，要和150名世界级选手一起参赛。在场的人无不认定克里夫·杨只是个哗众取宠、想引人注意的家伙。嗅觉灵敏的媒体当然不会放过这么特别的人物。在一群专业运动员中的克里夫·杨成了所有镜头的焦点。

"你从哪里来？叫什么名字？"记者们好奇地问。

"我从墨尔本郊区的农场来，叫克里夫·杨。"

记者追问："你确定要参加比赛吗？"

"没错！"他笑了笑。

"你的赞助商呢？"

"没人赞助我。"

"那你怎么比赛？"

克里夫·杨认真地说："我是一个放羊的。从出生起，家里就买不起马匹或是汽车。可家里有2000头羊，2000英亩地。每次暴风雨来临前，我都得跑上两三天去追赶羊群。这次比赛也就5天，只比追羊群多出两天。我一定能跑完！"

观众的笑声几乎与发令枪同时响起。克里夫·杨弓着身子、拖着碎步的小跑加上那一身不协调的行头显得如此滑稽。一开始，他就被专业选手远远甩在了身后，可他好像并不在意，而是悠然自得地用他滑稽的姿势与那些顶尖的世界长跑选手们展开较量。

克里夫·杨也许真的不知道：在这长达5天的比赛中，为了能坚持到最后，所有的人都必须跑18小时，休息6小时。正在收看比赛实况的人们全都认定：如果不尽快阻止他，那么用不了多久，这个疯狂的老家伙就会被活活累死。所有人都在为他的安危而祈祷。

第二天一早，一条有关比赛的实况消息让人们大吃一惊。克里夫·杨跑到了一个名为米塔岗的地方。也就是说，整整一夜的时间，他都在跑——用他滑稽的小碎步。

虽然远远落后于那些顶尖运动员，但克里夫·杨仍一刻不停地奔跑。他甚至还向公路两旁的观众们挥手致意。"我要坚持跑完比赛。"他向等候在奥尔伯里镇的记者说。

他也用实际行动实践着自己的比赛策略。每当其他选手休息时，他就慢慢地拉近与他们的距离。最后一晚，他超过了所有的顶尖高手。当天再次亮起时，守候在终点的人们迎来了比赛的冠军：61岁的克里夫·杨！他跑完了整整875公里的赛程，不仅没有被累死，还夺得了冠军，同时将比赛的纪录刷新了9个小时。一时之间，整个澳大利亚都沸腾了。这个花了5天15时4分从悉尼跑到墨尔本的老农夫成了国家英雄。他用自己不懈的努力击败了所有参赛的其他高手。其实。克里夫·杨当时并不知道比赛当中允许睡觉。用他自己的话说，就是："我只想着与暴风雨争抢时间，把羊群追回来。"

◆ **心灵感悟**

　　如今，悉尼至墨尔本马拉松赛中几乎没人睡觉了。要赢得这场比赛，你必须像克里夫·杨那样，日夜不停地奔跑。或许要跑赢人生的马拉松赛，也正需要克里夫·杨的精神——打破常规、拼搏不息。

专注让你赚大钱

　　他是一个天才面包师，他对面包的特殊偏好真的是天生的。只要一闻到面包的香气他就会陶醉其中不能自已。

　　成年后，他如愿以偿地成为了一名面包师。每当他制作心爱的面包时，都要有貌美如花的姑娘打下手；有温馨曼妙的音乐作伴奏；面粉黄油都必须绝对优良；器皿都必须闪光晶亮、一尘不染。只有4个条件全部满足，他才能调动起制作的情绪，迸发出创作的灵感。

　　在他的眼中没有面包，只有精美的艺术品。他有时会大发雷霆，只因为一勺黄油的不新鲜——他认为这是对艺术不可容忍的亵渎。他有时会满心愧疚，只因为某一天他没做面包——挑剔的姑娘和馋嘴的孩子只能用那些粗制滥造的面包充饥了。他从没想过要做多少生意，但是无论你是否相信，他的生意却是最好的，远远超过了那些迫切想赚钱或是比他更活络聪明的人。

◆ 心灵感悟

对你非常喜爱的事情，做起来一定会去凡尘杂念，全心全意地把它做到最好。与此同时，那意外的收获也会悄悄地降临。换言之，做你不喜欢的事情，就很难集中注意力做到最佳程度，收获也是千呼万唤不愿意出来。

你会成为国王 💕

普佐的父亲在他15岁时去世了，他的母亲带着他和两个妹妹去罗马投奔舅舅。

普佐家里几乎没有积蓄，也没什么收入，舅舅家的条件也不怎么好。迫于无奈，普佐只好到酒店做侍者来分担家中的负担。一天，普佐从酒店工作完回到家，对母亲说："妈妈，我再也不想做这个工作了。""孩子，为什么啊？"母亲关心她问道。"晚上，我不仅被客人骂了一顿，还被狠狠打了一耳光，一切只是因为我不小心将汤溅到了他的身上。"

母亲听后，很严厉地斥责道："你说这样的话就该挨一个嘴巴子。你满脑子想的都是你自己，你为顾客考虑过没有？他也许就那么一件昂贵的衣服，被你一不小心溅到了，人家能不生气吗？发生这样的事情，就是因为你没有尽到一个侍者的责任，你根本没有想过要成为一名优秀的侍者。"母亲严厉的训斥让普佐觉得很委屈。母亲的态度立刻缓和了下来，说："孩子，你有没有想过让客人在接受完你的优质服务后心情愉快地离去呢？你应该充分享受这种职业带给你的荣耀。好好表现吧，只要你想着做侍者是令人自豪的职业，你就会获得令人自豪的成就。"

受了母亲一顿训斥的普佐，回到酒店继续工作。但他每天仍做着同样的事情，并且依然不开心：谁会因为做侍者而感到自豪呢？

一天中午，普佐正忙碌地工作着，抬头一看，母亲进来了。母亲用眼神示意他不要出声，然后假装不认识他似的坐了下来。她像客人一样在这里点了酒菜。普佐为母亲服务着，可服务过程中他表现得又慌又乱，居然把桌上的酒杯都碰倒在地。母亲恶狠狠地盯着他，轻声道："你觉得作侍者很丢人吗？看你的样子就像贼一样，这才是真正丢人的呢。"说罢，她一扬酒杯，将剩下的酒全部泼在了普佐的脸上，普佐怔怔地望着母亲，眼泪顿时夺眶而出。

晚上回家后，母亲将他拥入怀里，说："孩子，妈妈向你道歉，妈妈对不起你。"紧接着又说，"但你要热爱自己的职业。你的身份并不低贱，你要觉得自己像一个国王一样……"

他笑着喃喃自语道："可我毕竟只是一个侍者啊……"

"不错，你确实是个侍者。可你要是能把这份工作做好，你就会成为侍者中的国王。孩子，从明天起，你就试着成为国王，好吗？"

普佐看着母亲诚恳而又期待的目光点了点头。

从此以后，普佐的工作态度果然有了很大的转变。人们逐渐开始喜欢他了，很多来酒店消费的客人都点名请他服务。哪怕走在大街上碰见，他们也会亲切地向他打招呼。顿时，他感觉自己的名字已经传遍了罗马的大街小巷。

有一天，正忙碌地接待顾客的普佐，看到母亲手捧一大束鲜花进了酒店。母亲把手中的花递到了他的手上，激动地说："我的孩子，祝你20岁生日快乐！今天你真的成了国王！"

今天的凯莱旺达酒店就是由普佐亲手创办的，他是罗马餐饮业真正的国王。

◆ 心灵感悟

兴趣是最好的老师。可是，光有兴趣并不够，还要你踏踏实实地去做。在踏实做事的过程中，即使你一开始对正在做的事没有兴趣，只要态度端正，就可以慢慢产生兴趣，喜欢它、爱上它，直至愿意一辈子献身于它，做到最优秀。

拒绝接受 ♥♥

从前有个叫吴智的人，不知为什么很讨厌僧人，可他一次出远门恰好碰到了一位老和尚，因为要往同一个地方去，两人相伴而行。这一路上，吴智用尽各种方法讥讽、嘲笑老和尚，但老和尚好像没听见似的，对吴智的侮辱根本无动于衷。

快到目的地了，老和尚对吴智说："假如有人送你一份礼物，可是你拒绝接受，那么这份礼物将属于谁呢？"

吴智很快回答道："当然属于那个送礼的人了。"

老和尚微微一笑，说："很好，如果我不接受这一路上你对我的辱骂，那你就是在骂自己了！"

吴智一下子变得面红耳赤，灰溜溜地逃跑了。其实，只要我们拥有健康的心灵和判断是非善恶的准绳，不管别人怎么说都影响不了我们的情绪，更左右不了我们的生活。

◆ 心灵感悟

生活犹如一张无边的网，充满着剪不断、理还乱的事。健康的心灵恰似一道无形的屏障，为我们阻隔着生活中的纷纷扰扰，让我们轻松向前。

心态决定命运 ♥♥

我国著名作家周国平先生曾写过这样一个寓言故事：
一位年轻的少妇因对生活失去了信心想投河自尽，恰被一位年迈的老艄公救起。

老艄公问少妇："你这么年轻，今后的路还很长，为何自寻短见呢？"

少妇流着眼泪说："我实在太不幸了，刚结婚两年，丈夫就狠心地抛弃了我；本想和唯一的孩子相依为命地生活，可他前不久也病死了。你说，我一个人活着还有什么意思？"

听了少妇的哭诉，老艄公又问："那结婚前你生活得如何？"

回想起两年前的生活，少妇的脸上露出了一丝微笑。她说："结婚前我无忧无虑，过得快乐极了！"

"那时你有丈夫和孩子吗？"

"当然没有！"

"既然如此，你又何必如此悲伤呢？现在的你不过是被命运之船送回到两年前罢了！"

听老艄公这么一说，少妇的心结马上解开了。她愉快地告别老艄公，开始了新的生活！两年后，她又找到了一个爱她的人，并且有了孩子。

其实，对生活的看法是会随着心态的改变而转变的。如果一个人能以乐观、积极的心态看待自己的生活，那他就会看到生活中的阳光；反之，他看到的只会是不幸和悲伤。正如美国心理学家威廉·詹姆斯所说："我们这一代人最重大的发现是——人能改变心态，从而改变自己的一生。"

◆ 心灵感悟

生命之帆不会永远顺风顺水，一时的苦难和挫折在所难免。用乐观、积极的心态重新审视您的人生吧，您会发现：只要心灵充满阳光，世界就会变得阳光明媚！

鲍勃·霍伯是最善于表现幽默魅力的明星。他天生就是块幽默表演的材料。高二辍学后，一心希望成为明星的他只身来到好莱坞谋求发展。

刚到好莱坞时，鲍勃连续被几家制片公司的面试考官拒绝了。鲍勃彷徨着，他想清楚一件事：要想面试成功，一定要另辟蹊径，给人留下难以磨灭的印象。于是，他就暗暗策划着。

又是难熬的半个月过去了，鲍勃终于又得到了一次面试的机会。当轮到鲍勃时，时间已经是12：30，面试已经进行了整整一上午。很明显，西装笔挺的考官们已失去了耐心："简要回答你最擅长的表演方式，其他废话少说。"

这正中鲍勃下怀，他简短地答道："让您捧腹大笑，先生。"

"我？那好，马上在10秒内让我大笑起来。"主考官一脸不屑，言语充满怀疑。

只见鲍勃"嗖"地站起身子，转身打开了办公室的门，探出头去，对着其他等候面试的人叫道："你们可以回去吃饭了，他们已经决定录用我了。"考官们顿时爆发出了一阵由衷的大笑。

不走常规路的鲍勃就这样得到了他的第一份演艺工作，自此踏上了万人崇拜的星光大道。

◆ 心灵感悟

成功有一条哲学：你想成为什么样的人，最有效的方法就是让自己先成为那个人的样子。只要你的梦想是实际的，而且渴望它渴望到白热化的程度，你就能够表现得像你想成为的那个人。

一个风和日丽的午后，我和母亲到海边散步，看见一位垂钓者正在岸边钓鱼。怕惊动他，我们就站在旁边静静地观看。

不一会儿，鱼竿一扬，一条鲜活的大鱼便上了岸，足足有三尺来长，煞是惹人羡慕。我和母亲正要恭喜垂钓者，却见他摇了摇头，麻利地解下鱼嘴里的钓钩，漫不经心地将鱼丢回了海中。

我和母亲都看呆了：这么大的鱼他还不满意？这位雄心可真大啊！

我们屏息以待，希望他能钓到更大的鱼。大约过了半个小时，钓者的鱼竿又是一扬，一条两尺来长的鱼落在了岸上。钓者根本没有多看一眼，又很快地解下鱼钩，将鱼扔回了海里。

不知过了多久，鱼竿再次扬起，这次钓上来的是一条不到一尺长的小鱼。

我想：他一定会把这条小鱼丢回大海的，前两次钓上来的大鱼他都不放在眼里，何况是这么小的一条鱼呢！可令我们吃惊的是，钓者高兴地解下鱼钩，小心翼翼地将小鱼放进了身旁的鱼篓中。

我和母亲面面相觑，百思不得其解，遂向钓者询问舍大鱼而取小鱼的原因。

钓者回答说："你们不知道啊，我家里最大的盘子不过一尺来长，怎么能装下太大的鱼呢？"

原来，钓者舍大鱼而取小鱼的唯一理由，竟然是自家的盘子太小、盛不下太大的鱼！

在许多时候，我们何尝不是如此呢？因为自己的学历太低，而不敢立下远大的志向；因为自己的阅历太浅，而不敢和名家学者交谈；因为自己的相貌太平凡，而不敢去追求幸福的婚姻……

可是，亲爱的朋友，如果您不主动打开心灵的大门，又怎能打破生命的格局呢？只有积极追求美好生活的人，才能改变自己的人生和命运。

◆ 心灵感悟

没有做不到的事，只有不敢去想、不敢去做的人。打开心灵之门，勇敢地追求属于自己的成功和幸福吧。这才是人生最神圣的使命！

挑战噩运

清末时，梨园中有三位赫赫有名的艺人，人称"梨园三怪"。他们分别是哑巴王益芬、瞎子双阔、跛子孟鸿寿。

先来说一说哑巴王益芬。他生下来就不会说话，但却是个有心人。平日里看到父母演戏，他就在一旁悄悄模仿，将一招一式默默记在心里，然后起早贪黑地练习。虽然遇到了许多常人意想不到的困难，但他仍然坚持不懈。后来他一鸣惊人，成为梨园中声名远扬的大师。

再说瞎子双阔。他自小拜名师学艺，可后来不幸因疾失明，成了盲人。但他并没有因此自暴自弃，而是更加勤奋、刻苦地学习技艺，最终成了一名演技精湛的武生。据说，他在台下走路时需要别人搀扶，可一上台表演却寸步不乱，武艺超群，观众根本看不出他是个盲人。

还有跛子孟鸿寿。他自幼身患软骨病，走起路来东倒西歪，根本无法保持身体平衡。但他扬长避短，勤学苦练，终于成了一代丑角大师。

"梨园三怪"虽然身有疾患，但他们并没有向命运屈服，而是凭借坚定的信念勇敢地和命运做斗争，最终获得了成功。

不管我们的生命多么卑微，不管生活给予我们的资源多么匮乏，只要信念不灭、执著依旧，就能让平凡的生命绽放出美丽的花朵！

打破常规 ❤❤

奥地利音乐家施特劳斯是享誉世界的音乐大师。有一次，他带着交响乐团到美国去演出。施特劳斯的音乐才华很快征服了所有的听众。首场演出结束后，如痴如醉的听众高呼着他的名字，用一浪高过一浪的掌声阻止乐队退场。为了满足听众的兴致，施特劳斯不得不和乐队成员们继续演出。直到半夜时分，听众才尽兴而散。

首次演出便取得了如此巨大的成功，施特劳斯自然十分高兴，但他同时又想到：如果这样下去，队员们的身体怎么能吃得消呢？为了找到一个既能让乐队顺利退场，又不让听众扫兴的万全之策，施特劳斯躺在床上思考了良久。终于，他想到了一个"妙计"。

第二天演出前，施特劳斯特意给乐队成员交代了一番。在演出的过程中，他在每一小节的过渡阶段暗示两名乐手起身退场。沉浸在美妙乐声中的听众以为这是演奏内容的需要，也都没有在意，于是演奏继续。乐手们在施特劳斯的暗示下一个接一个退场。等到演出结束时，最后一名乐手起身退场，施特劳斯也转过身来向观众深鞠一躬，慢慢走下场去。这时，听众们方才醒悟过来。可是大幕已经落下了，听众只好在报以热烈的掌声后散去。

施特劳斯采用这种别出心裁的方法解决了乐队退场的难题，一时在音乐界被传为佳话。

当我们在生活中碰到一些用传统的办法解决不了的难题时，如果能够打破常规、机智灵活地处理，也许会收到意想不到的效果。

◆ 心灵感悟

生活是千变万化的，没有亘古不变的真理，更没有一成不变的规矩。勇于打破常规，机智灵活地应对各种问题，才能化不利为有利，永远立于不败之地。

希望击退了死神

王老师是一位很有声望的老师。虽然他只有四十来岁，但却在教学上取得了很大成绩，赢得了学生和家长的一致好评，也受到了学校领导的重视。但不幸的是，在一次体检中，王老师被查出患了胃癌。医生告诉他，他大概只剩下半年左右的时间了。这对于正值壮年、事业蒸蒸日上的他来说，实在是一个沉重的打击。

心灰意冷之下，王老师办理病退手续离开了学校，准备在家里安静地死去。但两周过后，王老师慢慢想通了：既然生命只剩下半年的光阴，更应该珍惜才对呀！与其在家里等死，还不如将最后一段时间奉献给自己深爱的学生。就这样，王老师又回到了他熟悉的校园。

和孩子们在一起，王老师的心情很快好转起来。他勤奋地工作，认真地总结教学心得，想多为学生们做点贡献。同时，王老师重新燃起了生的渴望，他在医生的指导下顽强地同病魔做斗争，与死神赛跑。许多学生和家长被他的精神打动了，也纷纷利用一切可能为他寻找治病的方法。就这样，半年过去了，死神并没能将王老师带走。

时光飞逝，转眼间，王老师已平安度过了十个春秋。

人们在惊叹之余，纷纷向他询问："是什么让你战胜了死神？"

每当听到这样的探询，王老师总会微笑着说："是心中的希望。每天醒来，我都会给自己一个希望，我希望自己能为孩子们再上一天课，希望自己能为孩子们再批改一次作业，希望自己能再写一篇教学心得……直到现在，希望的火花仍在我心中跳跃着。"

希望，让生命之花在泥泞中绽放。

◆ 心灵感悟

希望是生命存在的根本，一旦丧失了希望，人生就会变得暗淡无光，失败、贫穷和疾病也许会将我们置于艰难困苦的境地，但只要心中还有希望，生命就一定会重放光彩！

勇敢面对挫折 🖤

曾经听人讲过这样一个笑话：

一个年轻的司机驾车行驶在漆黑无人的小路上，突然汽车出故障不能行驶了。当司机准备修车时，却发现自己没带千斤顶。这时，他看见远处传来的灯光。于是，他急急忙忙向灯光走去。走着走着，他却变得越来越不安：万一没人开门怎么办？万一没有千斤顶怎么办？即使有千斤顶，万一主人不肯借怎么办？

年轻的司机越想越心烦。当农舍的主人热情地打开门时，出人意料的事情发生了，司机居然一拳向开门人打过去，嘴里高声喊道："吝啬鬼，让你那糟糕的千斤顶见鬼去吧！"

听完这个笑话，许多人都会捧腹大笑。然而在笑声过后，您是否能从这个小故事中悟出一些人生道理呢？

当困难和挫折向我们袭来时，如果我们能以积极的心态勇敢地面对，或许能转败为胜，取得意想不到的收获；但如果只是一味地悲观、失望，那么幸运之神也会离我们而去。

◆ 心灵感悟

心态决定命运，这句话一点儿不假。以悲观、消极的心态面对人生，得到的只会是失败和忧伤；只有以乐观、积极的心态努力生活的人，才会得到幸运之神的垂爱。

"走"出奇迹

在美国求学的时候，我有幸认识了斯密斯太太。她那时已经60多岁了，但看上去精神很好。她的人生经历深深地打动了我，使我迫切地想要和各位朋友一起分享。

斯密斯太太生下来便是个瘸子，医生说她这辈子都无法走路了。但随着年龄的增长，她对于行走的渴望也越来越强烈。懂事后，她每天都会用力撑着椅子试图站起来。她认为没有人能够剥夺她走路的权利，即使上帝也不能。尽管一次次的努力都失败了，但她并没有放弃。

7岁那年的一天下午，她竟然真的撑着椅子站了起来！尽管是短短的一刹那，但那次站起来的经历带给她的喜悦和鼓舞却是巨大的。从那以后，她便在父母的帮助下更加刻苦地练习行走，有时一天会摔倒20多次，但她都咬牙挺了过来。这一坚持就是十几年。

终于有一天，年满20岁的她居然能走所谓的"鸭子步"了！这让她的朋友们惊叹不已。

后来她结了婚，还生了3个健康、活泼的孩子。但不幸的是，第3个孩子出生后两个多月，丈夫便因车祸去世了。斯密斯太太靠给别人打零工抚养3个孩子，日子过得非常艰辛，但身体和精神却一直很好。就在我准备回国的那一年夏天，斯密斯太太因一场意外而导致膝盖受伤。医生对她做了检查后发现，她的臀部竟然没有关节！

臀部没有关节怎么能够站起来？又怎么能够走路呢？对医生来说，这简直是一个奇迹！然而对于斯密斯太太来说，走路却是她与生俱来的权利，即使上帝也无法剥夺！

◆ 心灵感悟

在这个世界上，有许多用常理无法解释的事情被人们称为"奇迹"。然而，对那些创造奇迹的人来说，奇迹不过是坚定的信念和乐观的态度自然而然形成的一种结果罢了。

没有"随便"

埃莉诺·罗斯福是美国前总统富兰克林·罗斯福的夫人。当她从本宁顿学院毕业后，父亲将她引荐给了萨尔洛夫将军——当时美国无线电公司的董事长。原因是她想找一份电讯业的工作。

萨尔洛夫将军自然对老朋友的女儿十分热情，主动征询她的意见："你想到公司的哪个部门工作？"

"随便。"埃莉诺羞涩地回答道。

"对不起。"将军异常严肃地盯着她，"我们这里没有哪个部门叫'随便'，在成功的道路上也不存在'随便'！"

◆ 心灵感悟

最不能激发人的两个字就是"随便"，它意味着你混混沌沌、随遇而安，既缺乏奋斗的方向，也没将命运把握在自己手中。持有"随便"态度的人不但不会成功，还会不知所终。所以，在选择奋斗方向时，一定要准确地把握好自己的喜好和追求，努力为自己争取机会，而不是"随随便便"就能成功。

独一无二 💕

在这个世界上，每个人都是独一无二的。哪怕是手足兄弟、孪生姐妹，在性格、气质、爱好、经历等方面也会有所不同。

你曾经做过的事情，别人不一定能够做好；你曾经有过的快乐，别人不一定拥有。即使是你经历过的失败和挫折，也是你的人生中值得珍惜的回忆。因为，失败带给你的痛苦、挫折，给予你的坚强以及你从失败和挫折中汲取的人生经验和教训，都是别人不曾有过的宝贵体验。

你的一颦一笑、一举一动、一言一行都是独一无二的，没有人能够复制。

你就是你，即使找遍世界的每一个角落，也不可能找出第二个你。

既然你是独一无二的，那么你就有权利相信自己。哪怕你的地位很卑微，哪怕你的经历很坎坷，你也不要轻易地否定自己。要知道，活在这个世上，是上天赋予你的使命，是别人无法代替的。

因此，当生活的风暴将你推向命运边缘的时候，坚强的朋友啊，你一定要记住：相信自己，给自己活下去的勇气和力量，因为你是独一无二的！

◆ **心灵感悟**

成功有一条哲学：你想成为什么样的人，最有效的方法就是让自己先成为那个人的样子。只要你的梦想是实际的，而且渴望它渴望到白热化的程度，你就能够表现得像你想成为的那个人。

改变态度 🖤

　　一个粉刷匠受邀为一对老夫妇粉刷墙壁。粉刷匠进门后发现，这对老夫妇不仅生活贫困，而且老头儿双目失明。粉刷匠顿时流露出了怜悯之情。可是刚工作了一天，粉刷匠就发现，老头儿尽管眼睛看不见，但却是个开朗乐观的人。因此在相处的四五天里，粉刷匠和老头儿聊得很开心。

　　工作完毕后，粉刷匠只收了一半的工钱。老太太心里有些过意不去："怎么能收这么少呢？你辛苦了这么多天了。"

　　粉刷匠回答说："跟你丈夫在一起的这几天，我过得非常愉快。他对人生的那种乐观的态度，使我觉得自己的情况还不算太糟。因此，减去的那一半工钱，就算是我对他表示的一点儿谢意！"

　　粉刷匠对老头儿的推崇，使老太太流下了眼泪。因为这位热心慷慨的粉刷匠，只有一只胳膊。

◆ 心灵感悟

　　乐观者在灾难中看到希望，悲观者在希望中看到灾难。如果你无法改变生命的历程，何不改变一下生活的态度呢？换一种心情看世界，也许你就会看到温暖和希望。

"复明"的药方 🖤

　　有一位卖艺为生的盲人，他非常渴望有一天能重见光明，亲眼看一看这个世界。他四处寻医问药，却一直无法实现愿望。

　　有一天，盲人在闹市弹唱的时候，有一位方丈走过来对他说："我有一个医治眼疾的药方，可以把它送给你。不过你要弹断一千根琴弦，才可以打开这张药方纸。否则，它将会失去作用。"盲人忙不迭地答应了。

于是，盲人四处弹唱，流浪天涯。在这期间，他还收了一位双眼失明的小徒弟。师徒俩尽心尽意地以弹唱为生。很多年过去了，盲人终于弹断了第一千根琴弦。他急忙拿出方丈给的那张药方，请别人帮他看看上面写着什么。那人接过药方一看，说："这是一张白纸呀，上面一个字也没有。"盲人一听，眼泪马上就流了出来。他想了很久，终于明白方丈那"一千根琴弦"背后的意思。方丈给了他一个希望，而正是这个希望支撑了他这么多年。他不仅琴艺有了很大提高，而且对生活的理解也越发透彻，甚至超越了许多视力正常的人。

◆ 心灵感悟

只要有希望，我们就能坚定地走下去。不管路途多么遥远、坎坷，希望是我们的精神支柱，伴随我们前行。

享受过程 ❤❤

在遥远的地方有一座风景如画的大山。据说，到过那里的人们都能体验到飘飘欲仙的奇妙感觉。苏格拉底和拉克苏相约共同去攀登这座大山，去感受这与众不同的体验。

过了很多年，他们再次相遇。

"我费了那么大的力气好不容易到了这里，却什么都看不见，真是太令我失望了！"拉克苏一脸沮丧地抱怨道。

苏格拉底不慌不忙地伸起胳膊，掸去长袍上的灰尘，说道："这一路上有那么美妙的风景，难道你都没有看到吗？"

"我一心只想着奔向遥远的那座山，怎么还有闲情雅致来观看路旁的风景啊？"拉克苏一脸无辜的表情。

"如果是这样的话，那真的是太遗憾了！"苏格拉底说，"当我们执意去追寻一个目标时，请不要忘记，沿途的风景处处美丽！"

◆ 心灵感悟

成功最大的喜悦不是成功本身，而是在过程中克服种种困难、体验峰回路转的那份感受。这也是成功者不喜欢过多谈论成功本身，而常常去回味遇到的挑战、磨难以及自己心情起落等的原因。所以，追寻目标的过程中，要抱着一种"享受"的心态。

站在顶端 ❤❤

冬日的一个早上，樵夫进山打了一担柴，挑着往家走。

天上下起了鹅毛大雪，回家的路更难走了。他挑着柴火，顶着寒风，一脚深一脚浅地往前走着，身后的雪地上留下了长长的一串脚印。越往前走，他越觉得肩上的担子重，步子也迈得越来越慢了。他的家在山那边，可他还没到山顶呢。他觉得自己几乎走不动了。樵夫猛地丢下担子，跪在雪地上，捧起一把雪擦了擦脸，双手合十，对着上天祈祷说："救苦救难、大慈大悲的观音菩萨啊，求您帮我离开这里吧。我实在走不动了。"

观音菩萨说："你先告诉我，你身后是什么？"

樵夫疲惫地回答说："是我的脚印。"

观音菩萨说："你站在脚印的什么方向？"

樵夫不解地答："前方。"

观音菩萨说："勤劳的人啊，无论路途多么艰险，你都要记住，你永远走在自己路途的顶端，其他问题就不用理会了。"

按照观音菩萨的指点，樵夫终于翻过山头回到了家。

人生其实就是一次最有意义的探险。当我们为追求一个目标艰苦跋涉的时候，面对重重困难，精力和信心会被消磨，甚至觉得目标总是遥不可及。此时，只要注重目标，坚持每天往前走，每天有所进步，成功自会悄悄降临你的身边

缺憾之美 💕

有个被人弄掉了一个小边的圆，它感到非常苦恼，总想找到那个缺失的小边，以便成为一个完美无缺的圆。

它不辞劳苦地四处寻找。因为缺失了一边，所以它滚动得非常缓慢。但正因为如此，它才能够欣赏沿途美丽的鲜花、才能够和淘气的小蚂蚁聊天、才能够在温暖的阳光下散步、才能够在绵绵的细雨中洗澡……

它找了很久很久，到过许多国家、许多地方，也找到了很多不同的残边，但可惜都不是它原来的那一片。

它仍不死心，继续寻找着。

有一天，它终于在一片草丛中找到了自己朝思暮想的那个小边。它如愿变成了一个完美的圆，可是烦恼很快又来了。

变成了完美的圆后，它比以前滚得快多了，却再也无法仔细地欣赏山坡上的野花；也无法和蚂蚁开心地闲聊了，因为可怜的蚂蚁根本追不上它。甚至在阳光下散步的日子也一去不复返了……

完美变成了一种束缚，让它无法享受自己的生活。当意识到这一点时，它毅然放弃了那个费尽千辛万苦找回的小边。

◆ 心灵感悟

人生从来不曾完美过，有缺憾、有痛苦才是真实的人生。如

果人生太完美、太顺利了，反而会成为一种束缚，让我们觉得生活索然无味。

你最优秀

据说，古希腊哲学家苏格拉底在晚年时曾想找一位年轻人来做自己的接班人。他觉得弟子莫利便是一个不错的人选，但他身上似乎还缺少点儿什么，于是便决定再考验考验他。

有一天，他把莫利叫到面前说："我年纪大了，所剩时日已经不多。我希望你能帮我找一个优秀的年轻人来继承我的衣钵。这样，我的研究便能继续下去了。"

莫利对自己的老师十分尊敬，对老师交代的事情也是尽心尽力地去办。他不辞劳苦地四处寻找，将一个又一个优秀的年轻人带到苏格拉底面前，可苏格拉底总是不满意。

终于有一天，苏格拉底病倒了，他知道自己不久就要离开人世了，但自己喜爱的弟子却还没有省悟过来，不禁伤心地流下了眼泪。

莫利见老师如此悲伤，满怀愧疚地说："真对不起！我没能找到令您满意的年轻人。"

苏格拉底摇了摇头，失望地说："孩子，最优秀的人其实就是你呀！但因为你对自己缺乏足够的信心而始终没有意识到这一点。我想通过寻找继承人这件事来点拨点拨你，没想到……唉，一个不相信自己的人，怎么能让别人信服呢？"说完，这位伟大的哲学家便离开了人世。

苏格拉底去世后，莫利既悲痛又懊悔，在深深的自责中度过了一生。

自信是成功的向导。一个缺乏自信的人，就如同一只在黑夜里摸索行进的羔羊。世界上最优秀的人其实就是你自己。只有相信自己、肯定自己，才能一步步走向成功。

机会只有一次

朋友珍妮从日本留学回来，打算在香港开一家咖啡厅。

她拉上我跑遍了几乎整个香港，好不容易才选中了6间店面。在对店面的地理位置、周边环境以及交通情况做了充分调查之后，她选定了两家。然后她又委托一家信息咨询公司，对这两个店面未来的前景做了更为详细的市场调查，最终选定了其中一家。接下来便是装修问题。珍妮找了一家口碑不错的装修公司，详细地向工作人员讲述了她希望达到的效果。她不仅对店内所有的角落做了周密细致的安排，而且对店外百米远的路段做了巧妙的布置，简直用心到了极点。

在跟着珍妮折腾了两三个月后，我实在累坏了，等店面装修完毕，我对珍妮说："总算是搞定了，这下可以开张了吧？"没想到珍妮却说："虽然我们觉得不错，但别人未必满意。我想请咨询公司帮忙找一些比较挑剔的顾客来，让他们给我提些意见。"

我有点不耐烦，心想众口难调，差不多就行了，何必那么认真呢？于是就对珍妮说："我看还是先开业吧，等以后发现了问题再解决也不迟。"

"那怎么行？"珍妮有些激动"我不能拿我的顾客做试验！在日本留学时，我曾和几位同学做过一次市场调查，结果发现，在开业最初的半个月里第二次进店的顾客，基本上会成为这家店的常客。如果新店在最初的半个月里留不住客人，就得关门停业。"

"为什么呢？新店刚开张，有不足之处也是在所难免的，以后改正了不就行了？"

"不行！在日本，没有人会给你改正错误的机会。我刚到日本时，觉得日本人都很愚蠢，无论你对他们说什么，他们都会相信你；如果你想欺骗他们，也很容易达到目的。但他们只给你一次撒谎的机会，当他们发现自己上了当，便永远不会和你交往了！"

难怪珍妮如此认真地为开业做着准备，原来这个看似普通的咖啡厅实际上包含着她对人生的一种承诺：只有一次机会，所以必须好好把握！

◆ 心灵感悟

在人生中，有些重要的机会的确只有一次，比如诚信、比如生命，一旦错过了、失去了，便永远不会再有。因此，当机会降临时，我们必须全力以赴，好好把握。

生活如品茶 ♥

近来，玛丽家里发生了一系列不愉快的事情：先是丈夫失业了；接着五岁的儿子不小心摔断了胳膊；几天前，她又被顶头上司狠狠批评了一顿。这一切弄得玛丽十分心烦。

一天下午，她忍不住打电话向一位朋友诉苦。朋友听完后，邀请她到家里喝茶，还说："喝完茶，所有的烦心事都可以解决了。"

玛丽虽然不相信茶有那么神奇的功效，但还是决定去散散心。

到了朋友家里，只见朋友从抽屉里拿出一个四四方方的盒子对玛丽说："这是我托人从中国买来的茶叶，据说有五种不同的味道，十分名贵。"然后，朋友打开盒子，小心翼翼地取出一小勺放入茶壶中，倒入一些热水。

刚刚过了一分钟，朋友便给玛丽倒了一杯，邀请她品尝第一种滋味。玛丽满怀疑惑地喝了一口，差点没吐出来。她大喊道："这哪里是什么茶？简直比药都难喝！"

朋友只是微微一笑。她把茶壶中的茶水倒掉，重新往里面冲入了热水。

又过了一分钟，朋友给玛丽倒了一杯，劝她品尝第二种滋味。玛丽极不情愿地喝了一口，发现茶没有上次那么苦了，但还是比较涩。这次她没有大呼小叫，只是微微皱了一下眉头。

就这样，朋友每隔一分钟就给茶壶换一次热水，并给玛丽斟上一杯，请她仔细品味。

当玛丽喝完朋友第五次给她斟上的茶水后，脸上露出了愉快的微笑。她由衷地赞道："这种茶真好喝！我从来没有品尝过这么美妙的滋味。"

朋友接过她的话说："生活也是如此啊！只有耐心地品味，才能品尝到幸福的滋味。"

玛丽感激地拥抱了她的朋友，怀着轻松的心情回家去了。

不久，玛丽的丈夫重新找到了一份工作，儿子的伤也痊愈了，玛丽自己也因工作出色，被破格提升为部门主管。

◆ 心灵感悟

生活就如同品茶，只有那些不怕苦、不怕涩，耐心品味的人，才能品尝到生活的甘甜。如果一尝到苦味就烦躁不安甚至轻言放弃，那他永远也尝不到幸福的滋味。

不同的看法

有两个年轻的小伙子准备外出打工。他们一个打算去纽约，另一个打算去华盛顿。正当他们准备上车的时候，却听见旁边候车的两位老人在议论：纽约人太精明了，陌生人问个路都要收费；华盛顿人就很质朴，见了流浪汉，不仅给面包吃，还会送些旧衣服。

那个打算去纽约的人心想："还是去华盛顿好，即使我在那里挣不到钱，也不至于挨饿呀。"打算去华盛顿的人此时也改变了主意，他想："我还是去纽约吧，在那里给人带个路都能挣钱，还有什么不能挣钱的？"

他们不约而同地来到了退票处。说明情况后，两人干脆换了票。

就这样，原本打算去纽约的人去了华盛顿，而原本打算去华盛顿的人去了纽约。

去华盛顿的那个人发现，自己果然选对了地方。他来华盛顿两三个月了，什么活都没干，竟然没有饿着冻着。不仅能在银行大厅里喝到免费的水，而且可以很容易地从当地人那里要到面包和旧衣服。

那个去了纽约的人呢？他到了纽约后发现，在那里干什么都能挣到钱，带路可以赚钱，刷盘子可以赚钱，端盆凉水给人洗手可以赚钱……只要肯动脑筋，肯花力气，纽约简直遍地都是钱。

他先在一家店铺里给人当伙计，凭着认真踏实的精神和那股子机灵劲儿很快便得到了老板的认可。一年后，他被老板推荐到一家饮料公司做销售员。

一个偶然的机会，他听到客户抱怨说："招牌上的污垢都堆满了，可那些清洗公司却根本看不见！"一打听才知道，清洁公司只负责清洗大楼，不负责清洗商场的招牌。他马上意识到，自己的机会来了！第二天，他便向公司领导递交了辞呈，开始着手开办自己的小型清洗公司，专门负责给商场和店铺清洗招牌。五年后，他的公司已在纽约小有名气，业务也发展到了全国各地。

有一次，他到华盛顿洽谈业务，刚走出机场，就有一个流浪汉跑过来向他要5美元。就在他将钱递到流浪汉手里时，两个人都愣住了——这个流浪汉正是当年和他换票的那个人。

◆ 心灵感悟

任何时候，灾难和希望、机遇和挑战都是并存的。能否从灾难中看到希望、从挑战中看到机遇，关键在于你自己。不同的看法，带来不同的结果，成就不同的命运。

留一条路给别人 💕

上初中时，跟爸妈一起吃饭，经常看到爸爸端着碗吃饭，吃两口就把碗放下，手在裤子上摩擦几下，才端起碗继续吃。我觉得奇怪，就问妈妈怎么回事。妈妈说："你爸爸天天要把手泡在冰水里搅拌让鱼保鲜，时间长了，手的末梢神经就被破坏了，拿碗时，就吃力。这样在裤子上摩擦几下，才能拿住碗。"

很多人对我说，家里做这样的生意，能经常吃海鲜，真幸福。可他们不知道这其中的辛苦，要早出晚归，还要每天闻鱼腥味。我经常好几个星期都见不到父母的面，早上我还没醒他们就走了；晚上我都睡着了他们还没有回家。

那年，我上高一。一天回家，看到爸妈都回家了。我很纳闷，出什么事了？爸妈忙着张罗我和妹妹收拾东西去亲戚家住。我知道一定出了什么大事。爸爸说有个人犯事了，向爸爸要钱，爸爸不肯把辛辛苦苦挣的钱给他，他就威胁要伤害我和妹妹，所以父母决定让我们先去亲戚家避一避。

我们在亲戚家住了几天，很想念父母。我和妹妹决定回家，和父母一起面对这件事。

爸爸也舍不得和我们分离，怕那个人真的伤害我们，就把钱给了那个人。

此后，爸爸放弃了鱼货生意，他不想把自己的辛劳所得再给那些恶棍。

后来，我到大学读法律。我跟爸爸说，我一定要把那个坏蛋送进监狱。没想到爸爸却这样说："算了，那时候要不是因为他，我和你妈妈也不能下决心离开那个行业，可能现在身体都拖垮了。你以后做了法官，也要多为别人想一想，给他们留一条路走。"

爸爸的观点我并不认同，但是看看健康的爸爸，想起当初他端碗都困难的样子，我的心情也平静下来。我会记住父亲的话："不论处在什么样的心情下，都要记得给别人留一条路走。"

◆ 心灵感悟

留一条路给别人走，就不会冤家路窄，狭路相逢。

等待的幸福

有个性格急躁的年轻人，无论做什么事情都缺乏耐心，尤其不喜欢等待。

有一天，他与情人约好在树林中见面，可时间到了，姑娘还没有来。年轻人等得不耐烦了，他着急地在树下走来走去，嘴里长吁短叹："真急死人了！要是她能立刻出现就好了！"

他的话音刚落，一个白胡子老头出现在他的面前。老人对他说："小伙子，我是时间老人。我送你一个钟表，当你不想等待的时候，只要将它轻轻一拨，就能事如所愿。"

年轻人高兴极了，他迫不及待地将钟表向前拨动了一小格，没想到他的情人竟然奇迹般地出现在他的面前。姑娘解释说，因为母亲的阻挠，她才来晚了。年轻人心想："既然她的母亲不太乐意我们交往，那我要等到什么时候才能和她结婚呢？"想到这里，他又将钟表向前拨动了一小格。转眼间，他便挽着姑娘的手出现在婚礼上，亲朋好友欢聚一堂为他们祝福。但小伙子嫌人多太吵闹，又希望婚礼马上结束，于是他再次拨动了钟表。这时，亲友们已经散去，屋子里只剩下新郎、新娘两个人。小伙子开心极了。就这样，不愿等待的年轻人不断地拨动着钟表。于是，他很快便有了3个孩子、自己的公司、漂亮的房子……

时光飞快流逝，年轻人已经变成白发苍苍的老头了。这时，他开始后悔：我以前为什么不能等待一下呢？我只要结果，还从来没有认真地享受过生活的过程啊！

于是，他又苦苦哀求时间老人，愿意用自己现在拥有的一切作为交换，让他回到从前。如果人生可以重来，他愿意耐心地等待，好好地体会。

但一切都太迟了。时间老人告诉他，这个钟表只能向前拨动，无法后退。

◆ 心灵感悟

生命是一个漫长而又短暂的过程，起点是"生"，终点是"死"。这个过程充满了成功、幸福和欢乐，也包含着失败、痛苦和忧伤。但无论如何，我们还是应该耐心等待，仔细体会。因为一个个"等待"的过程串连起来，就是我们的一生。

沙漠繁星

塞尔玛跟随从军的丈夫来到位于拉美沙漠中的一个陆军基地里。不久，丈夫奉命外出演习，大约两三个月后才能回来。塞尔玛独自一人住在军营的小房子里。

沙漠中的气温热得让塞尔玛难以忍受，军营里也没有什么娱乐场所可以让她打发时光。最让她受不了的是，她的周围只有墨西哥人和印第安人。因为语言不通，她无法和他们交流。塞尔玛感到既孤单又烦躁，觉得自己再也无法忍受了。于是她写信告诉父亲，说自己好像生活在地狱中，真想马上离开这里回家去。父亲的回信很快来了，只有简短的一句话：两个人从监牢的铁窗里望出去，一个人只看到了泥土，而另一个人却看到了满天的繁星。这句话在塞尔玛的心中掀起了巨大的波澜，也彻底改变了她的生活。她决定在沙漠中找到属于自己的繁星。

塞尔玛开始积极地和当地人交往，邀请他们到自己的小屋里做客，并拿出父母寄来的美食和他们分享。很快，她便交了许多朋友，对当地的语言、风俗也有了一些了解。当地的人对她也很友善，见她对纺织、陶器感兴趣，便把许多舍不得卖给游客的纺织品和陶器赠送给她。

渐渐的，塞尔玛爱上了这片沙漠。她喜欢观看沙漠中的日出日落，喜欢观察仙人掌的生长变化，喜欢和可爱的土拨鼠一起玩耍……沙漠中的一切都变得那么美丽，那么令人愉快。

后来，她回到了家乡，将自己这段独特的经历写成了一本书——《快乐的城堡》，在当时引起了极大的轰动。塞尔玛及时调整了自己的心态，因此，她在那片曾经让她厌烦的沙漠中找到了美丽的繁星。

◆ 心灵感悟

也许你无法改变生存的环境，但你完全可以改变自己的心态。心态变了，对生活的认识、对生命的体悟也会跟着改变。拥有良好心态的人，即使身处荒凉的沙漠中，也能找到美丽的繁星。

爱这一"家"

那个小女孩又在擦洗我的车子，这是我第二次见到她了。我以为她想要赚些零用钱，就拿了一些给她，可是她拒绝接收，她说她叫莉莎，帮我擦车只是因为觉得我长得像她的爸爸。

我觉得她很可爱，决定带她去兜风。

我们很快就熟悉起来，莉莎告诉我，她妈妈就要离开人世了，而她爸爸去了别的国家挣钱。"爸爸临走时说，等他能够买一辆红色的跑车和一座大农场的时候，就来接我们。可是，现在妈妈就要不行了，爸爸还是没有回来。叔叔，你能不能……"

莉莎一直在寻找跟她父亲长得相似，而且有红色跑车的人，希望能帮她让母亲实现最后的愿望。我很感动，答应陪她一起去看她妈妈。

我跟她去了她家里，走进她母亲玛丽房间的时候，她正在熟睡。醒来的时候，玛丽看了我半晌，突然抱着我痛哭。我知道她把我当做了丈夫。玛丽说："莉莎，快，叫爸爸。"莉莎轻轻地叫了一声："爸爸。"我很激动，用力地把她搂进怀里。

在接下来的那些日子里，我一直陪着莉莎和她的妈妈，直到她去世。在办完玛丽的葬礼后，我对莉莎说，"你愿意让我做你的爸爸吗？"莉莎张开双臂扑进我的怀里，叫了声："爸爸。"

◆ 心灵感悟

谁要是不会爱，谁就无法理解生活，也无法从中获取更多。

幸运车票

这就是我心目中的女孩！刚上汽车我就发现了她：白色的

连衣裙，俏丽的短发，圆圆的脸蛋，水灵灵的大眼睛……跟我心目中的爱人形象一样，我要想办法认识她。该怎么做呢？问她时间？显得我太蠢了；问她哪一站下车？她会把我当成流氓的；假装认错人？太俗了。

我向自动投币箱里投了一枚硬币，跳出一张票来。太好了，这是一张能给人带来幸运的票：它有6位数字，而且中间4位都是6。第一位和最后一位加起来也是6。天！整整一个六六大顺呀！看来我的好运来了……

可那姑娘朝车门走去，她要下车了？我着急了，万能的上帝啊，求求您，让美丽的姑娘留下来吧！我有些绝望，最后竟然想到了家乡古老的传说：把幸运车票吃下去，这样愿望就会实现。死马当成活马医，我偷偷把车票塞进嘴里，费力地咽了下去，然后在心里默念："姑娘，别走！姑娘，别走！"奇迹出现了，姑娘转身朝我走来。

我瞪大眼睛，高兴得有点不知所措了。

姑娘看了看我，转过身对车里的人说她要检票，并且拿出了自己的查票员证件。然后，第一个就是我，她说："先生，请给我看一下你的票。"我的心怦怦乱跳，话也说不出来。"怎么，收款机坏了？"看我不说话，姑娘猜测。"没……没坏。""那，你没有拿票？""我……我拿了。"我有点不知道如何是好。她皱了皱眉头，有些严厉："那你没有买票？"我头上冒汗了："我……我买了。""那把你的票拿出来给我看一下！""我……我把它吞进肚子了，这是一张幸运票！"我拍拍肚子说。

车上的人都笑起来，姑娘也忍不住笑了："那没办法了，我没有透视眼，看不到你肚子里的票。很遗憾，你要为你的幸运买单了。"我了解她的意思，没精打采地问："交多少？""现在交8元；如果回到总站交，可能会多点。"

多少都是罚，去总站还能跟她多相处一会儿，我决定随她去总站。办好了一切手续，我恋恋不舍地离开了。不过，后来我根据那张罚款收据上的信息，找到了她，邀请她一起出去玩，她竟然爽快地答应了。后来，她就成了我孩子的妈。

想想，还应该感谢那张幸运的车票。没有它，我怎么能娶到心爱的她呢？

◆ 心灵感悟

幸运并不偶然，它是对敢于追求幸福的勇敢者的嘉奖。

梦想曲线

从前有个叫亨利·谢里曼的德国商人，从小酷爱《荷马史诗》，并有一个愿望就是等将来有钱了一定要潜心研究考古。但是由于家境贫穷，谢里曼知道自己不能立刻投入到考古事业中，必须先为理想做好足够的准备。为了挣钱，谢里曼从事过很多职业——学徒、售货员、见习水手、银行信差，后来还在俄罗斯开了一家商务办事处。谢里曼始终坚持自己的理想，尽管工作很忙，他仍然抽出时间自学古代希腊语，并参与各国的商务活动，还学会了多门外语。

经过多年的努力，谢里曼终于从俄国的石油生意中挣到了一大笔钱。正当事业如日中天之时，谢里曼却选择了急流勇退，他把自己的全部积蓄都投入到了自己儿时的梦想中。谢里曼最大的愿望就是找到那些《伊利亚特》和《奥德赛》中所描述的城市、古战场遗址和那些英雄的坟墓。1870年，他开始在特洛伊挖掘。过了几年，他共挖掘出了9座城市，还最终找到了迈锡尼和梯林斯这两座爱琴海古城。这些伟大的发掘使谢里曼成为了爱琴海文明的首位发现者。他的发现在世界文明史中具有里程碑的意义。

现在人们终于明白了，谢里曼花那么多时间去赚钱的原因是为了要为自己的儿时梦想——考古储备足够多的金钱，同时还要具备一种衣食无忧的心态。

◆ 心灵感悟

世间并没有真正意义上的障碍，有的只是不同的心态，不同的路径。人有时候应该像水一样前进，如果前面是座山，就绕过去；如果前面是平原，就漫过去；如果前面是张网，就渗过去；如果前面是道闸门，就停下来，等待时机。平面上两点之间，直线最短；而现实生活中，更多的时候，却是"曲线"最短。

脱鞋进舱 ❤❤

20世纪60年代，前苏联与美国在空间技术领域展开了激烈的竞争。

这天，位于哈萨克斯坦拜克努尔发射场的运载火箭总装车间里来了一群特殊的客人。他们是几十位预备宇航员，来参观他们将要乘坐的飞船。细心的主任设计师发现，在这些人当中，只有一位年轻的预备宇航员在进舱门前将鞋脱了下来。

"你为什么要脱鞋呢？"主任设计师不动声色地问道。

"航天舱这么贵重，我不能穿鞋进去。"年轻的预备宇航员回答。

这个回答让主任设计师非常感动。他想：这个年轻人才是真正爱惜飞船的人。后来，在设计师的推荐下，这位名叫尤里·加加林的航天员成为人类第一位进入太空的人。

　　事实上，加加林的成功不是从脱鞋开始的，而是从好习惯开始的。在职场上，专注、敬业、细心、追求完美是一个人获得成功的个性品质，一个不经意的小动作就可以把这种品质展露出来，为自己争取到许多机会。

愿意吃亏

　　一件小事可能会使一个人的职业生涯发生重大转变。

　　玛丽就是因为这样一件小事而得到了一次职务的晋升。

　　一个星期日的午后，玛丽正在处理手头剩余的工作。这时，同一楼层的一位律师走过来向她打听道："在哪里能找到速记员，我想请他帮忙处理手头的一些工作，因为这项工作必须今天完成。"

　　"所有的速记员都去看棒球比赛了，如果您再晚来10分钟，我也离开了。"玛丽笑笑说道，"不过，工作第一，而球赛随时都可以看，还是由我来帮助您完成这部分任务吧！"

　　玛丽一直帮助律师忙到很晚才完成工作，律师为了答谢玛丽，问："谢谢您的帮助，我应该付给您多少钱？"玛丽跟律师开起了玩笑："哦，这样吧，既然这是您的工作，就请支付给我1美元吧。假如是其他人的工作，我是分文不取的。"律师微笑着向玛丽表示了诚挚的谢意。

　　六个月过去了，玛丽早已将当时向律师开的玩笑抛到了九霄云外，但出人意料的是，有一天，律师竟然找到了她，把当时许诺的1美元酬劳交给了玛丽，并诚恳地邀请玛丽到自己的公司工作，而月薪则比现在高出1000多美元。

从另一个角度理解，吃亏就是占便宜——因为没有人喜欢爱占便宜的人，却会对愿意吃亏的人留下好感。你在别人心目中的形象好了，机会自然多了，"便宜"也就来了。所以，不要斤斤计较或者太守护自己的利益，适当地"牺牲"一下，反而会给你带来更多的收益。

为梦想打工

在一个一贫如洗的美国乡村家庭，齐瓦勃出生了。由于贫困，他没能上多少学。15岁的时候，齐瓦勃就做了一名山村马夫。尽管如此，渴望成功的雄心却推动着他时刻寻找着新的机遇。

几年过后，齐瓦勃得到了一份在建筑工地的工作。这个工地属于当时的钢铁大王卡内基。自从踏入工地的那一天起，齐瓦勃就坚定地对自己说："我一定要成为最优秀的工人！"当工友们诅咒繁重的劳动、抱怨微薄的收入时，他默默地积累着工作经验，专心地自学建筑知识。

一天夜里，公司经理到工地检查。他发现除了齐瓦勃躲在角落里看书之外，其他工人们都在闲聊。经理瞧了瞧齐瓦勃手中的书，又翻了翻他的笔记，什么话也没说就走了。

第二天，齐瓦勃被叫到经理的办公室。"你为什么要学那些东西？"经理问。

"因为我发现公司里全是打工者，但紧缺既有专业知识又懂实践工作的管理人员或技术人员。他们才是公司真正的需要，对吗？"齐瓦勃认真地回答。

经理心中暗吃一惊，不由地用赞许的眼神重新审视起眼前这个年轻人。

没过多久，齐瓦勃就被晋升为技师。面对工友中一些人嫉妒的言语，他很坦然："我打工不是单纯为了挣钱，或者是讨好老板，我是在为自己的梦想打工，为自己远大的前程打工。我们都必须在辛勤地劳动中提升自己的业绩，让自己的价值远远高于自己拿到的薪水！只有这样，才能被委以重任，才能得到发展。"

正是这种信念，支撑着齐瓦勃，使他一步步地登上了总工程师的职位。25岁时，他已经成为了这家钢铁公司的总经理。几年以后，已是卡内基钢铁公司灵魂人物的齐瓦勃又被卡内基亲自任命为钢铁公司的董事长。正是凭借着非凡的毅力，齐瓦勃成为了卡内基钦点的接班人。

◆ **心灵感悟**

问问自己，你到底在为什么工作？是为老板工作，以从他那里换取工资吗？不是！你是在为自己工作，因为它不仅仅让你获得薪水，还教给你经验、知识，让你提升自己，变得更有价值。所以，在踏入职场的第一步，就要给自己选定一个奋斗方向——你要成为什么人，你要坐到什么位置上。

后院的钻石

从前，有位名叫阿里的波斯人住在离印度河不远的地方。他拥有大片的花园、肥沃的良田和精巧的园林。他是一位富有的农夫。

一天，有位僧侣来到家里，他是来拜访阿里的。他们坐在火炉边聊天，僧侣向阿里讲述了钻石的形成原理，并声称，一个人如果拥有一捧钻石，就可以买下这个国家的土地。要是拥有一座钻石矿，他就可以把孩子送至王位。

听了僧侣的话，阿里激动不已，忙向僧侣打听在什么地方可以找到钻石。

僧侣告诉阿里要找到高山之间的河流，这条河流流淌在白沙之上，可以在白沙中找到钻石。

阿里决定去找钻石。他先到了月亮山区，又来到巴勒斯坦地区，接着又到了欧洲。最后，他一分钱也没有了，整个人又饿又累。这位可怜的寻宝人站在巴塞罗那海湾岸边，纵身一跃，跳到水里。

几十年后，阿里的儿子牵着马在阿里家的那片花园饮水时，突然发现溪底白沙中有一道奇异的光芒，便伸手下去捞。他捞上了一块黑石头，石头上有一处绽放出了美丽的光芒。他把这怪异的石头拿进屋里，放在壁炉架上，就去干活了。

几天以后，那位僧侣又来拜访阿里的儿子。当他看见壁炉架上发出光芒的石头时，立即奔向那块石头，并激动地叫喊："这是一颗钻石！这是一颗钻石！阿里，阿里在哪里？"

阿里的儿子告诉僧侣阿里还没有回来，这块石头是从自己家后院的花园里发现的。

阿里的儿子和僧侣一起奔到后花园里，用手捧起溪底的白沙，发现了许多更加璀璨的钻石。

这就是印度戈尔康达钻石矿发现的经过。戈尔康达钻石矿是世界上最大的钻石矿。英国国王皇冠上的钻石以及俄国国王王冠上的钻石，都是从这座钻石矿里发现的。

◆ **心灵感悟**

抛弃纯粹的偶然性和传奇色彩，我们会被故事背后的深刻寓意深深震撼：真正的财富不在你难以到达的远处，而是存在于你目光能及的几步之内。所以，人要审视周围的环境，看看身边有哪些可利用的资源，以免你前脚刚走，就被后来人赚了个盆满钵满。

拾小海螺 ❤❤

有两个渔夫起了个大早赶到海滩上捡海螺，因为他们听说海螺在市场上的销售很好。

"我的腿脚灵便，而且视力好得很。比起那个老家伙，我肯定能收获更多。我一定要挑到那些又大又好的海螺！"年轻的渔夫心里盘算着。

海螺遍地都是，但都不是很集中，而且大小不一。老渔夫并没有因为海螺小而挑剔，他把每一个海螺都当做宝贝一样拾起来。年轻人对老渔夫捡起所有海螺的行为嗤之以鼻，暗自想到："这么小的海螺，根本不值得弯下腰去捡！"没多一会儿，老人就捡了半袋子的海螺，而年轻人的袋子里只有可怜的几个。年轻人见状并未着急，只是想："那又怎么样？我走得快多了，而且眼睛那么好使。只要发现了海螺密集的地方，我一次就能装满整个袋子，而且是又大又好的！"

年轻的渔夫心高气傲地走了一上午，压根就没找到海螺多的地方。他的袋子干瘪如故，那全是他不愿意多花力气去捡那些所谓不值得捡的海螺造成的结果；而此时老人的袋子已经装满了。

下午，两个渔夫一同赶回市场，途中碰到了另一个渔夫。那个渔夫问道："你们去的地方海螺多吗？"

老渔夫满载而归，乐呵呵地说道："确实很多啊！你看我这袋子都装不下了啊！"

年轻的渔夫愤愤地说道："乱说！哪有那么多的海螺啊？每一块地方的海螺都少得可怜，根本不值得去捡！"

◆ 心灵感悟

没有不起眼的电火花就没有震耳惊雷。小的不要、零散的不要，又怎能有丰厚的积累？大海之所以浩瀚博大，是因为它珍惜每一滴水，从不肯放弃哪怕一点点的溪流。

锁定目标 ❤❤

亚瑟尔是一位年轻的美国警察。在一次执行任务中，他的左眼和右腿膝盖被歹徒用枪射中。当他出院时，他变成了一个又跛又瞎的残疾人，那个曾经高大魁梧、双目炯炯有神的英俊小伙子已经不在了。

他得到了许许多多勋章和锦旗，记者曾问他："遭到厄运的你，将如何面对以后的生活？"

亚瑟尔坚定地说："我给自己制订了一个目标，我要亲手抓住那个逃跑的歹徒。"

在这之后，亚瑟尔不顾劝阻，参与抓捕那个歹徒。为了目标的实现，他不辞辛劳几乎跑遍了整个美国，甚至为了一个微不足道的线索而独自飞往瑞士。

由于亚瑟尔起到的关键作用，9年后，那个歹徒终于在亚洲某个小国被抓获了。新闻媒体都称他是全美最坚强、最勇敢的人，他又一次成为英雄。

亚瑟尔的成功，警示着我们：人不能失去奋斗目标，失去了目标，一切也就失去了。

◆ 心灵感悟

目标就是我们前进路上的标杆，失去目标的人就像一艘没有舵的船，没有它我们会迷失方向，只能漂到失败的海滩，而不能驶往成功的彼岸。

结局可以"选择"

初冬的清晨，在第5大街冷冷的晨雾中，威尔逊先生遇到了一个乞讨的盲人。出于同情，他给了盲人一百美元的钞票。正要离开时，盲人握住了他的手，说："您知道吗？我生来并不是瞎子，今天的痛苦，都是23年前希尔顿工厂那次爆炸作的孽！"

威尔逊先生的心猛地抽搐了一下，欲言又止。

盲人接着诅咒道："都是因为那个大个子！当时，我好不容易到了门口，可是逃命的人挤在了一起，我出不去。这时候，我身后的大个子喊道：'我不想死，我还年轻，让我先出去！'他把我推倒，踩着我的身体逃出了工厂。而我则在醒来后发现自己成了瞎子！"

"你说反了吧，先生！当时恐怕不是这样的吧！"威尔逊先生的语气比清晨的雾气还让人觉得寒冷。

盲人猛地一惊。

威尔逊先生一字一句地说："我就是那个被你推倒的工人，是你踩着我的身体逃出火场的。我永远都不会忘记你的那句话！"

盲人紧紧地攥着威尔逊先生的双手，声嘶力竭地喊道："我逃了出来，却成了瞎子；你倒在里面，却成了富翁！为什么命运这么不公平？为什么啊？！"

"拜你所赐，我也成了瞎子！"威尔逊先生用力推开盲人，摸了摸手中精致的手杖，"但与你不同：我不相信命运！"

◆ 心灵感悟

命运对每个人都是公平的。有些人不屈服于命运的淫威，掌握了自己的命运；有些人为命运所左右，甘心做起了命运的奴隶。所以，相同的遭遇，也会有不同的命运，而且一点都不偶然。

六年外卖 💕

一个小男孩由于家境贫寒而辍学。为了维持生计，他靠在快餐店送外卖赚取微薄的生活费。这份工作很辛苦，最忙的时候小男孩一天得送600多份快餐。

经常会有熟悉的客人问瘦小而又腼腆的他："小伙子，你是不想上学才逃学出来打工的吗？"他连忙摇头说不是，那坚定的眼神透露出了他对上学的向往。这个回答令人吃惊，客人忍不住关切地问起他为什么不上学。原来，小男孩的母亲重病在床，常年靠药物维持生命，而小男孩的父亲又是个残疾人，只能依靠摆烧饼摊来赚点钱。于是，他便成了家里唯一的经济支柱。客人了解了他的遭遇后，都深深地理解和同情他，所以也从未为难他。

孩子依旧在那间快餐店送着外卖，在这期间，他结交过很多新伙伴。但由于这可怜的工资，他们都没干多久，少则一个月、多则3个月就纷纷离开了。

转眼间，男孩已经坚持干了6年，成长为一名成熟的青年。远近市场的商家们几乎都认识他。在这6年时间里，小男孩被他们误认为是这家快餐店的老板。直到有一天，店里新来了一个小女孩，好奇地问他："你每个月能赚多少钱啊？"他涨红着脸说："300元。"她怎么也不信，说："你怎么可能只赚那么少？你不是老板吗？""我只是一个送外卖的。"

他确实只是一个送外卖的，6年来一直都是。大家很疑惑男孩为什么这么喜欢送外卖。男孩什么也没说，只是微微地笑了笑。

没多久，男孩辞去了快餐店的工作，自己开了一家家政服务公司，生意异常红火，原因很简单：在这6年当中，男孩认识了几千位生意人，并且他的坚持给这些生意人留下了深刻而且良好的印象，而他们正是城里最需要家政服务的群体。

男孩不懈地努力着，他已成功地在城里开起第四家连锁公司，资产膨胀速度犹如原子弹爆炸一般，认识他的人们深感不可思议：在这样竞争激烈并且无缝可钻的市场中，一个送外卖的小孩仅凭自己的一己之力是如何脱颖而出的呢？对此，小男孩很坦然地回答道："在这个城里有其他人能坚持6年一直送外卖吗？"

是啊，道理不能再简单了。

◆ 心灵感悟

日复一日地工作仿佛没有什么收获，可是回头一看却进步了许多，拥有了更多的资源，积累了做事的资本。所以，做事要有点耐心、多点细心，不停地从中学习，终有一天，会让你成长为巨人。

分段妙法

刚参加工作时，单位组织我们徒步登庐山。我们趁天还没亮就出发，走了约一个半小时，到达了庐山脚下的莲花洞，从"好汉坡"往上爬。我们没到过庐山，也不知道路途有多远，只是迷迷糊糊地跟在别人后面走。"还有多远？""什么时候能到？""累死了！"

大家你一言我一语地抱怨着。有人干脆坐在路边，声称走不动了，死也不上山了。组织者只好留下两人照顾她，其他人继续前进。领队是个本地人，到十八里好汉坡时，他告诉我们已经走了大半了。于是，大家又坚持着往前走。当所有人都走得筋疲力尽、疲惫不堪时，领队指着前方说："那就是庐山镇，快到了！"每个人精神一振，加快了步伐，很快就到了目的地。过了一阵，那位"死都不上来"的队员也终于赶到了。事后，我问她是怎么坚持上来的。她说，那两位照顾她的队友家在本地，对这条路很熟悉。在十八里的好汉坡上，每当前进一里，他们就会鼓励她，让她知道自己离目的地越来越近。每接近一点儿，大家便会有一阵儿的兴奋。她的情绪也越来越高涨，终于艰难地和大家汇合了。我感觉这就是"分段妙法"：那位走不动的队员因为没有目标，泄了气，情绪低落，所以走不动了。

我们因为经常受到领队"走了大半了！""快到了！"的鼓舞，便又振作起来，加快了步伐。

那位赖在路边不走的队员，由于照顾她的队友让她明白，每前进一里就离目的地近了一里，行动的动机才会维持。这也是用了"分段妙法"使她心理上为之兴奋起来，终于赶上了大部队，欣赏到了庐山的美景。

◆ 心灵感悟

没有目标的行动是让人泄气的。只有清楚地知道自己的行为和目标之间的距离在一点点缩近，行动的动机才会维持和加强，心理上也像注入了一剂兴奋剂，从而自觉地克服一切困难，努力达到目标。

做好一件事

弟子问师父："师父，什么是禅？"师父回答道："禅，很简单，就是在扫地的时候扫地，吃饭的时候吃饭，睡觉的时候睡觉。"弟子诧异地说："师父，就这么简单。""没错。"师父说："但是做得到的人不多。"许多人错失生活的许多机会，就是因为不注意处于眼前的时刻。对于我们来说，专注此刻非常重要，不管是工作或休闲。专注此刻，专注手里的差事，才可以从中得到好处。

学会一次只做一件事，而不是同时做两件或三件事，是掌握此刻的关键。手头里做着一件事，心里却又想着另外一件事，这是矛盾的。你如果想着别的事情，就肯定不能放开手脚去做自己正做着的事。我们应该全心全意、心无旁骛地去做自己选择的事情。

◆ 心灵感悟

能否做好一件事往往决定一个人事业上能否成功。要想成功，我们就要一心一意、心无杂念地做一件事，不能三心二意，眉毛、胡子一把抓。

敢于冒险

这里是非洲的塞伦盖蒂大草原。每年夏天，由于干旱，上百万只角马都会上演一出北迁马拉马湿地的场景。

迁徙途中，唯一的水源就是格鲁梅地河。对角马群而言，这条河既蕴藏着生命的希望，又潜伏着死亡的威胁。

与迁徙路线相交的这条河，为角马群提供了维持生命的饮用水。然而河边繁茂的灌木丛和并不清澈的河水，却是猛兽们藏身的理想场所。在角马群扬起的遮天尘埃中，有的角马视线受阻，成了狮子利爪下丰盛的美餐。在看似平静的河面下，躲藏着非洲大陆上最冷血的杀手——鳄鱼。如果有的角马被马群的巨大冲击力挤入河中，等待它的就将是一张张血盆大口。即使它侥幸逃出了鳄鱼的伏击圈，也会因体力不支而遭受灭顶之灾。

有一天，在一处适于饮水的河岸边又有一群角马远道而来。似乎是对潜藏的危险心知肚明，领头的几只角马停下步子不愿前行。每只角马都犹犹豫豫地向前几步，嗅一嗅，嘶鸣一声，又不约而同地向后退去，反反复复，仿佛跳舞一般。终于，后面角马干渴的神经再也经不起水的诱惑。角马群拥挤着向前推进。不论是否出于自愿，"头马"们离水越来越近了。不知是迫于无奈，还是自恃强壮，一只年轻的角马"跃入雷池"，开始畅饮河水，肆无忌惮地享受着生命之源的滋润，而那些年长的角马即便被挤入水中也不敢大胆地喝水。

忽然，一只角马被汹涌的马群挤到了水深处，它惊恐的悲鸣惊动了角马群。在一阵骚动过后，角马群迅速离开了河边，回到了迁徙路线上。现在，角马群中的大多数成员只能继续忍受干渴的折磨——它们或是因为恐惧、或是无法挤出重围而没有喝到水。只有那些勇敢地站在最前面的角马得到了河流丰厚的奖赏。这样的情形，每天都在格鲁梅地的河岸边反复上演。

◆ 心灵感悟

生活中的你是否也像角马一样？是什么让你藏在人群之中，忍受着对成功之水的渴望？是对未知的恐惧，让你害怕潜藏的危险？还是你安于庸常的生活，放弃了追求？大多数人只肯远远地看着别人痛饮成功之水，自己却忍受干渴的煎熬。不要让恐惧阻挡你的前进，不要等待别人推动你前进，你必须奋起而为。只有勇于冒险的人才可能成功。

記憶經典叢書

记忆经典丛书

记忆经典丛书编委会　编著

心灵鸡汤全集

中国青年出版社

下篇 最鼓舞人的励志故事

第十一辑 **好命不如好心态** / 549

偷羊的圣徒 / 550

总有办法 / 551

专心致志 / 551

命运在手 / 553

播种成功 / 553

满怀信念 / 554

儿时梦想 / 555

下一次你能 / 556

敢于越雷池 / 557

别误读“恐惧” / 558

积累成功 / 559

行动改变命运 / 560

自立才能自强 / 561

创造契机 / 562

自救度众生 / 563

迅速决断 / 564

承受打击 / 565

挫折促你成熟 / 566

做得比别人好 / 567

不留退路 / 568

彻底投入 / 569

挣脱束缚 / 570

正视苦难 / 571

付出努力 / 572

认清自己 / 573

不轻言放弃 / 574

走自己的路 / 576

只管去做 / 577

逆境“突围” / 578

成功的心态 / 579

全力以赴 / 580

第六册目录

为人生埋单 / 581

挫折孕育着辉煌 / 582

第十二辑 逆境欢歌 / 585

度过暗夜 / 586

苹果传奇 / 587

别为打碎的陶罐哭泣 / 589

严重警告 / 590

急中生智 / 591

反被动为主动 / 592

生命无价 / 593

耐性测验 / 594

在绝望的时候再等一下 / 595

唯一的失败是放弃 / 596

十年风水轮流转 / 597

危机尽头是转机 / 598

计算每次拒绝的价值 / 599

赢的原因 / 600

从微笑开始 / 601

把打捞坚持到底 / 602

你敢在火上行走吗 / 603

从来没有真正的绝境 / 604

苦难造就伟大 / 605

在绝望中抓住快乐 / 605

用脚趾写作 / 606

人生的调味品 / 607

坦然面对不幸 / 608

不向困难低头 / 609

困难有恩 / 611

危机尽头 / 612

你没有责任吗 / 613

贫穷是你的起点 / 614

面对逆境像咖啡 / 615

天生我材必有用 / 617

绝境求生 / 619

失败了也能笑出来 / 620

总会有所收获 / 620

如何面对才重要 / 622

屡败屡战最可贵 / 623

命运的锤炼 / 624

靠自己 / 625

在绝望中站起 / 626

尽最大努力 / 627

挣脱依赖 / 628

谁都不会拥有太多 / 629

微笑的感动 / 630

生活无偏爱 / 632

碎镜变"钻石" / 632

潮落之后会潮涨 / 633

做梦也能发财 / 634

未来我是…… / 636

其实你很幸运 / 638

别太在意误会 / 638

能不能废除监狱 / 640

活着的理由 / 641

预见未来 / 642

总有一天要成为老板 / 643

在脚下多垫些砖头 / 644

醒悟造就伟人 / 646

哈利·波特的诞生 / 646

为梦想打工 / 648

你为什么要做得比别人多 / 649

紧紧抓住梦想的手 / 650

人生的陷阱 / 651

不要怕掉进坑里 / 652

斩断后路 / 653

认清你是多大的杯子 / 654

下篇

最鼓舞人的励志故事

我们的生命虽然短暂而且渺小，但是伟大的一切都由人的手所造成。人生在世，意识到自己的这种崇高的任务，那就是他的无上的快乐。

——屠格涅夫

Volume 2

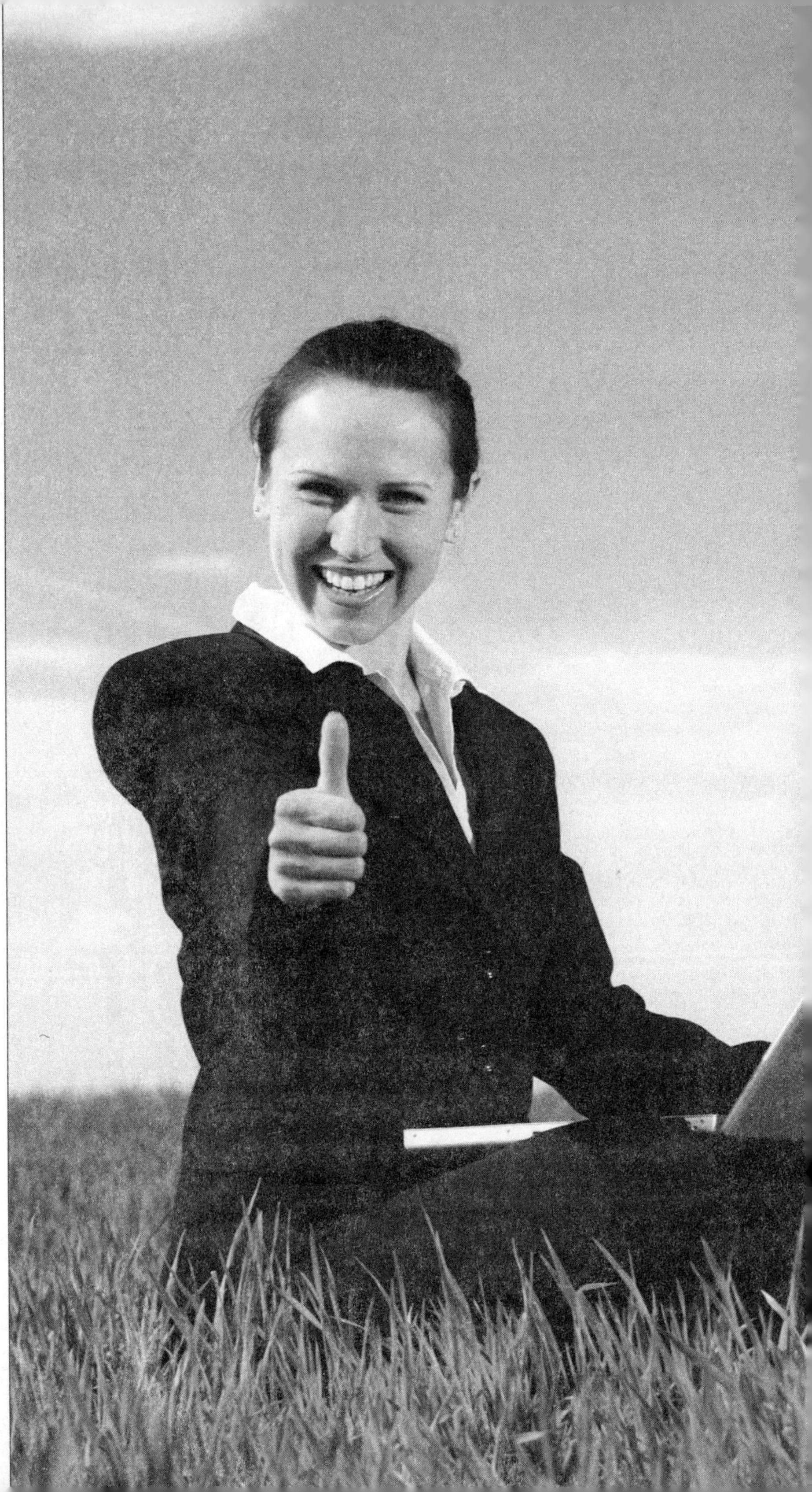

好命不如好心态

如果你有自己系鞋带的能力，你就有上天摘星的机会。

——格兰特纳

偷羊的圣徒 ♥♥

在一个村庄里，两名年轻人相约一起去偷羊，结果当场就被主人给抓住了。

按照当地的风俗：凡偷窃者必在额头上刻字。于是，这两名年轻人的额头上被刻上了英文字母ST，即偷羊贼（Sheep Thief）的缩写。

两名年轻人羞愧难当，其中一位受不了别人嘲弄的目光，便选择了远走他乡。但是，无论他走到哪里，总会引来无数人好奇的询问："你额头上的字母是什么意思？"这名年轻人痛苦不堪，终生在郁郁寡欢。

另一个年轻人开始也因为额头上的字母而十分羞愧，他也想过离开家乡，到别处生活。但是，他考虑再三后，还是决定留下来。他要用自己的行动来洗刷这份耻辱。

几十年过去了，这名年轻人终于为自己赢得了很好的声誉。他善良而正直的品行得到了大家的交口称赞。有一名路过此地的外乡人看到这位白发苍苍的老者额头上的字母时，觉得十分好奇，便向当地人询问。当地人说："时间隔得太久了，我也记不清了。不过我估计是圣徒（Sanit）的缩写吧！"

遭遇人生的打击时，人们会有不一样的反应。有人选择逃避，有人选择勇敢面对。这也是懦弱和勇敢的分别。勇敢者总是跌倒了再爬起来，向着更远的地方前进；而懦弱者一旦跌倒，只会一蹶不振，再也不愿意前进。

◆ 心灵感悟

命运对每个人都是公平的。你选择了什么道路，就会收获怎样的命运。

总有办法 🖤

戴尔·泰勒是西雅图一所著名教堂里德高望重的牧师。有一天，他向唱诗班的孩子们郑重宣布：他将邀请能背出《圣经·马太福音》中第五章到第七章全部内容的人，到西雅图的"太空针"高塔餐厅享受免费的自助餐。

尽管许多学生做梦都想到那儿去吃自助餐，但是由于《圣经·马太福音》中第五章到第七章的内容有好几万字，而且不押韵，要背诵下来真是太难了，所以几乎所有的人都放弃了。

一周以后，当一个11岁的男孩将牧师要求的内容一字不差地背诵出来，而且从头到尾没有一点差错时，泰勒牧师惊呆了。更令人叫绝的是，到了最后，背诵简直成了充满深情的朗诵。泰勒牧师深知：即使在成年的信徒中，能将这些内容背诵出来的人也是凤毛麟角，对孩子而言，那种难度就更是可想而知了。

"孩子，你为什么能背下这么难的内容啊？"泰勒牧师对男孩拥有如此惊人的记忆力赞叹不已。

"因为我想去'太空针'餐厅。"男孩稚嫩的声音中透着坚定。

这个男孩就是比尔·盖茨。16年后，他创办了举世闻名的微软公司。

◆心灵感悟

别人做不到的，你也做不到吗？不，只要你相信自己并竭尽全力，那么，一切皆有可能。

专心致志 🖤

纽约中央车站问询处，每天都是人潮如海，匆匆的旅客都希望能够立即得到答案而争着提出自己的问题。这里是世界上最紧张的地方。

工作的紧张与压力时刻伴随着问询处的服务人员。可维克托却看不出一丁点儿的紧张。他一副文弱的样子，身材瘦小，戴着眼镜，却又是那么轻松自如、镇定自若。

维克托面前的旅客是一位头扎丝巾、充满了焦虑与不安的矮胖妇人。维克托为了能听到她的声音，倾斜着上半身。"是的，你要问什么？"他透过厚镜片精力集中地看着这位妇人，"你要去哪里？"

这时，有位穿着入时，头戴昂贵帽子的男子试图插话进来。维克托却旁若无人地继续和这位妇人说话："你要去哪里？""春田。"

"是马萨诸塞州的春田吗？""不，是俄亥俄州的春田。"

维克托根本不需要行车时刻表，就说："那班车在第15号月台，10分钟后发车。时间还来得及，不用着急。"

"你说的是在15号月台吗？""是的，太太。"

女人转身走了，维克托的注意力立即转移到了戴帽子的男士身上。但是，没多久，那位太太又回头问道："你刚才说是15号月台？"这一次，维克托没有再管这位头扎丝巾的太太，而是集中精力回答着下一位旅客的问题。

有人请教维克托："你是如何保持冷静的呢？"

维克托这样回答："很简单，我一次只服务一位旅客，忙完一位，才换下一位。"

"我一次只服务一位旅客。"说得多好，堪称至理！

◆ 心灵感悟

只有心无旁骛、一心一意地做一件事，才能把它做好。好高骛远、见异思迁、三心二意，到头来只能是两手空空，一无所获。

命运在手 🖤

小凤参加工作两年以来，工作努力，几乎每天都要加班3小时。她总是一声不吭地埋头苦干，默默耕耘。

在最近部门升迁的名单里，她的名字没有出现。她来找我哭诉："我努力工作，从不偷懒，分内分外的事我都做了，为什么不能给我升职？"

"你是不是没有明确表示想要那个职位？"我记得有一次主管问她有没有意愿晋升时，她不知道该怎么回答，而是让主管为她决定。就这样，她错过了升迁的机会。

我们的决定，而非际遇，决定了我们的一生。

◆ 心灵感悟

出路和命运都只存在于我们自己身上。要抓住它们，更多的机会才能被我们争取到，并最终走向成功的彼岸。

播种成功 🖤

25年前，哈佛大学的学者对一群生活环境、家庭背景、智力学历等条件相差无几的年轻人做了一次调查。结果如下：

3%的人有明确并且长远的目标；

10%的人有明确的短期目标；

60%的人长远和短期的目标都很模糊；

27%的人完全没有目标。

这是一个著名的有关人生目标影响力的跟踪调查。时间走过25年，学者们再次调查他们的生活状况时，结果十分耐人寻味：

27%无目标的那群人，几乎都生活在社会的最底层。他们不断抱怨上天、诅咒命运、数落他人，过着失意的生活，靠社会的救济勉强度日。60%目标不明的那群人，几乎都生活在社会的中下层。他们尽管生活安逸、工作稳定，但大都没有什么更大的成就。10%有短期目标的那群人则完全不同：他们成为了各行各业的专业人士，是社会的中产阶级；他们中的绝大多数人成了医生、律师、高级主管、营销专家，过着衣食无忧的富足生活。

剩下的那3%，不用我说大家一定也已经猜到了。对！那群25年来不曾改变人生目标、向着一个方向坚定前进的人，他们构成了社会的精英阶级！

◆ 心灵感悟

　　人生是非常短暂的，大好年华转瞬即逝。有目标，就可以在有限的生涯中把所有的力量往一块儿使；没有目标，就像是分散兵力打敌人——宝贵的时光过去了，两手却空空如也，不愤世抱怨又能干什么？

满怀信念

　　信念是成功的基石，能使人产生持之不懈的力量。成功学家希尔曾说："有方向感的信念，才能使我们每一个的意志都充满力量。"

　　居里夫人以百折不挠的毅力和对科学信念执著的追求，经过她不懈努力最终发现了镭元素。她曾经说："生活对于每一个人都非易事，但我们要用坚忍不拔的精神和坚定的信念，把每一件事完成。当把事情完成后，要能够问心无愧地说：'我已经尽我所能了。'"

　　高高举起信念旗帜的人，从来对一切艰难困苦都无所畏惧。

信念之旗如若倒下，人的精神也就垮了下来。从来就不曾拥有过信念的人在漫长的人生旅途中畏首畏尾，抬不起头，挺不起胸，迈不开步，浑浑噩噩，迷迷蒙蒙，难以见到光明，难以感受到人生的美好。

◆ 心灵感悟

信念能使人产生持之不懈的力量。只有满怀信念的人，才会有无尽的力量去挑战人生，取得成功。

儿时梦想 ❤❤

教师卡罗在整理旧物时发现了一摞练习册，那是50年前他所任教的幼儿园里41位孩子的作文，题目是：我的梦想是……

他怎么也没有想到，这些练习册竟然在自己家里保存了50年。

卡罗仔细地翻看着，他被孩子们那千奇百怪的自我设计迷住了。最让人震撼的是，一个名叫戴维的小盲童，竟认定自己将来会成为内阁大臣。在当时的英国，盲人从未进入过内阁。

卡罗决定把这些练习册重新寄送到这些同学手中，让他们看看自己是否实现了儿时的梦想。

当地一家电台为他发了一则启事。很快，卡罗收到了许许多多来自商人、学者及政府官员的书信。他们都想请卡罗把练习册寄去，重新了解小时候的梦想。

一年后，只有当年那位小盲童的作文本没人索要。他想，一晃50年过去了，什么事都会发生，他也许已经去世了。

一天，卡罗很意外地收到了内阁教育大臣布伦克特的来信。信中说："我就是那个叫戴维的小盲童，谢谢您保存着我们小时候的梦想。那个练习册我已经不需要了，因为从写完那篇作文到现在，我一直没放弃我的梦想，我的那个梦想已经实现。今天，我想说的是只要不放弃梦想，成功总有一天会到来。"

◆ 心灵感悟

只有从不放弃梦想的人才是真真正正的成功者。

下一次你能

纽约有一位成就卓著的心理医生，写了一本医治各种心理疾病的专著，里面描述了各种病情及治疗办法。

有一次，他被一所大学邀请去演讲。在课堂上，他拿着自己的这本著作说："这本囊括了3000种治疗方法、1万类药物、厚达1000页的书其实只有几个字。"

正当学生们惊愕不已时，心理医生在黑板上写下了"如果，下一次"几个字。

他解释道："如果"这两个字，是造成自己精神折磨的元凶。很多人都会说：'如果我能考上大学'，'如果我不会与她错过'、'如果我当年能换一项工作'……

医治心理疾病，最终的办法只有一种，那就是把所有的"如果"换成"下一次"，改成说"下一次当我有进修的机会"，"下一次我不会错过我的爱人"……一个人心境的改变往往是造成自己心理阻碍的主要原因。痛苦占据你的整个心灵，你把它浸泡在了后悔和遗憾之中。

抛开"如果"，常说"下一次"，是对自己的一种鼓励而不是对错误的逃避。当你下定决心在下一回合赢回来时，你便能够面对真实的自己。即使你曾经错了，但能够有勇气说"下一次"就成为了你的财富。阳光、空气和水对每个人都非常重要，因为它们是构成生命的要素，而敢于说"下一次"，则是你迈向成功顶点的坚固基石。

◆ 心灵感悟

懊悔无休无止地磨灭着我们的意志，我们却不知觉，就像一剂慢性毒药。把这一页翻过去吧，懊悔不会带来希望，下一次你一定能成功。

敢于越雷池

趋利避害是人的本能。然而，有些人往往反其道而行，"明知山有虎，偏向虎山行"。

法国总统戴高乐，是敢于冒险的硬汉。

1940年夏天，法国被德国占领，法国总统贝当选择了投降，而戴高乐选择流亡伦敦。他说："法国只是打了一次败仗，而不是打败了整个战争。"随后，戴高乐在自由法国运动中，带领全军绝不向德国屈服投降，坚决抵抗到底，最终取得了胜利，重拾属于法国的荣誉和国际地位。

秦朝的宰相李斯，是楚国人。先前，由于秦王对别国的人士采取不信任的态度，李斯冒险呈上"谏逐客书"。李斯在文中恳切提到：过去，秦国正是因为善用六国人士才能够取得霸主的地位。若是一律排斥别国人士，不信任他们，不但摒弃了秦国的优良传统，也会使得过去的努力付之东流。最后，李斯这篇文章被秦王所采纳。

试着冒个险，让自己敢于跳下局限的"悬崖"，给自己一个崭新的未来。

猜疑的想法、不安的踌躇、犹豫的脚步、可怜的投诉都抵不上一次大胆的冒险。

别误读"恐惧"

《不带钱去旅行》的作者迈克·英泰尔，在37岁那年做了一个疯狂的决定：他放弃薪水优厚的记者工作，把身上仅有的3美元捐给流浪汉，只带着干净的内衣裤，由阳光明媚的加州开始，靠搭好心人的便车横越美国。

这个仓促的决定是在他精神快要崩溃时做出的。一个宁静的午后，他忽然哭了，因为他问了自己一个问题："如果今天就是我的死期，那么自己会不会后悔？"他回答得是那样的肯定。他为了自己懦弱的上半生而哭。因为他发现自己一直回避自己恐惧的东西，从来没有下过什么赌注，人生从没有高峰或低谷。

一念之间，他决定去北卡罗莱纳的恐怖角，以此来征服自己生命中的所有恐惧。

他诚实地检讨自己，并开出一张自己的"恐惧"清单，从小他就怕保姆，怕邮差，怕鸟，怕蛇，怕蝙蝠，怕黑暗，怕大海，怕飞，怕城市，怕荒野，怕热闹又怕孤独，怕失败又怕成功，怕精神崩溃……他无所不怕，却"英勇"地选择了记者这个职业。"在路上你肯定会被人杀掉。"这是懦弱的他在上路前奶奶给他的纸条。但他成功了，4000多里路、78顿餐、获得过82个好心人的帮助。

他没有接受过任何金钱的馈赠，在游民之家靠打工换取住宿，几个像杀手或抢匪的家伙也曾使他心惊胆战。最后，他终于历尽磨难，到达了恐怖角。

他看到恐怖角并不恐怖，这只是一个书写上的失误。"恐怖角"这个名字本叫"Cape Faire"，被误写为"Cape Fear"。迈克·英泰尔终于明白："这名字误写不当，正如自己的恐惧心理一样。我不是恐惧死亡，而是恐惧生命。这是我最大的耻辱。"

◆ 心灵感悟

恐惧，人人都有。恐惧黑暗、恐惧死亡，甚至恐惧生命。只要我们不误读"恐惧"，克服"恐惧"，生命会向我们展现出一段甜美的旅程。

积累成功

郭沫若先生1963年春天在普陀山游览时，偶然在梵音洞拾得一本他人遗失的笔记，翻开后看到扉页上写着一副对联：年年失望年年望，处处难寻处处寻。横批：春在哪里。接下去便是一首署着当天日期的绝命诗。郭沫若立即和随行的同志找到了写绝命诗的人，原来她决心魂归普陀是因为高考三次落榜，爱情又遭受了严重挫折。郭沫若先生和蔼地对她说："下联和横批太消沉了，这不好，我替你改改，你看如何？"见这位姑娘低头不语，郭老吟道："年年失望年年望，事事难成事事成。"横批是"春在心中。"好一个"春在心中"的教诲，使这位轻生者茅塞顿开。从此，这位姑娘不再颓废，而是积极地面对生活。

面对生活的不幸，我们要学会控制自己的情绪，并不断调整它。我们要脚踏实地追求奋斗目标，坚信"失败乃成功之母"。如果你经历了无数次失败仍然没有达到目标，那么你就应该反复查找原因，看自己的目标是否超出了现阶段自己的能力。如果是这样，则要调整目标，使之能够比较容易地实现。这样积累每一个小目标的成功，将会最终实现我们心中那个宏伟的目标！

◆ 心灵感悟

生活并不总像我们想象中的那样一帆风顺。面对生活中的种种不幸，我们不能因失望而陷入痛苦无法自拔。不被失望所打倒，才是我们真正应该做到的。

行动改变命运

美国女孩乔尼，有一个美好的家庭。父亲是华盛顿有名的外科医生，母亲是大学教授。她的家庭对她有着很大的帮助和支持，她比别人有更多的机会去实现自己的梦想。乔尼从小就梦想当电视节目主持人，她觉得在这方面她具有先天的优势，因为她知道怎样从人家嘴里"掏出心里话"。朋友、同学甚至是陌生人都愿意亲近她并和她长谈。她被朋友们称为"亲密的随身精神医生"。乔尼却没有为自己的梦想去努力，而是在等待奇迹出现，希望可以毫不费力地当上电视节目主持人。但是谁也不会请一个毫无经验的人去担任电视节目主持人，节目的主管也没有兴趣跑到外面去搜寻天才，都是怀揣梦想的人去寻求他们的帮助。乔尼不切实际地期待着，奇迹当然不会如她所愿地出现。

另一个名叫贝蒂的女孩也有相同的梦想，最后通过自己的努力成了著名的电视节目主持人。贝蒂深知"天下没有免费的午餐"这个道理，于是她拼命地为自己的梦想寻找突破口。她白天做工之余利用晚上的时间去大学的舞台艺术系进修。毕业之后，她跑遍了洛杉矶每一个广播电台和电视台。但是，得到的几乎都是相同的答复："我们只需要有一定相关工作经验的人，否则我们不会录取的。"

然而，贝蒂没有因此而放弃，最终成为华盛顿一家小电视台的天气预报员。贝蒂在那里工作了两年，随后又在洛杉矶的电视台找到了一份工作。五年之后，她终于凭借自己的努力而获得了晋升，能够主持那个自己梦寐以求的节目了。

◆ 心灵感悟

心动不如行动，自己不行动，上帝不会青睐坐享其成的人。成功是主动争取来的，而不是从天上掉下来的。

自立才能自强 ❤️

1998年，一名来自加拿大的残疾人汉森在游人的帮助下登上了长城北四楼；而早在1994年7月15日，江苏残疾人尹小星的壮举更是令人感叹。这天，他不借助轮椅，仅依靠自己的双手拖动身躯一寸一寸爬上了长城。尹小星完全凭着手臂的支撑，一点一点地挪动到长城最高点北八楼。在长达2小时零2分钟的过程中，他没有借助任何人的帮助。当天游览长城的游人都被尹小星坚强的行动深深震撼。每一个人的心里，都被这感人的一幕激起了千层浪。同样是尹小星，曾在1993年9月孤身一人凭着臂力，战胜饥饿、寒冷、恐惧，成为世界上第一个以轮椅为工具登上唐古拉山山口的人。在父母的溺爱和庇护下，孩子很少会有出息。把孩子放在可以依靠父母或是可以指望帮助的地方非常危险。在一个可以触到底的浅水区，孩子是很难学会游泳的；而当他置身于一个较深的水域，本能的力量就会促使他很快学会游泳。自立，能够让人更加自信和充满力量。依靠自己的力量而成功的人，其成就感和自信心也会比其他人更强。一位很有实力的老总准备让自己的儿子先到另一家企业里工作，让他在那里能够得到和别人一样的锻炼机会，甚至吃吃苦头。他不想让儿子一开始就依赖他，这样只会毁了儿子。

自立是力量的源泉，是打开成功之门的钥匙。只有抛弃每一根拐杖，破釜沉舟，依靠自己，才能取得最后的成功。

◆ 心灵感悟

要想到达辉煌的巅峰，只能坚定自己的信念，振作精神，依靠自己勇往直前。面对逆境与挫折，自怨自艾无济于事。

创造契机

命运的契机通常出现在我们做好了充分准备的时候。求神问卜、坐等贵人或是转折点的出现，其实都是枉然的。

春秋时代，郑国为阻止秦国的攻打，派烛之武去秦国当说客。

烛之武来到秦国，却根本进不了都城，更不要说完成自己为郑国解除王国危机的使命了。烛之武没有放弃，一到晚上，他用绳子把自己捆起来吊在秦国的城墙外，放声号啕大哭。

守城的士兵果然受不了他的哭号，把他带到了秦穆公面前。秦穆公询问他哭泣的原因。烛之武答道："我为郑国哭，同时也为秦国哭"。他把秦郑两国邻近的关系做了详细说明，一旦郑国灭亡，秦国将面临唇亡齿寒的危险境地。秦穆公听后，觉得他说得非常有道理。

烛之武趁热打铁，还提出了秦郑两国共同协防的计划，这使得秦郑两国立即化干戈为玉帛，结成了战略同盟关系，让郑国的安全更加巩固。

烛之武就这样将郑国的劣势转为优势，将郑国的危机化为契机。

如果你苦于目前的劣势无法转变，那么不妨使用冒险一些的办法去改变自己的处境，也许会有意想不到的收获。有些时候，成功就悬于一念之间。

◆ 心灵感悟

生命不尽如人意的时候总是比较多的，可有些时候，命运就是在遭到禁锢的时候才破茧而出的！所以永远不要气馁！

自救度众生

世界上只有自己才能拯救自己。外部的帮助是一种幸运，借给你钱、帮你渡过难关的人并不一定是你最好的朋友；不断地鞭策你，促你自立、自助的那些人才是你真正的朋友。

有这样一则中国古代寓言：

有个人在屋檐下躲雨，看见一个撑伞而过的和尚。

这人说："大师，普度一下众生吧，带我一段如何？"

大师答："我在雨里，你在檐下，而檐下无雨，你不需要我度。"

这人立刻跳出檐下，站在雨中："现在我也在雨中了，该度我了吧？"

大师说："我也在雨中，你也在雨中，我不被淋，因为有伞；你被雨淋，因为无伞。所以不是我自己度自己，而是伞度我。你要被度，不必找我，请自找伞！"说完便转身而去。

完全依靠自己、没有任何外部援助的处境最能激发一个人的自立精神。只有感到所有外部的帮助都已被切断之后，人们便会以最坚忍不拔的毅力去奋斗、去自救，来渡过难关，避免失败甚至死亡。危急关头，你必须当机立断、采取措施、渡过难关，脱离险境。当有了这个勇气后，你就会觉得自己成了一个巨人，不知从哪儿来的力量为自己解了围也完成了危机出现之前根本无力做成的事情。

◆ 心灵感悟

自己是最好的救星，自立、自强才能拯救自己。

迅速决断

印度一位著名的哲学家，天生有一股特殊的文人气质。一天，一个美丽的女孩来到他家里对他说："我愿意成为你的妻子！除了我以外，再也不会有第二个人如此爱你！"哲学家虽然也很中意她，但还是犹豫地回答说："让我好好考虑考虑！"

事后，哲学家以他一贯的研究精神——列举出结婚与不结婚的好、坏比较。让他不知该如何抉择的是，他发现好坏均等。他迟迟无法做决定，陷入了长期的苦恼之中。

过了很长时间，他最后得出一个结论：一个人如果面临抉择而无法取舍时，应该选择去尝试自己尚未经历过的那个。不结婚的滋味我已经知道了，但结婚后是个怎样的情况，我还不知道。对！我应该答应那个女孩的请求。于是，哲学家来到了这个女孩的家中，对女孩的父亲说："你的女儿呢？我决定娶她！"女孩的父亲冷漠地回答："你回去吧，我女儿现在已经是3个孩子的母亲了！"哲学家万万没有想到向来自以为傲的哲学头脑，最后换来的竟然是一场悔恨，他近乎崩溃。

两年以后，哲学家抑郁成疾，不久便撒手人寰。临死前只留下一句话："如果将人生一分为二，前半段的人生哲学是'不犹豫'，后半段的人生哲学是'不后悔'。"

◆ **心灵感悟**

我们遇事要果断坚定、迅速决策，犹豫不决、优柔寡断只能把我们置于死地。不再等待、不再犹豫，从今天开始。

承受打击 ❤

1978年，贝克尔加入了红火的海松房地产公司，在一个17人的销售组织里任职。贝克尔升迁得很快，1981年时，他已经是海松房地产公司的副经理，他每年都能创下2500万美元的销售业绩。就在此时，上帝似乎是有意想考验一下贝克尔的意志力，一连串打击向他劈头盖脸地砸下来。

海松公司6年中被出售、调整、重组，并且先后被7家不同的公司控制，还经历资金外流以及信贷、信誉等问题。直到1987年年中，这个实际上已经破产的实体，改由另一家公司代理。海松公司后来虽然被卖掉，但是贝克尔主管的那个部门，即使在经济困顿时期也依然保持良好的业绩。

贝克尔每天都能保持充沛的精力去激励他的销售组织。虽然公司里存在着各种各样的问题，贝克尔的部门却掌控着上百个销售商，并创下销售额1亿美元以上的好成绩。它很快成为南加州最大的房地产公司。

从1987年起，正是由于贝克尔不动摇的意志和经济实力，这个公司才得以保持稳定和繁荣。

◆ **心灵感悟**

人是具有韧性的，困难和不幸虽然给你带来苦恼，却也往往能激发你的斗志。如果你不被困难所打败，坚持努力，就会获得最终的成功。

挫折促你成熟

一个农夫找到宙斯说："万能的神呀，虽然是你创造了世界，但是你毕竟不是农夫，我得教教你如何使庄稼更好地生长。"

宙斯笑着说："那你就告诉我该怎么做吧。"

"我需要一年的时间，按照我所说的去做，我会让世界上不再有贫穷和饥饿。"

接下来的一年里，农夫所有的要求都被满足。没有狂风暴雨，没有电闪雷鸣，任何对庄稼有危害的自然灾害都没有发生。环境真是太好了，小麦的长势特别喜人。农夫又对宙斯说："你瞧，只要再这么过十年，就会有吃不完的粮食来养活所有的人。人们就算不干活也不会饿死了。"

然而，等到收割的时候，人们却发现麦穗里一粒麦子都没有。农夫惊讶地跑去问宙斯："我的神呀，这究竟是怎么回事呀？"

"那是因为小麦都过得太舒服了，它们没经受任何考验，而不受到任何打击，小麦是不会更快地成熟的。"宙斯说，"这一年里，它们没经过风吹日晒，也没受到过烈日煎熬，它们长得又高、又快、又好。但是你也看见了，这样的麦子只能长出空的麦穗。就像白昼之间总有黑夜，风雪雷电、日晒雨淋，都是小麦生长所必需的要素。"

◆ 心灵感悟

不经历风雨，怎么见彩虹，没有人能随随便便成功。我们的成长需要阳光雨露，同时也需要风雨雷电。

心灵鸡汤全集

最鼓舞人的励志故事

第十一辑 好命不如好心态

做得比别人好

美国国务卿赖斯回忆，她的母亲曾经对她说："康蒂，你的人生目标不是从'白人专用'的店里买到东西，而是只要你想，并且为之奋斗，你就有可能做成任何大事。"

曾经有一次，赖斯的母亲带着她在伯明翰的一家商场买衣服，当他们准备试衣服时，一个白人店员挡住赖斯，傲慢地说："此试衣间是白人专用，你们只能去储藏室里黑人专用的试衣间。"赖斯的母亲根本不理睬，她以同样的傲慢对店员说："我女儿今天如果不能进这个试衣间，我就换一家店购买衣服！"女店员为做成生意，只好同意，为了怕别人看见还亲自到店门口望风。那情那景，给了赖斯很大触动。

还有一次，赖斯在一家店里摸了摸自己喜欢的帽子而受到白人店员的训斥。母亲再次挺身而出："请不要这样对我的女儿说话。"然后，她对赖斯说："康蒂，你现在把这店里的每顶帽子都摸一下吧。"赖斯按母亲的吩咐，快乐地把每顶自己喜爱的帽子都摸了一遍，那个店员什么也说不出来。

面对这些歧视，母亲经常对赖斯说："记住，孩子，这一切都会改变的。这种不公正不是你的错，你的肤色和你的家庭是你不可分割的一部分，这无法改变也没有什么不对。要改变自己低下的社会地位，只有做得比别人更好，你才会获得机会。"

从那时候起，赖斯始终保持了一种不卑不亢的精神。她坚信只有知识才能让自己获得与白人平等的地位，获得更多的机会。教育不仅是她完善自身的手段，还成为她捍卫自尊和超越平凡的武器。

后来，这位在亚拉巴马伯明翰种族隔离区出生的黑人女孩，荣获《福布斯》杂志"2004年全世界最有权势女人"的桂冠。

定义是属于下定义者而不是属于被定义的人，超越平凡才能成为下定义的人。敢想敢做才能真正成功。

不留退路

一位在澳大利亚的中国留学生，骑着一辆自行车沿着环澳公路走了好多天。他替人放羊、割草、收庄稼、洗碗……只有挣到了一口饭时，他才会停下疲惫的脚步。

一天，正在一家餐馆打工的他，看到澳洲电讯公司的招聘启事，他选择了应聘线路监控员的职位。他的知识功底很好，这使他连续闯过了好几道难关。当他就要得到那年薪3.5万澳元的职位的时候，招聘主管却出人意料地问他："你会开车吗？你有自己的车吗？这份工作要时常外出，没有车寸步难行。"

这位留学生当时还属无车族，但为了争取这个极具诱惑力的工作，他不假思索地回答道："有！会！"

"4天以后你可以开着车直接来上班。"主管说。

为了生存，这位留学生只能孤注一掷。他借了华人朋友500澳元，在旧车市场买了一辆便宜的"甲壳虫"。第一天他跟华人朋友学简单的驾驶技术；第二天就在朋友家屋后的空地上练习驾驶；第三天就开着这辆旧车歪歪斜斜地上路；第四天居然真的开着车子到公司上班去了。后来，他成为了澳洲电讯公司的一名业务主管。

◆ 心灵感悟

斩断身后的退路，我们才能更集中精力，勇往直前，为自己打开一扇门。这种勇气在我们的一生中必不可少。如果心存侥幸，前行的脚步就会放慢，甚至停滞不前。

彻底投入 🖤

伯纳德·帕里希离开法国南部的故乡时，年仅18岁。用他自己的话说，就是："那时没有一本书，只有天空和土地为伴。"他选择去做了一个不受人注意的玻璃画师。不过，他内心蕴藏的艺术热情却无人能及。

偶然一次，他看到了一只精致的意大利杯子，瞬间被迷住了。这时，他的生活起了质的变化，那种对瓷釉的好奇占据了他的心灵，他强烈地想弄懂瓷釉中的秘密。

从此，他把大部分精力都放在对瓷釉构成成分的研究上面。后来，他干脆自己手工制作熔炉造釉。但是制作这种东西，需要大量的精力和时间，这根本不是他能承受的，但他却不顾一切坚持下来。

一次，为了改进已经试制成功的瓷釉，他用了整整六天高温加热，但瓷釉并没有达到预期的效果。当时他欠债累累，而且身无分文，只好又借款买来陶罐和木材，以便找到更好的助熔剂。准备好了后，他重新点火，让他吃惊的是燃料烧光仍没有任何结果。他不顾一切跑向花园，把篱笆拆了当木材扔进火堆里，还是没有用；家里还有些木材家具，也被他砍烂扔到火里，还是没有用；只留下些厨房的木材架子了，他毫不犹豫地搬来扔进火堆里。奇迹发生了：腾腾的火焰一瞬间把瓷釉熔化了。色彩极其美丽的瓷釉终于被他烧制出来。

◆ 心灵感悟

当有了成功的执著信念后，彻底地投入也是很重要的。哪怕你保留了一丝一毫的力量，成功的女神也不会现身。直到你使尽最后的力气，该做的一切都做了，成功的女神或可现身。

挣脱束缚

　　北美印刷行业巨头富兰克林在成名前，一直在印刷所给他哥哥当学徒。他常常以化名给哥哥主办的地方报纸《新英格兰报》投稿。当他的哥哥和一帮朋友在车间里看稿子并啧啧赞叹，纷纷猜测作者是什么人的时候，富兰克林就会在一旁边干活边偷着乐。因为他的哥哥一向不喜欢他，瞧不起他，如果以自己的名字投稿，哥哥一定不会采用他的稿件。可是终有一天，大家知道了作者的真实身份，于是对富兰克林刮目相看，而他哥哥更讨厌他了，经常为了一些小事打骂他。

　　富兰克林再也不想给哥哥当学徒了。为了阻止他离开，哥哥向每一家印刷所的老板打招呼，不要雇用富兰克林。但他低估了弟弟的勇气，富兰克林一口气跑到了费城，在经历了劳累、饥饿、人情冷暖和种种挫折后，找到了工作。这一年他才17岁。

　　在费城，富兰克林凭借过硬的技术成了工头，但这并不是他最终的目的，他打算自己干。当他觉得自己已经完全掌握了印刷行业的技术时，便悄悄地向伦敦订购了设备。老板并不知道这一切，以为他拼命工作不过是为了获得较高的薪水。后来，他的高薪开始让老板心疼了，便动不动就找借口为难他。有一次富兰克林看了看喧闹的大街，老板就对他大喊大叫。富兰克林这时提前向老板宣布：我将离开这里。

　　富兰克林走后，老板发现没有人能替代他，于是给他写了一封道歉信，请他回来工作。由于印刷机和铅字还没有从伦敦运来，所以他暂时答应了老板的请求。几个月过后，设备一到，他就辞职了。老板原以为他会到另一家印刷所去工作，没想到富兰克林自己干了起来，而且逐渐成为自己强有力的竞争对手。

富兰克林的印刷业务，不但逐渐扩大到邻近几个州，还涉及到了西印度岛的一些地方。他慢慢地成了北美印刷出版行业的佼佼者。

◆ 心灵感悟

勇敢是成功者必备的素质。毅然打破心理和环境的种种束缚，才能勇往直前，最终撞上理想的终点线。

正视苦难

有一个渔夫，经常在一个水流湍急的河段捕鱼。一群经常钓鱼的年轻人感到非常奇怪，觉得他很可笑，在浪 大湍急的河段里，哪里能捕到鱼？

终于有一天，有个好事的年轻人忍不住了，他放下钓竿好奇地去问渔夫："水流这么湍急的地方会有鱼吗？"渔夫没有回答，年轻人又问："你靠什么方法捕到鱼呢？"渔夫笑笑，还是什么也没说，只是提起鱼篓在岸边一倒，一条条又肥又大的鱼在地上翻跳着。年轻人一看就觉得很奇怪，他们在河里钓上的，大都是些小鲫鱼和小鲦鱼，渔夫竟在河水这么湍急的地方捕到这么大的鱼。

这时渔夫笑着说："小鱼喜欢风平浪静的河段，因为那里有微薄的氧气，足够经不起大风大浪的小鱼呼吸了；而大鱼就不行，大鱼必须在氧气充足的地方生活。所以没办法，它们就只有拼命游到浪大的地方。浪越大，水里就含有更多的氧气，所以大鱼在浪大的水域就多。"渔夫又说："人们都认为风大浪大的地方是不适合鱼生存的，所以他们平时钓鱼就选择风平浪静的河段。其实恰恰相反，一条没有风浪的小河是不会有大鱼的，大风大浪为鱼长大长肥创造了条件。正是这些苦难使鱼儿们能够茁壮成长。"

◆ 心灵感悟

安逸舒适让人消沉，机遇与风险并存。记住那句古话："宝剑锋从磨砺出，梅花香自苦寒来。"

付出努力

一个穷汉每天都在地里劳作。有一天他想：每天辛苦地劳作也不一定有所成就，不如我每天向神明祈求，求他赐我幸福。

他非常得意自己的想法，于是把家业委托给弟弟，又吩咐弟弟耕作农田谋生，不要饿到家人。抛开后顾之忧，他独自来到天神庙，虔诚地膜拜，恭敬地祈祷："神阿！请赐给我安稳和利益，让我财源滚滚吧！"

天神听见了他的愿望，暗自思忖："这个懒家伙，自己不努力，却想谋求财富。即便是把头磕破，也是徒劳。但是，若不理睬他的请求，他就一定会怨恨我。不妨换个方法，让他死了这条心吧。"

于是，天神就化做穷汉的弟弟，也来到天神庙祈祷求福。

穷汉见了，不禁问他："你怎么也来这儿了？怎么没去播种？我不是吩咐过了吗？"

弟弟说："我也要向天神求财求宝，我们两个一起祈祷，纵使我不播种，天神也会让麦子在田里自然生长，满足我们的愿望。"

哥哥一听立即骂道："你这个异想天开的混账东西，不播种怎么能收获？"

弟弟故意问："你说的什么意思，我没听明白。"

"不播种，怎么可能得到果实？你这个傻瓜！"哥哥重复道。

这时天神现出原形，对哥哥说："如你自己所说，不播种就没有果实。"

◆ 心灵感悟

一分耕耘，才有一分收获。只有脚踏实地地付出努力，幸福美满的生活才会属于你。

认清自己 💕

有一次，美国个性分析专家罗伯特·菲力浦，接待了一个企业倒闭、负债累累、离开妻女到处流浪的人。

这个人进门就说："我非常想见见这本书的作者。"说着，他拿出一本名为《自信心》的书。那是罗伯特许多年前写的。

流浪者说："昨天下午，命运之神把这本书放入了我的口袋中，因为我当时决定跳入密西根湖，了此残生。在我看到这本书之前，我已经彻底绝望，上帝和所有的人抛弃了我。这本书为我带来了勇气和希望。我要见到您，罗伯特先生。您一定能帮助我再度站起来，替我这样的人做些什么。"

听完流浪汉的故事，罗伯特想了想，说："虽然我不能完全帮你，但如果你愿意的话，我可以介绍你去见一见这座大楼里的一个人，他可以帮你东山再起，挽回你损失的钱。"他立刻跳了起来，抓着罗伯特的手说："看在上帝的分上，请带我去见见这个人。"

罗伯特把他带到心理试验室里，和他一起站在一块窗帘布之前。罗伯特拉开窗帘布，露出一面高大的镜子。罗伯特指着镜子里的人说："就是他。在这个世界上，只有他能够让你东山再起。你要彻底认识这个人，否则，你只能跳密西根湖。在你没有充分认识这个人之前，对于你自己或这个世界来说，你都只是一个没有任何价值的废物。"

他对着镜子里的人从头到脚打量很久，用手摸着他长满胡须的脸庞，然后低下头后退几步，哭了起来。

几天后，罗伯特再次在街上碰到了这个人，他找到了工作，西装革履，面貌一新，不再是一个流浪汉。他说，他感谢罗伯特先生的一番话，因为这番话让他找回了自己。

后来，那个人真的从头开始，成为一名富人。

◆ 心灵感悟

古希腊时戴尔菲城的神庙大门上镌刻着一句警言："认识你自己。"是的，通常情况下，人们都没有充分地认识自己。照照镜子，你就能找回那个真正的自己，找回自信。

不轻言放弃

眉头紧锁的她，是这个行业的资深人士。此时她正看着他的辞职报告，不由得让她回想起8天前的情景。

他来应征时，一种"男怕入错行，女怕嫁错郎"的慎重态度逐步转化成"不入此行，终身遗憾"的决心。为此她对他格外看好。

她反复游说高管领导："年轻人最大的资本是热忱，他已经拥有。虽然他缺乏经验，但可以培养。他有志向，有兴趣，今后肯定是这个行业的佼佼者。"直至说服高管领导破格录用。

没想到才过了8天，他竟然提出辞职。是自己看错人了？还是他太轻浮？

这时，他来到她面前说："原以为这是一项有趣味的工作，但是干了一个星期后，我才知道每天都在重复着枯燥无味的事情。这对于我来说太痛苦了。"

她感慨地望着他说道："你做了8天，就能发现你对这份工作不感兴趣。我应该恭喜你。"

他见主管如此理解人，也诚恳地问道："我很想知道您是怎么熬过这8年时间的？难道您从来就没有动摇过？没有动过放弃的念头？"

她感慨万千地对他说："我也碰到过许多困难和挫折，也曾觉得这工作百般无聊，也疲倦过。但是，我从没放弃过。我不断地鼓起接受挫折的勇气，更加努力地投入，而且越做越觉得有兴趣。"

"你在这个行业干了这么久，是否有如结婚了许多年后，发现自己从来就没真正爱过对方那种可怕的感觉？"他问道。

她说："通过努力克服工作中的困难，我发现自己真正爱上了这份工作。就像当你爱一个人时，你不但要爱他的优点，同时也要爱他的缺点。这样才能爱得长久。"

"您是怎么成功地成为这个行业的资深人士的呢？"

"要想有所作为，需要的不只是热忱。要将工作转化为自己真正感兴趣的事，并且将兴趣培养成专长，就可做自己最擅长的事，这就有了成功的基础。还需奋发向上、坚持到底，就能成功。成功只属于勇于尝试、不轻言放弃的人。"

"也许，我熬过这8天，就能熬到8年，就能成功了。"

"可惜，你却熬不过这8天。"她淡淡地笑道，并送他走出大门。

"事业就像登山。如果在登山时发现自己不适应这个山头，感到那个山头更高，更好，又到那个山头重登。反复如此，这个人将永远也登不到山顶。"她自言自语道。

◆ 心灵感悟

从8天到8年，是一段遥远的路。从开始的自知之明，到最后的坚持到底，需要的不只是热忱，还有全身心投入的努力和接受挫折的勇气。比尔·盖茨曾经说过一句名言："做自己最擅长的事。"一个人能够及早发现自己真正有兴趣的事，并且将兴趣培养成专长，是一种挥洒自我到淋漓尽致的人生幸福。而这种幸福，只会属于勇于尝试、不轻言放弃的人！

走自己的路

波廉从父亲手中接过面包店时，他决定找回几乎已被人们遗忘的老口味的面包，不再做新口味的面包。波廉在两年时间里，求教了1万多个老烘焙师傅。研究结束时，他已经尝了75种从没吃过的面包。他将整个研究过程写了本书，至今仍是法国各地烹饪学校的必备教科书之一。此外，他还有一间藏书超过2000册的专门收集各种有关面包书籍的私人图书馆。

经过长期研究，波廉发现，法国过去的面包是黑面包，而不是现在大家都熟悉的白面包。波廉说："穷苦大众吃的传统黑面包在二次大战以后几乎销声匿迹，象征有钱及自由的外地白面包成为新宠。"基于民族情感和市场定位，波廉将全部精力投入到复古味的黑面包。

面包师所做的工作必须全神贯注，因为水与面粉混合比例、生产地气候、发酵时间，甚至烤炉的设计及燃料的来源，都会影响到面包的味道。因此，波廉坚持使用砖及黏土制造的烤炉，而且燃料必须用木材。他发现只有这样生产出来的面包，再加温时才能保持原味。由于各地条件的不同，波廉也就没有开分店。但为了让世界各地的顾客都能品尝到老口味的法国面包，波廉便将面包厂设在巴黎机场附近，依靠机场旁的联邦快递转运中心，可以及时地将面包送到世界各地。

从此以后，波廉的面包顾客满天下，受到世界各地人们的喜爱。

◆ 心灵感悟

专心致志、全力以赴去做自己选择的事。选择一条自己的路。只有这样，才能在这条路上有所收获，才能到达别人无法到达的巅峰。

只管去做

1796年的一天，在德国哥廷根大学，一个19岁的青年做着导师每天单独布置给他的例行数学题。一般情况下，青年在两个小时内就能完成这项特殊作业。

如往常一样，前两道题目他很快完成了。第三道题写在一张小纸条上，要求只用圆规和一把没有刻度的直尺做出正17边形。青年以为这只是导师布置作业的一部分，于是就继续做了起来，但越做就越感到吃力。困难激起了青年的斗志，他决定不把这道题做出来不罢休。他尝试着用一些超常规的思路去解这道题，用圆规和直尺，在纸上画着。当窗口透出一丝曙光时，青年终于解开了这道难题。他欣慰地长出一口气。

导师看了作业后，当即惊呆了。他颤抖着对青年说："这真是你自己做出来的吗？你知道吗，你解开了一道两千多年不曾有人解答的数学难题。阿基米德没有解出来，牛顿也没有解出来，你竟然一个晚上就解出来了！你真是天才！我最近正在研究这道题，昨天给你布置题目时，不小心把写有这道题的小纸条夹在了给你的题目里。"

多年过去了，每当这个青年回忆起这一幕时总是说："如果有人告诉我，这是一道有两千多年历史的数学难题，我不可能在一个晚上解决它。"

这个青年就是后来被称为"数学王子"的高斯。

◆ 心灵感悟

我们要有一种敢于挑战、敢于为天下先的勇气。无知者无畏，不管是多难的事情，毫不畏惧地只管去做就是了，这样的结果也许超出我们的期望。

逆境"突围"

福特公司的总裁艾柯卡事业如日中天时，福特公司的老板——福特二世解除了他的职务。因为艾柯卡的经营才能太卓越了，他的声望和地位已经超越了福特二世，所以福特二世担心有一天自己的地位会被艾柯卡取代。思绪良久，艾柯卡毅然离开了福特公司。

艾柯卡拒绝了很多世界著名企业的邀请，因为他发誓要从跌倒的地方爬起来。

他最终选择了濒临倒闭的克莱斯勒公司，这是美国第三大汽车公司。艾柯卡要向福特二世和世人证明，他的确是一代经营奇才！接管克莱斯勒公司之后，艾柯卡进行了大胆而创新的改革，使得克莱斯勒公司更加精干。他根据市场需要，在最短的时间里推出了新型汽车，并逐渐和福特、通用形成了三足鼎立的局面，创造了一个震惊美国的神话。

1983年，艾柯卡被选为"左右美国工业部门的第一号人物"。1984年，《华尔街日报》委托盖洛普进行"最令人尊敬的经理"的调查，调查结果显示，艾柯卡居于首位。同年，克莱斯勒公司令人震惊地盈利24亿美元，美国经济界普遍将这件事看成是美国经济复苏的标志。

如果说在福特公司的艾柯卡是福特的"国王"，那么在克莱斯勒的艾柯卡无疑已经荣登了美国汽车业"国王"的宝座。

艾柯卡之所以取得这样辉煌的成就，还要感谢福特公司将他推到了逆境当中。"背水一战"的力量是惊人的。当然，不是所有的人都能在逆境中崛起，只有强者才能在逆境中崛起并超越自己，创造辉煌。

◆ 心灵感悟

当你身处漆黑的夜里时请不要气馁，凭着永不放弃的精神，你终将寻找到黎明的曙光，并于正午时分到达理想的殿堂。

成功的心态 ❤❤

李洁刚刚进入杂志社工作时，父亲对她说了十个字："工作不熟不怕，勤能补拙。"后来，勤奋让李洁的才能得到了最大地发挥，她工作起来非常顺利，并获得了一种前所未有的成就感。顺利是因为勤能补拙弥补了她的不足；成就感是勤能补拙打造了她事业成功的最佳心态。

后来，李洁失恋了。她非常痛苦和失落，朋友开导她："一切随缘吧！"在痛定思痛的思考中，她自问："缘是什么？缘从何来？你向来自负的成功心态在哪里？"

凡事总有个明白的时候，李洁也一样，她总算明白了："缘不仅是一种缘分，更是一种机遇。当机遇和缘分同时到来时，精神和意志则是至关重要的。因为不屈不挠的精神和坚忍不拔的意志是一个人走向成功的基本心态。一切心理上的敌人不在社会，也不在别人，而在于自己。"凭借这样的心态，李洁终于迎来了真正属于她的爱情。

"一切心灰意冷的思想和安于现状的心理都是阻碍成功的心魔。""一切的自卑都是精神和意志趋于丧失的象征。""心态很重要。好的心态会不断支持你走向成功。"

这是李洁最常说的三句话。一次，杂志社的一位老编辑听到了她的话，就随口说道："大气量海阔天空，真智慧岳峙渊汀。"李洁心里一震，有种恍然大悟的感觉：古人所追求的高山流水般的境界，在一些现代人看来已经非常老土了。所谓的心态问题，实质上就是一个战胜自我的问题；所谓的成功实质上就是一个不断突破自我的提升。如高山般沉静，如流水般激越。当你感悟到高山流水的精神时，你便拥有了走向成功的心态。

◆ 心灵感悟

其实，许多很深奥的道理古人已经讲的很多了。成功的心态在乎一个勤字，在乎一种精神，在乎一种意志，更在乎一个胸襟！

全力以赴

漫漫的人生旅程中，你或许有过这样的经历：当你看见成功就在不远处向你招手时，正当你想欣喜地接近它时，它却和你捉起了迷藏，不上来迎接你反而避开了你。这时你就很容易陷入莫名的泥潭，被失败的泥浆溅得满身都是。

这是为什么？是命运不公平吗？是命运在捉弄你吗？不完全是。心理专家认为：这是因为你没有全力以赴。面对失败的挑战，我们尽心竭力地去拼搏获胜。拼搏不是要消极地把自己和任何人相比较，而是选择任何一件在你生活中能够成功的事情，坚持下去，全力以赴。在这个过程中，你要记住，只有敢于冒险和跨越者才能成功。

一天猎人带着猎狗去打猎。猎人一枪击中一只兔子的后腿，受伤的兔子开始拼命地奔跑。猎狗在猎人的指示下也是飞奔去追赶兔子。可是追着追着，兔子跑不见了，猎狗只好悻悻地回到猎人身边，猎人开始骂猎狗了："你真没用，连一只受伤的兔子都追不到！"猎狗听了很不服气地回道："我尽力而为了呀！"

兔子带伤跑回洞里，它的兄弟们都围过来惊讶地问它："那只猎狗很凶呀！你又带了伤，怎么跑得过它的？""它是尽力而为，我是全力以赴呀！它没追上我，最多挨一顿骂，而我若不全力地跑我就没命了呀！"

人本来是有很多潜能的，但是我们往往会为自己或为他人找借口："管它呢，我们已尽力而为了。"事实上尽力而为是远远不够的，尤其是现在这个竞争激烈的年代。我们应该常常问自己，我今天是尽力而为的猎狗，还是全力以赴的兔子呢？

◆ 心灵感悟

不是所有的人都能获得成功。只有敢于挑战、奋力拼搏，全力以赴地去追求自己的目标，才有可能真正踏上成功之旅。

为人生埋单

16岁了，他还在学校里混日子，打架、逃学，连老师都不敢管他，他还挺美的。

那年，他喜欢上一个女生，给人家写情书。谁知那女孩根本瞧不起他，转手就把情书贴到了公告栏。他第一次感觉到羞辱。

17岁，他换了一所学校，开始努力学习，竟然考上了大学。

22岁，大学毕业，进机关工作，一杯茶，一张报纸，日子过得轻松惬意。那次，他去乡下看望朋友，惊奇地发现朋友竟然用一头狼来看家。从朋友那里了解到，狼自小跟狗一样训练，也就失去了野性。那一刻，他看着温顺的狼，就像看到了自己，心惊不已。不久，他离开了工作轻松的单位，独自去深圳闯荡。

24岁，他进入一家外资企业工作。刚开始到深圳的时候，他总是特意去找外资公司，千方百计给外方经理递自荐信。那些经理很纳闷，自己并没有招人计划啊，可他说你们总会招人的，那他就有机会了。最后，他成功了。

27岁，他因为工作表现优异，被调到美国总部上班。第一天上班，他请同事吃饭，但是同事们坚持自己付账。那一刻，他仿佛明白了什么，以后更加努力提高自己。

他就是王其善，美国丹佛市全球第四大电脑公司的技术总监。

他说："16岁，我明白了人只有尊重自己才能获得别人的尊重；22岁，我明白了只有学会自强自立，才能主宰自己的命运；24岁，我知道自信是成功的法宝；27岁，我知道了人只能自强，不能事事指望别人帮忙。"

◆ 心灵感悟

自尊＋自立＋自信＋自强＝成功。这是成功的公式！

挫折孕育着辉煌

史坦雷先生16岁的时候是一家五金公司的收银员。他每天都卖力地工作，希望能通过自己脚踏实地的工作步步高升。他做起事来，永远都抱着学习的态度，处处小心留意，一心想把工作做得最好。他希望得到经理的赏识。可他万万没想到，经理不但没有提拔他，反而对他说："你这种人根本不配做生意，你走吧！我这里用不着你了。"

史坦雷听了之后如五雷轰顶，他没想到自己努力工作的结果却是被辞退。一个年轻气盛的人，踏入社会不久，便遭到这样的挫折，换了谁也受不了，脾气坏一些的人可能早已暴跳如雷了。可是史坦雷没有这么做，尽管心里十分气愤，但他抑住高涨的情绪，装作平静地对经理说："好的，经理。说我没有用，这是你的自由。我不能干涉你说话的权利，但是，你看着吧！我将来要开一家规模比你的大10倍的公司！"

史坦雷没有被暂时的挫折打倒，反而比以前更上进了。因为他有了更大的目标，每次遇到困难的时候，他就想起经理的那番话。无论多难的事，他都咬着牙坚持了过来。几年后，他果然做出了惊人的成就，成为美国著名的玉米大王。

◆ 心灵感悟

如果没有什么困难能够击败我们，那么成功也就离我们不远了。

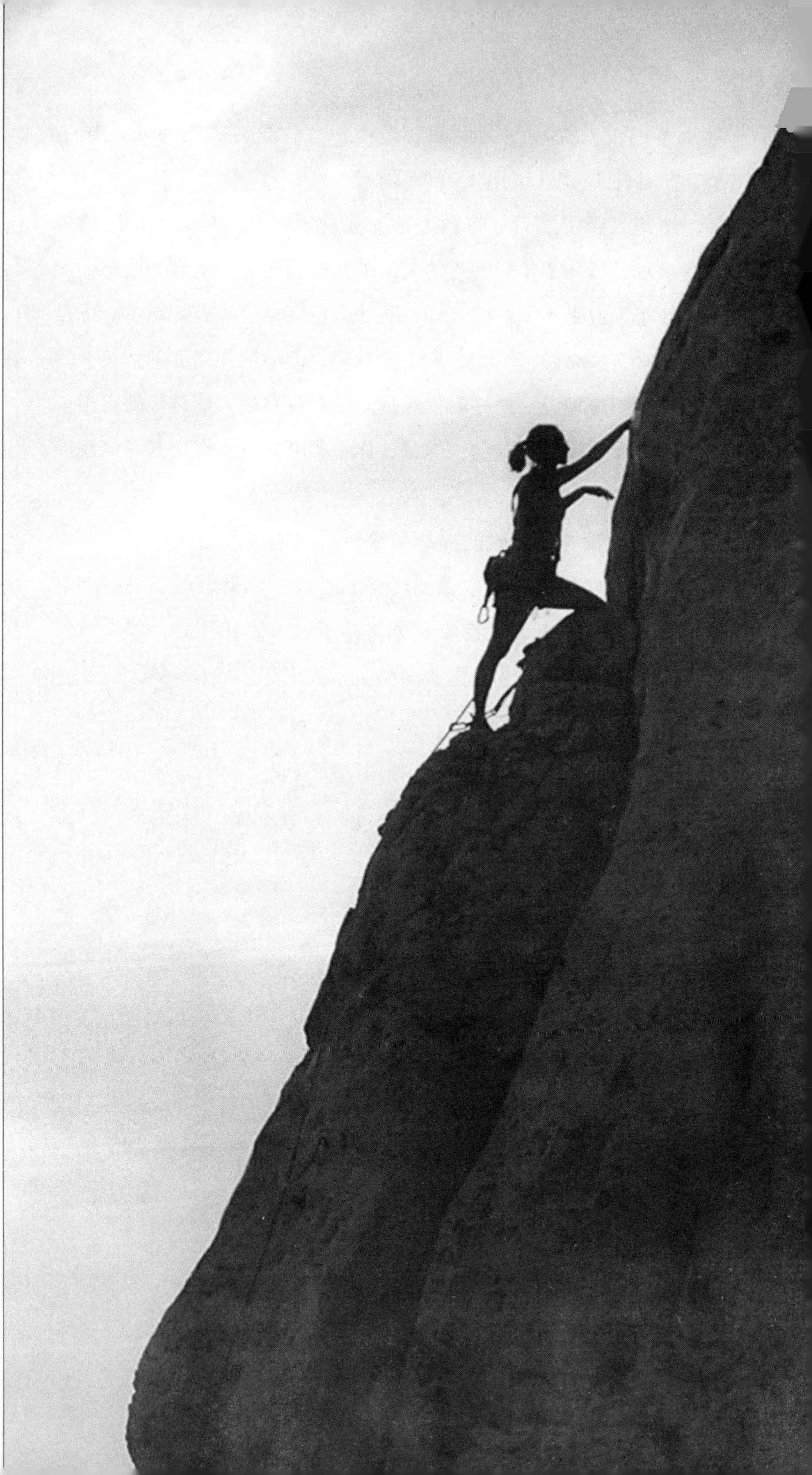

逆境欢歌

你生命中唯一的限制，是你为自己所设的限制。

——拿破仑·希尔

度过暗夜 🖤

　　一个年轻人因为嗓音不符合广播员的要求被面试官无情地拒绝在了门外。更令人觉得沮丧的是，面试官居然告诉那个年轻人，就凭那拖沓冗长的名字，他绝对不可能有所成就。这个被无情的面试官拒绝的年轻人就是阿穆布·巴克强——后来成为印度电影界的"千年影帝"。

　　1962年，为了能获得与"台卡"唱片公司签约，4个初出茅庐、热爱音乐的年轻人紧张地为唱片公司的负责人演唱了他们新出炉的歌曲。负责人听罢，表示出对他们的音乐的不屑，并拒绝了他们发片的请求，甚至还讥讽他们道："我们根本不喜欢你们的声音，这样的吉他组合用不了多久就会被历史淘汰。"这个四人乐队的名字叫"披头士"。

　　1944年，一个叫诺马·简·贝克的女孩梦想成为模特。一天，她去"名人录"模特公司应聘。公司的主管埃米琳·斯尼沃利看到她后便毫不留情地说道："你不要浪费时间了，最好去找一份秘书的工作，或者早点嫁人算了。"——这个女孩后来取了玛丽莲·梦露的艺名。

　　1954年，在一名歌手首次跟随"乡村大剧院"参加演出后不久就被不幸开除了。"小子，你今后哪儿也不要去了，赶紧回家开卡车吧。"老板吉米·丹尼冷酷地对那名歌手喝斥道。这名歌手名叫艾尔维斯·普雷斯利，艺名"猫王"。

　　1940年，切斯特·卡尔森还是一位年轻的发明家。他带着自己的专利走访了20多家公司，其中不乏一些世界顶级的大公司。然而不幸的是，这些公司全都拒绝了他的专利。直到7年之后，切斯特的专利才被一家不知名的小公司购买了，这个专利就是静电复印机。那家小公司现在的名字叫施乐公司。

　　有一个黑人小姑娘，她出生的时候早产，险些没命。在她家里的22个孩子中，她排名第20。4岁时，她不幸患上了肺炎和猩红热，并因此左腿瘫痪。到了9岁，她凭借自己坚强的意志摆脱了金属腿部支架的束缚，努力进行独立行走。13岁那年，她才能勉强正常地行走。见到她的医生都说这是一个奇迹。同年，她做出了一个让人觉得不可思议的决定——她决定成为一名长跑运动员。她勇敢地参加了比赛，结果可想而知，她得了最后一名。接下来的几年，她依然坚持参加每一项比赛，但仍难逃最后一名的命运。身边的朋友都劝她放弃比赛，但她仍执拗地跑着。直到有一天，她终于赢得了一场比赛的胜利。从此之后，她在比赛中不断取得胜利，直到无人能敌。这个黑人小姑娘就是3枚奥运金牌的获得者——"黑色羚羊"威尔玛·鲁道夫。

◆ 心灵感悟

我们可以看到，这么多的成功者在成功之前都有漫长的暗夜。他们后来之所以名扬四海，天下无敌，都因为两个原因：一、不因别人的否定而自我否定；二、坚持到底，永不放弃。

苹果传奇

居住在深山里的农民们由于地理环境险恶，生活难以得到保障。有一位农民为了摆脱困境，四处寻找能够致富的好方法。

有一天，一位从外地来的商人给了这位农民一样自己认定的"好东西"。原来，这个所谓的"好东西"只是一粒粒普通的种子而已。但商人耐心地向农民解释着："这不是一般的种子，而是一种很好吃的水果——苹果的种子。你只要将这些种子种在土壤里，用不了两年，这些种子就能变成一棵棵枝繁叶茂的苹果树。到时候一定能结出让你数不胜数的果实。拿着这些果实去集市上卖，你一定能挣大钱。"

听着商人热情洋溢的描述，农民立刻将这些珍贵的苹果种子收了下来。但农民马上又忧心忡忡起来：既然苹果这么值钱，又这么珍贵，那会不会被其他人给偷走呢？于是，他经过深思熟虑，最终选定了一片偏僻而且荒凉的山野种植这种珍贵的果树。

两年来，农民精心照料着这片果树林。他辛勤地耕作、浇水、施肥。一株株茁壮的果树出现在了农民的眼前，硕果累累。农民兴奋的心情溢于言表，暗自想：啊！要是多种一些就好了。不过，结出这么多果实应该能够让我的生活好过很多了吧。

为了能将珍贵的果实卖个好价钱，他特意挑选了一个吉祥的日子，准备采摘下那些成熟的苹果。

终于盼到了这一天，他兴奋极了，一大早便出发了。当他费力地爬到山顶时，看见的却是满山果树的惨状。天啊！那一片片红灿灿的果实竟然被一群外来的野兽和飞鸟们吃了个精光，只剩下满地残缺不全的果核了。

农民一想到这两年来日日夜夜的辛苦，禁不住失声痛哭起来，伤心欲绝。

他没想到自己日思夜想的致富梦会毁于一旦。在随后的日子里，他对生活失去了信心，日子艰苦依然，只能艰难地支撑着，一天一天地受着煎熬……

光阴似箭，几年的时间就这样一闪而过。

一天，他偶然回到了这片曾经令他伤心的山野，费尽所有力气爬到山顶。然而，眼前的情景令他顿时傻了眼——在他面前出现了一大片茂密的苹果林，硕果累累，甚至比他曾经种植过的那片果树林还要繁茂。

"这都是谁种的呢？"农民嘀咕着。疑惑了好久，他突然醒悟：原来这片繁茂的果树林就是自己种的。

几年前，那些野兽和飞鸟们在吃完苹果后，就将果核丢了一地。经过这几年时间，果核里的种子不知不觉地发了芽，终于长成了这片更加繁茂的苹果林。

现在，这位农民过上了安逸而且富足的生活。这片林子足以让他衣食无忧。有时候，他回头想想：如果不是当年那些野兽和飞鸟们吃光了那一小片果树林的果实，今天可能就根本不会有这样一大片果林了。

◆ 心灵感悟

放弃和损失，在许多情况下或许并不是错误的决定，相反还会让自己获得更多。这不仅是这个农民的领悟，更是生活的哲理。

别为打碎的陶罐哭泣

吉姆和休斯雇了一艘轮船，装上他们亲手烧制的陶罐，到远离家乡的大城市去卖。

他们都是陶瓷艺人。10多年前听说城里人喜欢用陶罐，两人就决定做最好的陶罐到城里卖。在反复试验中，10多年过去了。现在，他们认为自己烧制出了最好的陶罐，可以卖到城里了。装好船，他们就向大城市出发了，船越靠近目的地，他们就越兴奋。他们希望很快能带着卖陶罐得来的钱回到家乡，过上富足的日子。可是，一场突如其来的强烈风暴把轮船打得摇摇摆摆。风暴过后，船虽然靠了岸，陶罐却全破了。看着满地的破陶罐，吉姆难过极了，休斯还痛哭失声。他们的致富梦化为了泡影，他们破产了。

好一阵儿，吉姆才回过神来。他劝慰休斯说，陶罐已经都碎了，再哭也无益，还是先找个地方住一晚。然后，再到城里找找看有没有什么补救的办法。后来他们意外发现，城里人装饰墙面的东西与他们的破陶罐材质一样。于是，他们把破陶罐碎片稍加整理做成马赛克。销路很好，两人反亏为盈，带着卖破陶罐碎片的钱高高兴兴地回家了。

◆ 心灵感悟

陶罐打碎了并不可怕，可怕的是一不留神，把我们的冷静、理智、聪明和思考能力也跟着一起打碎了。

严重警告

记者朋友和我谈起了他们报社的编辑部主任。当年，他只是个普通的编辑，其中有个说法最为离奇却也最能说明问题。编辑出差错，在县级的处罚方式是事实性差错扣5元，而在省级，得扣300元；在县级，把领导职务排错，最多扣50元，但在省级，就不是用钱可以惩罚的了。

两年前，他刚到报社时，几乎不曾出错，但在一则十分重要的新闻中漏掉了一位领导人的名字。第二天见报后，政府部门的电话直接找到了老总。老总则把他召来一通臭骂。政府宣传部门也对他出示了警告通知。他面临着前所未有的巨大压力。但在挺过这一关以后，他就再也没出过差错了。

在提拔他担任编辑部主任时，编委会的意见是：他能承受报社创刊以来最严重的警告，难能可贵。进而将主任一职的重担交给了他。假如他没有受到这一次惩罚，可能仍旧大错误不犯，小错误不断，也将永远是个普通的编辑。

◆ 心灵感悟

上天要想赋予一个人以大任，总会让他先尝尝苦头，受受教训。因此，从某种意义上说，一个人的成功并不是无缘无故的，总是伴随着大大小小的惩罚。当他们衣着光鲜、气宇轩昂，以成功者的姿态出现在你面前时，其实你不必嫉妒，他们付出的比你多，承受的也比你多。

急中生智 🖤

好多年前，有位商人欠了放高利贷人的一大笔钱。债主天天上门催债，并威胁商人，如果不拿女儿来抵债，他就要把商人投入监狱关起来。那时，欠债不还，是足以把人投进监狱的。

商人的女儿乔安娜年轻漂亮，她可不愿嫁给又老又丑又满肚子坏水的高利贷债主。债主却装出一副公平公正的伪善模样，要求乔安娜在他的空钱袋里摸石子来决定胜负。袋子里将放进黑白两粒石子，并约定，摸到黑色的石子代表乔安娜必须嫁给债主；如果摸出的是白石子，商人的女儿就可以回到父亲身边，债务也不用偿还了。但是，乔安娜如果不参与这个游戏，他就要把乔安娜的父亲投入监狱。乔安娜被逼无奈，只好同意试一试。

债主邪恶地笑着，从脚下铺满石子的小路上抓起两粒石子投入空钱袋中。眼尖的乔安娜瞄到债主投入空钱袋中的两粒石子竟然都是黑色的。就是说，不论乔安娜摸到哪个石子都是黑色的，债主都是赢家。债主口口声声说自己是仁慈的，却阴险地布置了这个陷阱！乔安娜急中生智，不露声色地从袋中摸出石子，故意让石子掉到路上，与其他石子混在一起，这样就分辨不出是什么颜色的了。乔安娜装出一副抱歉的样子，提议用袋子里的石子，来确定乔安娜摸出的石子的颜色。

剩下的石子肯定是黑色的。乔安娜急中生智的一招，破解了债主设计的圈套。债主的阴谋没有得逞，他只得承认乔安娜刚才抓出来的是白色的石子。乔安娜用智慧战胜了债主，逢凶化吉，高高兴兴地和父亲回家了。

◆ 心灵感悟

面对危险不利的境地，不要被吓破胆，也不要惊慌失措，而是采取"解决导向"的思考模式来分析目前的局面，找出办法，逢凶化吉，把最险恶的危机变成最有利的情况。

反被动为主动

幽默的喜剧大师卓别林有一次在碰到歹徒打劫的危机情况下，也没忘了用聪明智慧幽默一把，反被动为主动，化险为夷。

那天，大师一个人走在郊外，突然脑袋被一支枪顶住了。他知道遇到歹徒了。

野外空无一人，大师的处境相当危险。大师乖乖掏出身上的钱袋子，哆哆嗦嗦地交给劫匪，可怜巴巴地说："这钱是我老婆叫我去城里买东西的，现在没了，回去老婆肯定饶不了我，求您在我帽子上打个洞，我回去告诉老婆我被打劫了。"

歹徒满足了大师的要求。

大师又说："我老婆很凶，您行行好，请您在我衣服裤子上补几枪，那恶婆娘才可能放过我。"

看着眼前这个身无分文、可怜巴巴的男人，歹徒不知是计，又照着做了。

歹徒的子弹打光了，卓别林挺直身子一运气，一拳把歹徒打倒在地。看看昏过去的歹徒，大师大声笑着取回自己的钱袋，甩开那夸张地八字腿，一溜烟地跑走了。

凡事理智思考，保持正面的态度，在遇到困难时，就容易化险为夷。

生命无价 🖤🖤

作为一名医生，从业近十年，我头一次感觉到生命的脆弱是在上一年，同时也感到顽强求生意志的重要。那是我唯一的侄儿，刚出世时注射的天花疫苗不知怎么没起作用，就算这样也只有几十万分之一生天花的几率，但他竟然感染了天花。那个酷暑，当他被送到我所在的医院时，才满一周岁，很娇嫩的孩子。主治大夫是我的同事，他说这病还得看孩子的免疫力。那时，侄儿从嘴唇、舌头到手脚，全身满是水泡，吃饭和说话都困难，甚至哭都不行。泪水一旦浸破了面部的水泡，细菌入侵进来，那么患白血病的可能性就很大。另外，他也不可以发烧，因为那会伤及脑神经。

于是我们坐在床前，一五一十地给他讲这些医学的大道理。没想到这么小的孩子竟然听懂了，他不哭，眼眶里的泪水满了的时候就自己用手帕去擦，吃饭时也能强忍着痛。整整3个月里，我们时时刻刻看护着他，怕他因为水泡太痒，不小心就用手挠破了。那时，担心他患白血病的忧虑，像乌云一样笼罩在我们的心头，使我们心里都很悲愤：这样的剧痛，不该由无辜的婴儿来承担，而作为天使的医生却爱莫能助，想想就令人心头不平。

就在那些日子，一家人几乎失去了理智，大家一天到晚泪眼相对。但，他连哭都不能哭，却终于挺了过来，用那么柔弱的身体。

坚强地活着，对每一个爱他的人来说，就足堪告慰。生命的诞生，就可以说是"生不由己"，因此，它不只属于一个人。爱每一个人，爱自己，这才是生命的意义。

当我们感到生活的艰难时，就不能怨恨把你生下来以及爱抚你的人。爱是不会有错的。放弃生命，是世间极大的罪过，而且生生死死都种下了自杀的因子，不得解脱。自寻死亡只是一种虚幻的诱惑，隐藏着极大的痛苦。生命是绝不能放弃的。人的生命蕴藏着无限的价值，只要你善于去发掘。

◆ 心灵感悟

孔子说："未知生，焉知死？"意思是，我们在世间应按照仁义尽到应尽的义务，那么生活质量一定很高，也就不必再惧怕死后的事了。佛陀更是谆谆告诫人们要珍惜生命，于是说出了"盲龟浮木"和"大地杯土"等典故，可见佛陀何等重视生命；同时佛陀也重视生命的质量，佛教里有这样一个很有名气的偈子："人生难得今已得，佛法难闻今已闻。此身不向今生度，更待何生度此身！"

耐性测验

英国的夏天也是很炎热的。在一所大教堂里。坐着许多教徒，有一位牧师正在布道。天气太热，教堂气温很高。时间长了，有些人开始不耐烦了，有的打起了瞌睡来。只有一位绅士模样的人，表情庄重，腰背挺直，正专注地听着。

出了教堂，注意到这一幕的年轻人问绅士："是什么原因使您在那么难坚持下去的情况下，还能那么专注地听讲？"

绅士笑了，回答说："在当时的情况下，我确实想打瞌睡。可是，我又觉得，正好可以利用这个时间来对自己的耐性做做测验。测验的结果是我满意的。有了坚强的耐性，就能正确处理工作中的各种困难，就能处理好更复杂的事情。"

这位令人敬佩的绅士就是著名的英国首相格莱斯顿。

◆ 心灵感悟

世上没有绝对不好的事情，只有心态不好的人。细细想想的确如此，一个人要是连自己的心态都调整不好，又怎么能处理好更为复杂的事情呢！所以，不论在何种恼人的情况下，都要把自己的心态调整好，掌控住局面，而不为环境所左右。

在绝望的时候再等一下

一位老婆婆种的玉米长势喜人。就要到收获的时候了，一个个玉米穗子伸长脖子盼望着老人来把它们带回家，那长得最饱满的玉米顾念自信满满地说："老婆婆肯定第一个带我走，因为我长得最好。" ——玉米姑娘把早些被老婆婆带走当做一件很荣耀的大事。

收获的那天到了，老婆婆带走了很多玉米，唯独没有带走它。多情的玉米姑娘把希望放在明天。可是第二天，老婆婆带走了玉米的其他姐妹，还是没带走玉米姑娘。有些失望的玉米姑娘只好又把希望放在了下一次，并安慰自己："明天，明天老婆婆就会来把我带走。"

可它又一次失望了。

日子一天一天过去了，玉米姑娘老了，很老了，它绝望了："老婆婆肯定不要我了，我可能烂在这里了。"可是，这时老婆婆来了，小心地摘下了它，并高兴地说："这真是最棒的玉米，我要把它留下来，明年用它种出更多更棒的玉米。"

玉米姑娘终于等到了希望，明年它将儿女成群。

也许你一直都很相信自己，但失败、挫折、成功一直不露曙光会让你泄气、信心动摇，甚至自暴自弃。在这种境地，就需要自己给自己鼓劲儿，你可以在心里默默地念叨："还有希望，让我再等一下。还有希望，让我再等一下……"

唯一的失败是放弃

美国的一支大学篮球队，因为连输了10场比赛，教练被轰走了。球队又聘请了很有名气的教练。新教练觉得：要让队员们知道，过去的将成为历史，一切将重新开始。

经过严格刻苦的训练，他们迎来了第11场比赛。比赛进行到中场时，他们又落后了30分。休息室里的气氛很压抑，大家心情沉重极了。

"这个时候如果放弃，就等于失败。"教练想。他必须和球员们谈谈。看得出来，队员们在心理上已经承认失败了。教练说："假如今天'篮球之神'迈克尔·乔丹遇到我们这种情况，他会放弃吗？"

"他不会放弃！"球员们说。

教练又问："假如今天拳王阿里在比赛中遇到这种情况，他会放弃吗？"

"不会！"球员们大声回答。

教练又说："假如是发明家爱迪生在这打篮球，此时，他会放弃吗？"

"不会！"球员肯定地回答。

教练提高嗓门问："那么米勒会不会放弃？"

大家一下子静下来，只有一个人小声地问："米勒是谁？"

教练笑着说："因为他在比赛时选择了放弃，所以你们都没有听说过他的名字。"

一席话，使球员明白一个道理：唯一的失败就是你选择了放弃。

◆ 心灵感悟

成功，只要你不放弃，就有机会；只要放弃，你肯定是不会成功的人。这就是成功的秘诀。你见过放弃的成功者吗？你见过哪一个坚持的人不成功吗？所以你唯一的失败原因就是你选择了放弃。

十年风水轮流转

画家杰克成名前住在一间很小的房子里，靠替人画像的微薄收入生活。富人戴维有天路过这里，觉得杰克的画功还不错，要求杰克替他画一幅肖像画，并答应画成后付给杰克一万元。很快，画就画好了。富人看了后，觉得不错，但他想：这个画家没什么名气，而且这幅画很像我，如果我不买，肯定卖不出去，何不压一下价钱，这样可以省下不少钱。所以，他只肯付3000元买这幅画。杰克气愤极了，但还是耐着性子请富人遵守当初的约定，付给自己1万元。富人坚持只付3000元，杰克也不让步。杰克想，既然富人不讲诚信，这幅画我宁可不卖了。他说："你将来要为今天的行为付出20倍的代价。"富人耸耸肩说："我才不会那么傻呢。"杰克愤愤地说："等着瞧！"富人很快就把这件事忘得干干净净了。而杰克因为经历了这件事，第二天就离开了这里，拜了一位老画家为师。经过名师的指点，加上他自己的勤学苦练，十几年后，他终于成为了一位远近闻名的大画家。

有一天，富人听好几个朋友跟他说，在一位很有名的画家举办的画展上，有一幅画标价20万，一分不能少。画上人物的相貌竟然跟他一模一样，而且标题是"贼"。

富人马上想起了自己10多年前毁约失信的事，现在到了付出代价的时候了。他赶忙到杰克那里，承认了错误，道了歉，并花20万元买回了那幅画。

十年风水轮流转。杰克把挫折当做动力，不忘提高自己，终于狠狠地报复了当年那个不仁不义的富人。

◆ 心灵感悟

你相信吗？除了你自己，没有人能侮辱、打败你。所以，人活着要争气，而不是泄气，要把挫折当做阶梯，努力攀爬，最后一定能达到理想的境地。

危机尽头是转机 ❤

著名作家刘墉写的书我很爱看，特别喜欢看刘墉的电视采访节目。他学识渊博，人又幽默风趣，他讲过的一个小故事大概就是危机尽头是转机的意思。

故事说的是：在赌场里，常见有人在同一架老虎机前，一连几个小时，把买来的筹码往老虎嘴里塞，希望捧回来大把的钱币。可直到他把手中最后一个筹码也投进去了，仍是有去无回。随后他站起身来，暴跳如雷，连踢那机器几脚，无可奈何地离开了机器。这时，已在远处观察了很久的赌场里的另一位高手马上过来取而代之。是刚才的客人刚离开，就听见背后的机器狂响，再一瞧，机器上的红灯直闪，赶快跑过来一看，那台他花了几个小时，吃光他成百上千元的机器，正在狂吐钱币！他差点没吐血，懊恼极了，为什么没能坚持一下呢？再坚持一下，这大捧大捧的钱就是自己的了。而现在，却是那位深通"危机尽头是转机"的高手跟在自己身后，不声不响地大捞了一把。

◆ 心灵感悟

绝望的那一刻，往往是希望的开始；危机的尽头，往往就是转机；山穷水尽的地方，往往就会柳暗花明。关键看你有没有那点耐心，坚持一下挺过去。

计算每次拒绝的价值

每次拒绝还有价值？每次拒绝的价值还可以计算？答案是肯定的。这还有一个很出名的百分比定律。

定律说的是：假如你和10名顾客谈生意，只在第10名顾客处得到200元订单时，你必须明白，这200元订单是会见了10位顾客才赚到的，也就是说每个客户都让你做了20元钱的生意。因此，每次被拒绝的收入是20元。如果这样想，每次他拒绝我们就等于让我们赚了20元，我们就更应该感谢前面这9位顾客了。

一个成功的日本日产汽车推销王的看法跟这也很类似。他说，据统计，他们拜访30个客户，就有一个人成交。只要不放弃努力，连续拜访29位后，第30位就是顾客了。所以，一定要记住，除了感谢第30位买主，更要感谢前面的29位。虽然他们没有买车，但没有这29次努力，怎么会有后面第30次的收获呢？

所以，每一次被拒绝都是有价值的。

◆ 心灵感悟

故事引发我们两点思考：一、每一次失败都是有价值的，不要把它当成纯然的失败与一无所获；二、成功是有一定的概率分布的，关键是要坚持到它开始显现的那一刻。

赢的原因 ❤❤

比尔的演说很受欢迎，他写的小说也很畅销。

有时间的时候，他喜欢观察鸟类。他看上了堪萨斯州一个农场的地理环境，几年前就搬到这里来住。

他的房子周围草木葱茏，搬来几天后，他就在后院安了个喂鸟器。一会儿工夫，落上好几只小鸟欢快地吃着食物。一群松鼠却不请自到，它们上蹿下跳惊走了小鸟，弄翻了喂鸟器，旁若无人地吃光了里面的食物。

"得把这帮讨厌的小家伙赶走。"比尔想。可是，10多天来，他试了一个又一个的办法都不能奏效。经人指点，他在一个五金店买了一种"防松鼠喂鸟器"，上面还带着铁丝网。比尔希望这回问题能得到解决。回家后，他马上把它安装起来。但那些淘气的小精灵仍旧能把里面的食物吃个精光，照样吓得鸟儿不敢靠近。

比尔只好找到五金店主，无可奈何地感叹："人类可以上天入地，为什么就不能对付小小的松鼠呢？"

店主看到比尔着急的样子，就将实话相告——确实没有真正能防松鼠的喂鸟器。

店主说："你每天只花十几分钟对付松鼠。而松鼠呢，是醒着的每时每刻都在寻找食物。这就是松鼠能赢的原因。"

◆ 心灵感悟

在专一的用心面前，智慧的大脑、优势的体格节节败退。要做到更好，并不一定需要款式更新、功能更强大的电脑，所需要的，是为了目标心无旁骛，投入所有的时间，发挥所有的才干，就像那些松鼠一样，在不睡觉的时候，把98％的时间都用于寻找食物。有了这种专注和韧劲儿，你会把所有的对手抛在后面。

从微笑开始 ❤❤

有一种无形的宝贵财富，那就是笑，它是成功的开端。

笑是一种无形的手段，运用了它，悲观和紧张跑得无影无踪，勇气和力量不知不觉在增加。

用笑来治"信心衰弱症"，药效奇佳，因为它会增加勇气。不过很多人怀疑这个药方，以致在遇到恐惧时，从不试图笑笑看。一个不会笑的人，很难想象它他心里会是怎样一种糟糕状态。

笑绝对可以赶跑恐惧，战胜忧虑，使你的信心百倍增长。笑多了，你会有"幸福的日子又回来了"的美好感觉。不过要注意，笑要自然和充分，半笑不笑和皮笑肉不笑没有多大用处哦。忘情的大笑才能使你处于极佳的心理状态中。

从内心深处绽放出来的真情的笑，在人际关系中可以起到绝佳的润滑剂的作用。一个大企业的总管曾说："能常常带有真情的微笑的小学学历的人，比整天板着脸的博士更有用。公司要求工作人员的基本功就是微笑，这是公司最好的商标，比很多广告更有力，因为它足以打动人心。"

当人陷入郁闷不乐的心境时，可以主动去游乐场调剂情绪；或者，读读幽默小说、看看漫画、听听滑稽故事或相声。无数次开怀大笑，心情就会变得充满阳光。当然还有很多更好的方式需要你去发现，只要不侵犯别人的利益，任何可以让你发笑的方式都可以拿来用，这对于恢复你的自信心是极有帮助的。

有时候，笑往往是自信心和优越感的一种表现。你可以观察运动场上的人，他们常常面带笑容。他们认定自己可以赢得比赛。

笑是一种帮助你进步的力量。如果现实生活中没有这样的条件，那就自己去创造吧，阅读幽默小说和漫画等方式，都是不错的选择。久而久之，你的情绪会得到很大改善，性格也日渐开朗，向善的力量也增加了许多。

◆ 心灵感悟

有伟人说，笑是精神的维生素。这句话实在不错。曾经有报道说，美国一患晚期癌症的男子，自知无再生之力，于是在生命的最后时光里，专看滑稽类电视节目以使自己发笑。结果三年过去了，癌症竟然不药而愈。可见笑的伟大功效。

把打捞坚持到底

1850年，有一艘满载着古老中国的丝绸、瓷器及珍宝的英国商船从广州出发，在途经马六甲海峡时因意外而沉没了。15年前，鲍尔偶然从资料上获知此事，便下定决心打捞这艘沉船。在幽暗的海底，他探索了70多平方公里的海域，摸索了长达8年的时间，终于将这份珍宝找到了。

数百万的资金仅够打捞工作维持30天。如此巨大的耗资，让最初的两位合伙人认定无望而离去。其中，鲍尔的好友反反复复数次加入与离去，并不断地劝说鲍尔放弃此种"疯子"般的行为。

如今，鲍尔回想起当初的经历仍是感慨万千。不过，当他终于迎来了成功的一刻时，所有的怀疑、所有的失望都随着8年来高筑的债台一起烟消云散。

　　坚持不用多。在生命旅程中，有一次坚持到底就算是成功，而放弃一旦开了头就绝不会少。对于曾经认定的事，放弃一次就会一再放弃，到最后两手空空，一无所有。

你敢在火上行走吗 ❤❤

　　子夜时分，12英尺长的木炭上火花纷飞，仿佛要把一切烤熟，那情景令人不寒而栗。这就是"走火大会"——美国潜能激发课程中最富挑战性的一项。它要求参与者从温度高达2000摄氏度的烧红木炭上赤脚走过。

　　我第一次参加这项课程时的感觉至今还深深地印在脑海中，但更令我难忘的是导师安东尼·罗宾的那句话："你永远要记得你所想要的，而不是你所恐惧的。"为了让自己克服恐惧，我特意选择排在一名小女孩的身后。因为我想：她如果能安然通过炭火，我应该也没问题。接着，走火大会开始了。看到排在前面的几百人都在走过炭火后安然无恙，我的心底隐约有了一些底气。突然，我发现排在前面的女孩的双腿在不停地颤抖。这下，我又慌了神，刚刚才鼓起的一点底气又泄了。就在这时，我听到辅导员在旁边大声喊道："走！"没等我回过神来，小女孩已经大踏步地走了过去。看着她，一股无名的力量又注入了我的体内。于是，我也信心十足地走了过去。

　　原来，走火竟是这样的简单。

◆ 心灵感悟

　　的确，有很多事情看起来都很困难或不可能，但是当你下定决心一定要做的时候，它们都变得非常简单。所以，你要学会的是面对困难时，化恐惧为行动，做出最有效的决定，并坚信自己一定能做到。

从来没有真正的绝境 💕

智利北部的恩贡果村是一片真正的荒凉之地。

村子的西边是太平洋，北边是阿塔卡玛沙漠。

太平洋的冷湿潮流与大沙漠上的高温气流终年交融，形成了多雾的气候。而浓雾又被强烈的日晒蒸发掉了，所以这里干旱、干涸，到处都是尘土飞扬，没有一点生机，没有绿色，只有满目的荒凉。

加拿大的物理学家罗伯特来到这里，并在村子里住了下来。他是个出色的学者，是个真正做学问的人。他认真地考察了这个令人绝望的土地。不久，他就发现，这里并不是没有任何生物，而是生活着许多不被人们注意的蜘蛛。可为什么其它生物不能在这里生存，而蜘蛛却在这恶劣的环境下生活得很好呢？罗伯特很快揭开了这个谜：是蜘蛛网。亲水性极强的蜘蛛网吸收了雾气中的水分，为蜘蛛提供了生生不息的水源。

受蜘蛛网的启发，罗伯特研究出了人造纤维网，并排成网阵，用网阵拦截穿行其间的雾气，形成水滴，再经过几道工序，使之成为新的水源。用罗伯特的人造网，每天所截的水不仅足够供当地居民生活使用，而且可以灌溉土地。

从来没有真正的绝境，由一个小小的蜘蛛网引发的技术革命，让这片原先荒芜的大地长出了绿色，充满了希望。

◆心灵感悟

这个世界上，从来没有真正的绝境，有的只是绝望的思维。只要心灵不曾干涸，再荒凉的土地，也会变成生机勃勃的绿洲。

苦难造就伟大 ♥♥

加州的农民靠栽培土豆维持生活。每年收获的土豆，都被他们习惯性地分成大小三类进行包装，并标示不同价格。这个活儿每年都要花费他们大量的时间。

但总有例外。有个农民是当地的最高收入者，他从来不这样做。

后来邻居好奇地问："为何你不把土豆分类呢？"此人回答："说来简单得很：我的车装上所有的土豆后，我就开到崎岖的山路上。在行驶10公里后，土豆自然分层，小块的自然颠入下面和四周去了，大块的或中等的自然留在了上层和中层。"

这不只是一个关于土豆的故事，对人来说也很有启发性：艰难的生活环境，正是一个坚强的人展示其价值的最好时机。

◆ 心灵感悟

孟子说："故天将降大任于斯人也，必先苦其心志，劳其筋骨，饿其体肤，空乏其身，行拂乱其所为，所以动心忍性，曾益其所不能……"的确是这样的，要成就伟大的事业，没有一番磨练作预备是难以有大成就的。

在绝望中抓住快乐 ♥♥

托尔斯泰在他的一篇散文中曾讲过这样一个故事：

一个人被老虎追得紧时掉入悬崖，幸好在下坠时他顺手握住了一根藤，停在半空中。向上看，有老虎正怒目而视；往下看，悬崖底下还有一只老虎。糟糕的是，他握住的那根藤，正被一只老鼠在啃食。就在这时，他发现悬崖壁上有一簇野草莓。他摘下放进嘴里，赞叹："好甜啊！"

在生命中，就算种种痛苦、不幸和绝望袭击了你，如果你还能去享受那属于你当下的野草莓，那可要庆幸，你已经懂得了快乐的真谛。

◆ 心灵感悟

在人生中，光阴短促，数十年光阴转眼即过，所以要慎用你的注意力。因为你的注重力所在，成就了你人生的某种形态。当你把注意力放在积极的方面，你的人生便会向积极方面发展，自然变得美好。

用脚趾写作

布朗是爱尔兰最著名的诗人和小说家，在短暂的人生中他创作了5部小说，3本诗集。布朗一出生就全身无法动弹，但是他凭借着坚强的意志仅靠左脚趾创造了一个奇迹。

布朗出生在都柏林的一个贫苦人家，不幸的是他一出生就患上了严重的大脑瘫痪症。到5岁时，他不能像其他小孩一样走路和说话，头部、身体和四肢都不能自由活动。他的父母为此十分焦急，到处寻医求诊，但都无济于事。有一天，他看见妹妹正在用粉笔写字，突然间他用力伸出左脚，从他妹妹的手里把粉笔夹起来，紧接着在地上勾画起来。

时间一天天过去，小布朗慢慢长大，他凭着自己的聪明才智，成功地学会了用左脚打字、画画，并逐渐开始写作诗文。

1954年，正当布朗21岁时，他出版了第一部自传体小说《我的左脚》。16年后，另一部自传体小说《生不逢辰》也问世了。这部小说震惊了读者和文学界。书中展现了真挚的情感，折射出深刻的人生哲理，动人的故事情节和诗一般的语言使读者无不为之惊叹和赞赏。不久，这部小说成为国际畅销书籍，还被导演选中拍成了感人的电影。

1972年，他与一位爱尔兰姑娘走进了婚姻的殿堂。在爱妻的悉心照料和帮助下，布朗的创作激情更加强烈，又出版了多部小说和3本诗集。《锦绣前程》是布朗在临终前完成的最后一部小说，该作品于1982年正式出版。

◆ 心灵感悟

与布朗相比，我们拥有的太多了。既然他用唯一能活动的左脚就写出了人生的辉煌，那么四肢健全的我们还有什么理由抱怨呢？

人生的调味品 💕

比特经营着威斯康星州的农场，但是却只能做到使家人不挨饿。虽然他身强力壮，工作也毫不马虎，但他一直认为财富与他无缘。后来出现了一次意外事故，比特瘫痪在床，亲朋好友都想他这辈子恐怕没什么指望了。但事情的发展却和亲友的预料相反。

比特瘫痪的只是身体，意志却不曾瘫痪，甚至变得更强健了。他一如既往地思考和计划，让自己变得更乐观，他希望能够继续负担一家人的生活，而不是变成家人的累赘。

他向家人和盘托出自己的构想："在我的双手不能工作

时，我可以动用我的大脑，你们就当做是我的双手吧。我考虑了很久，决定把我们的农场全部改种玉米，收获的玉米用来喂养乳猪，然后把乳猪用来灌香肠，拿到市场上去卖肯定能一炮打响！"

"比特乳猪香肠"上市后，果然声名远扬，一时成为家家户户的美食。

上天不会抛弃任何人不管，方法总比困难多。

诚然，人生的旅途不会永远向你刮顺风，挫折无时无刻不存在。但无论是面对顺风或逆风，我们都该坚持自己的航向，向着既定目标驶去，不必张狂或者堕落，这些都不是我们应有的态度。

人的一生时间甚为短暂，假如你喝云南大理白族的三道茶，那就会体会到一苦二甜三淡，不正应对着人生的三重境界吗？想要有潇洒的人生，首先就应具备吃苦耐劳的精神，这样才能立功、立德、立言，丹青留名。

◆ 心灵感悟

如果你没有尝过挫折的滋味，那你可能不懂得什么是真正的人生。假如你能不在挫折面前屈服的话，挫折就是人生的调味品，人生的滋味有如盛宴；否则人生对于你来说是无尽的苦涩或酸辣，单调而且调料过重。

坦然面对不幸

在这个世界上，欢声笑语，友情、亲情让我们处处感受到人世间的美好。但失败和挫折是每个人都必须面对的现实。那么什么才是正确面对现实的态度呢？

也许，有些人在遭遇挫折和失败后，这样一些不良的想法便产生了：这不是我能做到的！我再努力也于事无补！一旦这些想法成了你的信条，那么外在的行为和效果便会真如所愿。

再遇到挫折，心情便会被乌云笼罩着，难以再有继续前进的力量，甚至终其一生，都可能"暗淡无光"，无论做什么都畏畏缩缩的了。

如果你现在就处于这种黑暗的状况，那就应该鼓起信念：阳光总在风雨后。只有当心底的黑暗被光明照亮时，外在的环境才会慢慢发生改变。否则，错误的心理行为如果不能得到纠正，那么一些顽固的信念也就得不到改变。例如"环境不好啊"、"条件不好啊"等等，那么外在环境也就难以真正得到改变。所以有这样的信念就很重要："就算环境不好，我也要努力。"这样，就渐渐有了改变人生的动力，人生就向着仁义之路走去，不致误入歧途、一错再错而不可救药。

◆ 心灵感悟

佛陀说，一般的人，遇到痛苦的感受，就好像中了第一支箭。中箭以后，他心里就执著于这一支箭，越来越迷惑，越来越恐怖，就好像中了一支箭之后又中了第二支箭，感觉越来越痛苦。但是受过佛理教化的人，如果遇到痛苦的事情，他会平静地观察痛苦，去消除它。他中了第一支箭之后，不会再中第二支箭，甚至可以拨掉第一支箭。

不向困难低头 ❤

弗兰克是一位犹太裔的心理学家，二战时他也进了纳粹集中营，和许多人一样备受折磨。他的父母、妻子和兄弟先后死在狱中，妹妹成了他仅存的亲人。就在此时，他也被纳粹分子折磨得死去活来，生命危在旦夕。

突然有一天，他悟出了这样一个道理：在客观的环境面前，我们无能为力，没有自由；但自我的意识是完全独立的，外界影响内心的程度完全可以自由调控。外界的刺激和自己的反应并非一一对应的，人们有做出任何反应的自由。于是，他运用各种各样的记忆、想象与期盼，不断充实自己的生活和心灵。他学会的心理调控术，让他的意志得到完美的发挥，心灵的自由超出纳粹的牢狱。

弗兰克的精神状态感召了许多陷入狱中苦难的人们，让他们重新找回生命的意义和尊严。弗兰克在回忆录里是这样评价的：每个人来到世上，都有特定的工作和使命，他人无法替代。每一次的生命，都不会重复。因此，每一次人生，实现的机会也就只有一个……说到底，根本不是你在向生命质问意义，而是生命在向你索要价值。一定得你自己来作答：你存在的意义在哪儿？当你对自己的生命真正负起责来，这个问题才有一个庄严而有意义的答案。

弗兰克在生命最痛苦和危难的时刻、在精神临近瓦解的边缘，靠着一己顿悟，获得了心理调控的力量，在拯救了他自己的同时，也拯救了许多面临死亡威胁的人。在通往成功的路上，千姿百态的困境伴随着我们，等着我们运用心理调控去战胜自我和环境，摆脱困境。环境，特别是恶劣的环境，可以成为一个人最好的老师，让他学会一般情况下无法想象的经验和知识。

◆ 心灵感悟

人生为一大事来。每个人的诞生，是因为总有一件大事等着他去完成。他找到使命的时节，也就是发现人生意义的时节。但很可惜，有的人终生都没明白自己降生于世的意义在哪儿。

困难有恩

火石如果没有摩擦，就不会迸出火花的绚丽；人没受到困境的磨练，也就不会有生命的绚丽！困境足以使人身心坚毅。

困难对于勇者来说，不是仇敌，而是大恩人，种种潜能借它才得到发展。这就如同森林中的大树，没有同雷雨闪电千次的交锋，如何成就其参天之姿？

格里米之役，一颗炸弹把一个精美的花坛炸得粉碎，但是炮火轰开的泥缝中，却有一道清亮的泉水在喷射。从此，这儿又建起了一个漂亮的喷泉。很明显，种种困苦的经历，把我们的心灵逼入绝途，但一刹那间，何尝不是"柳暗花明又一村"呢？

历史上记载着很多这样的人，在未到穷困潦倒的境地时，他就不能发现自己的长处。是灾难磨去了他心灵的灰尘，结果使他认识到自己从没有注意到的一面。

曾有一个科学家这样说：一旦他遭遇不可超越的难题时，他就高兴，因为新的发现就要来了。

刚出道的作家，在书进入书店时，受到老板和读者的刁难是经常的事；优秀的作家往往跨得过这道槛。困境足以唤醒一个人的热情，使他的潜力发展成能力，就好像蚌能把沙子变成珍珠。

幼鹫在羽翼初成时被母鹫逐出巢外，做飞翔的练习，以打下成为禽类之王的素质基础。

在大环境中成长的青年，日后成就不错；小环境顺利的人，长大后却多是"苗而不秀，秀而不宝"！"自然就是遵循这样的辩证法，它往往在给予人一分困难时，同时也添给人一分智力！"塞万提斯写《唐·吉诃德》时，正是他被困于马瑞德狱中之时，连买纸的钱都没有，最后书快写完时，只有用旧皮革当纸。一位富有的西班牙人被劝去接济他，不想他语出惊人："上天不允许我去接济他，只有他的贫困，才能增添世界的丰富！"

许多大人物的成功，都是在十分困苦的境况下取得的。贝多芬、弥尔顿和席勒等人的事迹大家都耳熟能详。此外，还有一个极特别的例子，那就是犹太民族。有史以来，被压迫、被驱赶成了犹太民族注定的命运。但就是这个犹太民族，创造了世界上最优美的诗歌、最巧妙的谚语和最华美的音乐。他们富可敌国，使很多国家的经济命脉掌握在他们手中。他们的才华，仿佛注定诞生在被迫害而迁移的途中。对于他们来说，"困苦如春晨，虽带霜寒，已有暖意；天气的冷，足以杀掉土中的害虫，但仍能容许植物生长！"

◆ 心灵感悟

其实不用说国外，在我国历史上，遭遇困境而奋发的圣贤就有很多很多，司马迁说："文王囚而演《周易》，孔子困而作《春秋》，屈原逐而抒《离骚》，丘明盲而编《左传》，孙膑残而著《兵法》，不韦贬而志《吕氏春秋》，韩非拘而成《说难》。"

危机尽头

一个商人用船运河蚌回家，路遇风暴，不能如期返航，更不幸的是河蚌都死了，这意味着他将血本无归，面临破产的境地。他绝望了，准备跳海自尽。好心的船长劝他，我们去船舱看看那些河蚌，也许可以找到一线生机。他们打开所有的河蚌，结果发现一颗硕大的珍珠，这颗珍珠的价值远远超出了整船河蚌的价值，他们绝处逢生了。山穷水尽的地方，往往就会柳暗花明；绝望的那一刻，往往是希望的开始；危机的尽头，往往就是转机。

在人生道路上，有很多事情都需要我们坚持不懈地付出努力。无论是学业的成功还是理想的实现，肯定会遇到很多挫折和困难，这时候千万别轻言放弃，要勇于面对，用一种乐观的永不妥协的心态，驱走你心中的阴霾，哪怕是一点点生存的希望也绝不要放弃，当你打算退却的时候，你要清醒地认识到，只要你再坚持一下，就能捕捉到转机，成功不仅仅是一瞬间的辉煌，还需要付出艰苦的努力。要知道奇迹源于不放弃！

◆ 心灵感悟

绝望的那一刻，往往是希望的开始；危机的尽头，往往就是转机；山穷水尽的地方，往往就会柳暗花明。关键看你有没有那点耐心，坚持到底。

你没有责任吗

一个人把800万借给了一位他认为特别有诚信的朋友。朋友信誓旦旦：半年后一定全部奉还。可两个月后，这个朋友就人间蒸发了，从此杳无音讯。钱被骗了！这笔被骗的巨款中，有300万还是向亲朋好友借来的。他整个人被击垮了，看不到人生的希望，从此哪儿也不去，什么也不做，整天拿着酒瓶子，喝得烂醉如泥。谁劝他也没用，直到有人讲了一个故事给他听：

有个年轻人，开车走高速公路回家，紧跟在一部满载货物的卡车后面。由于卡车上的绳子没有拴好，导致货物滑落。年轻人的脚就这样被卡车上掉下的东西砸断了。他悲观极了，躺在床上，诅咒老天爷不公平，让他交了这种霉运。他对世界充满了怨恨。

这时，老师来看他了，并和他一起分析："是谁选择开车上路的？是谁选择在这个时间回家？回家的路有那么多条，是谁选择走这条路？高速公路上的车子这么多，是谁选择开在这部车的后面？这一切不都是你自己做的决定吗？

前面车上的东西没捆好，会砸下来是肯定的，这是不可避免的事实。如果不是决定那个时间回家、决定走高速紧跟那部车的后面，如果你保持了安全距离，东西就是掉下来也不会伤到你，对吗？所以，你难道没有责任吗？”

听完故事后，这个钱被骗的人认真地想清了自己的问题：是自己要借出去这800万的，怨谁也没用。想通后，他理了发、刮干净了胡子，穿上最喜欢穿的那身西服，重新振作了起来。经过打拼，他不久就还清了所有的债务。现在，他已经是一家大公司的董事长了。

没有人一生都是一帆风顺的，每个人多多少少都会遭遇一些艰难险阻，会上“一堂挫折课”。你可以选择怪罪别人、诅咒老天爷不公平，但这些都不能改变事实。而若能从挫败中吸取教训，为自己负起责任来，那么这堂“课”不管代价是多少，都是值得的。所以，从现在起停止埋怨，转为未来打拼。

贫穷是你的起点 ❤❤

对勇者而言，逆境非但不是坏事，反而是成功必不可少的条件。逆境的锻造，足以让你脱胎换骨。

曾有人问一位著名的艺术家，他的爱徒将来会有怎样的成就。艺术家回答：“不，可能永远不会有成就！他每年的进款太多了！”艺术家深知，人的才艺唯有凭借艰难困苦才能展现。优越的环境中，精神难以精细。

打开史册，功成名就的人，往往出身贫寒。

卡耐基说：“生而即为富家之子，是他们的不幸，因为他们一开始就背着包袱跟别人竞争。大多数富家之子，很难抵挡财富

心灵鸡汤全集
最鼓舞人的励志故事
第十二辑 逆境欢歌

的试探从而沦落为纨绔子弟。他们远不能和穷苦孩子竞争……这些穷苦孩子虽然出身低贱，所从事的又只是些下贱工作，但是几经蜕变，最终一鸣惊人的往往是这些人。"

这种为了脱离贫困境地的努力，最能使一个人走上成才之道。如果当初需求不那么强烈，那人类的境况恐怕还达不到今天这地步。许多成功的人，最初的动力是为了摆脱贫困。能力的提高是同困境做斗争的结果。富家子弟也许很多时候都会想：家里的财富，足够几辈子用而无忧，那又何必起早贪黑地工作呢？贫寒子弟却在想：除了我自己，不能依靠任何人，不起早贪黑，生存的问题就会像按在水中的球一样一松手就浮出水面。

在富足中过惯的人，因为有所依附所以动力不足，犹如弱苗；但努力靠自己奋斗的人，犹如劲松。

不过，贫困不是成功的必要条件。它犹如健身房中的器械，可以使人发达。贫困本身是一种欠缺，这种挣扎的力量却是好的。这股力量如果用对地方，就能造就一个人。

◆ 心灵感悟

自古英雄出寒门；破马长枪定乾坤！可见寒门自古就是奋发有为的。

面对逆境像咖啡 ❤❤

贝蒂向她父亲抱怨说："生命太痛苦了，我想健康地活着，但是却没想到迷失了整个方向。真想放弃这烦心的抗拒和挣扎。因为烦恼一个接一个，让我措手不及。"

父亲并不说话，他拉起女儿的手，走进厨房。他烧上三锅水，第一锅加萝卜，第二锅加蛋，第三锅加咖啡。

贝蒂看着父亲，不知父亲葫芦里卖的是什么药。父亲示意她看着水，不要说话。不一会儿，水开了。萝卜、蛋和咖啡都在里面翻滚。不久，父亲示意贝蒂把三样东西全捞出来倒进碗里。父亲问："宝贝，你看到了什么？"

贝蒂说："萝卜、蛋和咖啡。"

父亲让女儿摸摸煮熟的萝卜，已经烂成一团；拿起蛋，敲开蛋壳，发现里面蛋清和蛋黄已变熟；女儿接着喝了一口咖啡，香味浓浓。

贝蒂谦卑地问父亲："爸爸，你葫芦里卖的什么药？"

父亲笑了，说："三样东西面临着相同的处境——水，反应却截然不同。坚实的萝卜软了、烂了；蛋硬了；粉末的咖啡却最特别，和水融为一体。"

父亲慈爱地摸着女儿的头，问了一句："我的女儿，你像什么？逆境就像温度升高的水，你会有怎样的反应呢？你最像坚硬的萝卜，一旦种种不顺到来，就立刻变得软弱，不再有原来的勇气和信心；或者你就像那颗蛋，内心柔顺，但在经历不顺后却变得僵硬、毫无活力；或者你是那咖啡粉，遇沸水和高温就和水融为一体，改变了水的品质，变得十分美味。"

"假如你像咖啡，那么当种种不顺来到时，你会使它发生改变，变得和你自己一样好，懂吗？宝贝，不顺到来时，要去改变它，直到和你期望的那样好，要让周围的人和事物都往好的方面改善。"

◆ 心灵感悟

孔子说："天下有道，丘不与易也。"又说："知其不可而为之。"这是说，孔子知道天下种种混乱和不仁道的状况太久了，所以想去改变它。假如天下本来就符合仁义之道，孔子就不必这样辛苦站出来了，或者去当隐士也未可知。可见，正因为存在挫折和困难，还有种种不顺的状况，才需要我们去改变它。即使一下子做不到，也要能做多少算多少。这种积极的态度最可贵。

天生我材必有用

很久以前，在一个山坡上，长着3棵小树，正做着长大后的梦。

第一棵望着夜晚的繁星说："我想变成一个藏宝箱，装满宝石。所有的宝石都能在我这儿找到！"

第二棵看着流往大海的小溪说："我想变成坚船，游于四海，让许多强大的国王都喜欢我的坚固！"

第三棵俯视着山谷下面小镇上来往的男女说："我要长得至高至大，使所有的人看我时，就以为在看着上天，想到神的伟大！"不知过了多少年，阳光照耀，雨露滋润，3棵小树都长大了。

一天，伐木者们造访这个山坡。

第一个伐木者一眼就看中了第一棵树，于是在砍伐声中，第一棵树倒下了。

第一棵树还在想着：我就要变成一只精致的藏宝箱了，财富都将滚滚而来。

第二个伐木者一眼就看中了第二棵树，于是在砍伐声中，第二棵树倒下了。

第二棵树还在想：游玩四海的梦快实现了，许多国王一定喜欢和我呆在一起。

第三个伐木者一眼就看中了第三棵树，于是在砍伐声中，第三棵树倒下了。

第一棵树很快被带到木匠的工地上。木匠见到很高兴，但他不准备做藏宝箱，而是把它做成了一个喂动物用的料槽。

本想承载黄金珠宝的第一棵树，如今却遭受许多动物的踩挤。

第二棵树被带到了造船厂，但是它只被造成一艘简单的渔船，而不是坚固的大船。由于太脆弱，在河流上航行都不适合。所以它被拖进一个湖里，整天装着臭气熏天的死鱼。

第三棵树被砍成一段一段，放在木材堆内。这让它内心十分困惑：为什么会这样啊！我曾经的誓愿是长到天顶，显出神的高大来。

许多年过去，3棵树几乎都忘了自己的誓愿。

有一天夜晚，星光照射到这个料槽上，一位少妇把婴儿放在里面。

她的丈夫小声地说："我想再给他做一个摇篮。"

婴儿的母亲捏了捏他的手说："马槽很美。"

一瞬间，第一棵树明白过来，它承载着世上最贵重的财宝。

另一天晚上，一位疲乏不堪的旅客走上那艘旧渔船。平静的湖面上，旅客睡着了。但是不久有风暴来袭，这艘船抵挡不住，快要散架了。

旅客醒了过来，他伸手向前一指说："安静下来。"风浪在那一瞬间就平静下来。

第二棵小树明白，它所承载的正是重要的国君。

一个星期五早上，第三棵树被人从木材堆拉了出来，放在一群愤怒的人面前。这时一个男子被人钉在上面，鲜血沾染了木架全身。它感到一切是那么丑陋和严酷。但到了星期天早晨，太阳升起时，大地一片欢声雷动。第三棵树明白了这个安排对它来说是最好的，比长成参天大树都要好。

◆ 心灵感悟

李白说："天生我材必有用"。其实一个人只要能立定理想，力图做一个有用的人，并且朝着既定的目标努力奋斗不息，那么终有一天，他的愿望会实现。

绝境求生 💕

这是一只样子奇特的小鸟，个头和刚生下来的小鸡差不多。老人是在山里打柴时捡到它的。因为怪鸟太小了，还不会飞，老人就把它带回家给孙子当宠物。小孙子十分调皮，他把怪鸟放进母鸡的翅膀下，充当小鸡。小鸡群里的这个异类并没有被发现，母鸡仍旧做着尽职尽责的母亲。

就这样，怪鸟慢慢长大了。人们终于发现它竟然是一只鹰。为了保护鸡的安全，人们激烈地表示：要么将鹰放生，但永远不许它回来；要么就将它杀死！

与鹰已经有了感情的一家人，又怎么忍心将它杀死呢？于是，他们决定送它回大自然，送它回那片原本就属于它的山林，可无奈的是，鹰眷恋着从小长大的窝，眷恋着温暖舒适的家园。所以，无论用什么方法，都没办法让它重返山林。哪怕它被带到再远的地方，哪怕它被打得遍体鳞伤……

最后，村里的长者说："我来吧！我会让它重返蓝天，再也不回来。"

长者爬上最陡峭的山崖，将鹰狠狠摔下。鹰一开始任由自己下坠，像块石头一样。就在快要跌到谷底的瞬间，它展开了翅膀，托起了身体，开始滑翔，然后缓缓地拍着双翅，飞向了广袤的蓝天。它飞得那样优雅，那样从容。它越飞越高，越飞越远，最后箭一般冲上了蔚蓝的天空，消失在人们的视线中。

◆ 心灵感悟

其实我们每个人何尝不像那只鹰一样，总是不忍放弃现有的东西、对舒适平稳的生活恋恋不舍？一个人要想让自己的人生有转机，必须懂得在关键时刻把自己带到人生的悬崖上。给自己一个悬崖其实就是给自己一片蔚蓝的天空啊！

失败了也能笑出来 ♥

日本一家企业的老总把每天快乐的事情在本子上记录下来，并称之为"光明日记"。每月的工作例会叫"快乐例会"，各部门经理必须用3分钟时间讲讲本月的快乐事情。他带头讲的快乐事情常常引起哄堂大笑。他就是日本最大的零售集团"八佰伴"公司的总裁和田一夫。

当和田一夫72岁时，"八佰伴"因为种种原因倒闭了，但是，他心中的信念却始终没被压垮，脸上还是挂着笑容。几经周折，和田一夫与人合作，开办了新的公司——一家网络资讯公司，进入了全新的行业。和田一夫终于"笑到最后，笑得最好"。因为他快乐、积极、热情的人生态度感动了顾客，他的生意做得越来越好，人生也迎来了新的辉煌。

记者采访时问他，是什么能使他这么快地由低谷登上顶峰。

"因为失败了，我也能笑出来！"和田一夫快乐地答道。

◆ 心灵感悟

"失败了也能笑出来"，不正好印证了"谁笑到最后，谁笑得最好"这句话吗？无论在什么情况下，哪怕是受到致命的打击，如果也能像和田一夫那样，坚持地"笑"下去，快乐地"笑"下去，那么，这生命中的阳光，终会催开人生成功的花朵。

总会有所收获 ♥

丽莎是澳大利亚人，34岁了，过惯了舒适的中产阶层生活。

但是，4件重大的灾祸连续袭击了她——丈夫在事故中丧生，留下一对儿女由她抚护养。不久，女儿在一次烤面包时被油脂烫伤了脸。医生告诉她，女儿脸上的疤永远难消，为此她伤心透了。后来她去一家小商店工作，但很快商店就倒闭了。丈夫本来留有一小份保险，但由于没来得及交最后一次保费，结果保险公司拒绝支付保险金。

这些不幸的事，使丽莎绝望透顶。经过考虑，丽莎决定再去争取一下保险补偿。此前，她和保险公司的下层员工打过多次交道都没结果，所以这次她想见经理。接待员告诉她说经理不在。站在办公室门口的丽莎不知所措。这时，接待员有事离去，丽莎果断地往里间的办公室走去。这时，她发现经理一个人正在那里坐着，看到她来了，立刻礼貌地问好。受到鼓励的丽莎一口气把索赔中的困难全部说了出来。经理让人取来她的档案，再三思索发现，虽然公司并没有承担赔款的责任，但在情理上还是可以照顾她。随后工作人员按经理吩咐给她支付了全部赔款。

丽莎的好运从此一发不可收拾。经理没有结婚，在和她交谈时对她一见钟情，于是又打电话给她，向她推荐了一位医生，结果女儿的疤竟被这位医生治愈了；然后，经理又通过一位朋友给丽莎安排了一份工作。比较起来，这一份工作比前面的那份还好。没多久，经理就向她求婚了。数个月后，他们就结为连理，生活相当美满。

◆ 心灵感悟

古语说："祸不单至，福无双行。"又说，"不如意事常八九，可与人言无一二。"可见这个世界本来就是烦恼和缺陷居多的。但是这个世界就真没有幸运儿了吗？不是。其实只要勇于尝试，好运终究会降临。所以，敢于尝试是比较重要的人生态度。

如何面对才重要 ❤

斯朗是个年仅25岁的英俊青年，一米七八的身高，头发金黄，体格十分健壮。

一天，斯朗骑着崭新的摩托车去飙车。不幸的是，斯朗遭遇了一场车祸，斯朗的命被救了回来，但他全身2/3的皮肤严重灼伤，10个指头也被车轮子轧断了。这种境况，对于一般人来说，自暴自弃太容易了，斯朗却产生了抗争的勇气："不管发生了什么，重要的是我如何应对。"

斯朗对人说："一个人的能力是无极限的，如果以前我能做的事是100件，现在，我还是可以做80件事。我为什么要为不能做的20件事伤心？为什么不把注意力放在我能做的另外80件事上呢？"

经过一番努力，斯朗在30岁时身价百万，而且能自个儿开着直升飞机飞往各地。

又一次，斯朗开飞机带着朋友去游玩，但操作系统的突然失灵导致坠机。斯朗虽然侥幸活命，但腰部以下全部失去知觉，他干脆让医生把他的脚趾头接到手上。

这次灾难，仍没能使斯朗屈服。他告诉自己："这是上天的恩赐，必定有助于我。"

果然，斯朗结识了医院漂亮的护士小姐，并娶她为妻。有人问："正常人都难以做到的事情，为什么你能做好？"斯朗说："假如我健康时可以做100件事，两次事故，使我一起失去了做40件事的能力，但为何我不去做余下的60件事情呢？"

是啊，很多人一生真正的潜能连1%都发挥不到，斯朗却尽情发挥他的所有潜能。他后来又去竞选州议员，并成功进入国会，成为美国政坛的一颗明星。

对于有信心和勇气的人来说，挫折是一笔巨大的财富，是生命升华的基石。挫折越多，生命的价值就越能往上提升。生命的价值本来就有无限种实现的可能，我们的注意力何必只盯着不能实现的那几条不放呢？为何不试着去探索其他的可能呢？

屡败屡战最可贵

少儿艺术团举办了一个"亲子之夜"的节目汇演。在主持人的带领下，观众们唱着亲子晚会的节日主题曲。之后就该是比尔的晚会致辞了。

比尔为这一刻准备了很久的演练。比尔站起来，在母亲的微笑和父亲的期待眼神中，一腔激情地走上台去。这时观众的注意力都集中到了他身上，他的演说显得慷慨激昂。但是说到半途，令人难堪的事情发生了——比尔忘了台词，他站在那儿说不下去，脸红得像喝了酒，手臂茫然地乱动，于是他只好求助团长。团长带领他演练过节目，听过他多次排演，于是在旁边提词，想让比尔再演说下去。但是让人羞愧的是，没说几句，比尔又忘词了，于是团长又给他提词。整整两分钟，倒像是团长在致辞，比尔成了配角。最终比尔讲完了，他回到男孩中间坐了下来。这个挫折让他心里异常难过。

比尔的母亲一脸沮丧，父亲则羞愧得闭上眼睛。观众同情地鼓掌，以鼓励这个男孩。不过团长仍然站着，他冷静地观察现场，决定讲几句话。他说："我比你们更乐观，因为我明白刚才这件事情的意义——一个男孩，把本来是悲惨的事件变成了光荣的胜利。比尔完全可以选择退缩，这个更容易。不过他却敢于继续承担，这在两百人的面前需要相当大的勇气。也许，你们能听到比他更好的致辞。但我相信，你们将很难再看到有如比尔这样的勇气——困难重重也勇于承担！"

人们的掌声热烈地响了起来，比尔的母亲又挺直了腰，恢复了刚才的骄傲；父亲也恢复了自信。人们都为比尔感到高兴。比尔这个时候对身旁的男孩说："希望有一天，我也能做到团长这样。"

◆ 心灵感悟

心理学家说，人最大的能力在于可以把任何事情都向正面扭转、任何消极的事情都可以做积极的阐述。这种能力，可以使懦弱变得勇敢，使悲观的人变得乐观，使沮丧的人重新鼓起勇气。一句话，一个暗示，一个眼神……都可以起到这样的作用。

命运的锤炼

土坯经过窑制后才能更加坚硬不易松散，这就是砖形成的过程。一天，一批土坯被送去窑制。伙伴们都已经被送了进去，但有一块土坯见到窑制砖块时窑内的温度太高，而且火焰燃烧得很旺盛，便偷偷溜下了车。它想：既然高温能使我们变硬，何不在这温暖的太阳下晒硬呢？在这里又温暖又舒适，干吗非要进那么烟熏火燎的地方去呢？于是，它不管不顾、执拗地享受温暖的日光浴。

不久，一部分砖出窑了，它们又红又硬。土坯看到它们变成这样，心中并不着急。它固执地认为自己也在慢慢变硬，只不过与它们不同的是身上并没有被烧得火红而已。

不曾想，有一天天降大雨，那块自以为是的土坯根本没支撑几分钟就被泡成了一滩烂泥。几天后，就再也找不到它的踪影了。

不经千锤百炼，怎能坚硬如钢？害怕艰苦挑战的人，是经不住风雨考验的；那些逃避困难的人，无法成就辉煌的事业。

靠自己 ❤❤

县民政局下乡扶贫，随行采访的记者是李刚。有一天，他们去了全县最贫困乡的一个村，村长领他们去看村中的一户人家。村长告诉他们，这户人家的老太太已经70多岁了，大儿子牺牲在自卫反击战当中，小儿子患痴呆症，和一个比他更痴呆的女人结了婚，生下同样痴呆的一对儿女。一家子的生活全落在老太太一人身上。

到了这户人家门口，大家都感到很惊奇。家里共有3个窑洞，一个用于居住，一个用于做饭，一个用于养猪羊，院子里清扫得很干净，地面连落叶都没有。村长说这位老太太就爱干净，一辈子就是这样过来的。她的儿孙都在场，虽然衣服穿得破旧，但是洗得十分干净。老太太性格十分刚强，以前坚拒政府救济。她说："一家吃穿就得靠自己挣，靠政府养着算怎么回事呢？"

局长关切地问："老妈妈，都要过年了，过年的东西备齐了吗？"老太太爽朗地回答："好了，早准备好了！"局长又问："都准备了些什么啊？"老太太回答："现在还有两碗白面，半斤肉，3个鸡蛋不准备卖了，都留着过年吃。再给两个小孙一人一盒鞭炮，都准备好了。不劳政府操心了。大年三十我就包肉饺子喽！"

听完后，在场的人都流出了泪水。

局长又说，我们代表政府送来一点钱粮，虽然不多但也代表政府一点心意。老太太一听直摇头："不用不用，我还过得下去。我家也有钱。真的有钱，用不着救济。"局长坚持让她把钱拿出来给大家看看。她走到大板柜前，打开柜子拿出一个包袱，从包袱里拿出一个钱袋来。钱袋一层层包得很严实，到了最后一层，老太太解开钱袋，哗啦一声，一小堆硬币撒得到处都是，里面还有几张一角、两角的毛票，加起来还不到十元钱。老太太爽朗地说："你们看，我是真有钱，用不着政府救济啦。"

这时，一位女同事哭出了声，捂着脸跑了出去。

大家都想掏钱给老太太，老太太却说："我经常告诉儿孙，不靠天不靠地，自己的事自己干。能助人时要助人……"

◆ 心灵感悟

孟子曰："祸福无不自己求之者。诗云：'永言配命，自求多福。'太甲曰：'天作孽，犹可违；自作孽，不可活。'此之谓也。"意思是说，只要照着仁义之道去做，就一定能够自求多福。就算遇到灾难，上天也一定会帮助他化解掉。否则不遵行仁义之道，那么灾难便是他自己招来的，上天面对这种灾难，也爱莫能助啊。可见，人贵自强自立。此外，能帮助人就多帮助人。

在绝望中站起

那年，卡莱尔把自己花了几年心血好不容易写出来的法国大革命史的文稿原件送到挚友米尔家——请他看过后提些宝贵意见。

不料，米尔的佣人收拾房间时，把这本巨著的原件当做废纸烧掉了。当米尔赶到时，只抢到火炉旁的几张散页！

米尔手捧着仅剩的几页文稿，跌跌撞撞来到卡莱尔家。见到卡莱尔，米尔双手颤抖，还未说话，泪水就从他苍白的脸上淌了下来——他知道文稿对于卡莱尔意味着什么。他真是太对不起朋友了。

卡莱尔看着自己呕心沥血写成的全部文稿只剩这几张散页，感觉自己的心像是被人掏空了一样，只觉得天旋地转。他抱着脑袋，"扑通"一下跌坐在地上："没有了，什么都没有了！"当时他每写完一章，就把原来的笔记随手撕掉了，要重新写几乎是不可能的。

然而，经过一夜的反思，第二天早晨，卡莱尔又精神抖擞地走出了家门。他接受了这个事实，他要重新再来！他还要写得更好！

现在的法国大革命史，就是卡莱尔重新写过的。

◆ 心灵感悟

你曾否遭遇过"从头再来"的打击？不要觉得那是浪费时间或白费心血，得失尚无定论呢，或者第二次能够做得更好。接受这个事实吧！毕竟事情已无法弥补，打起精神再接再厉，反而会孕育出新的契机。

尽最大努力 ❤❤

1927年，洪水肆虐，他差点被大水冲走。

1932年，男孩初级教育结束，但当地初中不收黑人，家里没钱供他去外地读书。母亲决定让男孩去复读一年，自己开始没日没夜地干活，攒钱。

1933年的夏天，终于攒够了男孩去外地读书的钱，母亲带上他走进陌生的城市。男孩在读书期间，母亲给人帮佣。果然，男孩不负母亲厚望，顺利考上大学并毕业。

1942年，男孩创办了一份杂志，但资金短缺，没办法给订户邮寄杂志。有家公司愿意贷款给他们，但是需要抵押，母亲忍痛把心爱的家具贡献了出来。

1943年，男孩成功了，杂志获得了大众的认可。他跟母亲说："妈妈，你不必再工作了。现在，你是我们公司的退休人员了。"那一刻，母亲快乐地痛哭失声。

后来，男孩遇到困难，他很努力，却希望不大。他跟母亲说可能这次他真的做不好了。

母亲问他是否努力了。他说是的。

母亲又问他是尽了全力。他说是的。

母亲说："那就不用担心，只要你尽了最大的努力，就一定能成功！"

果然如母亲所言，男孩最终获得了成功，事业达到最高峰。他就是约翰森，美国《黑人文摘》的创办人、约翰森出版公司的总裁，如今拥有3家无线电台。

◆ 心灵感悟

命运全在搏击，奋斗就是希望。失败只有一种，那就是放弃努力。

挣脱依赖 ❤

有一位高大魁梧的男子在乡下的一大片空地上种植了桃花心木。他把桃花心木的树苗种下后总是隔三差五地来给树苗浇水，时间很不固定。而且，他每次浇水量也不同，时而多时而少。

看到这位男子的做法，我很不理解，便向他询问。

他微笑着说道："如果我是种菜，那么一般只要花费几个星期的时间，就能取得收获。但种树却截然不同，树的生命周期很长，要想种出百年老树，我们必须要让树学会自己在土壤里寻找水源来补充自己的养分。我这样浇水就是参照下雨的方式。降雨的时间和数量是不固定的，为了成长为百年大树，树苗就需要寻找丰富的水源。所以，在这种不确定的条件下，它会往土地中拼命地扎根。

"假如我每天定期给树苗浇水，而且固定浇水量的话，树苗自然会依赖我浇的水，树根自然不会扎得很深。一旦我停止为它们继续浇水，树苗自然而然就会枯萎。即使有存活的树苗，也会禁不起暴风骤雨的袭击，一吹就倒。"

树的生存方式是这样的，人也同样如此。在不确定的条件下成长起来的人，更能经得起考验。正是因为存在不确定因素，我们不得不培养自己独立自主的能力和心智——在不确定中，我们对环境的感受和对情感的觉知更加深刻；在不确定中，我们学会用最少的养分转化为巨大的能量，努力生存。

◆ 心灵感悟

生命的法则不可能那么固定、那么完美，因为固定和完美的法则会养成机械式的状态，变成通向枯萎、通向死亡之路。所以，不要期待做任何事都一帆风顺，没有风雨和波折，你的能力得不到加强，成功的根基也打不牢。

谁都不会拥有太多

欧洲有位很有名气的女高音歌唱家，年仅30岁就已扬名歌坛并且拥有一个美满幸福的家庭。在一次音乐会上，她的表演极其成功，热情的歌迷把她和丈夫、儿子围得水泄不通。到处都是歌迷们的赞叹和羡慕之辞。

有的歌迷赞叹歌唱家年轻有为，大学刚毕业就进了大剧院，成为骨干演员；有的歌迷赞颂她在25时就被评为世界十大女高音之一；有的歌迷赞美她的丈夫很优秀，膝下的男孩也很活泼。

歌迷们议论纷纷时，歌唱家只静静地听着，不愿有太多表示。直到大家说得差不多了，她才用沉重的语气说："首先，我要感谢大家对我以及家人的赞美，但愿大家能分享到共同的快乐。不过，你们可能只见到了我有鲜花和掌声的一面，却不知事情还有另外的一面。你们赞美的小男孩，生来就是哑巴，而且他的姐姐患有精神分裂症，经常被关在屋子里面。"

歌唱家一说完，顿时一片沉寂，歌迷们大眼瞪小眼，几乎很难相信这样的事实真相。歌唱家又平静地说："也许，这一切证明了一个道理，那就是：上帝是公平的，给谁的也不会太多。"

◆ 心灵感悟

上天对每个人都是公平的。如果你的天赋在这方面没得到发展，那么就试试其他的方面，一定有值得你去努力的。一个人肯定会有一个方面能得到上天的眷顾。

微笑的感动

飞机起飞时，一位乘客想要杯水服药。空姐的答复很有礼貌："先生，为了您的安全，请稍候片刻。飞机平稳飞行后，我立刻送水过来，可以吗？"

一刻钟过去了，平稳飞行已有一段时间了。这时，乘客的服务铃响了起来，空姐猛然想到，因为过于忙碌，一时忘记倒水给那位乘客了。空姐来到客舱时，看到果然就是那位乘客在按铃。她小心翼翼地把水端到那位乘客面前，脸上还带着微笑："先生，很对不起，由于我的一时疏忽，耽误了您的吃药时间，我感到很抱歉。"这位乘客扬起左手，指着手表说："你看看，有你这样服务的吗？"空姐端着水，心里异常委屈。但是，不管她怎么解释，这位乘客一直很挑剔，不肯原谅她的疏忽。

接下来的飞行时间，空姐为弥补过失，总是会特意在经过这位乘客的座位时，微笑着问他是否需要水，或者别的帮助。不过，这位乘客总是昂着头，余怒未息的样子。

在快到目的地时，这位乘客要求空姐把留言本给他拿过去，不言而喻，他想投诉这名空姐。空姐虽然很委屈，但还是非常有礼貌、面带微笑说道："先生，请允许我再次表示歉意。您提的意见，我欣然接受！"这位乘客想说什么，但终于没开口。他接过留言本，很快就写了起来。

飞机安全降落后，所有乘客都离开了。空姐委屈起来：这下可惨了。但她打开留言本后却惊讶地发现，上面并不是投诉信，而是一封热情洋溢的表扬信。

这位挑剔的乘客为何最终放弃投诉了呢？在信中，有这样一句话："在整个过程中，你表现出的真诚的歉意，特别是第十二次微笑，深深地感动了我，使我最终决定把投诉信写成表扬信！你的服务质量很高，下次有机会，我还会选择坐你们这趟航班！"

◆ 心灵感悟

微笑意味着与人为善的和谐力量，这种力量足以穿过厚重的心灵防卫的大门，使另一颗心得到爱的包容。微笑意味着亲切、同情、关爱、信任、合作、了解、愉悦……

生活无偏爱 ♥♥

一天夜晚，一个年轻人厌倦了生活的平淡，来到了悬崖边，决定结束自己的生命。

突然，他听到一个声音——是婴儿的啼哭声！他仿佛被什么击中，一下子清醒过来：父母这么辛苦把自己养大，难道就这样轻易舍弃自己的生命吗？他为自己刚才打算自杀而愧疚。

这个打算跳崖的人，就是屠格涅夫，俄国伟大的文学家。

又一个夜晚，一个年轻人垂头丧气，感觉生活无望，他走在塞纳河边，打算跳河结束自己的生命。

年仅25岁的他，生活很不幸。还是孩子时，就因为政治因素，跟随母亲逃亡到法国，生活窘迫，靠乞讨活命。后来，他加入军队，凭借自己的智慧努力拼搏，终于做了将领。可又因政见不同而被当局抓捕，官职丢了，还被赶出军队。现在，他只身一人，身上一文钱也没有了，生活还有希望吗？

他正打算跳河，突然，听到一个熟悉的声音在叫他的名字。这是他的好友，两人在军队中相识。听完他的诉说，朋友决定帮助他，从而改变了他的命运。

他就是拿破仑，法国战功赫赫的一代皇帝。

◆ 心灵感悟

生活对谁都不偏爱，即使对伟人也不例外。能够穿越黑暗、挫折和迷惘的人，才能成为最终的胜利者。

碎镜变"钻石" ♥♥

凡是参观伊朗德黑兰皇宫的游人都会被皇宫天花板和四壁上那

流光溢彩、璀璨夺目的"钻石"所吸引。出于好奇，游客往往会凑近再看。原来，"钻石"是由镜子的碎片镶嵌而成的。当初，设计师计划用一面面硕大的镜子装饰墙面。但是，直到从国外运抵后，人们才发现镜子被打碎了，只得把它们扔了。设计师知道后，命人把它们捡了回来，并把它们敲成更小的碎片，叫工人按照他的意思，把镜子碎片镶嵌在四周和天花板上。就这样，这些小碎镜子，居然产生了"钻石"的艺术效果。

置身其中，我为设计师的巧妙构思喝彩，也为人生的意义沉思：人生往往就是这样，遇到挫折时，别像打破的镜子，只是把碎片洒满一地，而是要考虑怎么利用它们，活出不一样的人生。

◆ 心灵感悟

人生往往这样，当挫折与失败突然来袭时，我们的梦想、热情被侵蚀得千疮百孔，就像那完好的镜子被打得粉碎一样。当碎片簌簌掉落时，千万不要以为那就是世界末日，千万不要让碎片抛撒一地，而应该去拾起那些碎片，重新上路，用它们谱写出新的成功乐章。

潮落之后会潮涨

建筑师两条腿都断。那场事故发生时，他正在现场检查。

想到自己再也不能行走了，建筑师真不想活了。他偷偷吃了整整一瓶安眠药，幸好被家人及时发现，他的一条命才被抢救下来。但他并不高兴，一直精神颓废，家人也很着急，可就是没有办法，除非他自己能想透。

一天，家人听说在市艺术馆有一位残疾画家要办画展，就决定带他去参观一下。画展的一角有一幅画震撼了建筑师。那是一幅水彩画：金色的海滩，有一条搁浅的老船，老船已经破旧不堪，船身上布满了岁月的痕迹，在略略倾斜的船身下，隐隐能看到一洼清水。画面上写着这样一行字：潮水会回来！

望着这幅画，建筑师不禁眼睛湿润了。他非常想认识这位画家。从工作人员那里，他知道这是一位年近七十的老人。老画家是一位病患者，已经在床上躺了十多年了，但他一直没有放弃过与病魔搏斗。建筑师不禁为老人的这种精神所折服。老画家热情地接待了他。虽然老人躺在床上，但是仍开心地与他交谈，精神很好，一点也不像躺在床上十多年的病患者。他离开时，老人把那幅名为《迎接潮水》的画送给了他，并鼓励他勇敢地跟困难做斗争。

多年以后，那幅画的寓意真的实现了，潮水回来了，建筑师成功了！他设计了很多优秀的作品，成为海内外知名的建筑师。

◆ 心灵感悟

相信吧，当上帝关上了一扇门，他一定会为你打开一扇窗。

做梦也能发财 ♥

5年前，一个志愿者到贫困地区搞脱贫工作。他要做的就是让贫困地区的人们相信自己有自给自足的能力，并激励他们实现想法。

他来到一个山区小镇，当地政府召集了50名靠政府救济生活的穷人。座谈中他问的第一个问题是："你们的生活这么困苦，你们有什么摆脱困境的梦想呢？"大家都用怪异的眼神看着他："饱汉不知饿汉饥？""他来这里高谈阔论的，我们能做些什么呢？"……大家认为他的问题有些可笑。

一个戴眼镜的中年人嗫嚅道："梦？我们不敢想，它能让我们脱困，让我们发财吗？"

志愿者耐心地开导："梦想不是梦。自己希望做什么，希望得到什么，只要想得不是太虚幻，这就是梦想，就可以把它当做目标去努力，去追求。就能使自己脱困，就能实现自己的梦想。"

讨论进入了融洽、热烈的氛围之中。

有人说："我梦想得到一份力所能及的工作，不再等政府的救济款过日子。"

戴眼镜的中年人说："南山的竹林没人管，我梦想加工成竹制品到山外换钱。"

头发半白的下岗工人说："山里的水库荒芜了太可惜了，我梦想建个小水电站供小镇用，让自己的儿子能在灯下学习。"

秃顶的壮年人说："我梦想养鱼，做养鱼专业户。"

黑脸的中年人说："我梦想养鸭，当个鸭司令。"

他请政府协调，将南山的竹林承包给戴眼镜的中年人；将山里的水库承包给头发半白的下岗工人、秃顶的壮年人和黑脸的中年人，并由政府协调贷款给他们。

一年后，他再来到这小镇重新招集那些穷人时，戴眼镜的中年人已建成了竹业加工厂；头发半白的下岗工人已建起了水电站，进入一期供电；秃顶的壮年人已在水库里养了许多品种的鱼，并有部分鱼供应给镇上的居民；黑脸的中年人也在水库的水面上放养了不少的鸭子。

他对大家说："梦想是可以实现的，不是我们没本事，而是我们没去努力、不愿意去尝试而已。"

5年后，他又来回访小镇，镇里已经没有了靠救济款生活的穷人。戴眼镜的中年人已成立了竹业公司，各种竹制产品销到全国各地，产品供不应求；头发半白的下岗工人的水电站进入三期供电，全镇都用上了他发的电；秃顶的壮年人养的鱼供给全镇居民的消费；黑脸的中年人养的鸭子和鸭蛋还外销到其他城镇。镇政府少花了救济款又增加了税收。

小镇的山更青，水更绿了。

◆ 心灵感悟

梦想只要不"梦"得太虚幻，就可以当做目标。有这种梦想做前提，你就可以把自己从日复一日闲散荒废中拔出来，变成追梦人，从而让人生来个大大地改写。

未来我是……

英国有位优秀教师叫布迪罗。一天他在整理旧物时发现了一叠练习册，里面是他50年前教幼儿园时，31位孩子所写的作文。其中有篇题目是：未来我是……

他被孩子们千奇百怪地设计自己未来的想法给迷住了。比如：

有个叫威廉的小家伙说，他将来是个将军，因为他跌倒了、撞痛了能忍住不哭，而其他小朋友就不行。

有的说，他未来是个工程师，因为他拆坏了他家的两个钟。

有的说，他会是英国首相，因为他喜欢英国历史。

有的说，他未来应该是海军大臣，因为他爱游泳、会游泳，其他同学不会游泳。

最奇特的是一个叫戴维的小盲童，他认为他将来必定是英国的一位内阁大臣，因为在英国历史上还没有一名盲人进入过内阁。

总之，31个孩子在作文中描绘了各自五花八门的未来。

这些练习册原本应该在二战中就已经被战火摧毁了，但它们却奇迹般地保存了下来，而且一放就是50多年。布迪罗老师突然产生一种冲动——把这些本子重新发还到同学们手里，让他们对照一下自己50年前的梦想。

他找到了一家知名报纸，刊发了一则启事。之后书信纷至沓来。他们中间有政府官员、学者和专家，有商人、企业家，更多的是没有身份的人。他们都忘了儿时的梦想，都表示很想知道当时想的是什么，很想得到自己的作文本。布迪罗老师都一一为他们将作文寄去。

最后，布迪罗老师身边只有一册作文本没人来要。他想，这个叫戴维的人可能已经死了，毕竟过了50多年，又经过二次大战的战火，什么事都可能发生。

一年后，正当布迪罗准备把册子送去一家收藏馆时，他收到内阁教育大臣布伦克特的一封信。信中说："那个叫戴维的孩子就是我，感谢您为我们保存着儿时的梦想。不过，我已经不需要那个本子了。因为从那时起，我的梦想就一直在脑子里，没有一天放弃过。50年过去了，我已经实现了这个梦想。今天，我还想通过这封信告诉其他30位同学，只要不让年轻时的梦想随岁月飘逝，成功总有一天会出现在你面前。"

布伦克特的这封信发表在《太阳报》上，因为他作为英国的第一位盲人大臣，用自己的行动证明了一个真理：常立志不如立长志。如果有人能把3岁时想当总统的愿望保持50年，那么他现在一定已经是总统了。

◆ 心灵感悟

愿望也是目标。俗话说：常立志不如立长志。我们不怕在实现目标的过程中遇到艰难险阻，也不怕犯这样那样的错误，而怕没有持续地朝着一个目标努力。因为后者的执著和坚定会让你实现任何理想，达成任何目标。

其实你很幸运 ♥♥

有一位将军率船队在海上航行，但是途中遇上了暴风雨。大家都显得有些慌乱，其中有一名士兵因为是第一次乘船，他被摇摇欲坠的船身和恶劣的天气吓坏了，不停地大声哭喊，让船上的人几乎受不了。有些人本来显得很镇定，也被他的哭喊声吓得有些担心了。将军气恼地想下令将他关起来。

这时，站在一边的校官说："将军，不必把他关起来。我想我有办法能让他安静下来。"将军同意了。于是，校官下令水手将那名士兵绑起来，丢入海中，任凭那个可怜的士兵在海中不停地反抗，手脚乱舞，狂呼救命。在海里沉浮了几分钟后，校官命人把他拉上船来。回到船上后，他果然变得十分安静。刚才还歇斯底里大叫不停的他，现在像一只猫一样静静地呆在船舱的一角，一点声音也没有。

大家都很奇怪，不知道为什么他会有这么大的转变。校官回答说："在情况变得更加恶劣之前，人们都很难体会自身是多么幸运。"

◆ **心灵感悟**

在困境面前，应该想着自己的幸运，而不是自怜自艾。

别太在意误会 ♥♥

1915年的夏天，一声婴儿的啼哭预示着一个新生命的到来，这是个可爱的小女孩。很不幸，这孩子还小，父母就都死了，亲戚收养了她。

1933年，年仅18岁的她去参加斯德哥尔摩皇家剧院的考试。

考试时，她态度认真，全身心地投入到自己的表演中。表演中她无意间扫了一眼评委席，心一下子凉了。评委们正在聊天呢，好像没有人关注她的表演。就在此时，评委主席说话了："好了，停下吧，小姐，谢谢你！下一个……"

这时她脑子里一片空白，后面也不知道该说什么了。她断定自己被淘汰了。

离开考场，她伤心欲绝，打算投河自杀。但是那河水太臭，犹豫再三，她放弃了。

令她意想不到的是，第二天，她就收到了录取通知书。

此后，她幸运连连，仅一年的时间，就在瑞典影坛崭露头角。1944年，她主演《煤气灯下》，第一次拿到奥斯卡最佳女演员奖；1956年，《阿娜斯塔西娅》让她再次获得奥斯卡最佳女演员奖；1974年，在《东方快车谋杀案》中的出色表现，为她赢得了奥斯卡最佳女配角奖；1978年，《秋天的奏鸣曲》又带给她奥斯卡最佳女演员提名的荣誉。

很多年过去了，她偶然遇到当年那位评委主席，聊起了那次考试后打算自杀的事情。评委主席大为吃惊，说："怎么会有这样的误会！那天，我们对你印象好极了。你是如此自信，台风又好。我就对评委们说：'这个女孩通过了，别浪费时间了，叫下一个吧！'"

◆ **心灵感悟**

每个人的生命旅途中都会碰到或大或小的误会，除了少数必须及时解决的误会外，其他的完全可以不必太在意。因为它们就像乌云一样，不会永远地遮住太阳。

能不能废除监狱 ♥

这是成功学专家拿破仑·希尔的一堂试验课。讲台上，希尔对在场的学生高声发问："你们当中有多少人认为监狱会在30年内被废除？"

同学们面面相觑，不知所措。

见没人吱声，拿破仑·希尔又大声重复了一遍问题："你们当中有多少人认为监狱会在30年内被废除？"

同学们在明白了希尔的问题并非玩笑后，纷纷议论开来："30年？除非30年后不再有国家、法庭，否则监狱就不会被废除。""如果坏人们都被放出来，我们就用不着生活了。""就是，社会肯定就会大乱。""我可不想生活在一个充满暴力和罪犯的国家里。""听说现在的监狱还不够用呢。"

拿破仑·希尔示意大家平静心绪，缓缓地说："你们说的，全都是监狱继续存在的理由。让我们换个角度假设——仅仅是假设，我们怎样做才能将监狱废除？"

大家又一次不知所措。许久，有人小声地说："也许可以让犯人到社区作义工。"

接着，半个小时前还激烈反对废除监狱的这群人，开始你一言我一语地提出了种种可行性建议，气氛很是热烈："加强心理辅导，预防犯罪发生。""缩小贫富差距，建立公正的社会体系。""提供足够的就业岗位。""加强舆论监督，平等分配机会。""……"

最后，78种构想被他们提了出来。

◆ 心灵感悟

当你认为某件事不可能做到时，你的大脑就会找出种种做不到的理由。但是，当你真正相信某件事可以做到，你的大脑就会帮你找出能够做到的种种方法。目标的意义也正在于此，不管它有多么高远，和现在的你之间必定有一根连线。

活着的理由

心理学教授法兰克博士向我们讲述了他自己的一段亲身经历：

二战期间，我被关在远东地区的俘虏集中营里。在那里，我吃尽了苦头。战俘们被逼着在烈日下干活，火辣辣的阳光烤得战俘浑身脱皮，汗水、指甲缝的血水和脚上破泡的脓水一起淌下。吃的是发霉的食物，喝的是脏水。生病的人没有药品，得不到治疗，他们脸色惨白，双眼深陷。有些人支持不住，猝然倒地，再也没起来。活着的人也因无法忍受非人的折磨，精神沮丧，甚至绝望，只求速死。我也有这种想法，利用放风的机会，打量着通了电的围墙，心理盘算着：只要爬上通了电的围墙，不就一了百了了吗？因为过度虚弱而精神恍惚的我仿佛发现身边坐着一位中国老人，确实是一位中国老人。但，在日本的战俘营区里，怎么有中国老人呢？他好像看透了我的心思，问我："从这走出去后，你想做的第一件事情是什么？"想做什么？我当然要再看看太太和孩子们。突然，我惊觉，这才是我活着的理由！我必须活下去，还有许多事情要我活着回去完成。有了活下去的理由，就有了活下去的勇气支持着我走过了人生最黑暗的岁月。是中国老人和他的问题救了我的命，他还教给了我重要的一课——活着要有盼头。

◆ 心灵感悟

目标给了我们生活的目的和意义。要真正地活着，快乐地活着，我们就必须有生存的目标。没有目标，日子便会结束，像碎片般消失，生活也会失去方向，人更是成了行尸走肉；有了目标，我们才知道要往哪里去，去追求些什么，从而活得很有滋味和盼头。

预见未来

1910年是飞机处于启蒙的时期。那时，驾乘飞机只是极少数人用于娱乐的一种昂贵消费。

28岁的威廉·波音是一名从耶鲁大学中途辍学的木材商人。那年，他观看了一场飞行表演。当看到飞机在天空自由地飞翔时，波音对飞机产生了强烈的兴趣。通过仔细观察研究，他确信可以将飞机改造成经济实用的交通工具。于是，他决定发展自己的航空事业。

当时的科学界对他要发展"航空事业"的想法嗤之以鼻，认为他根本就没有这种能力。

波音却坚持自己的想法，开始制造飞机。10年后，他经过观察分析，觉得替美国邮政部门运送邮件是一笔挣钱赢利的好生意，于是参加了"芝加哥—旧金山邮件线路"的竞标。为了夺标，他把运输价格压到不能再低的保本线，最后他赢得了竞标。

当时，许多专家认为他的公司如此经营必垮无疑。邮政当局也怀疑他能否支撑下去，为了自身利益要求他缴纳了保证金。在外界的压力和讽刺面前，他就这样我行我素地坚持下来。

"飞机越轻，载的货就越多"，本着这条获得效益的根本原则，他开始着力减轻飞机的重量，而他的邮件运送业务也由此开始赢利。很快地，他又开始向载运乘客方面发展。

当他的航空事业正在蓬勃发展之际，一次大战爆发了。大战过后，航空业跌入了谷底，进入了空前的萎靡。他的飞机工厂停产了。为了维持生计，他转产制作家具，但仍然供养着飞机公司的几个主要工程师，让他们继续进行研发工作。人们认为他太不切合实际了，走火入魔了。他却深信自己的目标没有错，因为他的目标来源于正确的认识。他说："我可以预见未来。"他坚信航空业终究会有柳暗花明的那一天。

事实证明他对了。今天，这个人创立的飞机制造公司已成长为全世界最大的飞机制造商——波音公司。威廉·波音的名字也因此载入史册。

◆ 心灵感悟

威廉·波音的办公室门上有一句座右铭："除了事实之外，再也没有权威，而事实来自正确的认知，预见只能由认知而来。"如果你认定的目标来源于正确的认知，那就坚持它，不要屈服于外界的任何嘲讽与压力，终有一天事实会证明你是对的。

总有一天要成为老板

来自乡下的贫穷少年和同样家在农村的青年惠特尼一起住在纽约的一套设备简单，但价格低廉的公寓里。乡下穷少年年幼无知，充满幻想；农村青年惠特尼虽出身贫穷，却从小立志总有一天要成为老板。

惠特尼最早在一家超市做店员。他有自己的目标而且目的明确，工作时仿佛有使不完的劲儿。在干完自己分内的活后，他还利用中午休息间隙，去别的部门帮忙。很多人不以为然，但长期的"勤快"使他很快从店员升为地区经理。但他发现，这份工作因为机构的用人制度不合理，根本不可能升到高层。于是，他果断地跳槽到了一家人事关系简单的公司。上司还有意识地培养和锻炼他。惠特尼抓住这个机会，拼命学习，掌握了尽可能多的知识。当另一位乡下少年，还在漫无目标地生活工作时，惠特尼已是两家大公司的总裁了。

◆ 心灵感悟

惠特尼的成功不是偶然——他有自己的目标，清楚奋斗的方向，并让自己所做的一切，不论是义务加班、更换工作，还是学习新技能都围绕着这个方向。而那些远离成功的人总是随随便便找份工作，尽管也急切地想改变现状，可那只是白日梦——因为他不明白，成功最忌讳的是漫无目的。

在脚下多垫些砖头 💕

王斌怎么也想不到自己大学毕业后会被分配到这种鬼地方工作。这是座偏远的山区小镇，王斌就在镇上的学校里教书。艰苦的环境、微薄的工资让王斌不堪忍受。更令他心有不甘的是旧时同窗都生活得惬意体面，拿着丰厚的薪水，只有他仿佛被"流放"一般在这穷乡僻壤里度日如年。尽管他的教学基本功相当不错，又擅长写作，但在一遍又一遍地抱怨着上天不公的同时，王斌渐渐失去了对工作的热情。他成天幻想着如何"跳槽"，琢磨着怎样才能换一份好工作，也拿一份丰厚的薪水。

在彷徨与不安中，王斌稀里糊涂地混了两年。这期间，他的本职工作毫无起色，写作天赋也完全被荒废了。它也曾试着去几家自己喜欢的单位应聘，但没有一家能最终接纳他。

直到有一件微不足道的小事改变了他。

那是初春的一天，学校开运动会。在文化娱乐生活极为贫乏的小镇，这无疑是件热闹事。乡亲们像过年赶庙会一样从四面八方涌来，很快在小小的操场周围聚成了一道密不透风的环形人墙。

当王斌赶到时，他已经被人墙隔在了操场外面。王斌心里真是着急啊！因为无论他怎么踮起脚尖、伸长脖子都看不到里面的热闹情景。这时，他的视线忽然被身边一个很瘦小的小男孩吸引住了。在那高高的人墙背后，小男孩正在气喘吁吁地从不远处搬来砖头。小男孩一遍又一遍地吃力搬着，一层又一层地耐心垒着，全然不理会时间过去了多久、精彩的比赛开始了几场。终于，一个足有半米高的台子垒成了。王斌永远不会忘记，当小男孩登上那块自己用双手垒起的台子时，灿烂笑容中所蕴含的那种成功的自豪和喜悦。那一瞬间，王斌被深深地震撼了——多直白的道理啊：不要埋怨人墙太高，只要在脚下多垫些砖头，再瘦小的孩子也能看到精彩的比赛。

从此之后，王斌以百倍的热情投入到了工作中去，扎扎实实、全心全意。很快，他的教学能力便名扬远近了，孩子们都以"我是王老师的学生"为荣。各种令人羡慕的荣誉也纷至沓来。他还将所有的业余时间都用来写作。经过一段时间的努力，他已经成为了多家报社的特约撰稿人，各类文学作品频频见诸报端。如今，王斌已经成为省城那所自己最喜欢的中专学校里最年轻的教研组组长了。

◆ 心灵感悟

其实，一个有理想的人只要不辞辛苦，默默地在自己脚下多垫些砖头，就一定能够看到自己渴望看到的风景，摘到那些挂在高处的诱人果实。

醒悟造就伟人 💕

在17世纪的英格兰，有一个沉迷于权势的青年。国王对他的冷落丝毫没有冲淡他对权力的欲望。他给当时的国王詹姆斯六世写信，谄媚地恭维着国王；他为国王撰写的书籍中充满了溜须拍马的语言。经过这般经营，他当上了大英帝国检察长；没过几年，又被封为爵士并升任大法官。

然而，风光的日子很快过去。青年不幸沦为国王与国会政治斗争的牺牲品，失去了所有的权力。即便如此，他仍固执地四处奔走，以求重新回到政治界。但一切都是徒劳。直到这时，他才陷入了深深悔恨中，悔恨将大好的青春挥霍在争名夺利中。悔恨后的青年决定追回这些年的损失，他开始了探索哲学——他本来就爱这个。

这个悔恨的青年，名叫培根。

◆ 心灵感悟

培根终于"醒"了，成就了一代伟人；你醒了没有？你追求的东西是自己真正喜欢的、擅长的，还是只是像孩子索要玩具一样——盲目且任性的？一段时间的盲目和任性是允许的，但不能老这样下去。你必须从挫折和阻碍中醒悟过来，掉转头去经营自己最擅长的事。

哈利·波特的诞生 💕

一所普通的大学里，有一位普通的女孩：她家境平凡，相貌普通，但她有着丰富的想象力。大学的宽松环境让她有了更多的想象空间：美丽的仙女、蓝蓝的天空、青青的草地，有时还有巫婆、魔鬼……它们之间的许多离奇的故事，常在她脑海里萦绕。她把这些想法写下来，并以此为乐。

有一位和她同校的男孩，举止言谈与童话里的一样。她觉得他就是她的"白马王子"，她爱上了他。她和他约会了。她会在约会的时候把刚刚想到的童话讲给他听，而他觉得这是不切实际的幻想。他受不了了，对她说："你已经23岁了，却看起来像永远长不大。"并弃她而去。

但她并没有因为失恋而消沉。25岁时，她来到了极具浪漫色彩的葡萄牙，找到了一份英语教师的工作，业余时间则继续写她的童话。这次，她遇上了一位幽默风趣、才华横溢的青年记者，他们相爱并结婚了。婚后，她的奇思妙想让他苦不堪言，他有了婚外情，两人只得离婚。她又一次受到沉重的打击。不久，学校也解聘了她。她只好带着女儿回到故乡，靠领取救济金和亲友的接济生活。生活虽然艰辛，她却还是不停地写着，并把这些童话讲给女儿听。上天给予她梦想的同时，也给予了她实现梦想的天分。有一次，她坐在冰冷的地铁站的椅子上时，一个人物造型突然浮现在眼前。多年的生活阅历丰富着她的灵感，创作热情高涨的她回到家就不停地写起来。

她的长篇童话《哈利·波特》就这样横空出世了，销售量达到数百万之多。

她，就是《哈利·波特》的创造者——J.K.罗琳。

◆ 心灵感悟

如果罗琳放弃了她的梦想，我们今天就无法读到《哈利·波特》了。如果你也有一个梦想，那就像罗琳一样把它坚持下去吧。大多数的时候，上天在给予你梦想的同时，也给予你实现梦想的天分。只要坚持不懈地向梦想努力，必然得到丰厚的奖赏。

为梦想打工 ♥♥

美国麦当劳公司为拓展全球市场，在20世纪70年代初，就选定台湾市场进行开拓。为了让麦当劳公司能够在台湾当地更好地经营下去，他们在当地开始进行选拔招聘，准备培养出一批高级骨干作为公司的经营者。麦当劳对于高层领导的选拔有着非常严格的要求，很多初出茅庐的年轻企业家都未能通过面试。

经过一轮又一轮的筛选，有一位年轻有为名叫韩定国的人表现得尤为突出。他得到了麦当劳总裁的重视。总裁找他谈了3次，令人意想不到的一个问题摆在了韩定国的面前："假如我们安排你去清扫厕所，你会愿意做吗？"还没等韩定国开口，他的夫人插话道："我们家的厕所一直由他一人负责清洗。"总裁听后非常高兴，免去了最后的面试环节，决定当即录用他。

当韩定国上班时，他才知道麦当劳在培训员工时，第一课就是清洗厕所。因为他们对于服务业的基本理念是：非以役人，乃役于人。员工只有从最卑微的工作做起，才能最深刻地了解以家为尊的道理。这为韩定国后来成为知名的企业家奠定了良好的基础。他就是因为一开始就从卑微的工作做起，干别人不愿意做的事才得以成功的。

◆ 心灵感悟

"低就"不一定就低人一等，关键是抓住一个好机会，再慢慢地施展才华，往上升，最后爬到顶层。很多人抱怨没有机会，那是因为他们太高看自己了，让一个个不起眼的黄金时机从眼皮底下溜走。

你为什么要做得比别人多 🖤

　　一批新的水手上了船，其中年龄最小的那个水手，性格很内向，寡言少语。他看上去很好欺负，所以其他的水手们总是有事没事地拿他开涮。船上的老水手长似乎对这个小不点也不太满意，除了安排他与其他水手干一样的活和值一样的班，还额外要求他去做一些分外的工作。小水手有一次利用空闲时间与弟兄们一起聊天，他发现每个人都过得很清闲自在，只有他自己一天到晚忙忙碌碌。遇上刮风下雨这种恶劣天气，别的水手都悠然自得地在房间睡觉休息，可那严厉的老水手长却还是安排他干活，要么让他缝救生圈，要么就是让他学习打绳结。老水手长看着小水手敢怒不敢言的样子狠狠地甩下一句话："你今天必须打10种绳结，每个绳结打10遍，否则你小子就别吃饭。"每当有插钢丝这样的辛苦活时，他也常对小水手说："我干不动了，你来替我干。"工人们卸完货，小水手也经常被派遣爬上桅杆去放吊车。每次在甲板上干完活，整理工具的收尾工作也都让小水手一人包了。其他的水手看见小水手这样被使唤，背地里幸灾乐祸地说："这小子跟软柿子一样被人欺负。瞧他那窝囊样，让他傻干去吧。"小水手终于忍无可忍，找到老水手长想问个明白："您为什么总是为难我？为什么脏活、累活、苦活都是让我一个人干？亏得咱们还是老乡呢。"老水手长意味深长地说："正是因为咱们是老乡，才给你更多活干。我担心别人说我袒护你，以后就没办法开展工作了。"

　　在海上航行了一年后，船回国了。公司考核了全体水手的个人技能，小水手在十多项考核内容中样样都拿到了第一，被破格从二水提拔成一水。

　　经过一段时间的休整，船又要出航了。年迈的老水手长此时也退休了。因为出色的表现，小水手成为最合适的继任人选，进而被破格提拔为新水手长。此时，那些曾经在背后挖苦过他的水手们再也笑不出来了。

◆ 心灵感悟

　　做得多才能学得多，学得多才能进步得多，进步得多才能比别人强得多，比别人强得多就会在竞争中有利得多。所以，永远不要嫌自己做得多，那是生命赋予你的难得的历练，让你承担更多的责任，成就将会更辉煌。

紧紧抓住梦想的手

　　丹尼尔·卢迪是我的儿时玩伴。当我某天在上班的路上碰到他时，他已是一位有名的演说家了。

　　小时候的卢迪一心想去有着种种神奇传说的圣玛丽大学读书，他的梦想是到那里的足球场去踢足球。朋友知道他的想法后，认为他的学习成绩不理想，体育方面也没有优势，要想去圣玛丽大学读书，还想在那里的绿茵场踢足球，根本就是件不可能办到的事情。经朋友这么一说，卢迪真的放弃了当初的梦想，并当了一名工人。不久，一位朋友的意外死亡让他突然意识到：人生短暂，如果不在有生之年紧紧抓住梦想的手，并为之奋斗，可能就再也没有机会追逐自己的梦想了。

　　为了实现自己的梦想，卢迪辞掉了工作，重新回到了学校。他先是到一所初级大学读书，修满学分后，终于转入了理想中的圣玛丽大学，并成为校足球队"童子队"的成员。过了一年，在他的努力下，他终于当上了一名替补队员，穿上球衣，激动地坐在了替补席上。当比赛即将结束时，他终于被派遣上场，梦想终于向他伸出了手。他努力地拼抢着，在队友们的帮助下，他终于抢到了那个球——他终于紧紧地抓住了梦想的手——那年他27岁。

17年后，我们在圣玛丽大学体育馆外又相遇了。那里还有一个电影摄制组，在为描写他生平的电影拍摄外景。卢迪的成长过程就是追逐自己梦想的过程。他为之进取，终于得到了丰厚的回报。

◆ 心灵感悟

美国迪斯尼乐园的创始人沃尔特·迪斯尼说："做人如果不继续成长，就会开始走向死亡。"永远不要忘了你"想"干什么，并为之进取。人只有在不断进取中才能保持头脑敏捷、行动矫健、思想开阔、智慧不老、心灵不僵，最后从生活中得到最多的回报。

人生的陷阱 💕

认为聪明就能成功，这是人生之路上的一个巨大的陷阱。

智商的价值常常被人们夸大，就像金钱的价值被高估一样。大多数人坚信天分决定了一个人能否成功。老道的经验可以通过不断地总结积攒；高超的技能可以通过不断地总结积攒，但是天分呢？天分似乎是与生俱来的，是上天赐予的。要拥有天分似乎除了依赖运气外别无他法。

正当我们被天分无限的光环照耀得头脑发胀时，越来越多的研究者提出了他们的质疑。今天，心理学家们普遍相信，是艰苦工作的锻炼而非天分造就了天才。天分的力量被重新认识了。

就拿6岁就会作曲的莫扎特来说吧，才能非凡的他有着"音乐神童"的美誉。可请您注意，莫扎特出生在一个音乐之家，其父亲就是一位才华横溢的作曲家。从小的耳濡目染才是他天才的基础。需要指出的是，在莫扎特的早期作品中，大多是将别人的作品重新组合的产物。当莫扎特真正传世宏作横空出世时，他从事音乐事业已经十几年之久了。这一点与卡内基梅隆大学几乎所有的"古典音乐传世之作都是10年以上学习与积累的产物"的研究发现不谋而合。其实，除了练习、练习，更加刻苦地练习外，莫扎特并没有另一条异于我们的成功之路。

艰苦地工作铸就成功。

唐纳德·科菲是著名的肿瘤学家。当他还是一名年轻的助理教授时，每天离开实验室前都会与一位警卫友好地交谈几句。有一次，警卫真诚地对他说："你一定会当上教授的，科菲博士。"

科菲一惊："谢谢，不过请告诉我，你为什么会这么肯定呢？以前你预测过其他年轻教师的晋升吗？"

"是的，先生。"警卫微微一笑，"我曾预言，丹·纳森斯博士会成为杰出的教授。"

当时的情况是：丹·纳森斯博士不但成为了教授，还获得了诺贝尔奖。原因是他发现了限制酶，从而引发了一场生物科技的革命。

"那么，你又是怎么知道他一定会成功的呢？"科菲的语气中充满了惊奇。

"因为灯。"警卫说道，"哪位教师实验室的灯在周末仍然亮着，那他就一定会当上教授。"

◆ 心灵感悟

无论技能还是天分都不是上天赋予的，而是通过刻苦地努力，通过长期学习和实践取得的。这同样也揭示了梦想的重要性。天才之所以成功，在于他们敢于追求梦想，为了梦想以狂热的精神付出巨大的努力。

不要怕掉进坑里

一个秋夜，古希腊哲学家泰勒斯在草地上仰望满天的繁星。

泰勒斯边看边走，没有注意到地上有一个蓄满水的深坑，结果一脚踩空，掉进了水坑。这个水坑由于昨日下雨积满了水，已经没过了泰勒斯的胸部。他尝试着往上爬，却没能爬上来。无奈之下，他只得向路人求救。

路人救出泰勒斯。泰勒斯擦了擦身上的污泥和水，告诉路人："明天会下雨。"但路人却不信，笑着离去了，还碰到人就把泰勒斯的预言当做笑话讲给别人听。

结果泰勒斯的预言实现了，果然下了雨。有的人为泰勒斯的神机妙算而折服，有的人却嘲笑他说："知道天上的事，却看不见脚下的东西。"泰勒斯没有理会这些人。

过了两千年，德国著名的哲学家黑格尔听到这个故事，说道："只有那些永远躺在坑里从不仰望高空的人，才不会掉进坑里。"

◆ 心灵感悟

什么都不做的人，不会有闪失，也不会遭人嘲笑。可是，真正聪明智慧的人，是不会嘲笑做事的人的，反而对他们那一心一意、心无旁骛的专注精神心生敬仰。

斩断后路 ❤

1830年，维克多·雨果与书商签订了一份合约，承诺半年内交出一部分全新的作品。为了能使自己全心全意地写作，雨果将所有的衣物全都锁进了柜子里，而钥匙则被他扔进了小湖。就这样，仅有身上所穿的那件御寒毛衣的雨果切断了自己与外界的全部联系。除了吃饭和睡觉，他就不曾离开书桌。将全部精力都投入创作中的雨果终于完成了他的鸿篇巨制，甚至还比规定的时间提前了两个星期。最后，雨果为这部仅仅耗时5个月的作品起了个美丽的名字——《巴黎圣母院》。

◆ 心灵感悟

实现目标的道路上，闲花野草常常会吸引你的目光，惰性和欲望又常常令你心痒，从而妨碍你专心致志地前行，早日把目标变成现实。此时，不妨斩断退路，逼着自己全力以赴地前行，才更容易到达成功。

认清你是多大的杯子 💕

亨利·福特是美国人眼中的"汽车之父"。他在1913年首次采用流水线组装汽车，成功地将组装一部汽车的时间压缩到了10秒，成就了一段神话。之后的几年，美国民用汽车的价格减少了一半，小轿车也得以进入普通人的家庭。这种流水线作业也被广泛应用于工业制造的其他各个方面，对世界的影响巨大。如今，流水线已经可以生产大到一架飞机，小到一包糖果的东西了。

即便生产效率已经达到了很高的水平，福特仍不满意。一次，他召集福特汽车公司的全体高层开会，讨论如何进一步提高流水线的生产效率。然而，很多人在会上提出了反对意见。他们中有的人认为公司已经拥有足够的生产能力了，赢利也足够多，完全不用冒风险做改进；其他的人则认为改进既费时又费力，在一定程度上影响现在的生产进度不说，还可能产生许多无法预见的后果。

正当会议陷入僵局、眼看就要无果而终时，福特突然将身前的杯子高高举起："大家看见什么了？""一只杯子，里头只剩下半杯水了……"一个担忧的声音响起。

一个乐观的声音马上打断了他："那又有什么关系？不是还

有半杯水可以喝吗？"

福特示意大家安静，之后缓慢而坚定地对在场的高管们阐述了自己的看法："我看到的是杯子，而不只是水。大杯子有大杯子的用处，小杯子有小杯子的功能。这些水用小杯子装恰到好处，可是用大杯子装就是一种浪费，对资源的浪费！大杯子本来可以做更多的事——这正如我们生产线上的工人，还有一半的潜力没有完全发挥出来。我要做的就是换上个小杯子，然后这个大杯子可以用来盛更多的、更好的东西。"

◆ 心灵感悟

人的能力和可调用的资源也像一只"杯子"。如果你有一只大"杯子"，不要一直用它只装半杯水，也不要把它当做小"杯子"来用。这时，聪明人的做法是百分之百地利用自己所拥有的一切。